W0230992

Peter Reichling/Claudia Beinert/Antje Henne

Praxishandbuch Finanzierung

Peter Reichling/Claudia Beinert/Antje Henne

Praxishandbuch Finanzierung

GABLER

Bibliografische Information Der Deutschen Bibliothek
Die Deutsche Bibliothek verzeichnet diese Publikation in der Deutschen Nationalbibliografie;
detaillierte bibliografische Daten sind im Internet über <http://dnb.ddb.de> abrufbar.

Dieser Ausgabe liegt ein Post-it® Beileger der Firma
3M Deutschland GmbH bei.

Wir bitten unsere Leserinnen und Leser um Beachtung.

1. Auflage 2005

Alle Rechte vorbehalten
© Betriebswirtschaftlicher Verlag Dr. Th. Gabler/GWV Fachverlage GmbH, Wiesbaden 2005

Lektorat: Ulrike M. Vetter

Der Gabler Verlag ist ein Unternehmen von Springer Science+Business Media.
www.gabler.de

Das Werk einschließlich aller seiner Teile ist urheberrechtlich geschützt. Jede
Verwertung außerhalb der engen Grenzen des Urheberrechtsgesetzes ist ohne
Zustimmung des Verlags unzulässig und strafbar. Das gilt insbesondere für
Vervielfältigungen, Übersetzungen, Mikroverfilmungen und die Einspeicherung
und Verarbeitung in elektronischen Systemen.

Die Wiedergabe von Gebrauchsnamen, Handelsnamen, Warenbezeichnungen usw. in diesem Werk
berechtigt auch ohne besondere Kennzeichnung nicht zu der Annahme, dass solche Namen im
Sinne der Warenzeichen- und Markenschutz-Gesetzgebung als frei zu betrachten wären und daher
von jedermann benutzt werden dürften.

Umschlaggestaltung: Nina Faber de.sign, Wiesbaden
Druck und buchbinderische Verarbeitung: Wilhelm & Adam, Heusenstamm
Gedruckt auf säurefreiem und chlorfrei gebleichtem Papier
Printed in Germany

ISBN 3-409-03405-6

Vorwort

Zwei aktuelle Tendenzen kennzeichnen die Unternehmensfinanzierung: Das Kreditrisiko findet bei Fremdkapitalgebern in der Folge von Basel II stärkere Beachtung als bisher und in Form des Bonitätsaufschlags seinen Niederschlag in den Kreditkonditionen. Dies veranlasst insbesondere mittelständische, überwiegend durch die Hausbank finanzierte Unternehmen, nach alternativen Finanzierungsformen zu suchen.

Das Angebot hierzu ist vielfältig und reicht von der Eigenfinanzierung durch Business-Angels in der Gründungsphase bis zu verbrieften und mit Vermögensgegenständen des Unternehmens unterlegten Krediten. Hierin kommt die zweite Tendenz der Unternehmensfinanzierung zum Ausdruck, die in einer zunehmenden Kapitalmarktorientierung besteht. Dies gilt sowohl für die Kreditinstitute, die sich mit der Verbriefung von Forderungen (Securitization) einen neuen Refinanzierungsspielraum eröffnen, als auch für Unternehmen selbst, die den öffentlichen und privaten Kapitalmarkt als Finanzierungsquelle zunehmend direkt nutzen.

Ein Buch zur Unternehmensfinanzierung sollte deshalb – so unsere Auffassung – die Vielfalt an modernen Finanzierungsformen darstellen, gleichzeitig die je nach Finanzierungsanlass damit verbundenen Kapitalkosten greifbar machen und die bereits fortgeschrittene Kapitalmarktorientierung durch Daten und Praxisbeispiele belegen. Ein solches Buch ist dann für den praktischen Einsatz ebenso wie für Studierende an Hochschulen geeignet.

„Der Bankkredit bleibt die wichtigste Finanzierungsquelle des Mittelstands. Doch wer günstig finanzieren will, muss die Eigenkapitalquote erhöhen.", so tituliert das Handelsblatt sein Journal Mittelstand im April 2005. Dabei sind die Möglichkeiten der Eigen- und der Fremdfinanzierung variantenreich. Zusätzlich existiert eine Reihe von Zwischenformen. Damit ist die Struktur dieses Buches bereits vorgegeben.

Teil I widmet sich der Eigenfinanzierung. Dabei bietet es sich an, die verschiedenen Formen der Eigenfinanzierung entlang des Unternehmenslebenszyklus beginnend mit dem Venture-Capital über die Wachstumsfinanzierung bis hin zum Börsengang darzustellen. In den Frühphasen sind die Risiken einer Beteiligung an einem jungen Unternehmen besonders hoch. Die Kapitalgeber besitzen deshalb entsprechend hohe Renditeforderungen. Renditeerwartung und Risiko reduzieren sich tendenziell mit zunehmender Etablierung des Unternehmens am Markt.

Die Renditeforderungen der Investoren stellen aus Sicht des Unternehmens gerade die Kapitalkosten dar. Neben einer entscheidungsorientierten Behandlung der Eigenfinanzierungsformen sowohl für junge als auch für etablierte Unternehmen stehen die Kapitalkosten als geforderte bzw. erzielte Renditen der Kapitalgeber im Fokus der Betrachtung.

Bei Eigenfinanzierungen ist neben dem investierten Betrag grundsätzlich auch die Beteiligungsquote festzulegen. Die Investition in Eigenkapital erfordert deshalb im Vorfeld eine Unternehmensbewertung. Dies ist bei der Fremdfinanzierung nicht der Fall, bei der an die Stelle der Unternehmensbewertung die Bonitätsbeurteilung tritt. Die verschiedenen Fremdfinanzierungsformen behandelt Teil II.

Dabei sind die mannigfachen Ausgestaltungsformen durch verschiedene Besicherungsformen, durch einen unterschiedlichen Grad der Kapitalmarktnähe und durch ihren Einfluss auf die Kapitalstruktur charakterisiert. Mit zunehmender Kapitalmarktnähe erhöht sich die Handelbarkeit des Fremdkapitals und damit die Attraktivität des Investments. Gleichzeitig erfolgt eine marktorientierte Bewertung des Bonitätsrisikos mit entsprechenden Folgen für die Kapitalkosten. Bei manchen Fremdfinanzierungen wie z. B. dem Factoring sind risikoangemessene Bonitätsaufschläge in den Kapitalkosten schon lange üblich.

Teil III widmet sich der Mezzanine-Finanzierung als Mischform von Eigen- und Fremdkapital. Diese Finanzierungsart findet sowohl auf der Kapitalgeber- als auch auf der Kapitalnehmerseite zunehmende Beachtung, weil sie einen Interessenausgleich zwischen beiden Parteien bewirken kann. Entsprechend sind die Kapitalkostensätze hier zwischen denen einer reinen Eigen- und einer reinen Fremdfinanzierung angesiedelt. Anlässe für Mezzanine-Finanzierungen sind häufig bei jungen, zunehmend aber auch bei etablierten Unternehmen zu finden.

Auch dieser Band ist nicht ohne Hilfe entstanden: Wir danken Frau ULRIKE M. VETTER vom Gabler-Verlag für ihre Unterstützung. DENNY DREHER, MAIK SCHÖNEFELD und die Teilnehmer des Seminars Mittelstandsfinanzierung unterstützten uns bei Recherchen. MAREN BARTSCH und DENNY DREHER bewiesen hohe Zuverlässigkeit und Einsatzbereitschaft beim Erstellen der Druckvorlage.

Magdeburg, im September 2005

PETER REICHLING

CLAUDIA BEINERT

ANTJE HENNE

Inhaltsverzeichnis

Teil II
Fremdfinanzierung

Teil III
Mezzanine-Finanzierung

Teil I

Eigenfinanzierung

1. Eigenfinanzierung im Unternehmenslebenszyklus

Die Eigenkapitalquoten deutscher Unternehmen sind mit einem Durchschnittswert von circa 18 Prozent im internationalen Vergleich gering. Dies muss nicht an der schlechten Performance deutscher Unternehmen liegen, sondern ist auch durch die Finanzierungsstruktur in der deutschen Wirtschaft erklärbar. Unternehmen hierzulande pflegen eine Hausbankbeziehung und die Kreditvergabe war bis zur Jahrtausendwende wenig restriktiv, wurden doch Firmenkundenbetreuer in Banken vielfach auch über Umsatzkennzahlen gesteuert. Mit der Veröffentlichung der Konsultationspapiere des zweiten Baseler Akkords (Basel II, vgl. Abschnitt 10.7) in den Jahren 1999 bis 2003 hört nun der deutsche Mittelständler von seiner Hausbank, seine Eigenkapitalquote sei zu niedrig und damit er ein besseres Rating erhalte, müsse insbesondere die Eigenkapitalquote erhöht werden.

Die Eigenkapitalquote wird im Zusammenhang mit bankinternen Ratings deswegen häufig genannt (in das Rating fließen noch zahlreiche andere bonitätsrelevante Faktoren ein), weil das Eigenkapital der Indikator schlechthin für die Fähigkeit von Unternehmen ist, Risiken zu tragen. Eigenkapital ist notwendig, um Risiken abzufedern, die die Ansprüche anderer Kapitalgeber bedrohen.

Eigenkapital kann von außen durch eine Beteiligung oder von innen durch den Verzicht auf Gewinnausschüttungen bereitgestellt werden. Eigenfinanzierungen unterscheiden sich von Fremdfinanzierungen durch die Rechte, die dem Kapitalgeber zugestanden werden, die zeitliche Verfügbarkeit, die Rendite-Risiko-Struktur sowie die Transaktionsstruktur.

Rechte von Eigenkapitalgebern

Ein Eigenkapitalgeber erwirbt je nach Rechtsform Anteile am Unternehmen, bei einer AG bzw. GmbH Anteile am Grund- bzw. Stammkapital. Mit dem Erwerb solcher Anteile erhält der Käufer Mitsprache- und Erfolgsbeteiligungsrechte. Die Mitspracherechte beziehen sich vorrangig auf strategische, aber auch auf operationelle, technische und kaufmännische Entscheidungen, die es im Unternehmen zu fällen gilt. Das Recht, an den erwirtschafteten Gewinnen zu partizipieren, stellt die Möglichkeit zur Verzinsung des eingesetzten Kapitals dar und geht mit dem Risiko einher, in Verlustzeiten ebenfalls am Verlust teilhaben zu müssen. Es besteht darüber hinaus grundsätzlich kein vertraglich festgelegter Rückzahlungsanspruch für das eingezahlte Kapital.

Zeitliche Verfügbarkeit

Eigenkapital wird einem Unternehmen grundsätzlich ohne Befristung zur Verfügung gestellt. Die typische Investition in Eigenkapital sieht dennoch ökonomisch eine befristete Laufzeit der Investition vor, denn ein Eigenkapitalinvestor kann unter anderen durch den Verkauf seiner Anteile eine Rendite erwirtschaften. Ein Eigenkapitalgeber kauft zunächst Anteile an einem Unternehmen. Während und am Ende der Haltedauer kann er auf zweierlei Weisen am Unternehmenserfolg partizipieren: erstens durch mögliche ausgeschüttete Gewinne während der Laufzeit und zweitens durch Verkauf seiner Anteile zu einem höherem als dem Einstiegspreis.

Rendite-Risiko-Struktur

Eigenkapitalinvestments unterscheiden sich grundsätzlich von Fremdkapitalinvestments durch das Verlustrisiko. Im Insolvenzfall werden aus der Insolvenzmasse die Fremdkapitalgeber vor den Eigenkapitalgebern bedient. Das Risiko, das eingesetzte Kapital nicht zurückzuerhalten, fällt für Eigenkapitalinvestoren somit höher aus. Investoren, die dieses vorrangige Haftungskapital zur Verfügung stellen, verlangen demnach eine zusätzliche Risikoprämie für die Übernahme zusätzlicher Risiken im Vergleich zu einer risikolosen oder einer Fremdfinanzierung.

Welche Renditeforderung für eine spezifische Transaktion adäquat ist, hängt neben dem Ausfallrisiko auch von der Laufzeit, der Struktur und der Marktlage ab. Renditeforderungen werden in der Eigenfinanzierung häufig aus historisch realisierten Renditen von Vergleichstransaktionen gewonnen. Außerdem existieren finanzwirtschaftliche Modelle, die eine Schätzung möglicher Renditeerwartungen erlauben.

Da bei der Eigenfinanzierung im Gegensatz zur Fremdfinanzierung keine festen jährlichen Zahlungen geleistet werden, ist die Renditeforderung von Eigenkapitalgebern gleichzeitig ein Hilfsmittel der Investitionsbewertung, um Anteilswertsteigerungen mit anderen Investitionsmöglichkeiten vergleichbar zu machen. Da Zuflüsse des Eigenkapitalgebers zum Teil aus der Wertsteigerung der Unternehmensanteile stammen, stellt die Unternehmensbewertung das eigentliche Formelwerk für Eigenkapitalinvestoren dar. Die Unternehmensbewertung ermittelt durch Abzinsen (Diskontieren) erwarteter zukünftiger Zahlungen Preise für Unternehmensanteile.

Unternehmenslebenszyklus

Ein Unternehmen sieht sich in Abhängigkeit von der Lebenszyklusphase verschiedensten Finanzierungsbedürfnissen gegenüber. Bei der Gründung müssen Gründungskosten und die Markteinführung finanziert werden. In der Wachstumsphase gilt es, eine Ausweitung der Produktion zu finanzieren. Etablierte Unternehmen sehen sich in einer späteren Phase mit Nachfolgeproblemen konfrontiert, die Finanzierungserfordernisse aufweisen können. Schließlich kann auch eine Sanierungsfinanzierung notwendig werden. In der Praxis beobachten wir häufig einen gewissen Gleichlauf der Faktoren Unternehmensalter, Ausfallrisiko, Finanzierungsvolumen und Finanzierungsanlass, der uns im Folgenden motiviert, die diversen Eigenfinanzierungsformen entlang des Lebenszyklus eines Unternehmens zu erörtern.

So haben sich für spezifische Finanzierungsanlässe unterschiedliche Finanzierungsinstrumente entwickelt, die den speziellen Bedürfnissen in jeder Lebenszyklusphase Rechnung tragen und die wir in den Kapiteln 2 bis 6 vorstellen. Abbildung 1 zeigt unsere Vorgehensweise auf.

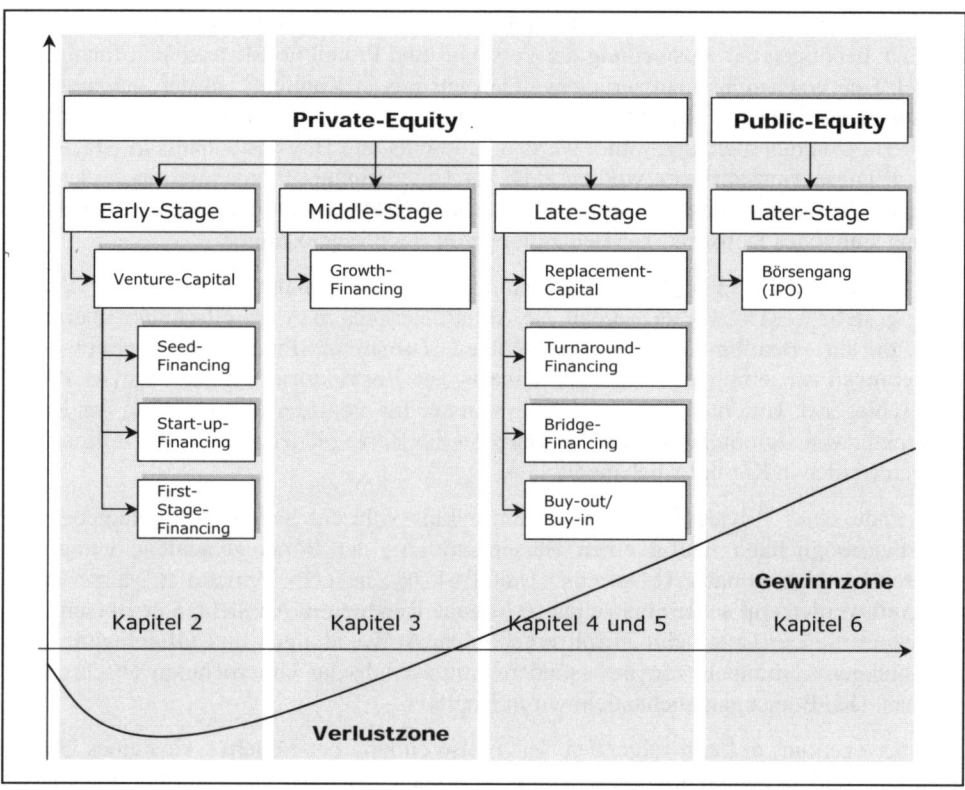

Abbildung 1:   Unternehmenslebenszyklus und Finanzierungsanlässe

Kaum ein Begriff in der Eigenfinanzierung wird so unterschiedlich verwendet wie Venture-Capital und Private-Equity. Beide Begriffe werden häufig synonym benutzt und umfassen den gesamten Bereich des nicht an Märkten gehandelten Beteiligungskapitals. Die Übersetzung von Private-Equity lautet privates Eigenkapital. Dem entgegen steht das Public-Equity – das öffentliche, börsennotierte Eigenkapital. Private-Equity stellt den Oberbegriff für diejenigen Eigenfinanzierungsformen dar, die nicht über den organisierten Kapitalmarkt erfolgen. Die Eigenfinanzierung über den organisierten Kapitalmarkt hingegen beginnt mit dem Börsengang.

Wir verwenden den Begriff Venture-Capital als eine Unterform des Private-Equity, die sich insbesondere in den frühen Phasen des Lebenszyklus von Unternehmen als Finanzierungsmöglichkeit anbietet. Wir begrenzen Venture-Capital deshalb auf das Private-Equity in der Unternehmensfrühphase. In Kapitel 2 befassen wir uns detaillierter mit der Finanzierung mittels Venture-Capital. Die frühe Phase der Unternehmensentwicklung kann nochmals in die Seed-, Start-up- und First-Stage-Phasen unterteilt werden, für die unterschiedliche Eigenkapitalgeber gewonnen werden können.

Die Wachstumsfinanzierung schließt sich an die First-Stage-Finanzierung an. Unternehmen benötigen zur Ausweitung der Personal- und Produktionskapazitäten finanzielle Mittel. Der Wachstumsfinanzierung widmen wir uns in Kapitel 3. In den vergangenen Jahren hat sich eine Vielzahl von Spezialfinanzierungen entwickelt, die häufig für bereits etablierte Unternehmen angewandt werden. Buy-outs und Buy-ins behandeln wir in Kapitel 4. Diese Transaktionen werden z. B. zur Unternehmensübernahme durch das vorhandene (Buy-out) oder ein externes Management (Buy-in) durchgeführt und bieten somit ein sinnvolles Konstrukt zur Behandlung von Nachfolgelösungen.

Das Replacement-Capital kann Unternehmen zur Gesellschafterabfindung zur Verfügung gestellt werden. Dabei werden die Anteile derjenigen Altgesellschafter übernommen, die ihre Beteiligung verkaufen möchten. Turnaround-Financing entspricht einer Sanierungsfinanzierung auf Eigenkapitalbasis zur Restrukturierung von wirtschaftlich angeschlagenen Unternehmen. Das Bridge-Financing dient der Vorbereitung der Kapitalstruktur von Unternehmen, die den Gang an die Börse planen. Diese Spezialfinanzierungen werden in Kapitel 5 behandelt.

Am Ende eines Private-Equity-Investitionszyklus wünscht sich der Kapitalgeber als Ausstiegsmöglichkeit häufig einen Börsengang. An der Börse gehandelte Unternehmensanteile können nach Ablauf einer Haltefrist (häufig sechs Monate) zu Marktwerten verkauft werden und stellen bisweilen recht hohe Renditen in Aussicht. Der Börsengang ist jedoch für ein Unternehmen mit erheblichen Aufwendungen und Offenlegungsverpflichtungen verbunden, die insbesondere mittelständische Unternehmen abschrecken können. Den Börsengang behandeln wir in Kapitel 6.

Wir bewegen uns auf den folgenden Seiten also entlang des Lebenszyklus eines Unternehmens und beginnen mit dem Venture-Capital-Financing im frühesten Lebensabschnitt eines Unternehmens.

2.   Venture-Capital

Venture-Capital (VC) stellt grundsätzlich eine Eigenfinanzierung dar. In der Praxis kommen zudem eigenkapitalähnliche Bestandteile zur Anwendung, die wir im Folgenden teilweise zunächst nur nennen und erst in den Kapiteln zum Mezzanine-Kapital in Teil III detaillierter vorstellen.

2.1   Venture-Capital-Phasen und -Formen

Im einfachsten Fall stellt der Venture-Capital-Geber einen reinen Eigenkapitalbetrag für eine beabsichtigterweise begrenzte Zeit zur Verfügung. Er erhält dafür Kapital- und Stimmrechtsanteile. Venture-Capital beinhaltet in der Regel eine Managementberatung und -betreuung durch die Venture-Capital-Geber. Dabei wird vom Venture-Capital-Nehmer erwartet, das operative Geschäft ohne Hilfe zu erledigen, den Venture-Capital-Geber jedoch als Managementberater in strategischen Fragen zu akzeptieren, denn:

■ Venture-Capital-Geber besitzen häufig Erfahrung im Aufbau von innovativen, jungen Unternehmen;

■ sie können oft auf ein weitreichendes Beziehungsnetzwerk zurückgreifen, das dem Venture-Capital-Nehmer mit Know-how dienen kann;

■ sie stellen einen objektiven Diskussionspartner.

Die Beteiligung eines Venture-Capital-Gebers geschieht im ökonomischen Sinn zeitlich begrenzt. Die geplante Beteiligungsdauer richtet sich nach der Phase, in der der Beteiligungskontrakt zu Stande kommt, sowie nach dem vom Unternehmen vorgelegten Zeitplan, gewisse Wachstumsziele zu erreichen, die dem Venture-Capital-Geber eine Veräußerung der Unternehmensanteile zu einem attraktiven Preis ermöglichen sollen.

Der Reiz des Risikokapitalinvestments besteht für den Eigenkapitalgeber bei jungen Unternehmen nicht in einer hohen jährlichen Dividende – diese wird häufig gerade in den Anfangsjahren nicht erwirtschaftet –, sondern in der Wertsteigerung der erworbenen Unternehmensanteile mit dem Ziel eines gewinnbringenden Verkaufs. Dieser Verkauf und damit die Beendigung des Beteiligungsverhältnisses werden als Exit bezeichnet. Den Venture-Capital-Gebern steht grundsätzlich eine Vielzahl von Exit-Kanälen zur Verfügung:

■ Trade-Sale

Verkauf der Unternehmensanteile an einen Käufer, der ein strategisches Interesse am Unternehmen besitzt;

■ Secondary-Purchase

Verkauf an andere Beteiligungsgesellschaften oder Finanzinvestoren;

■ Buy-back

Rückkauf der Beteiligung durch die Altgesellschafter;

■ Börsengang

Verkauf der Eigenkapitalanteile über den organisierten Kapitalmarkt.

Abbildung 2 (Seite 18) zeigt die Nutzung der diversen Exit-Alternativen während des Zeitraums von 1999 bis 2004. Für die dazu verwendeten Jahresdaten wurden jeweils die

Mitgliedsgesellschaften des Bundesverbandes deutscher Kapitalbeteiligungsgesellschaften e.V. (BVK) befragt.

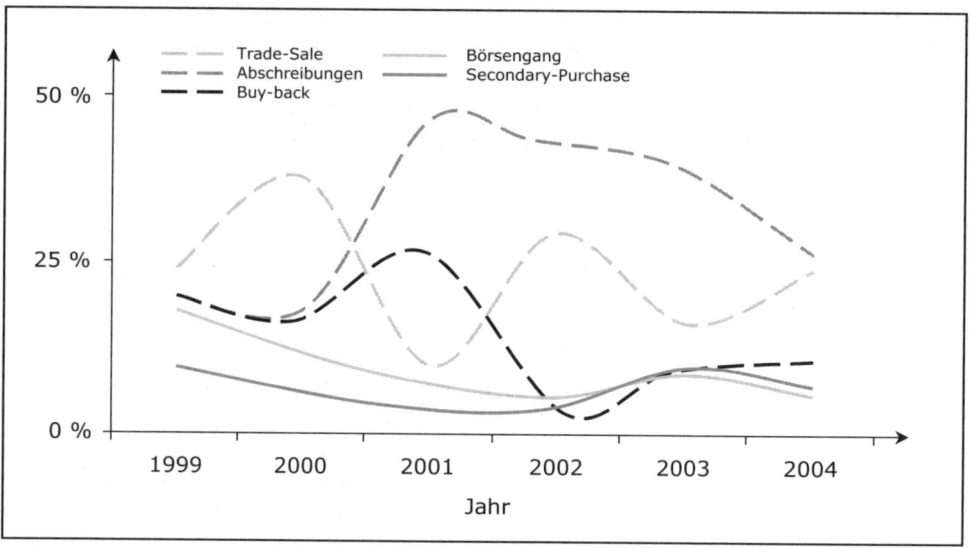

Abbildung 2: Nutzung der Exit-Kanäle nach Transaktionsvolumina, Quelle: BVK

Wir können eine gewisse Dominanz des Trade-Sales und des Verlustes (Abschreibungen) erkennen. Der Trade-Sale bewegte sich seit 1999 in einem Korridor von zehn bis 40 Prozent aller Exit-Möglichkeiten. Neben dem Trade-Sale nimmt der Verkauf der Anteile an andere Finanzinvestoren oder Beteiligungsgesellschaften bzw. an die Altgesellschafter seit 2002 wieder eine wichtigere Stellung ein.

Der Exit-Kanal Börsengang (Initial-Public-Offering – IPO) umfasst einerseits Erlöse aus dem direkten Verkauf zum Börsengang sowie Erlöse durch Anteilsverkäufe nach der vorgeschriebenen Haltefrist (Lock-up). Beispielsweise wurden im Jahr 2000 66 Börsengänge realisiert, an denen BVK-Mitglieder beteiligt waren. Davon entfielen 57 Börsengänge auf das inzwischen geschlossene Marktsegment Neuer Markt der Frankfurter Wertpapierbörse. In den Folgejahren sank der Anteil der Emissionserlöse. Die in Abbildung 2 aufgezeigten Exits durch IPOs nach 2000 entfallen fast ausschließlich auf Anteilsverkäufe nach der Haltefrist.

Die Möglichkeiten einer Venture-Capital-Finanzierung sind für die drei Frühphasen des Unternehmenslebenszyklus unterschiedlich. Grundsätzlich stehen dem Venture-Capital-Geber folgende Möglichkeiten der Finanzierung zur Verfügung (vgl. auch Teil III dieses Buches):

1. Direkte Beteiligung

    Der Investor übernimmt die Funktion eines Gesellschafters einer GmbH, eines Ak-
    tionärs einer AG oder eines Kommanditisten einer KG. Der Investor hat Interesse an
    der strategischen, nicht aber an der operativen Geschäftsführung.

2. Beteiligung als atypischer stiller Gesellschafter

    Hier erfolgt eine Kapitalüberlassung, die ebenfalls mit dem Übergang von Kontroll-
    und Mitbestimmungsrechten einhergeht. Die Aufnahme von atypischen stillen Ge-
    sellschaftern kommt der Aufnahme von Mitgesellschaftern nahe. Stillen Gesell-
    schaftern steht eine Gewinnbeteiligung zu und sie partizipieren auch am Verlust.

3. Beteiligung als typischer stiller Gesellschafter

    Die Aufnahme von typischen stillen Gesellschaftern ist mit der Abgabe geringer
    ausgeprägter Kontroll- und Mitbestimmungsrechte als bei atypischen stillen Gesell-
    schaftern verbunden. Auch typischen stillen Gesellschaftern steht eine Gewinnbetei-
    ligung zu. Die Beteiligung am Verlust ist möglich.

4. Nachrangige Darlehen

    Der Investor stellt dem Unternehmen ein Darlehen zur Verfügung, das im Fall der
    Zahlungsunfähigkeit bei der Gläubigerbedienung nachrangig behandelt wird – also
    aus Sicht der vorrangigen Fremdkapitalgeber wie Eigenkapital fungiert. Für Nach-
    rangdarlehen sind im Vergleich zu klassischen Bankkrediten keine Besicherungen
    üblich. Nachrangdarlehen nehmen nicht am Gewinn oder Verlust (außer im Insol-
    venzfall) teil.

5. Genussscheine (gegebenenfalls mit Wandlungsrecht)

    Investoren führen dem Unternehmen Genussrechtskapital zu, das in der Bilanz di-
    rekt unter dem Stamm- oder Grundkapital ausgewiesen und in der Handels- und
    Steuerbilanz wie Eigenkapital behandelt wird, wenn die Verzinsung der Genuss-
    rechte erfolgsabhängig erfolgt, das Genussrechtskapital am Verlust beteiligt ist, der
    Rückzahlungsanspruch der Genussrechtsinhaber nachrangig ist und die Überlassung
    des Genussrechtskapitals für einen längerfristigen Zeitraum angesetzt ist.

Betrachten wir im Folgenden die Frühphasen und deren Finanzierungsmöglichkeiten
detaillierter.

Seed-Financing

Seed-Capital bedeutet Saat-Kapital. Financiers stellen hier Kapital für die früheste Stufe
der Unternehmensentwicklung zur Verfügung. Häufig ist das Unternehmen in der Seed-
Phase nicht einmal gegründet, vielmehr befindet sich die Produktidee noch in einer der
Gründung vorgelagerten, kreativen Projektphase, weil der recht aufwendige Gründungs-

akt erst nach entsprechenden Marktanalysen auf Grund des bis dato in aller Regel un-
überschaubaren Risikos erfolgen sollte.

In dieser ersten Phase des Unternehmenslebenszyklus existiert meist nur die Geschäfts-
idee. Aufgaben der Finanzierung sind die Umsetzung einer Idee in einen Produkt-
Prototyp, die Anfertigung von Marktanalysen sowie die Erstellung eines Unternehmens-
konzeptes. Der Einstiegsbetrag für diese Erstphasenfinanzierung liegt mit rund 50 000
Euro deutlich unterhalb der Beträge in der nachgelagerten Start-up- und der First-Stage-
Phase.

In der Seed-Phase ist der Kapitalbedarf für Venture-Capital-Gesellschaften häufig noch
zu gering. Eine Kreditfinanzierung kommt selten in Frage, weil für die Kreditzusage
persönliche Vermögenswerte als Sicherheiten gestellt werden müssten. Die Finanzierung
können dann Business-Angels übernehmen. Business-Angels sind vermögende Privatpersonen, die junge, innovative Unternehmen bei ihren ersten Schritten begleiten.

Für Business-Angels zählt die Möglichkeit, die eigene unternehmerische Kompetenz
weiterzugeben, Kontakte zu Geschäftspartnern zu vermitteln und in betriebswirtschaftlichen Fragestellungen mit Erfahrung zur Seite zu stehen. Business-Angels mischen sich
selten in das operative Geschäft ein. Die Erfahrung, das Know-how und die Kontakte
eines Business-Angels sind für ein junges Unternehmen wertvoll. Business-Angels lassen sich in folgende Kategorien einteilen:

- Finance-Angel

  Für den Finance-Angel steht die Realisation eines stark renditeträchtigen Investments im Vordergrund. Das Einbringen von Managementerfahrung spielt eine untergeordnete Rolle.

- Consulting-Angel

  Consulting-Angels sind häufig selbständige Berater aus den Bereichen Strategiebe-
  ratung, Steuerberatung, Wirtschaftsprüfung oder Rechtsberatung. Die Honorarforde-
  rungen werden mit einer Beteiligung am Eigenkapital verrechnet (Consulting-for-
  Equity). Der Unternehmer erhält so in der Startphase nötiges Know-how, ohne liquide Abflüsse zu verzeichnen. Der Consulting-Angel führt keine liquiden Mittel
  zu.

- Working-Angel

  Der Working-Angel sucht häufig eine Vollzeitbeschäftigung, an deren Erfolg er
  durch eine Beteiligung partizipieren kann.

Die direkte Beteiligung stellt eine erste Möglichkeit für den Business-Angel dar. Veräußerungsgewinne aus dem Verkauf insbesondere von atypischen stillen Beteiligungen
können einen Steuernachteil aufweisen und kommen dann für einen Business-Angel selten in Frage. Auch das nachrangige Darlehen scheidet oft aus, weil die Partizipation an
Wertsteigerungen des Unternehmens nicht gegeben ist. Genussrechte stellen neben der

offenen Beteiligung in der Praxis eine gängige, wenn auch komplexe Business-Angel-Finanzierungsform dar. Business-Angels favorisieren die Finanzierung von Gründerteams, eher selten von Einzelunternehmern.

In dieser ersten Phase des Unternehmenslebenszyklus ist die Wahrscheinlichkeit des Verlustes besonders hoch. Der Investor wird demnach für Unternehmensanteile – in welcher Form auch immer – Preise nahe der Bewertung der Gründeranteile zahlen. Ein Preisaufschlag kann je nach so genanntem Sweat-Equity durch die Gründer gerechtfertigt sein. Als Sweat-Equity werden Quasi-Sacheinlagen durch Vorleistungen der Entwickler, z. B. Aufwendungen für die Umsetzung der Grundidee, bezeichnet.

Start-up-Financing

Start-up-Finanzierungen kommen für Unternehmen in der Gründungsphase in Frage. Ziele der Finanzierung sind die Produktentwicklung und die ersten Vertriebsaktivitäten. Der Übergang vom Business-Angel-Verbund zur Venture-Capital-Gesellschaft ist fließend. So kann eine Gründungsfinanzierung mit einem Business-Angel oder einer Venture-Capital-Gesellschaft realisiert werden. Die Entscheidung hängt überwiegend vom benötigten Kapital ab.

Start-up-Unternehmen haben bereits detaillierte Marktanalysen sowie einen Businessplan erstellt. Das Managementteam ist vollständig. Es existieren bereits erste Pilotkunden, Einkaufsquellen und vielleicht auch schon Partnerschaften. Start-up-Unternehmen benötigen Kapital für den Aufbau der Strukturen im Unternehmen. Zudem ist das junge Unternehmen auf monetären Spielraum angewiesen, um sich am Markt zu positionieren und bekannt zu machen. Der Kapitalbedarf der Jungunternehmer ist in der Start-up-Phase deutlich höher als in der Seed-Phase und beginnt bei circa 250 000 Euro.

In dieser zweiten Phase des Unternehmenslebenszyklus ist das Risiko für den Investor bereits geringer als es noch in der Seed-Phase war, weil eine Einschätzung von möglichen Erfolgen, des Wettbewerbs und des Marktpotenzials bereits mit größerer Sicherheit erfolgen kann. Der Venture-Capital-Geber wird die Anteile am Unternehmen zu einem höheren Preis erwerben, als dies der Business-Angel noch in der Seed-Phase tat.

Auf Grund des Risikos möchten Venture-Capital-Geber häufig jedoch nicht die Gesamtfinanzierung in einer Summe tätigen. So verteilen sie die Kapitalzufuhr über mehrere Runden. Das Kapital des Venture-Capital-Gebers wird so phasenweise dem Unternehmen zur Verfügung gestellt.

Beispiel 1 (Phasenweise Venture-Capital-Finanzierung)

Das Start-up-Unternehmen Cybertech AG verfügt bereits über 80 000 Euro Eigenkapital. Cybertech benötigt nun insgesamt 500 000 Euro für die Beschaffung von Servern und IT-Ausrüstung und wendet sich dazu an einen Venture-Capital-Geber. Das Agio für den Beteiligungseinstieg betrage 19 Euro pro Euro Nennwert. Die Finanzierung könnte dann in den in Tabelle 1 (Seite 22) dargestellten vier Runden geschehen.

	1.1.2005	1.1.2006	1.1.2007	1.1.2008
Zuführung Grundkapital (in Tausend €)	10	5	5	5
Zuführung Kapitalrücklage (in Tausend €)	190	95	95	95
Buchwert Grundkapital (in Tausend €)	90	95	100	105
Anteil Buchwert Gründer (in %)	88,9	84,2	80,0	76,2
Anteil Buchwert VC-Geber (in %)	11,1	15,8	20,0	23,8

Tabelle 1:   Vier-Runden-Phasenfinanzierung (Beispiel)

Die erste Kapitalzufuhr in Höhe von 200 000 Euro erfolgt zum 1.1.2005. Davon werden 10 000 Euro in das Grundkapital eingezahlt, 190 000 Euro fließen in die Kapitalrücklage. Die Venture-Capital-Gesellschaft hat also zum 1.1.2005 durch die Einzahlung 11,1 Prozent der Unternehmensanteile erworben. Den Gründern verbleiben nach dieser ersten Finanzierungsrunde 88,9 Prozent. Für die folgenden drei Finanzierungsrunden in Höhe von jeweils 100 000 Euro wird das Agio beibehalten. Aus dem insgesamt investierten Kapital von 500 000 Euro wird für den Venture-Capital-Geber bis zum 1.1.2008 eine 23,8-prozentige Beteiligung.

Kurz erklärt: Agio

▪ Das Agio (Aufgeld) stellt denjenigen Teil des Einzahlungsbetrages des Kapitalgebers dar, der nicht in das Stamm- oder Grundkapital, sondern in die Kapitalrücklage fließt.

▪ Es verhindert, dass mit einer hohen Investitionssumme stets eine zu hohe Abgabe von Kapitalanteilen einhergeht.

▪ Ein Agio von 19 Euro pro Euro Nennwert bedeutet, dass von der Gesamtinvestitionssumme nur jeder zwanzigste Euro in das Stamm- oder Grundkapital fließt und somit Eigentum am Unternehmen verbrieft.

First-Stage-Financing

Die First-Stage-Finanzierung kann eine frühe Folgephasenfinanzierung sein. First-Stage-Unternehmen sind Unternehmen, in denen die Produktentwicklung bereits abgeschlossen ist, aber noch keine nennenswerten Umsätze erzielt werden. Das durch die Finanzierung in dieser dritten Frühphase des Unternehmenslebenszyklus zugeführte Kapital wird für die breite Markteinführung des Produktes oder der Dienstleistung verwendet. So muss im Unternehmen

- ein Vertriebssystem aufgebaut sowie
- eine Corporate-Identity und eine Marketingstrategie entwickelt werden.
- Es müssen personelle Kapazitäten verstärkt,
- Kooperationen geknüpft sowie
- die Produktion erweitert und forciert werden.

In der First-Stage-Phase treten Gründer in der Regel deutlich selbstbewusster gegenüber potenziellen Kapitalgebern auf. Letztere müssen in dieser Phase im Vergleich zur Start-up-Phase nochmals mit einer erhöhten Bewertung der Anteile, also einem höheren Kaufpreis, rechnen: In der First-Stage-Phase hat sich die Unsicherheit über den Unternehmenserfolg abermals reduziert.

Ist die Entscheidung für eine Venture-Capital-Finanzierung im Unternehmen gefallen, kann der gesamte Verhandlungs- und Darstellungsprozess bis hin zur finanziellen Transaktion sowie der Beurkundung circa sechs Monate in Anspruch nehmen. Diese Frist variiert, weil unterschiedlich aufwendige Auswahl- und Prüfprozesse in den Kapitalgebergesellschaften implementiert sind. Abbildung 3 (Seite 24) liefert einen Überblick über diesen Beteiligungsprozess.

Zur Suche von Venture-Capital- bzw. Private-Equity-Gebern erhalten Unternehmen z. B. auf der Homepage des BVK (www.bvk-ev.de) die Möglichkeit, in der Mitgliederdatenbank zu recherchieren. Dazu stehen Suchmasken zur Verfügung, die eine verfeinerte Recherche anhand von Kriterien, wie Art der gesuchten Beteiligungsgesellschaft, Größenordnung des Investitionsvolumens, Beteiligungsform, Finanzierungsphase oder Branchenschwerpunkt, erlauben.

2.2   Bewertung von Venture-Capital-Investments

Der Unternehmenswert stellt die Kalkulationsgrundlage für den Beteiligungsvertrag dar. Er liefert die Entscheidungsgrundlage, ob und in welcher Höhe, also mit welcher Renditeforderung, eine Beteiligung eingegangen wird.

Zur Berechnung des Unternehmenswertes stehen zunächst die klassischen Unternehmensbewertungsverfahren zur Verfügung. Diese kommen zum Einsatz, wenn es um Unternehmenskäufe, Abfindungen oder Emissionspreisfindungen für bereits etablierte Unternehmen geht. Die klassischen Verfahren sind die Einzelbewertungs-, die Gesamtbewertungs-, die Misch- und die Vergleichsverfahren.

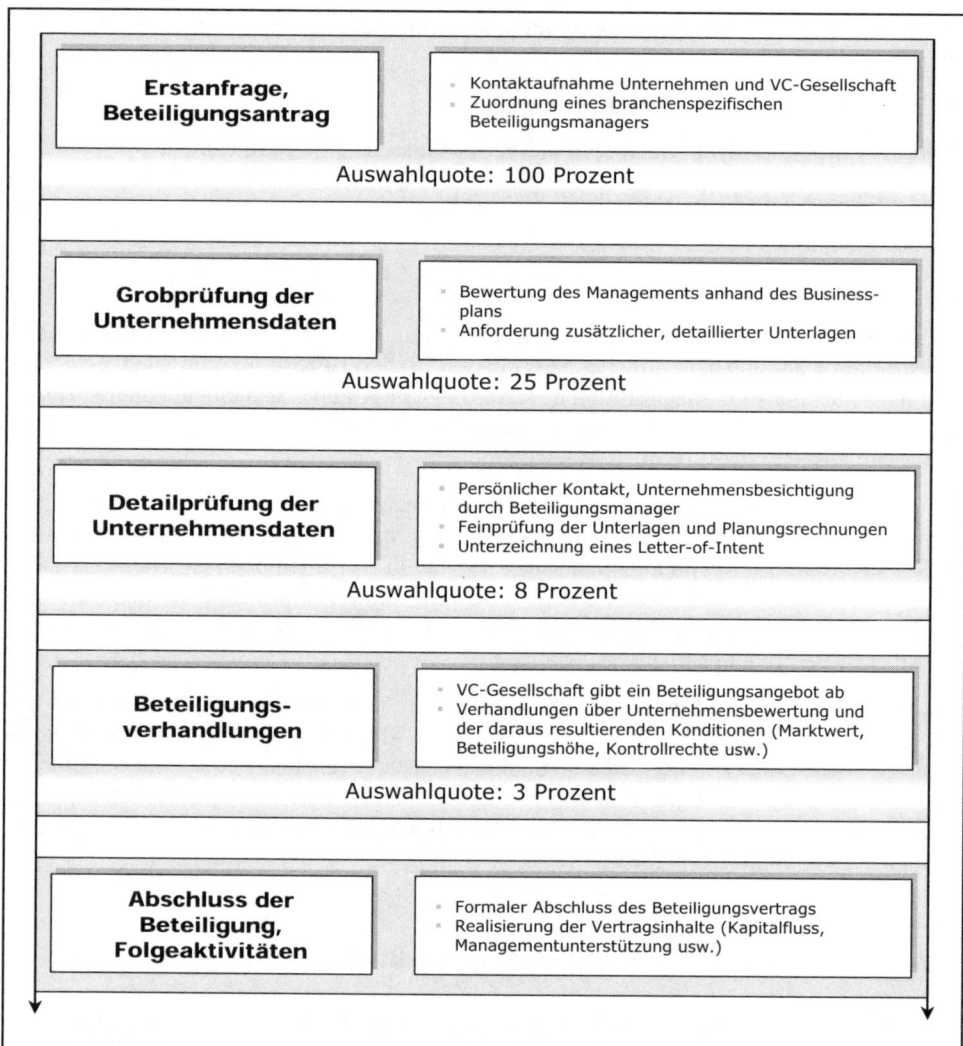

Abbildung 3: Phasen der Beteiligungsprüfung; Quelle: Schefczyk (2000)

Wir werden sehen, dass diese Verfahren teilweise recht schnell an ihre Grenzen stoßen, wenn junge Unternehmen bewertet werden sollen, die keine Jahresabschlusshistorie vorweisen können und durch ein spezifisches Risikoprofil gekennzeichnet sind. Dann kommen die speziell für Venture-Capital- und Mehrphasenfinanzierungen entwickelten Modelle zum Einsatz. Wir wollen im Folgenden einen kurzen Streifzug durch die Bewertungstechniken für Venture-Capital-Unternehmen unternehmen. Dazu gehen wir auf die nachstehenden Methoden ein:

1. Einzelbewertungsverfahren (Substanzwert- und Liquidationswertverfahren),

2. Gesamtbewertungsverfahren (Ertragswert- und Discounted-Cashflow-Methode),

3. Vergleichsverfahren,

4. Bewertung mit Optionsansätzen,

5. Venture-Capital-Methode,

6. Earn-out-Methode.

Einzelbewertungsverfahren

Grundsätzlich lassen sich in der klassischen Unternehmensbewertung Einzel- und Gesamtbewertungsverfahren unterscheiden. Die Einzelbewertungsverfahren dominierten in Deutschland die Unternehmensbewertungspraxis bis Ende der siebziger Jahre. Diese Verfahren ermitteln den Wert des Eigenkapitals eines Unternehmens als Summe der einzelnen Vermögensgegenstände abzüglich der Schulden zu einem bestimmten Stichtag. Innerhalb der Einzelbewertungsverfahren wird weiter zwischen der Bewertung zu Wiederbeschaffungspreisen (Substanzwertverfahren) oder zu Liquidationspreisen (Liquidationswertverfahren) unterschieden.

Die Einzelbewertungsverfahren sind vergangenheits- und stichtagsbezogen. Junge, innovative Unternehmen erhalten deshalb gemäß den Einzelbewertungsverfahren Unternehmenswerte nahe null, sind sie doch gerade durch eine noch nicht vorhandene Substanz (z. B. Maschinen oder Gebäude) gekennzeichnet. Dazu soll ja die Venture-Capital-Finanzierung erst verhelfen. Die Einzelbewertungsverfahren widersprechen der Auffassung der Berechnung von Unternehmenswerten als Bewertung der zukünftigen Leistungsfähigkeit und eignen sich deshalb nicht zur Bewertung von Unternehmen in der Frühphase. Lediglich dem Liquidationswert kommt als Wertuntergrenze für ein Unternehmen eine untergeordnete Bedeutung zu.

Gesamtbewertungsverfahren

Der Sichtweise des Vergangenheitsbezugs treten die Gesamtbewertungsverfahren entgegen. Hier gilt es, den Unternehmenswert aus der Fähigkeit herzuleiten, zukünftig ausschüttbare finanzielle Überschüsse zu erwirtschaften. Die Gesamtbewertungsverfahren beruhen auf dem Kapitalwertkalkül, also der Ermittlung des Barwertes der zukünftigen finanziellen Überschüsse eines Investitionsprojektes zu den Zeitpunkten t bis zum Laufzeitende T abzüglich der Anschaffungsauszahlung – im englischen Sprachraum als Net-Present-Value (NPV) bezeichnet. Dabei dient im einfachsten Fall der Zinssatz r für sichere Investments zur Diskontierung.

Das Kapitalwertkriterium liefert eine Entscheidungsgrundlage für verschiedenste Investitionen, z. B. die Anschaffung einer Maschine, die Einstellung von zusätzlichem Personal oder eben den Kauf von Unternehmensanteilen. Die Entscheidungsregel lautet, eine

Investition durchzuführen, wenn deren Kapitalwert positiv ist. Dabei wird in der nachstehenden Grundformel (1) davon ausgegangen, dass die finanziellen Überschüsse auch
mit Sicherheit erwirtschaftet werden können:

$$(1) \qquad NPV = \sum_{t=1}^{T} \frac{\text{Finanzielle Überschüsse}}{(1+r)^t} - \text{Anschaffungsauszahlung}$$

Demnach soll eine Beteiligung an einem Unternehmen eingegangen werden, wenn die
barwertigen Einzahlungen die barwertigen Auszahlungen übersteigen. Für die Bewertung von Unternehmen müssen wir jedoch diese Welt unter Sicherheit verlassen und mit
unsicheren Überschüssen arbeiten. Zur Bewertung der geplanten finanziellen Überschüsse ist dem Risiko Rechnung zu tragen. Diese risikoangemessene Bewertung liefern die
im Folgenden kurz vorgestellten Ertragswert- und Discounted-Cashflow-Verfahren.

Das Ertragswertverfahren ermittelt den Unternehmenswert durch Diskontierung der
prognostizierten finanziellen Überschüsse, die dem Unternehmenseigener zukünftig zufließen werden. Diese Überschüsse werden aus den zukünftigen unternehmerischen Ergebnissen abgeleitet und sind mit einem risikoangepassten Zinssatz abzuzinsen. Dazu
wird im Ertragswertverfahren die erwartete Rendite der besten zur Verfügung stehenden
vergleichbaren Alternativanlage $r_{\text{alternativ}}$ verwendet. Diese Überschüsse werden mit den
betriebsnotwendigen Mitteln erwirtschaftet.

Der Wert eines gesamten Unternehmens setzt sich dann aus der Leistungskraft des betriebsnotwendigen und dem nicht-betriebsnotwendigen Vermögen zusammen. Letzteres
könnten Wertpapierbestände im Unternehmen sein, die nicht zur Erwirtschaftung der
Überschüsse notwendig sind, also nicht z. B. als Liquiditätsreserve dienen. Diese haben
keinen Leistungswert, stellen aber Vermögen dar. Nicht-betriebsnotwendige Vermögensgegenstände werden zu Liquidationspreisen zum Barwert der prognostizierten finanziellen Überschüsse des betriebsnotwendigen Vermögens addiert. Wir erhalten dann
folgenden Unternehmenswert UW:

$$(2) \qquad UW = \sum_{t=1}^{T} \frac{\text{Finanzielle Überschüsse}}{(1+r_{\text{alternativ}})^t} + \text{Nicht-betriebsnotwendiges Vermögen}$$

Die Discounted-Cashflow- (DCF-) Methode umfasst zahlreiche Varianten der Cashflow-
Diskontierung, die dem Kapitalkostenprinzip folgen. Dieses Prinzip besagt, dass
erwartete Cashflows, die den jeweiligen Kapitalgebern zufließen, mit dem zugehörigen
Kapitalkostensatz $r_{\text{Kapitalkosten}}$ diskontiert werden müssen:

$$(3) \qquad UW = \sum_{t=1}^{T} \frac{\text{Cashflows}}{(1+r_{\text{Kapitalkosten}})^t} + \text{Nicht-betriebsnotwendiges Vermögen}$$

Kurz erklärt: Cashflow

- Der Cashflow gibt den innerhalb einer Periode erwirtschafteten zahlungswirksamen Überschuss an. Nach der so genannten direkten Methode errechnet er sich aus der Differenz der zahlungswirksamen Erträge und zahlungswirksamen Aufwendungen.

- Diese Größen sind häufig nicht unmittelbar aus der Gewinn- und Verlustrechnung ablesbar. Deshalb benutzt man die so genannte indirekte Methode. Danach errechnet sich der Cashflow wie folgt:

Cashflow = Jahresüberschuss

+ nicht-zahlungswirksame Aufwendungen

– nicht-zahlungswirksame Erträge

- Nach einer groben Berechnungsvorschrift ergibt sich der Cashflow deshalb aus dem Jahresüberschuss zuzüglich der Abschreibungen sowie der Erhöhung der Rückstellungen. Der Cashflow entspricht damit dem Innenfinanzierungspotenzial des Unternehmens.

- Unter dem freien Cashflow versteht man den Cashflow aus der operativen Geschäftstätigkeit abzüglich des Cashflows für Re- oder Neuinvestitionen.

Das überwiegend angewandte DCF-Verfahren ist der so genannte Entity-Approach, bei dem die prognostizierten freien Cashflows (vor Zinsen), die den Fremd- und Eigenkapitalgebern zustehen, mit dem durchschnittlich gewogenen Kapitalkostensatz diskontiert werden. Junge Unternehmen weisen auf Grund des vergleichsweise höheren Risikos deutlich höhere Kapitalkosten auf. Die Diskontierungszinssätze bewegen sich hier selten unter 20 Prozent p. a. (und können auch 60 Prozent p. a. betragen).

Zur Verwendung der Gesamtbewertungsverfahren müssen Planungsrechnungen erstellt werden, die unter Zuhilfenahme der Vergangenheitswerte nach Auffassung des Instituts der Wirtschaftsprüfer (IDW) für drei Phasen erstellt werden sollen. Die erste Phase umfasst die drei ersten Planjahre, die zweite Phase die Planjahre vier bis acht und in der dritten Planphase beginnt mit dem neunten Planjahr die so genannte Ewige Rente. Der Unternehmenswert der Gesamtbewertungsverfahren ist deshalb nur so gut wie die zu Grunde liegende Planung.

Ertragswert- und DCF-Verfahren stoßen beide an Grenzen, wenn Unternehmen in den ersten Jahren negative Jahresergebnisse bzw. negative Cashflows aufweisen. Diese Problematik umgehen die Vergleichsverfahren, wenn sie auf nicht-negative Bezugswerte zurückgreifen können.

Vergleichsverfahren

Die Vergleichsverfahren basieren auf der Idee, Investitionen mit gleichem Risikoprofil und gleichen Ertragsaussichten auch denselben Preis zuzuordnen. Ein Unternehmen kann dann bewertet werden, indem auf Preise von vergleichbaren Unternehmen zurückgegriffen wird. Sind diese Vergleichsunternehmen an der Börse notiert, kommt die so genannte Multiplikatormethode zum Einsatz. Im ersten Schritt werden Verhältniszahlen, z. B. Umsatz zu Unternehmenswert oder Gewinn zu Unternehmenswert, der börsennotierten Unternehmen berechnet, um den so entstandenen Multiplikator anschließend auf den Umsatz oder den Gewinn des zu bewertenden nicht-börsennotierten Unternehmens anzuwenden. Ein Beispiel zur Berechnung von Unternehmenswerten durch Marktmultiplikatoren zeigen wir in Kapitel 6.

Die Multiplikatormethode erfreut sich in der Praxis gewisser Beliebtheit, weil die Multiplikatoren unkompliziert aus öffentlich zugänglichen Informationen gewonnen werden können und der Unternehmenswert dann schnell berechnet ist. Das Angebot für die Verwendung von Multiplikatoren ist groß. So können z. B. für ein Unternehmen, das in den ersten Jahren keine Gewinne erwirtschaftet, Indikatoren wie Umsatz oder Kundenanzahl verwendet werden. Aktuelle Branchenmultiplikatoren sind einigen Wirtschaftsmagazinen zu entnehmen und ersparen die Datenrecherche.

Der Vergleich mit nicht-börsennotierten Unternehmen stellt eine Alternative dar, sofern Zugang zu diesen sensiblen Daten möglich ist. So können Unternehmenswerte von (Mergers-and-Acquisitions-)Transaktionen Anhaltspunkte für die eigene Bewertung liefern. Vergleichsunternehmen können anhand der Branche, der Größe des Unternehmens, der Zusammensetzung der Vermögensgegenstände, der Rechtsform, der Kapitalstruktur, der Kundenstruktur oder des Lieferantenkreises selektiert werden.

Bewertung mit Optionsansätzen

Optionsansätze berücksichtigen in der Bewertung Wahlalternativen (des Venture-Capital-Gebers). So kann bei einer Erstinvestition die Option vereinbart worden sein, nach Ablauf eines Jahres weitere Mittel zur Verfügung zu stellen, wobei diese Bereitstellung z. B. an die Erwirtschaftung eines im Voraus definierten Umsatzes geknüpft ist. Die zweite Beteiligung stellt dann eine Kaufoption dar, die der Venture-Capital-Gesellschaft das Recht, nicht aber die Pflicht, einräumt, durch eine weitere Einlage Unternehmensanteile zu erwerben. Folglich kann die Bewertung der zweiten Beteiligung mit Methoden zur Bewertung von Finanzoptionen erfolgen.

Venture-Capital-Methode

Die Venture-Capital-Methode erfreut sich einiger Beliebtheit in der Venture-Capital-Bewertungspraxis, weil sie ähnlich der Multiplikatormethode schnell und unkompliziert auch für Projekte mit mehreren Finanzierungsrunden und negativen erwarteten Ergebnissen oder Cashflows in der Startphase anwendbar ist.

Zur Bewertung eines Unternehmens definiert der Venture-Capital-Geber im ersten Schritt seine Target-Rate τ. Die Target-Rate stellt diejenige Verzinsung dar, die er für sein investiertes Kapital jährlich fordert. Da gerade junge Unternehmen keine jährlichen Dividendenzahlungen leisten können, erzielt der Investor die Rendite durch Marktwertzuwachs seiner Unternehmensanteile, die er am Ende der Beteiligungsperiode veräußern möchte.

Im zweiten Schritt berechnen wir dann den geforderten Wert der Unternehmensbeteiligung des Venture-Capital-Gebers UW_{VC} zum Stichtag des Beteiligungsausstiegs T (in Jahren). Dieser entspricht gerade der Verzinsung der Investitionssumme mit der Target-Rate über die Laufzeit der Beteiligung:

(4) $UW_{VC}^T = (1 + \tau)^T \times \text{Investitionssumme}$

Im dritten Schritt schließt sich die Berechnung des gesamten Unternehmenswertes UW (nicht nur der Anteile der Venture-Capital-Geber) zum Beteilungsanfangs-Zeitpunkt $t = 0$ an. Dies geschieht besonders einfach mittels Multiplikatormethode; wir benutzen hier exemplarisch einen Gewinnmultiplikator. Dabei wird der geplante Gewinn des Unternehmens zum Zeitpunkt des Ausstiegs T zunächst mit dem Gewinnmultiplikator multipliziert:

(5) $UW^T = \text{Gewinn}^T \times \text{Gewinnmultiplikator}$

Dabei liefern die Unternehmenswerte UW_{VC}^T und UW^T die aus der Investitionssumme resultierende Beteiligungsquote:

(6) $\text{Beteiligungsquote} = \dfrac{UW_{VC}^T}{UW^T}$

Den Unternehmenswert zum Beteilungsanfang UW^0 ermitteln wir schließlich durch Diskontierung von UW^T mit der Target-Rate:

(7) $UW^0 = \dfrac{UW^T}{(1 + \tau)^T}$

Der Unternehmenswert für alle Anteile direkt nach dem Mittelzufluss wird als Post-Money-Value bezeichnet:

(8) $\text{Post-Money-Value} = \dfrac{UW_{VC}^0}{\text{Beteiligungsquote}}$

Der Wert der Beteiligung der Venture-Capital-Geber entspricht zum Anfangszeitpunkt gerade der Investitionssumme. Der Pre-Money-Value, also der Wert des Unternehmens vor dem Mittelzufluss durch die Venture-Capital-Geber, lautet dann:

(9) $\text{Pre-Money-Value} = \text{Post-Money-Value} - \text{Investitionssumme}$

Die Venture-Capital-Methode liefert Unternehmenswerte für das gesamte Unternehmen und separat für die Anteile des Venture-Capital-Gebers. Zudem liefert sie einen Anhaltspunkt für die Beteiligungshöhe, die unter anderem aus dem gesetzten Target und der Investitionssumme resultiert.

Beispiel 2 (Venture-Capital-Methode)

Die neu gegründete HichTech.com GmbH bewirbt sich bei der Venture Company um eine Beteiligung mit einem Investitionsbetrag von 250 000 Euro. Über 100 000 Euro verfügt das Unternehmen bereits als Stammkapital. Für das hohe Risiko aus dem Internet-PC-Handel erwartet die Venture Company eine jährliche Verzinsung von 40 Prozent. Der Wert der Beteilung nach fünf Jahren lautet dann:

$$(10) \qquad UW_{VC}^5 = (1 + 0,40)^5 \times 250\,000\ \text{€} = 1\,344\,560\ \text{€}$$

Der prognostizierte Gewinn der HichTech.com soll sich zum Exit-Zeitpunkt auf 800 000 Euro belaufen. Börsennotierte Vergleichsunternehmen werden aktuell durchschnittlich mit dem Zehnfachen des Gewinns an der Börse bewertet. Die Unternehmenswerte in den Zeitpunkten $t=5$ und $t=0$ lauten dann:

$$(11) \qquad UW^5 = 800\,000\ \text{€} \times 10 = 8\,000\,000\ \text{€} \quad \text{und} \quad UW^0 = \frac{8\,000\,000\ \text{€}}{(1 + 0,4)^5} = 1\,487\,475\ \text{€}$$

Aus diesen Werten können wir die resultierende Beteiligungsquote ermitteln:

$$(12) \qquad \text{Beteiligungsquote} = \frac{1\,344\,560\ \text{€}}{8\,000\,000\ \text{€}} = 16,8\,\%$$

Der Unternehmenswert zum Beteiligungsbeginn lautet:

$$(13) \qquad \text{Post-Money-Value} = \frac{250\,000\ \text{€}}{16,8\,\%} = 1\,487\,475\ \text{€}$$

Der Unternehmenswert vor Kapitaleinlage beträgt folglich:

$$(14) \qquad \text{Pre-Money-Value} = 1\,487\,475\ \text{€} - 250\,000\ \text{€} = 1\,237\,475\ \text{€}$$

Earn-out-Methode

Eine Möglichkeit, der Prognoseproblematik in den Gesamtbewertungsverfahren aus dem Weg zu gehen, liefert die Earn-out-Methode. Dabei handelt es sich um die verzögerte Kaufpreisbestimmung durch den Venture-Capital-Geber, die sich auch für Phasenfinanzierungen eignet. Ausgangsbasis stellt ein bereits ermittelter Unternehmenswert dar. Der Kaufpreis wird dann in weiteren Schritten korrigiert. Die Entscheidung für eine Korrektur erfolgt bei Nicht-Erreichen von im Vorhinein definierten Meilensteinen. Diese Meilensteine können z. B. sein:

- Anzahl der Kunden,

- Wachstumsrate des Betriebsergebnisses,

- Wachstumsrate des Umsatzes,

- Erhöhung des Marktanteils.

So kann vertraglich festgelegt sein, dass ein Teil des Kaufpreises an die Venture-Capital-Gesellschaft zurückgezahlt werden muss, wenn sich nach einem Jahr die Anzahl der Kunden nicht verdoppelt. Dazu kann ein Teil des Kaufpreises auf ein Sperrkonto eingezahlt werden, um Liquiditätsprobleme bei Nicht-Erreichen der Meilensteine zu verhindern. Diese Art der Kaufpreisberechnung begrenzt das Risiko des Venture-Capital-Gebers, weil sie die Unsicherheit über den zukünftigen Erfolg reduziert. Das Earn-out-Verfahren kann die Interessen von Venture-Capital-Geber und -Nehmer annähern.

2.3   Eigenkapitalkosten von Venture-Capital-Finanzierungen

Die Renditeforderungen von Venture-Capital-Gebern bemessen sich am Investitionsrisiko der geplanten Beteiligung. Wir haben bereits darauf hingewiesen, dass das Investitionsrisiko häufig umso größer ausfällt, je jünger das Unternehmen ist. So müssen in aller Regel für Seed-Investitionen deutlich geringere Preise als für vergleichbare Start-up-Investitionen gezahlt werden. Für First-Stage-Beteiligungen werden dann wiederum geringere Preise gezahlt als für Start-up-Beteiligungen. Das Investitionsrisiko eines Venture-Capital-Gebers hängt dennoch nicht nur von der Lebenszyklusphase des Venture-Capital-Nehmers ab. Grundsätzlich lassen sich folgende Aspekte nennen, die die Renditeforderungen determinieren können:

1. Unternehmensrisiko des Venture-Capital-Nehmers

   Das Unternehmensrisiko wird aus der bisherigen und insbesondere der zukünftigen Entwicklung des Unternehmens abgelesen. Indikator für den zukünftigen Erfolg ist der geplante Cashflow, der die Ertragskraft des Unternehmens angibt.

2. Strukturierung der Venture-Capital-Beteiligung

   Die Renditeforderung von Venture-Capital-Investoren wird durch die vertraglich bestimmte Beteiligungsform determiniert. So ist z. B. eine direkte Beteiligung am Unternehmen mit einem höheren Risiko verbunden als eine Finanzierung, die auch Fremdkapital-Bestandteile umfasst. Die direkte Beteiligung generiert die geforderte Rendite in der Regel ausschließlich aus der Marktwertsteigerung der Unternehmensanteile, während z. B. eine Wandelanleihe (siehe Teil III des Buches) eine jährliche Verzinsung vorsieht, die das Risiko reduziert.

3. Nachfrage und Angebot auf dem Venture-Capital-Markt

Auf jedem Markt wird der Preis eines Gutes durch Angebot und Nachfrage beein-flusst. Dies ist beim Risikokapital nicht anders. Übersteigt das Angebot an Beteili-gungen die Nachfrage, kann der Venture-Capital-Nehmer gegebenenfalls höhere Preise für den Verkauf seiner Anteile erzielen und somit die Renditeerwartung des Venture-Capital-Gebers drücken. Existiert ein geringes Angebot durch die Venture-Capital-Geber, kann die entgegengesetzte Entwicklung eintreten. Die Entwicklung des gesamten Venture-Capital-Marktes kann z. B. am Private-Equity-Barometer der KfW abgelesen werden.

4. Laufzeit der Transaktion

Die geplante Laufzeit eines Venture-Capital-Investments ist auch ohne vorgesehene zwischenzeitliche Ausschüttung deshalb von Bedeutung, weil sich die Unsicherheit über den Exit-Zeitpunkt und den dann realisierbaren Unternehmenswert mit dem Zeithorizont erhöht. Dies findet seinen Niederschlag in der Renditeforderung des Ventur-Capital-Gebers.

5. Marktbewertung und -entwicklung

Die Rendite von Venture-Capital-Investitionen unterliegt Schwankungen, die teil-weise zeitverzögert mit dem Konjunkturzyklus korrespondieren. Fällt die geplante Wachstumsphase in ein Konjunkturtief, wird auch der Marktpreis der Beteiligung zu diesem Zeitpunkt, der häufig mit dem Exit-Zeitpunkt einhergeht, geringer ausfallen.

6. Markteffizienz

Am Venture-Capital-Markt ist eine geringere Anzahl von Marktteilnehmern aktiv als an organisierten Kapitalmärkten. Deshalb ist die Informationsverarbeitung häu-fig weniger effizient als an Wertpapierbörsen. Hingegen kann die Qualität der In-formationen besser sein, weil der Investor einen intimeren Einblick in das Unter-nehmen (z. B. mittels Due-Diligence, vgl. Abschnitt 6.4) erhält, als dies der Vielzahl von Aktionären börsennotierter Unternehmen möglich ist.

7. Alternative Investitionsmöglichkeiten

Investoren entscheiden sich für eine Investition unter Risiko-Rendite-Aspekten. Hierzu kann der Investor auf das gesamte Spektrum an Anlagemöglichkeiten zu-rückgreifen. Eine Beteiligung stellt nur eine Investitionsalternative dar. So können auch hoch volatile Aktien oder Optionen eine Alternative sein.

Jedes Venture-Capital-Projekt besitzt ein spezielles Risikoprofil. Eine Standardrendite-forderung kann also nicht existieren. Klar muss jedoch die Richtung sein: Je größer das Risiko des Venture-Capital-Nehmers, umso geringer fällt tendenziell der Preis der ver-kauften Anteile aus, denn jeder Venture-Capital-Geber wird für die Übernahme von Ri-siken eine Risikoprämie erwarten, die den Kaufpreis der Beteiligung mindert. Diese

Renditeforderungen fallen unterschiedlich aus. So werden z. B. für den amerikanischen Venture-Capital-Markt Renditeforderungen von circa 80 Prozent p. a. für Seed-Investitionen, von circa 60 Prozent p. a. für Start-up-Investitionen und von circa 50 Prozent p. a. für First-Stage-Investitionen genannt. Für den deutschen Markt liegen die Venture-Capital-Renditeforderungen bei bis zu 50 Prozent p. a., wobei zwischen einzelnen Renditeforderungen und dem Rendite-Risiko-Trade-off für das gesamte Portfolio einer Venture-Capital-Gesellschaft unterschieden werden muss. In jedem Venture-Capital-Portfolio treten Diversifikationseffekte auf. Gute Investments mit hoher Verzinsung gleichen in gewissem Umfang die Unter-Performance von schlechten Investments aus. Konkretere Informationen entnehmen wir den in Abbildung 4 (Seite 34) dargestellten Ergebnissen einer Befragung durch die KfW.

Befragt wurden 17 Corporate-Venture-Capital-Gesellschaften (den Kapitalgebern angegliedert), 57 unabhängige Venture-Capital-Gesellschaften, sieben mittelständische Beteiligungsgesellschaften (MBGs) sowie neun förderorientierte Kapitalgeber. Grundsätzlich sollte bei der Diskussion von Venture-Capital-Renditeforderungen zwischen Venture-Capital-Gebern mit eigenen Gewinnabsichten oder öffentlich-rechtlichem Hintergrund unterschieden werden. Letztere verfolgen einen Förderzweck und haben keine Gewinnabsichten. Die Renditeforderungen fallen entsprechend geringer aus. Abbildung 4 zeigt, dass bis auf die Förderinstitute Venture-Capital-Renditeforderungen größtenteils oberhalb von 24 Prozent p. a. liegen. Die vergleichsweise hohen Renditeforderungen sind dabei auch Ergebnis der hohen Ausfallquoten (vgl. Abbildung 2, Seite 18).

Renditerealisationen liefern wichtige Anhaltspunkte für Venture-Capital-Nehmer, um die Marktsituation einschätzen zu können. Dazu wollen wir die Nettorenditen von Venture-Capital-Fonds mit den Nettorenditen von Private-Equity-Fonds für verschiedene Anlagehorizonte vergleichen. Wir erkennen aus Tabelle 2, dass die erzielten Nettorenditen p. a. für Venture-Capital-Fonds und einen fünf- bis zehnjährigen Anlagezeitraum mit circa 22 Prozent p. a. am höchsten waren. Private-Equity-Renditen fielen für diese Anlagehorizonte deutlich geringer aus. Wieder zeigt sich, dass die Übernahme von mehr Risiko tendenziell mit entsprechend höheren Renditen entlohnt wird, investieren doch Private-Equity-Fonds nicht nur in stark risikobehaftete Venture-Capital-Investments, sondern auch in bereits etablierte Wachstumsunternehmen.

Anlagehorizont	1 Jahr	3 Jahre	5 Jahre	10 Jahre	20 Jahre
Nettorendite p. a. Venture-Capital (in %)	−24,7	−3,2	22,4	22,1	14,5
Nettorendite p. a. Private-Equity (in %)	−10,1	−2,2	10,0	14,7	13,4

Tabelle 2:   Venture-Capital- und Private-Equity-Fondsrenditen nach Management-gebühr und -gewinnbeteiligung im Jahr 2002; Quelle: EVCA (2004)

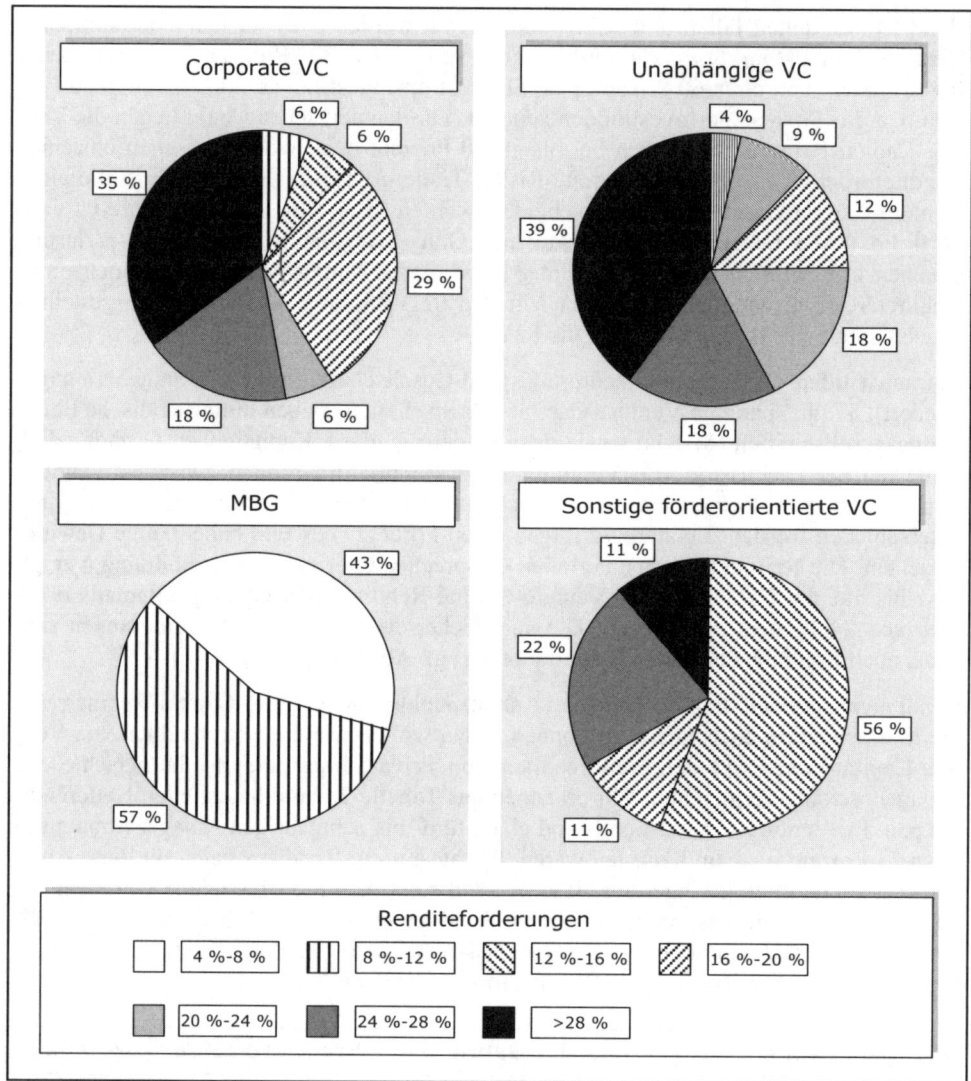

Abbildung 4: Renditeforderungen von Venture-Capital-Gebern; Quelle: KfW (2003a)

3. Wachstumsfinanzierung

Junge Unternehmen, die die Markteinführung ihres Produktes oder ihrer Dienstleistung bereits erfolgreich abgeschlossen haben und nun eine Erweiterung der Produktion und des Absatzmarktes anstreben, werden als Wachstumsunternehmen bezeichnet. Hatten wir die Venture-Capital-Finanzierungsphase in die drei Phasen Seed, Start-up und First-Stage unterteilt, befinden sich nun die jungen Unternehmen in der Second- und Third-Stage. Beide Phasen stellen Wachstumsphasen dar.

3.1   Growth-Financing in Deutschland

Unternehmen im Second-Stage charakterisieren sich und ihr Umfeld durch:

- Marktführerschaft im relevanten Markt;

- ein ausgereiftes Produkt, das vermarktet werden kann;

- wachsende Nachfrage im relevanten, dynamischen Markt;

- Bedarf an einer nennenswerten Kapazitätserweiterung.

Ziel dieser ersten der zwei Wachstumsphasen ist häufig die Bearbeitung des inländischen Marktes. Dazu muss das Produkt in Serie gehen bzw. die Dienstleistung für eine große Anzahl von Abnehmern verfügbar sein. Um die dabei anfallenden Investitionen und Aufwendungen für den Ausbau der Produktion und die Marktbearbeitung tragen zu können, werden Wachstumsfinanzierungen iniziiert.

In der zweiten Wachstumsphase (Third-Stage) streben Unternehmen die Eroberung ausländischer Märkte an. Für deren Bearbeitung und möglicherweise die Gründung neuer Produktionsstandorte fallen ebenfalls Investitionen bzw. Aufwendungen an. Die Finanzierungsvolumina von Kapitalgebern sind in den beiden Wachstumsphasen typischerweise höher als in den Venture-Capital-Phasen. Wachstumsfinanzierungen beginnen bei vielen Kapitalgebern bei einer Investitionssumme von selten unter 5 Mio. Euro.

Wachstumsunternehmen müssen nicht ausschließlich junge Unternehmen sein. Beispielsweise können auch bereits etablierte mittelständische Unternehmen ein Produkt oder eine Dienstleistung so entwickeln, dass sie eine Innovation darstellen und damit ebenfalls für Wachstumsfinanzierungen in Frage kommen. Dies ist jedoch seltener der Fall. Das Risiko von Unternehmen in der Second- oder Third-Stage ist in der Regel geringer als das von Gründungsunternehmen. Deshalb wird die Finanzierung häufig nicht mehr allein von Venture-Capital-Gesellschaften, sondern verstärkt auch von Kapitalbeteiligungsgesellschaften durchgeführt. Venture-Capital-Gesellschaften unterscheiden sich von Kapitalbeteiligungsgesellschaften bei den Merkmalen aus Tabelle 3 (Seite 36).

Merkmal	Venture-Capital-Gesellschaft	Kapitalbeteiligungs-gesellschaft
Finanzierungs-objekte	Vorrangig junge, innovative Unternehmen	Gefestigte Unternehmen
Finanzierte Branchen	Wachstumsbranchen wie Technologie, Telekommu-nikation usw.	Handwerk, Produktion und Handel
Investitionsziel	Wertsteigerung der Beteiligung	Laufende Gewinnausschüttungen
Management-beratung	Unterstützung des Manage-ments in strategischen Entscheidungen	Kaum Unterstützung des Managements

Tabelle 3:   Vergleich von Venture-Capital- und Kapitalbeteiligungsgesellschaft

Dennoch lässt sich auf Grund der Marktenge seit der Jahrtausendwende beobachten, dass Venture-Capital-Gesellschaften zunehmend auch Middle- und Late-Stage-Finanzie-rungen anbieten. Die Wachstumsfinanzierung nimmt im Private-Equity-Bereich eine dominante Stellung ein. Ziehen wir das BVK-Portfolio heran, so übersteigt die Anzahl der wachstumsfinanzierten Unternehmen seit 1992 die Anzahl aller anderen Private-Equity-finanzierten Unternehmen (vgl. Abbildung 5).

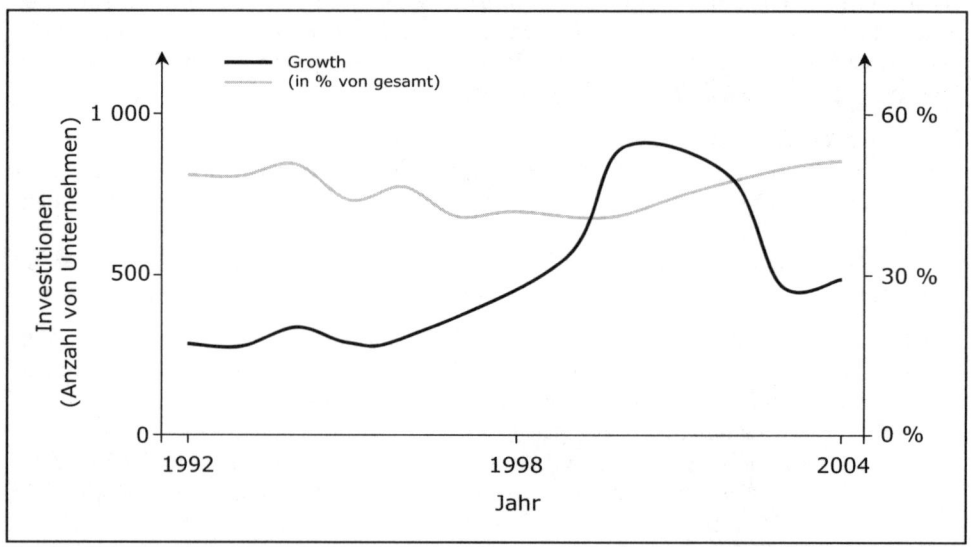

Abbildung 5:   Entwicklung der Wachstumsfinanzierungen nach Transaktionsanzahl; Quelle: BVK

In Abbildung 5 kennzeichnet die dunkle Linie – abgetragen auf der linken Ordinate – die
Entwicklung der Transaktionsanzahl von Wachstumsfinanzierungen. Von 285 finanzierten Wachstumsunternehmen im Jahr 1992 stieg die Zahl auf 896 Unternehmen im Jahr
2000, gefolgt von einem starken Rückgang der Transaktionen auf 441 im Jahr 2003. Die
bereits angesprochene Dominanz der Wachstumsfinanzierung zeigt der auf der rechten
Ordinate abgetragene Anteil an allen Private-Equity-Beteiligungen. Seit Beginn des Be-
trachtungszeitraums stellen mindestens 40 Prozent aller BVK-Transaktionen Wachstumsfinanzierungen dar. Diese Entwicklung verläuft recht stabil.

Betrachten wir hingegen die Transaktionsvolumina der Wachstumsfinanzierungen im
Vergleich zu allen Private-Equity-Finanzierungen, so erhalten wir Informationen über
die Investitionssummen. Dazu zeigt Abbildung 6 die entsprechende Entwicklung der
Neu- und Folgeinvestitionen in Wachstumsunternehmen durch BVK-Mitgliedsunternehmen für den Zeitraum von 1992 bis 2004.

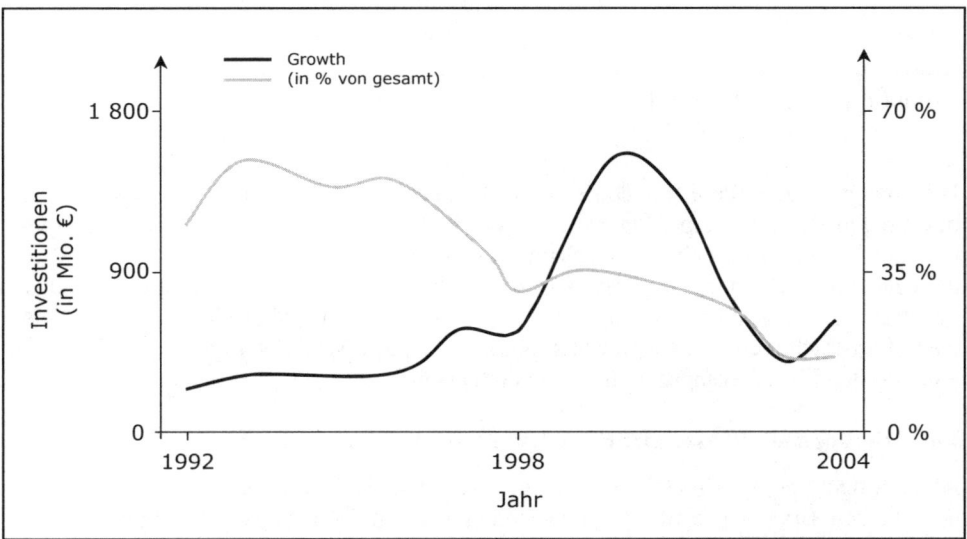

Abbildung 6:   Entwicklung der Wachstumsfinanzierungen nach Transaktionsvolumina;
Quelle: BVK

Im Gegensatz zur Transaktionsanzahl sind die relativen Investitionssummen in Wachstumsunternehmen gesunken. Seit 1996 war ein Rückgang von 54 Prozent über 30 Prozent im Jahr 1998 auf 15 Prozent im Jahr 2003 zu verzeichnen. Das Verhältnis von do-
minanter Transaktionsanzahl und dominierten Transaktionsvolumina resultiert daher,
dass die Investitionssummen pro Wachstumsfinanzierung von 1999 bis 2003 sanken
(vgl. Abbildung 7, Seite 38).

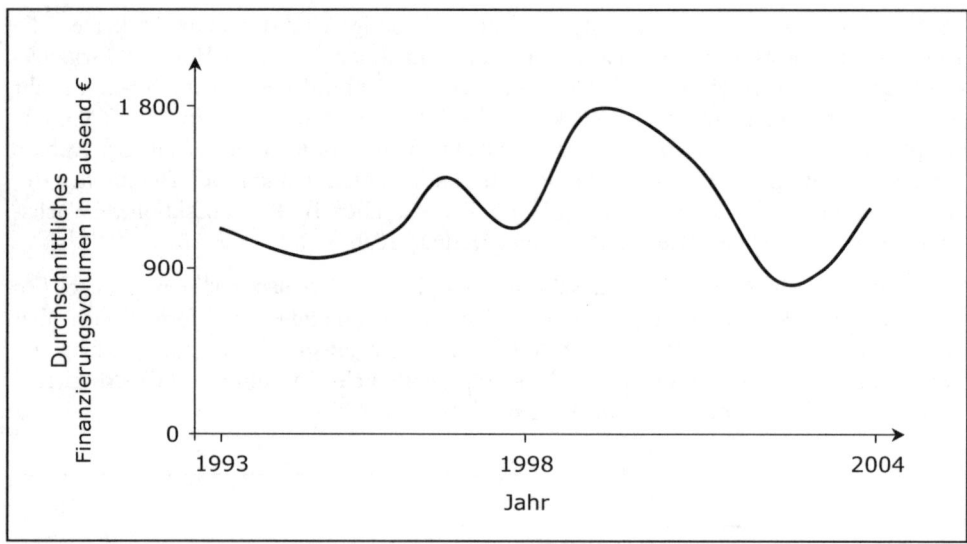

Abbildung 7: Durchschnittliche Transaktionsvolumina der Wachstumsfinanzierungen;
Quelle: BVK

Dies hängt insbesondere mit den Diversifikationszielen der Financiers zusammen. So bevorzugen Beteiligungsgesellschaften aus Gründen der Risikostreuung mehrere Transaktionen, anstatt lediglich ein Wachstumsunternehmen zu unterstützen. Zudem waren die neunziger Jahre durch die Entwicklung des Internets, der Hard- und Softwareindustrie sowie der Telekommunikation ein Jahrzehnt mit einer Vielzahl von innovativen wachstumsträchtigen Unternehmensgründungen, in dem sich Beteiligungsgesellschaften einer großen Finanzierungsnachfrage gegenübersahen.

Finanzierungsmöglichkeiten für wachstumsstarke Unternehmen

Ähnlich den Venture-Capital-Unternehmen besitzen Wachstumsunternehmen insbesondere in den Branchen Software, Biotechnologie und Dienstleistungen typischerweise wenig Anlagevermögen, das bei einer Fremdkapitalaufnahme als Sicherheit dienen kann. So bleibt auch Wachstumsunternehmen die Fremdfinanzierung häufig verschlossen. Eine Alternative stellt wieder die Zuführung von externem Eigenkapital dar. Die klassischen Finanzierungsinstrumente der Wachstumsfinanzierung sind:

- offene direkte Beteiligung an einer AG als Aktionär, an einer GmbH als Gesellschafter oder an einer KG als Kommanditist,

- Beteiligung als atypischer stiller Gesellschafter,

- Beteiligung als typischer stiller Gesellschafter,

- Darlehen mit nachrangiger Bedienung,

▨ Genussscheine.

Die Finanzierungsinstrumente von Venture-Capital und Growth-Financing sind der Form nach identisch, jedoch nicht in der Ausgestaltung. Da Wachstumsunternehmen bereits gefestigter als Gründungsunternehmen sind, weisen die Konditionen in der Regel geringere Risikoprämien auf.

Beurteilungskriterien für Wachstumsfinanzierungen

Haben sich Wachstumsunternehmen für die externe Eigenkapitalbeschaffung entschieden, entspricht der Ablauf einer Transaktion dem bei der Venture-Capital-Finanzierung vorgestellten Prozess von der Erstanfrage bei einer Beteiligungsgesellschaft bis zum Abschluss der Beteiligung (vgl. Abbildung 3, Seite 24). Die Kriterien, auf deren Basis sich Beteiligungsgesellschaften für eine Investition in ein Wachstumsunternehmen entscheiden, gleichen inhaltlich ebenfalls den Einschätzungskriterien von Early-Stage-Unternehmen, dennoch unterscheiden sich die Kriterien im Hinblick auf ihre Relevanz.

Dazu zeigt Tabelle 4 auf den Seiten 40 und 41 die Ergebnisse einer Befragung der Eberhard-Karls-Universität Tübingen aus dem Jahr 2002. Ziel der Untersuchung war die Einschätzung von Beurteilungsfaktoren und deren Entwicklung über die Finanzierungsphasen Early-Stage, Wachstum und Late-Stage. Von den 90 befragten Kapitalbeteiligungsgesellschaften antworteten 30.

Den Gesellschaften wurde der nachfolgend dargestellte Katalog von 36 Kriterien aus den Bereichen Persönlichkeit des Managements, Erfahrungen des Managements, Produkteigenschaften, Markteigenschaften und Finanzierung vorgelegt, deren Relevanz anhand einer Skala von null bis drei Punkten zu bewerten war:

▨ das Kriterium hat keinen Einfluss auf die Beteiligungsentscheidung = 0;

▨ das Kriterium erhöht (aber nicht zwingend) die Erfolgsaussichten für eine positive Beteiligungsentscheidung = 1;

▨ das Kriterium sollte erfüllt sein oder durch ein anderes kompensiert werden, damit eine positive Beteiligungsentscheidung möglich ist = 2;

▨ das Kriterium muss zwingend erfüllt sein und kann nicht durch ein anderes kompensiert werden = 3;

▨ das Kriterium wurde nicht erhoben = –.

Kriterium	Early-Stage	Middle-Stage	Late-Stage
Persönlichkeit des Managements			
1. Überzeugende Vertretung der Geschäftsidee	**2,96**	2,86 ↓	**2,79** ↓
2. Hohes Leistungsvermögen	2,89	2,69 ↓	2,51 ↓
3. Risikobewusstsein	2,81	**2,89** ↑	2,78 ↓
4. Problemerfassung, Zielvereinbarungen, Delegation	2,67	2,71 ↑	2,78 ↑
5. Fähigkeit zur Mitarbeitermotivation	2,61	2,29 ↓	2,18 ↓
6. Gewissenhaftigkeit und Präzision	2,00	2,13 ↑	2,24 ↑
7. Unabhängigkeitsstreben	1,32	1,19 ↓	1,08 ↓
Erfahrungen des Managements			
1. Vertrautheit mit dem Zielmarkt	**2,67**	**2,90** ↑	**2,87** ↓
2. Kompetenz und Erfahrung im notwendigen Forschungs- und Entwicklungsbereich	2,35	2,14 ↓	1,89 ↓
3. Kompetenz und Erfahrung im notwendigen Produktionsbereich	2,08	2,32 ↑	2,32
4. Kompetenz und Erfahrung in der Führung	1,96	2,37 ↑	2,71 ↑
5. Branchenkenntnis (Hochschule, Praxis)	1,85	1,59 ↓	1,45 ↓
6. Kompetenz und Erfahrung in Marketing	1,78	2,33 ↑	2,33
7. Kompetenz und Erfahrung in Finanzierung	1,73	2,23 ↑	2,50 ↑
8. Gehaltener Kapitalanteil des Managements	2,22	1,97 ↓	1,75 ↓
9. Ausgewogenes Managementteam	2,14	2,40 ↑	2,57 ↑
10. Referenzen über bisherige Tätigkeiten	2,04	2,14 ↑	2,24↑
Produkteigenschaften			
1. Kundennutzen ist deutlich erkennbar	**2,79**	**2,69** ↓	**2,72** ↑
2. Produkt verbessert bisherige Produkte am Markt	2,57	2,45 ↓	2,45
3. Hoher Innovationsgrad	2,48	2,17 ↓	2,03 ↓
4. High-Tech-Produkt	2,00	1,67 ↓	1,46 ↓
5. Produktschutz durch Patente/Lizenzen	1,96	2,10 ↑	2,22 ↑
6. Existenz eines funktionierenden Prototyps	1,75	—	—
7. Nachgewiesene Marktakzeptanz	1,60	2,41 ↑	2,45 ↑
8. Potenzial zur Schaffung einer Produktfamilie	1,56	1,63 ↑	1,63

Kriterium	Early-Stage	Middle-Stage	Late-Stage
Eigenschaften des relevanten Marktes			
1. Hohe Wachstumsrate des Zielmarktes	**2,44**	**2,23** ↓	**2,10** ↓
2. Geringe Wettbewerbsintensität in den ersten drei Jahren	1,67	1,50 ↓	1,40 ↓
3. Vorhandene Distributionskanäle	1,27	1,70 ↑	2,03 ↑
4. Erschließung internationaler Märkte möglich	1,19	1,33 ↑	1,53 ↑
5. Erschließung völlig neuer Märkte möglich	0,77	0,67 ↓	0,59 ↓
Finanzielle Beteiligungskriterien			
1. Hoher Wertzuwachs der Beteiligung möglich	**2,97**	**2,87** ↓	**2,77** ↓
2. Schnelle und problemlose Veräußerung der erworbenen Anteile möglich	2,29	2,34 ↑	2,50 ↑
3. Teilnahme an weiteren Finanzierungsrunden erwünscht	1,48	1,04 ↓	−
4. Laufende Kapitalausschüttung erwünscht	0,22	0,40 ↑	0,64 ↑
5. Renditeforderung für das Beteiligungsportfolio p. a.	46 %	34 % ↓	26 % ↓
6. Maximale Laufzeit der Beteiligung	5,9 Jahre	5,0 Jahre ↓	4,0 Jahre ↓

Tabelle 4:   Beurteilungskriterien von Beteiligungsgebern für Private-Equity-Unternehmen; Quelle: Eisele/Habermann/Oesterle (2003)

Tabelle 4 zeigt für jedes Kriterium in den einzelnen Finanzierungsphasen den Mittelwert der Einschätzungen der 30 Beteiligungsgesellschaften. Für jeden der fünf Themenbereiche haben wir jeweils das wichtigste Kriterium fett hervorgehoben. Zudem wollen wir die Entwicklung der Relevanz der Bewertungskriterien über Early-, Middle- und Late-Stage herausstellen. So geben die Pfeile jeweils die Zunahme (↑) oder Abnahme (↓) der Wichtigkeit eines Kriteriums im Vergleich zu der vorangegangenen Finanzierungsphase an.

Die Relevanz der Beurteilungskriterien für Wachstumsunternehmen ist häufig zwischen der Wichtigkeit der Kriterien für Early-Stage- und Late-Stage-Unternehmen positioniert. Die zentralen Ergebnisse der Tübinger Untersuchung lassen sich wie folgt festhalten:

1. Die wichtigsten Beurteilungskriterien für Wachstumsunternehmen sind die überzeugende Vertretung der Geschäftsidee durch das Management, dessen Risikobewusstsein, die Vertrautheit des Managements mit dem Zielmarkt sowie ein hoher erwarteter Wertzuwachs der geplanten Beteiligung.

2. Die wichtigsten Beurteilungskriterien für Wachstumsunternehmen sind ebenfalls für Early-Stage- und Late-Stage-Unternehmen zwingend.

3. Im Vergleich zu Early-Stage-Unternehmen werden an Wachstumsunternehmen höhere Anforderungen gestellt bezüglich der Kompetenz und Erfahrung des Managements in Produktion, Unternehmensführung, Marketing und Finanzierung, der bereits vorhandenen Marktakzeptanz des Produktes oder der Dienstleistung sowie der bereits vorhandenen Vertriebskanäle.

4. Vernachlässigbare Beurteilungskriterien für Wachstumsunternehmen sind die Möglichkeit der Erschließung völlig neuer Märkte, die Möglichkeit für die Beteiligungsgesellschaft, an weiteren Finanzierungsrunden teilzunehmen, sowie die Möglichkeit der laufenden Kapitalausschüttung.

5. Die Renditeforderungen für Investitionen in Wachstumsunternehmen bewegen sich mit im Mittel 34 Prozent p. a. zwischen den Renditeforderungen für Early-Stage (46 Prozent p. a.) und Late-Stage (26 Prozent p. a.).

6. Je später die Lebenszyklusphase, umso kürzer ist die erwünschte Laufzeit der einzugehenden Beteiligung aus Sicht der Beteiligungsgesellschaften. Für Wachstumsunternehmen betrug diese in der genannten Untersuchung im Mittel fünf Jahre.

3.2   Bewertung von Wachstumsfinanzierungen

Die gängigen Unternehmensbewertungsmethoden für Wachstumsunternehmen sind die bereits vorgestellten Gesamtbewertungsverfahren. Unternehmenswerte von Wachstumsunternehmen, die nach dem Ertragswert- oder dem Discounted-Cashflow-Verfahren ermittelt wurden, sind für Wachstumsunternehmen aussagekräftiger als für Unternehmen in der Frühphase, weil Wachstumsunternehmen den Markt, die Branche und die eigene Entwicklung treffsicherer als Early-Stage-Unternehmen einzuschätzen vermögen. Die aus diesen Einschätzungen resultierenden Planungsrechnungen können dann mit größerer Prognosegenauigkeit erstellt werden.

Die Ermittlung von Unternehmenswerten mittels Gesamtbewertungsverfahren stellt somit grundsätzlich eine passende Vorgehensweise für Beteiligungsnehmer und -geber zur Wert- und Preisfindung dar. Dennoch besitzen die Gesamtbewertungsverfahren für die Bewertung von Private-Equity-Unternehmen einen erheblichen Nachteil. Sie können mögliche Handlungsalternativen nur schwer in die Bewertung einbeziehen.

Typischerweise verläuft aber auch eine Wachstumsfinanzierung über mehrere Finanzierungsrunden. Dabei stellt die Beteiligungsgesellschaft nur bei Erreichen ex-ante definierter Meilensteine weitere Mittel zur Verfügung. Diese zusätzliche Möglichkeit, die Beteiligung vor dem geplanten Laufzeitende nicht auszuweiten, verringert das Verlustrisiko bei der Beteiligungsgesellschaft und muss bei der Unternehmenspreisfindung berücksichtigt werden. Dies ist durch die Gesamtbewertungsverfahren nicht möglich, jedoch durch Anwendung eines Optionsansatzes. Die Literaturhinweise am Ende dieses Teils enthalten hierzu eine Quelle.

3.3 Renditeforderungen und -realisationen im Growth-Financing

Die Renditeforderungen von Wachstumsinvestoren werden wieder durch die typischen Aspekte einer Finanzierung bestimmt:

1. Fähigkeit, die Finanzierungen zu bedienen (Unternehmensrisiko), bzw. Höhe des Ausfallrisikos,

2. Strukturierung der Transaktion,

3. Nachfrage und Angebot auf dem Beteiligungsmarkt,

4. Laufzeit der Transaktion,

5. Marktbewertung und -entwicklung,

6. Markteffizienz,

7. alternative Investitionsmöglichkeiten.

Diese Einflussfaktoren auf die Renditeforderung sind uns bereits aus der Venture-Capital-Finanzierung geläufig. Wir wissen auch, dass die Renditeforderungen von Beteiligungsgebern für Wachstumsunternehmen im Allgemeinen geringer ausfallen als dies bei den jungen Gründungsunternehmen der Fall ist. Wachstumsunternehmen verfügen bereits über ein marktfähiges Produkt, Akzeptanz am Markt und ein gewisses Gespür für die Marktentwicklung. Bei innovativen, aber reiferen mittelständischen Unternehmen ist dieser Vorteil stärker ausgeprägt.

Auf Grund der verringerten Unsicherheit über den Erfolg der Projekte von Wachstums- im Vergleich zu Venture-Capital-Unternehmen werden Investoren eine entsprechend geringere Risikoprämie fordern. Dazu pauschale Aussagen zu liefern, fällt naturgemäß schwer. Um dennoch unternehmensspezifische Renditeforderungen berechnen zu können, greifen wir auf ein in der Finanzwirtschaft verbreitetes Bewertungsmodell zurück.

Die Renditeforderung der Eigenkapitalinvestoren hängt vom eingegangenen Risiko ab. Solche Renditeforderungen werden durch finanzwirtschaftliche Modelle erklärt. Das in diesem Zusammenhang bekannteste Modell ist das Capital-Asset-Pricing-Modell (CAPM). Das CAPM erklärt die erwartete Rendite einer Investition unter Unsicherheit. Gerade diese Eigenschaft besitzt die Investition der Eigenkapitalgeber. Die Grundgleichung des Modells lautet:

(15) $\quad E(r_{EK}) = r_f + \beta \times (E(r_M) - r_f)$

$$
\begin{array}{lll}
\text{mit} & E(r_{EK}) & = & \text{erwartete Rendite der Eigenkapitalgeber} \\
& & & \text{eines Unternehmens} \\
& r_f & = & \text{risikoloser Zinssatz} \\
& \beta & = & \text{Beta-Koeffizient des Unternehmens} \\
& E(r_M) & = & \text{erwartete Rendite des Marktes}
\end{array}
$$

Das CAPM stellt ein Gleichgewichtsmodell dar. In diesem Gleichgewicht von Angebot und Nachfrage resultiert ein linearer Zusammenhang zwischen der erwarteten Rendite $E(r_{EK})$ und dem eingegangenen Risiko. Der Eigenkapitalgeber erhält zunächst eine Grundvergütung in Höhe des risikolosen Zinssatzes r_f. Wir ziehen dazu in Anwendungen die Bundesumlaufrendite heran. Zusätzlich erhält der Investor eine Risikoprämie für das Tragen von so genannten systematischen Risiken, die vom Gesamtmarkt ausgehen. Unsystematische, unternehmensspezifische Risiken können die Investoren diversifizieren und spielen deshalb für die Bewertung keine Rolle.

Das Maß für das systematische Risiko ist der Beta-Koeffizient. Der Beta-Koeffizient drückt die Sensitivität der Unternehmensrendite bezüglich der Renditeschwankungen des Gesamtmarktes aus. Den Markt erfassen wir hier durch das Private-Equity-Portfolio des European Private Equity & Venture Capital Association (EVCA). Die Renditerealisation eines Private-Equity-Portfolios approximiert eine Renditerealisation auch für Wachstumsunternehmen, weil deren Renditeforderung der Höhe nach zwischen Early- und Late-Stage-Renditeforderungen rangiert (vgl. Tabelle 4 auf den Seiten 40 und 41) und sich die Rendite eines Portfolios als gewichtetes Mittel der Einzelrenditen berechnet.

Beta-Koeffizienten von Unternehmen können aus historischen Renditerealisationen berechnet werden. Der Beta-Koeffizient ist definiert als die Kovarianz zwischen den Renditen des Marktportfolios und des Unternehmens, geteilt durch die Varianz der Marktrendite:

(16) $$\beta = \frac{\text{Cov}\left(r_M, r_i\right)}{\sigma_M^2}$$

mit $\text{Cov}(r_M, r_i)$ =   Kovarianz der Renditen des Marktportfolios und des Unternehmens

σ_M^2 =   Varianz der Rendite des Marktportfolios

Beispiel 3 (Renditeforderung für Wachstumsunternehmen)

Die mittelständische Medtech GmbH produziert und vertreibt mit 230 Mitarbeitern seit Jahren Instrumente der Medizindiagnostik. Im vergangenen Jahr konnte das Unternehmen mit der Entwicklung neuartiger Laserdiagnostik-Geräte einen neuen Markt auftun. Mit der intensiven Vermarktung der neuen Geräte wird die Führerschaft im Markt für Diagnostik-Geräte angestrebt. Uns liegen die in Tabelle 5 enthaltenen Informationen zum Unternehmen und zum Private-Equity-Markt vor.

Die Tabelle enthält in der zweiten Spalte die Unternehmenswerte der Medtech GmbH von 1992 bis 2004, in der dritten Spalte die daraus berechneten Renditerealisationen unter der Annahme, dass bis dato Kapitalgeber lediglich am Wertzuwachs der Unternehmensanteile partizipierten, Ausschüttungen also nicht vorgenommen wurden. Die vierte Spalte enthält die Renditerealisationen des Private-Equity-Marktportfolios.

Jahr	Unternehmenswert Medtech (in €)	Medtech- Rendite p. a.	Marktportfolio- Rendite p. a.
1992	2 000 000	—	—
1993	2 200 000	10,0 %	11,0 %
1994	3 000 000	36,4 %	8,0 %
1995	3 000 000	0,0 %	12,0 %
1996	5 200 000	73,3 %	30,0 %
1997	8 300 000	59,6 %	29,0 %
1998	9 600 000	15,7 %	28,0 %
1999	14 000 000	45,8 %	35,0 %
2000	29 000 000	107,1 %	50,0 %
2001	31 000 000	6,9 %	–30,0 %
2002	28 000 000	–9,7 %	–25,0 %
2003	33 000 000	17,9 %	8,0 %
2004	39 000 000	18,2 %	15,0 %
Mittlere Renditen		$\hat{r}_M = 31,8\,\%$	$\hat{r}_i = 14,3\,\%$

Tabelle 5: Entwicklung der Medtech im Vergleich zum Marktportfolio (Beispiel); Quelle für die Marktrenditen: EVCA (2004)

Wir werden nun die Renditeforderungen in den folgenden Schritten berechnen. Zunächst berechnen wir die Kovarianz der Renditen von Marktportfolio und Medtech sowie die Varianz des Marktrendite. Die Kovarianz lautet:

$$(17) \qquad \mathrm{Cov}(r_M, r_i) = \frac{1}{12} \times \sum_{j=1993}^{2004} (r_{i,j} - \hat{r}_i) \times (r_{M,j} - \hat{r}_M) = 5,62\,\%$$

mit $\quad r_{i,j} \quad = \quad$ Renditerealisation des Unternehmens im Jahr j

$\quad\quad r_{M,j} \quad = \quad$ Renditerealisation des Marktportfolios im Jahr j

Die Varianz gibt die mittlere quadrierte Abweichung der Renditerealisationen von der mittleren Rendite an:

$$(18) \qquad \sigma_M^2 = \frac{1}{12} \times \sum_{j=1993}^{2004} (r_{M,j} - \hat{r}_M)^2 = 4,96\,\%$$

Einsetzen in die Formel zur Berechnung des Beta-Koeffizienten liefert:

(19) $\beta = \dfrac{5,62\,\%}{4,96\,\%} = 1,13$

Der Beta-Koeffizient von 1,13 besagt, dass die Medtech ein Unternehmen mit höherem systematischen Risiko als der Marktdurchschnitt ist. Die Renditeforderung der Eigenkapitalgeber muss demnach die erwartete Rendite des Marktportfolios übersteigen. Aus der CAPM-Gleichung erhalten wir mit einer Bundesumlaufrendite von 3,3 Prozent p. a. folgende Renditeforderung für die Eigenkapitalgeber der Medtech GmbH:

(20) $E(r_{EK}) = 3,3\,\% + 1,13 \times (14,3\,\% - 3,3\,\%) = 15,7\,\%$

Das CAPM kann zwar grundsätzlich zur Schätzung von Renditeforderungen herangezogen werden. Bei der Anwendung z. B. für Venture-Capital- oder Late-Stage-Unternehmen sollte jedoch eine Spezifikation des Marktportfolios erfolgen. Die Renditerealisationen des gesamten Private-Equity-Portfolios scheinen für Early- und Late-Stage-Investitionen nicht mehr repräsentativ. Unternehmen müssen zudem eine gewisse Historie von Unternehmenswerten vorhalten können.

Beispiel 3 zeigt, dass die Renditeforderung der Eigenkapitalgeber entscheidend von der Rendite des Marktportfolios abhängt. Die mittlere Marktrendite beträgt 14,3 Prozent p. a. infolge der beiden negativen Renditerealisationen in den Jahren 2001 und 2002. So resultierte für die Medtech ebenfalls eine vergleichsweise geringe Renditeforderung von 15,7 Prozent p. a., hatten wir doch laut Untersuchung der Universität Tübingen Renditeforderungen für Eigenkapitalgeber von Wachstumsunternehmen mit 34 Prozent p. a. beziffert. Renditeforderungen und mittlere erzielte Renditen fallen je nach Zeitraum bisweilen weit auseinander – ein Ausdruck des hohen Risikos von Private-Equity-Finanzierungen.

Wie wir bei der CAPM-Bewertungsgleichung bereits gesehen haben, liefern historische Renditerealisationen wichtige Hinweise für mögliche Renditeforderungen. Dazu stellt Tabelle 6 Renditerealisationen in Form von Internen Zinsfüßen von Wachstumsfonds im Vergleich mit Early-Stage- und Buy-out-Fonds in Abhängigkeit von der Laufzeit vor. Der Interne Zinsfuß ist ein in der Praxis gängiges Renditemaß.

Der Tabelle entnehmen wir, dass sich die Internen Zinsfüße von Investments in Wachstumsunternehmen erst ab einem Zeithorizont von mindestens zehn Jahren von den Renditerealisationen bei Fremdfinanzierungen unterschieden haben, obwohl die Eigenkapitalgeber ein höheres Risiko eingehen.

Fondstyp	1-Jahres-Zinssatz	3-Jahres-Zinssatz	5-Jahres-Zinssatz	10-Jahres-Zinssatz	20-Jahres-Zinssatz
Early-Stage	–13,4 %	–11,0 %	–1,7 %	1,5 %	**2,0** %
Wachstum	–6,0 %	–5,0 %	4,6 %	**10,7** %	9,1 %
Buy-out	–1,8 %	0,5 %	9,3 %	**12,5** %	12,1 %
Gesamtes Private-Equity	–4,1 %	–4,1 %	7,2 %	**11,7** %	9,7 %

Tabelle 6: Interne Zinsfüße p. a. europäischer Private-Equity-Fonds nach Anlagehorizont von 1980 bis 2003; Quelle: EVCA (2004)

Die beobachtete durchschnittliche Rendite von Wachstumsfonds betrug über die Jahre 1980 bis 2003 bei einem Zehn-Jahres-Anlagezeitraum lediglich 10,7 Prozent. Dies entspricht ungefähr der Rendite derjenigen Fonds, die Investitionen aus allen Finanzierungsphasen beinhalten. Der Vergleich von Renditeforderungen und -realisationen zeigt, dass die Renditerealisationen im hier betrachteten Zeitraum geringer ausfallen als von Investoren auf Grund des eingegangenen Risikos gefordert.

Kurz erklärt: Interner Zinsfuß

- Der Interne Zinsfuß (Internal-Rate-of-Return – IRR) einer Investition entspricht demjenigen Zinssatz, bei dem der Nettobarwert (NPV) einer Investition null ist:

$$NPV = \sum_{t=0}^{T} \frac{Cashflows}{(1 + IRR)^t} = 0$$

- Interpretation A: Die IRR entspricht dem Kalkulationszinssatz, bei dem die zukünftigen Cashflows aus einer Investition gerade ausreichen, um die Anfangszahlung zu verzinsen und zu tilgen (kritischer Zinsfuß).

- Interpretation B: Die IRR entspricht der Effektivverzinsung des gebundenen Kapitals.

---

4. Buy-out und Buy-in

Buy-out und Buy-in sind spezielle Formen des Unternehmenskaufs, bei dem interne oder externe Interessensgruppen wesentliche Anteile eines Unternehmens übernehmen und so zu Miteigentümern der Gesellschaft werden. Dabei besitzen die Käufer in vielen Fällen nicht das nötige Kapital zur Bezahlung des Kaufpreises, so dass weitere Investoren gewonnen werden müssen. Buy-out- und Buy-in-Transaktionen enthalten neben der Eigenfinanzierung typischerweise auch Fremdfinanzierungen und Mischformen. Häufig wird bei einem Buy-out oder Buy-in die Fremdfinanzierung aus dem operativen Cashflow des erworbenen Unternehmens verzinst und getilgt. Kurzfristige Veräußerungsgewinne können bei Buy-outs und Buy-ins seltener erwartet werden.

4.1   Finanzierungsmöglichkeiten für Buy-outs und Buy-ins

Buy-out und Buy-in sind Oberbegriffe für Unternehmenskäufe mit einer wesentlichen Anteilsübernahme. So existiert in der Finanzierungsliteratur eine Vielzahl von Transaktionen, die der Gruppe der Buy-out- oder Buy-in-Finanzierungen zugeordnet sind. Wir konzentrieren uns im Folgenden auf die wesentlichen Gestaltungsformen und geben an, wer das Unternehmen zu wesentlichen Anteilen kauft und wie dieser Kauf finanziert wird.

Unternehmensanteile können von internen Personen (Manager, Mitarbeiter und bisherige Eigentümer eines Unternehmens) gekauft werden; man spricht dann von einem Buy-out. Kaufen externe Personen (externes Management, institutionelle Investoren) Anteile, spricht man von einem Buy-in. Wird der Unternehmenskauf auf Seiten der Investoren zu einem großen Teil fremdfinanziert, wird die entsprechende Transaktion als leveraged bezeichnet. Die Transaktionsmöglichkeiten lauten im Einzelnen:

1. Management-Buy-out (MBO)

    Das existierende Management übernimmt stimmberechtigte Unternehmensanteile in wesentlichem Umfang. Dabei stehen für das Management insbesondere Motive wie mehr Eigenständigkeit, emotionale Verbundenheit, Prestige und Statusgewinn im Vordergrund.

    Bei einem MBO wird versucht, das Problem der asymmetrischen Information zwischen Manager und Eigentümer zu lösen, indem die Manager durch den Anteilskauf am Unternehmenserfolg direkt partizipieren.

2. Management-Buy-in (MBI)

    Ein firmenfremdes Management übernimmt das Unternehmen. MBIs werden insbesondere bei der Fortführung von Familienunternehmen angewandt, wenn im Familienkreis kein Nachfolger gefunden werden kann. Nachteilig ist der häufig geringere Informationsstand des externen Managements, so dass MBIs in der Regel risikoreicher als MBOs sind.

3. Buy-in-Management-Buy-out (BIMBO)

    Firmenfremde und firmeneigene Manager übernehmen das Unternehmen zu wesentlichen Anteilen.

4. Leveraged-Buy-out (LBO)

    Das eigene Management übernimmt das Unternehmen und finanziert den Kaufpreis
    zum großen Teil fremd. LBOs werden auch zum Aufkauf von eigenen börsennotier-
    ten Aktien verwendet, um nicht mehr an der Börse gehandelt zu werden (Going-
    Private). Mit dem Börsenrückzug können feindliche Übernahmeversuche (Hostile-
    Takeover) abgewehrt werden.

5. Leveraged-Buy-in (LBI)

    Ein firmenfremdes Management übernimmt das Unternehmen und finanziert den
    Kaufpreis zum großen Teil fremd.

6. Employee-Buy-out (EBO)

    Wesentliche Unternehmensanteile werden von einer größeren Anzahl von Mitarbei-
    tern des Unternehmens gekauft. Der Vorteil eines EBO ist, dass sich das Risiko auf
    eine größere Anzahl von Eigentümern aufteilt als dies beim klassischen MBO der
    Fall ist.

7. Institutional-Buy-out (IBO)

    Institutionelle Anleger, z. B. Buy-out-Fonds, erwerben wesentliche Anteile am Un-
    ternehmen.

8. Owner's-Buy-out (OBO)

    Der bisherigere Eigentümer veräußert Unternehmensanteile an eine Objektgesell-
    schaft (siehe unten), an der sich er und interne Manager beteiligen. Der Eigentümer
    kann so den Unternehmenswert realisieren und gibt nicht sämtliche Anteile am Un-
    ternehmen ab. Im Gegensatz zum MBO hält hier der Alteigentümer noch wesentli-
    che Anteile am Unternehmen.

9. Secondary-Buy-out (SBO)

    Unternehmensanteile, die im Rahmen eines Buy-outs erworben wurden, werden von
    und abermals an institutionelle Investoren verkauft.

10. Spin-off

    Tochterunternehmen oder Unternehmensanteile werden aus Konzernverbünden her-
    ausgelöst und an ehemalige Mitarbeiter verkauft. Spin-offs werden häufig durchge-
    führt, wenn sich Großunternehmen von bestimmten Aktivitäten trennen, um sich auf
    Kernaktivitäten zu konzentrieren.

Neben den genannten Transaktionsformen, die gelegentlich in der Literatur alle unter
dem Sammelbegriff MBO zusammengefasst werden, gibt es weitere Kombinationen.

Unternehmen sind insbesondere dann für Buy-outs geeignet, wenn sie in den vergangenen Jahren eine kontinuierliche und wachsende Entwicklung der Erträge bzw. Cashflows

verzeichnen konnten. Bei Unternehmen, deren Geschäftstätigkeit sich in der Vergangenheit durch stark schwankende Erträge auszeichnete, wird es auf Grund der damit verbundenen hohen Prognoseunsicherheit deutlich schwerer sein, entsprechende Finanzierungspartner zu finden. Da die Bedienung der gegebenenfalls vorgenommenen Fremdfinanzierung aus dem laufenden Cashflow erfolgen soll, stellt dessen zukünftige Erwirtschaftung das zentrale Entscheidungskriterium für Investoren dar.

Der Markt für Buy-outs und Buy-ins

Der Markt für Buy-out- und Buy-in-Transaktionen hat sich in den vergangenen Jahren positiv entwickelt. Trotz des seit dem Jahr 2000 verlangsamten Wachstums der deutschen Wirtschaft hat sich die Anzahl der Buy-out- und Buy-in-Transaktionen bis 2002 erhöht. Abbildung 8 veranschaulicht für MBO, MBI und LBO die Entwicklung der Anzahl der Transaktionen über den Zeitraum von 1999 bis 2004.

Der klassische MBO dominiert den MBI und den LBO. Im Spitzenjahr 2002 wurden 53 Transaktionen dieser Art von den Mitgliedsunternehmen des BVK durchgeführt. In 2003 war ein starker Rückgang von MBOs zu verzeichnen, während die zum großen Teil fremdfinanzierten LBOs stärker in Anspruch genommen wurden.

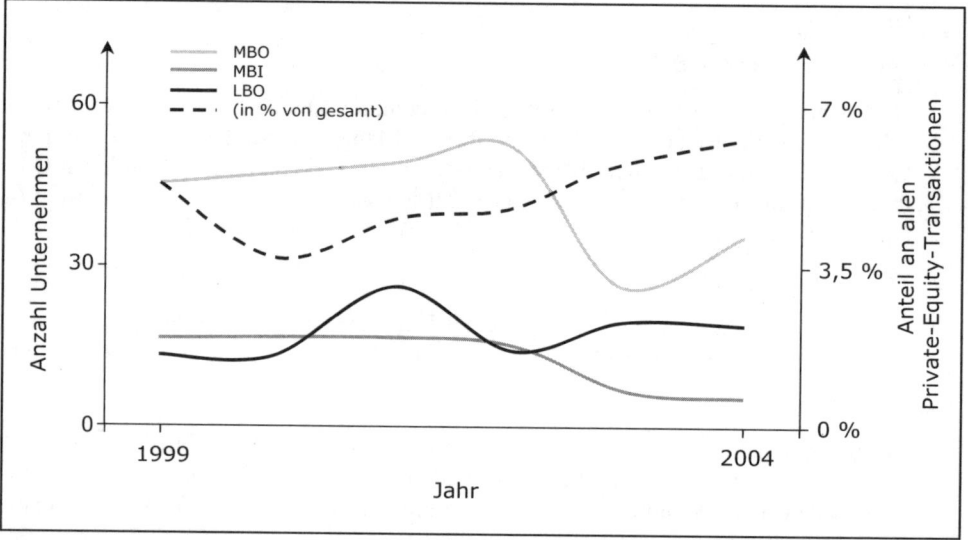

Abbildung 8:   Entwicklung der Buy-out- und Buy-in-Transaktionsanzahlen;
                   Quelle: BVK

Die Entwicklung der absoluten Transaktionsanzahlen liefert Hinweise über die Entwicklung der Buy-ins und Buy-outs. Interessant ist zudem, wie die Anzahl der Buy-ins und Buy-outs im Vergleich zu anderen Private-Equity-Finanzierungen verlief. Diese Infor-

mation liefert uns die gestrichelte Linie in Abbildung 8, die auf der rechten Ordinate abgetragen ist. Sie gibt den Anteil der Buy-in- und Buy-out-Finanzierungen an der Gesamtanzahl aller Private-Equity-Finanzierungen an. Gemessen an der Transaktionsanzahl
scheinen die Buy-ins und Buy-outs mit einen Anteil von vier bis sechs Prozent demnach
eher unbedeutend.

Jedoch ist die Relevanz einer Finanzierungsform nicht allein an der Anzahl der Transaktionen zu messen. Setzen wir als Vergleichsmaßstab die Transaktionsvolumina an, erhalten wir ein deutlich verändertes Bild. Abbildung 9 bildet auf der linken Ordinate die
Transaktionsvolumina und auf der rechten Ordinate den Anteil der Transaktionsvolumina für alle drei betrachteten Buy-in- und Buy-out-Finanzierungen an allen Private-
Equity-Transaktionen ab.

Es wird deutlich, dass LBO-Finanzierungen im Betrachtungszeitraum durchweg steigende Transaktionsvolumina aufwiesen, trotz eines Rückgangs im Jahr 2002. Auffällig ist,
dass die Buy-ins und Buy-outs im Jahr 2003 fast 70 Prozent aller Transaktionsvolumina
im Private-Equity ausmachten. Dieser Wert deutet darauf hin, dass die wenigen Transaktionen große Volumina besaßen.

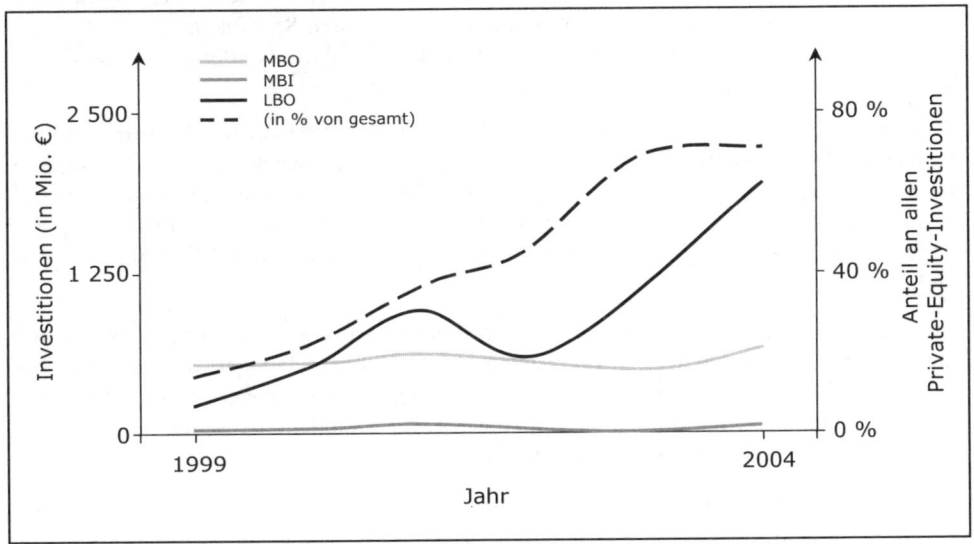

Abbildung 9: Entwicklung der Buy-out- und Buy-in-Transaktionsvolumina;
                 Quelle: BVK

Aus dem Vergleich von Abbildung 8 mit Abbildung 9 erkennt man zudem, dass gemessen an der Anzahl der Transaktionen in den Jahren von 1999 bis 2004 MBOs besonders
häufig durchgeführt wurden. Ziehen wir hingegen die Transaktionsvolumina als Vergleichsmaßstab heran, dominierte spätestens ab 2002 der LBO. Dies verdeutlicht, dass

die LBOs mit entsprechend größeren Transaktionsvolumina als die MBOs durchgeführt wurden.

Dennoch sollten Mittelständler auf Grund der großen Transaktionen vor diesem Markt nicht zurückschrecken. In den vergangenen Jahren hat sich ein Beratermarkt insbesondere durch die steigende Anzahl zu lösender Nachfolgeregelungen entwickelt. Auch sind die Finanzinstrumente so ausgereift, dass für nahezu jedes wachstumsstarke mittelständische Unternehmen Buy-outs oder Buy-ins maßgeschneidert werden können.

Finanzierungsstrukturen

Buy-outs und Buy-ins stellen häufig keine reine Eigenfinanzierung dar. Dennoch bildet der Verkauf von Eigenkapitalanteilen am Unternehmen das Kernelement der Transaktion. Häufig reicht das Eigenkapital der Manager aus dem Privatvermögen jedoch nicht aus, um die gewünschte Anzahl von Anteilen zu erwerben. So muss auf weitere Investoren zurückgegriffen werden, die den Kaufpreis (mit-) finanzieren und dabei wünschenswerterweise möglichst wenige Anteile am Unternehmen erhalten.

Stellen wir uns dazu einen ehrgeizigen Manager vor, der 15 Prozent der Unternehmensanteile bezahlen kann, jedoch gern 100 Prozent der Anteile besäße. Für ihn wäre die Aufnahme eines Kredits zur Finanzierung der verbleibenden 85 Prozent ideal. Die Verzinsung und Tilgung dieses Kredits würde dann aus den ihm als alleinigen Eigentümer zustehenden jährlichen Gewinnausschüttungen geleistet.

In der Praxis ist dieses Finanzierungsmodell für einen MBO jedoch schwer darstellbar, denn es wird sich wohl kaum eine Bank finden lassen, die eine risikoreiche Transaktion mit einem anfänglich geringen Eigenkapitalanteil finanziert. So muss die Eigenfinanzierung erhöht werden und dazu kommen institutionelle MBO-Fonds oder Private-Equity-Geber in Frage. Sie stellen reines Eigenkapital oder noch häufiger Mezzanine-Kapital (siehe Teil III des Buches) zur Verfügung.

Abbildung 10 zeigt den MBO-typischen Finanzierungsmix. In der Literatur findet sich eine Vielzahl von Aussagen über den Eigenkapitalanteil der Manager. So wurden insbesondere zu Beginn der neunziger Jahre empirische Untersuchungen durchgeführt, die folgende Ergebnisse für die zu erwerbenden Eigenkapitalanteile durch Manager im Rahmen von Buy-outs und Buy-ins lieferten:

- fünf bis 25 Prozent (vgl. Kramer (1990)),

- durchschnittlich 25 Prozent (vgl. Gräper (1993)),

- 39 Prozent (vgl. Luippold (1991)).

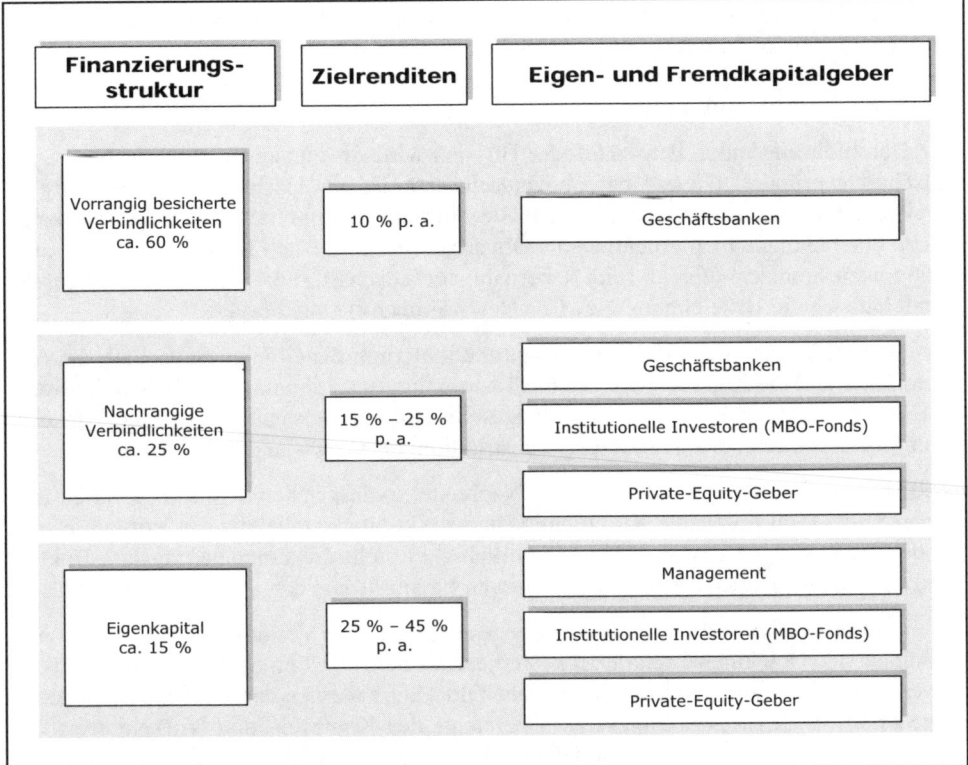

Abbildung 10: Finanzierungsstruktur von Buy-out-Finanzierungen

Da Eigenkapital das größte Ausfallrisiko trägt, werden Eigenkapitalinvestoren auch die höchste Renditeforderung stellen. Hinzu kommt, dass Eigenkapitalinvestoren die Rendite häufig nicht als jährliche Ausschüttung, sondern als Wertzuwachs der Beteiligung erst bei Verkauf am Laufzeitende realisieren. Abbildung 10 zeigt deshalb Eigenkapital-Renditeforderungen von bis zu 45 Prozent p. a.

Buy-in- bzw. Buy-out-Finanzierer stellen auch nachrangige Verbindlichkeiten zur Verfügung. Eine typische Finanzierungsform ist dann ein nachrangiges Darlehen mit jährlichen Zinsleistungen. Zwar erhält der Investor hier im Gegensatz zum Eigenkapitalinvestor eine jährliche Zahlung, dennoch wird seine Forderung bei Ausfall des Unternehmens erst nach denen der vorrangigen Fremdkapitalgeber bedient. Die Renditeforderungen der Kapitalgeber belaufen sich in diesem Fall auf circa 15 bis 25 Prozent p. a.

Mittelständische Buy-outs werden auch durch den Kredit einer Hausbank oder einer anderen Geschäftsbank finanziert. Bei größeren Transaktionen kommt dann unter dem Aspekt der Risikostreuung ein Bankenkonsortium zusammen. Die Renditeforderungen von

Fremdkapitalgebern – in Form des Zinssatzes – entsprechen dabei in der Regel den bonitätsabhängigen Konditionen eines klassischen Bankkredits.

Finanzierungskonstruktionen

Zur Durchführung eines Buy-outs oder Buy-ins wird oft zunächst eine Übernahmegesellschaft gegründet. Diese Übernahmegesellschaft ist aus Haftungsgründen häufig in
der Rechtsform einer GmbH zu finden. Sie dient der Kaufpreisfinanzierung und kauft
das zu übernehmende Unternehmen als Objektgesellschaft. Nach Beendigung der Transaktion verschmelzen Objekt- und Übernahmegesellschaft. Für die Übernahmegesellschaft hat sich die Bezeichnung NewCo (New-Company) eingebürgert.

An einem MBO sind dann drei Vertragspartner beteiligt: die Objektgesellschaft, die Alteigentümer und die Kapitalgeber, die die Transaktion finanzieren. Dabei halten die Kapitalgeber die Anteile an der Übernahmegesellschaft. Grundsätzlich bestehen zunächst
zwei Möglichkeiten der Finanzierungskonstruktion: der Asset- und der Share-Deal.

Beide Konstruktionen besitzen Vor- und Nachteile, so dass neben dem reinen Asset- und
reinen Share-Deal noch eine Kombinationskonstruktion existiert, die die Vorteile beider
Deals vereint – der Combined-Deal. Abbildung 11 stellt die Finanzierungskonstruktionen, die entsprechenden Teilnehmer und deren Finanzströme dar.

Beim Asset-Deal erwirbt die Übernahmegesellschaft alle Vermögensgegenstände und
Schulden der Objektgesellschaft zum Verkehrswert. Die Übernahmegesellschaft weist
die einzelnen Positionen in ihrer Bilanz aus. Die Aktiva werden dabei für die Fremdkapi-
talgeber als Sicherheiten eingesetzt. Übersteigt der Kaufpreis den Verkehrswert der
Vermögensgegenstände abzüglich der Schulden, kann die Differenz als Geschäfts- und
Firmenwert aktiviert werden. Die Übernahmegesellschaft zahlt den Kaufpreis an die
Alteigentümer der Objektgesellschaft. Die Vorteile des Asset-Deals lauten:

- Offenlegung von stillen Reserven, weil die Vermögensgegenstände zum Verkehrswert gekauft werden;

- Möglichkeit zur Abschreibung erworbener Vermögensgegenstände und Minderung
  der Steuerlast;

- Möglichkeit zur Abschreibung des Geschäfts- und Firmenwerts.

Diesen Steuerminderungs-orientierten Vorteilen stehen hohe Transaktionskosten, z. B.
bei der Übertragung von Immobilien, gegenüber.

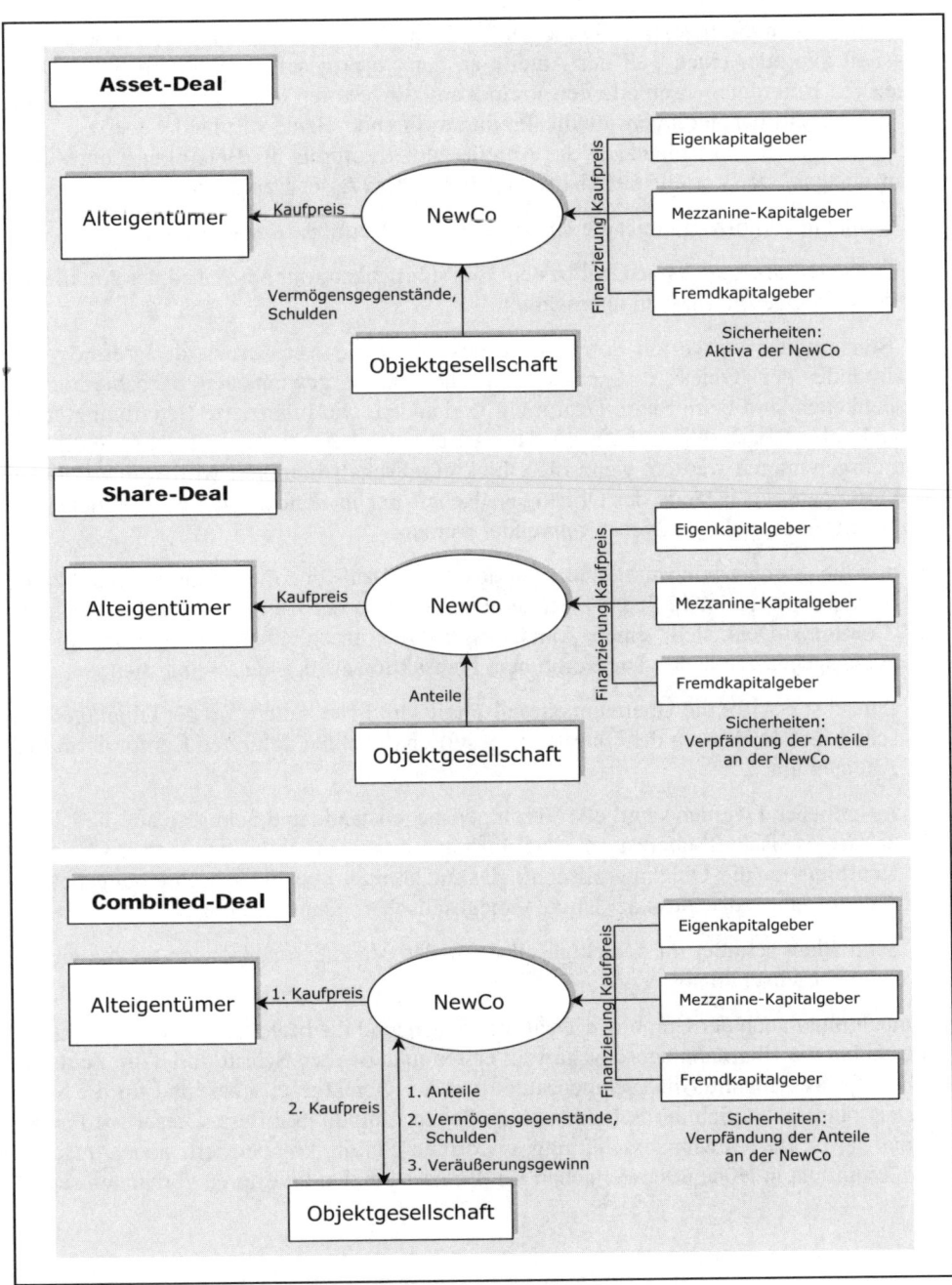

Abbildung 11:   Asset-, Share- und Combined-Deal

Entscheiden sich die Investoren hingegen für einen Share-Deal, kauft die Übernahmegesellschaft alle oder einen Teil der Anteile an der Objektgesellschaft. Beim Share-Deal
dienen die Unternehmensanteile den Fremdkapitalinvestoren als Sicherheit. Diese können bei Kreditfinanzierungen an die kreditgewährende Bank verpfändet werden. Die
Übernahmegesellschaft bilanziert die Anteile zum Kaufpreis als Beteiligung unter den
Finanzanlagen. Die Vorteile des Share- gegenüber dem Asset-Deal lauten:

▪ formal unkomplizierter als die Übertragung von Vermögensgegenständen;

▪ im Gegensatz zum Asset-Deal besteht die Möglichkeit, nur einen Teil der Anteile an
  der Objektgesellschaft zu übernehmen.

Der Steuerminderungsvorteil des Asset-Deals durch die Aktivierung der Vermögensgegenstände der Objektgesellschaft und die damit gewonnenen Abschreibungsmöglichkeiten sind beim Share-Deal nicht vorhanden. Die bilanzierte Beteiligung stellt
ein nicht-abnutzbares Wirtschaftsgut dar. Abschreibungen dürfen nicht bzw. lediglich
dann vorgenommen werden, wenn die Objektgesellschaft liquidiert wird. Auch können
die Vermögensgegenstände der Objektgesellschaft nur in Sonderfällen als dingliche Sicherheiten für Fremdkapitalgeber verwendet werden.

Um nun die Abschreibungsmöglichkeiten des Asset-Deals und die formal unkomplizier-
tere Vorgehensweise beim Share-Deal zu nutzen, wurde der Combined-Deal entwickelt.
Der Combined-Deal stellt einen Anteilserwerb mit anschließender Übertragung der
Vermögensgegenstände dar. Die Combined-Transaktion erfolgt in drei Schritten:

1. Zunächst erwirbt die Übernahmegesellschaft sämtliche Anteile an der Objektgesell-
    schaft. Die Investoren der Übernahmegesellschaft zahlen dafür den Kaufpreis an die
    Alteigentümer.

2. Anschließend werden sämtliche Vermögensgegenstände und Schulden auf die Über-
    nahmegesellschaft übertragen. Die Investoren zahlen dafür den entsprechenden
    Kaufpreis an die Objektgesellschaft. Damit können nun die Abschreibungspoten-
    ziale im Jahresabschluss der Übernahmegesellschaft genutzt werden.

3. Schließlich schüttet die Objektgesellschaft den Veräußerungsgewinn an die Über-
    nahmegesellschaft aus.

Dennoch muss auch der Combined-Deal nicht zwingend die beste Übernahmealternative
sein. So hat die Übernahmegesellschaft im ersten und zweiten Schritt durch die Zahlung
des Kaufpreises für die Unternehmensanteile an der Objektgesellschaft und für die Ver-
mögensstände abzüglich der Schulden einen hohen Liquiditätsabfluss. Dieser wird zwar
zeitnah durch die Gewinnausschüttung im dritten Schritt kompensiert, aber zunächst
muss Liquidität in Höhe des zweifachen Kaufpreises bei den Investoren vorhanden sein.

4.2   Einsatzfelder und Rendite von Buy-outs und Buy-ins

Nach Schätzungen des Instituts für Mittelstandsforschung (IfM) Bonn müssen jährlich ungefähr 71 000 Unternehmen vorrangig aus Alters- und Krankheitsgründen an Nachfolger übergeben werden (vgl. Tabelle 7). Bei diesen Unternehmen wird die Geschäftsführung nur in 46 Prozent der Fälle innerhalb der Familie weitergegeben, so das Institut. Von den verbleibenden 54 Prozent kommen nach Schätzungen des Instituts circa 1 900 Unternehmen für eine MBO- oder MBI-Transaktion in Frage.

Übertragungsursache	Anzahl Unternehmen	Anzahl Beschäftigte insgesamt
Alter der bisherigen Geschäftsführer	45 000	573 000
Geschäftsführer muss krankheitsbedingt ausscheiden	18 000	230 000
Geschäftsführer suchen neue Tätigkeit	8 000	104 000

Tabelle 7:   Ursachen für mittelständische Unternehmensübertragungen; Quelle: IfM

Von den vorgestellten Buy-in- und Buy-out-Möglichkeiten kommen diejenigen Transaktionen zur Nachfolgeregelung in Frage, an denen ein Management partizipiert. So ergeben sich für den Alteigentümer zwei Möglichkeiten:

- Besitzt ein Unternehmen lediglich den nun ausscheidenden Geschäftsführer, der gleichzeitig Eigentümer ist, und kann innerhalb der Familie kein Nachfolger gefunden werden, kann ein MBI in Betracht gezogen werden. Der ausscheidende Geschäftsführer verkauft sämtliche oder einen wesentlichen Teil seiner bzw. der Familienanteile an einen oder mehrere externe Manager.

- Besitzt ein Unternehmen mehrere Geschäftsführer, wobei lediglich der ausscheidende nennenswerte Unternehmensanteile besitzt, bietet sich der MBO an. Dabei verkauft der ausscheidende an die verbleibenden Geschäftsführer. Von einem Buy-out spricht man hier nicht, wenn die verbleibenden Geschäftsführer ebenfalls erhebliche Unternehmensanteile besitzen.

Stehen Nachfolgeprobleme an, sollte grundsätzlich ein MBO oder MBI ins Auge gefasst werden. Eine der ersten Fragestellungen, die nach der Erklärung des Interesses eines internen oder externen Managements am Kauf von Anteilen beantwortet werden muss, ist die Bezifferung des Gesamtfinanzierungsvolumens, um dann mögliche Finanzierungskonstruktionen zu entwerfen. Der Gesamtfinanzierungsbedarf eines MBO setzt sich nicht nur aus dem eigentlichen Kaufpreis der Anteile zusammen. Es müssen auch Aufwendungen für die Errichtung der Übernahmegesellschaft und Beraterhonorare berücksichtigt werden. Am Beispiel eines mittelständischen Unternehmens wollen wir rücksichtigt werden. Am Beispiel eines mittelständischen Unternehmens wollen wir eine solche Finanzierungsstruktur kalkulieren.

Beispiel 4 (Finanzierungsstruktur eines LBO)

Wir betrachten die Halei GmbH mit 380 Mitarbeitern, die sich auf die Fertigung von Halbleitern für die Chipproduktion spezialisiert hat. Die Unternehmensleitung besteht aus vier Geschäftsführern, wobei altersbedingt der Gründer-Geschäftsführer ausscheidet, der sämtliche Anteile an der Halei GmbH hält. Die drei verbleibenden Geschäftsführer sind bereit, die Anteile zu (fast) gleichen Teilen zum 1.1.2006 zu erwerben. Sie streben einen MBO an. Zur Bestimmung der Finanzierungsstruktur liegen uns zum 31.5.2005 folgende Informationen vor:

- bilanziertes Eigenkapital: 35 Mio. Euro,

- geplanter operativer Cashflow: 18 Mio. Euro zum 31.12.2006 mit einer jährlichen Wachstumsrate in Höhe von fünf Prozent,

- bilanzierte langfristige Bankkredite: 10 Mio. Euro,

- Anlagevermögen: 105 Mio. Euro,

- maximale Beleihungsquote des Anlagevermögens (durch die Hausbank vorgegeben): 80 Prozent,

- Kaufpreis für 100 Prozent der Anteile: 119 Mio. Euro,

- MBO-Aufwendungen (Berater- und Transaktionskosten): 1 Mio. Euro,

- kurzfristiges Fremdkapital und Umlaufvermögen bleiben für unsere Berechnungen unberücksichtigt.

Wir berechnen zunächst das zusätzlich verfügbare Fremdkapitalvolumen, dass die Hausbank maximal zur Verfügung stellen würde. Dieses Volumen ist durch die Beleihungsquote des Anlagevermögens vorgegeben und muss die aktuell bereits existierenden Bankkredite berücksichtigen.

Das Anlagevermögen in Höhe von 105 Mio. Euro kann bis zu 80 Prozent beliehen werden. Das maximale Finanzierungsvolumen der Hausbank beträgt also 84 Mio. Euro. Um das zusätzlich für den MBO verfügbare Fremdkapital zu ermitteln, berücksichtigen wir die bereits vorhandenen Bankkredite in Höhe von 10 Mio. Euro.

Der Gesamtfinanzierungsbedarf in Höhe von 120 Mio. Euro kann somit maximal mit 74 Mio. Euro fremdfinanziert werden. Daher müssen die verbleibenden 46 Mio. Euro durch die Geschäftsführer sowie private oder institutionelle Investoren gedeckt werden. Der Fremdkapitalanteil der Transaktion liegt bei circa 62 Prozent. Es kann von einem LBO gesprochen werden. Tabelle 8 stellt die Finanzierungsstruktur des Halei-LBO dar.

Maximales Fremdkapitalvolumen	84 Mio. €
– existierende langfristige Bankkredite	10 Mio. €
= maximal zusätzlich verfügbares Fremdkapital	**74 Mio. €**
Kaufpreis + MBO-Aufwendungen	120 Mio. €
– maximal zusätzlich verfügbares Fremdkapital	74 Mio. €
= noch einzubringendes Eigenkapital	**46 Mio. €**

Tabelle 8:   Finanzierungsstruktur des Halei-LBO (Beispiel)

Nach Gesprächen mit der Hausbank und mehreren Beteiligungsgesellschaften entscheiden sich die drei verbleibenden Geschäftsführer für folgende Transaktion:

▪ Eigenfinanzierung

Die Geschäftsführer decken aus eigenen Mitteln die Stammkapitalerhöhung um 3 Mio. Euro. Gesellschafter A erwirbt 34 Prozent, Gesellschafter B 33 Prozent und Gesellschafter C ebenfalls 33 Prozent der Anteile. Das Agio wird durch Fremd- und Mischkapital finanziert.

▪ Fremdfinanzierung

Die Hausbank bewilligt einen Kredit in Höhe von 74 Mio. Euro zu einem Zinssatz von acht Prozent p. a. Die Tilgung beginnt bereits zum 31.12.2006. Die Kreditlaufzeit beträgt acht Jahre.

▪ Mischfinanzierung (Mezzanine-Kapital, siehe Teil III des Buches)

Die Beteiligungs GmbH stellt einen nachrangigen Kredit in Höhe von 43 Mio. Euro zur Verfügung, der in den ersten drei Jahren zins- und tilgungsfrei ist, danach gilt ein Zinssatz von 20 Prozent p. a. Die Tilgung beginnt zum 31.12.2009. Der Kredit läuft insgesamt zehn Jahre.

Aus dieser Gestaltung der Tilgungsbeträge ergibt sich für die Halei GmbH der Finanz- und Liquiditätsplan aus Tabelle 9 (Seite 60). Mit der Bank werden die Tilgungen so vereinbart, dass geringere Raten ab dem Jahr 2009 zu zahlen sind, wenn die Mezzanine-Tilgung beginnt. Die Finanzplanung muss so erfolgen, dass der Gesamtabfluss an liquiden Mitteln aus Zins und Tilgung der beiden Kredite den geplanten operativen Cashflow nicht überschreitet. Dabei sollte ein Puffer eingeplant werden, denn es besteht die Gefahr, dass sich die Umsatz- und Ertragszahlen schlechter als erwartet entwickeln und der verfügbare Cashflow geringer ausfällt. Den zum Ende des Planungszeitraums ansteigenden Liquiditätsbestand kann die Halei GmbH dann für Re- und Neuinvestitionen verwenden.

(in Mio. €)	31.12.06	31.12.07	31.12.08	31.12.09	31.12.10
Bankkredit – Tilgung	11,00	12,00	14,00	7,00	7,00
Bankkredit – Zins	5,92	5,04	4,08	2,96	2,40
Mezzanine – Tilgung	–	–	–	1,00	3,00
Mezzanine – Zins	–	–	–	8,60	8,40
Kapitaldienst	**16,92**	**17,04**	**18,08**	**19,56**	**20,80**
Geplanter Cashflow	18,00	18,90	19,85	20,84	21,88
Liquiditätspuffer	**1,08**	**1,86**	**1,77**	**1,28**	**1,08**
(in Mio. €)	31.12.11	31.12.12	31.12.13	31.12.14	31.12.15
Bankkredit – Tilgung	7,00	7,00	9,00	–	–
Bankkredit – Zins	1,84	1,28	0,72	–	–
Mezzanine – Tilgung	3,00	5,00	7,00	11,00	13,00
Mezzanine – Zins	7,80	7,20	6,20	4,80	2,60
Kapitaldienst	**19,64**	**20,48**	**22,92**	**15,80**	**15,60**
Geplanter Cashflow	22,97	24,12	25,33	26,59	27,92
Liquiditätspuffer	**3,33**	**3,64**	**2,41**	**10,79**	**12,32**

Tabelle 9:   Finanz- und Liquiditätsplanung der Halei GmbH (Beispiel)

Renditeerwartungen und Renditerealisationen

Die Renditeerwartungen von Buy-out-Investoren hatten wir bereits in Kapitel 3 vorgestellt. Zudem zeigten wir, dass MBO- bzw. MBI-Transaktionen mit Eigenkapital sowie
mit Mezzanine- und Fremdkapital durchgeführt werden, damit der Kaufpreis geleistet
werden kann. Dabei bewegt sich die Renditeerwartung vom typischen Kreditzinssatz
einer Bank zur Bereitstellung von vorrangigem Fremdkapital bis hin zu 45 Prozent p. a.
für reine Eigenkapitalinvestoren. Die Renditeerwartung von Buy-out-Investoren hängt
wieder von den nachstehenden Faktoren ab:

1. Fähigkeit, die Finanzierungen zu bedienen (Unternehmensrisiko), bzw. Höhe des
    Ausfallrisikos

    Dieses Risiko trägt in unterschiedlichem Ausmaß jeder Investor, egal ob bei Fremd-
    oder Eigenfinanzierung. Grundsätzlich lässt sich das Risiko bei Buy-out-Trans-
    aktionen treffender bemessen als bei Buy-in-Transaktionen, weil das Buy-out-
    Management bereits in das Unternehmen eingearbeitet und besser einzuschätzen ist.

2. Strukturierung der Transaktion

Ein MBO, der zum großen Teil fremdfinanziert wird, ist aus Sicht der Fremdkapitalgeber grundsätzlich risikoreicher, weil eine Insolvenz der Übernahmegesellschaft bzw. der übernommenen Objektgesellschaft eine höhere Wahrscheinlichkeit besitzt und somit die Ansprüche der Fremdkapitalgeber eher bedroht sind. Bei Finanzierungen mit hohem Eigenkapitalanteil fordern Fremdkapitalgeber entsprechend eine vergleichsweise geringe Risikoprämie.

3. Nachfrage und Angebot auf dem Buy-out-Markt

Steht ein Unternehmer vor der Herausforderung, z. B. auf Grund plötzlicher Krankheit, zeitnah einen Nachfolger außerhalb der Familie finden zu müssen, wird er gegebenenfalls bereit sein, einen geringeren Kaufpreis für seine Anteile zu fordern. Die Preise für Buy-outs steigen grundsätzlich, wenn die Nachfrage steigt. Dennoch gibt es keinen organisierten Buy-out-Markt, wie dies etwa für Aktien der Fall ist.

4. Strukturierung der einzelnen Finanzierungselemente

Neben der Risikoprämie spielt die Strukturierung der Auszahlungen an die Investoren eine wichtige Rolle. Werden keine jährlichen Zahlungen geleistet und kann der Investor seine Renditevorstellungen ausschließlich aus der Wertsteigerung seiner Beteiligung realisieren, wird er dafür eine zusätzliche Risikoprämie verlangen.

5. Laufzeit der Transaktion

Ein Investor wird für längere Zeiträume eine zusätzliche Risikoprämie fordern, weil sein Kapital länger gebunden und dem Ausfallrisiko ausgesetzt ist.

6. Marktbewertung und -entwicklung

Auch der Buy-out- und Buy-in-Markt unterliegt Schwankungen. Dabei können die Entwicklungen der verschiedenen Private-Equity-Finanzierungsformen häufig in etwa an der Börsenentwicklung abgelesen werden. Sinken die Renditeaussichten an den Wertpapierbörsen im Public-Equity, kann dies ebenfalls im Private-Equity zu beobachten sein.

7. Markteffizienz

Teilnehmer von MBO- und MBI-Transaktionen können zur Kaufpreisfindung naturgemäß lediglich diejenigen Informationen einbeziehen, die sie besitzen. Typischerweise ist das Management bei einem Buy-out gut informiert. Bei der Kaufpreisfindung gilt es, diese vorhandenen Informationen an die anderen Vertragsparteien zu kommunizieren.

8.   Alternative Investitionsmöglichkeiten

Alternative Investitionsmöglichkeiten stehen allen Beteiligten zur Verfügung. So können sich die Manager entscheiden, statt Unternehmensanteile zu kaufen, mit einer Aktienanlage eine an ihre Vorstellungen von Risiko und Rendite angepasste Anlageform zu wählen. Institutionelle Investoren haben zusätzlich die Wahl zwischen diversen Buy-out- und Buy-in-Transaktionen.

Die Vielzahl von Einflussfaktoren, die für die Kalkulation einer Renditeerwartung zu quantifizieren sind, zeigt, dass jede Transaktion spezifisch ist und nur schwer allgemeine Aussagen getroffen werden können. Um die Buy-out- und Buy-in-Finanzierung in den Kontext der bereits angesprochenen Private-Equity-Finanzierungen einzuordnen, zeigt Abbildung 12 die relativen Rendite- und Risikopositionen von Venture-Capital- (Seed, Start-up, First-Stage), von Wachstums- sowie von Buy-in- und Buy-out-Finanzierungen.

Die Rendite-Risiko-Position von Buy-out- und Buy-in-Transaktionen ist auf Grund des fortgeschrittenen Reifegrades der Investitionsobjekte im Allgemeinen durch das geringste Risiko und dementsprechend durch die geringsten Renditeforderungen der hier veranschaulichten Finanzierungsanlässe charakterisiert.

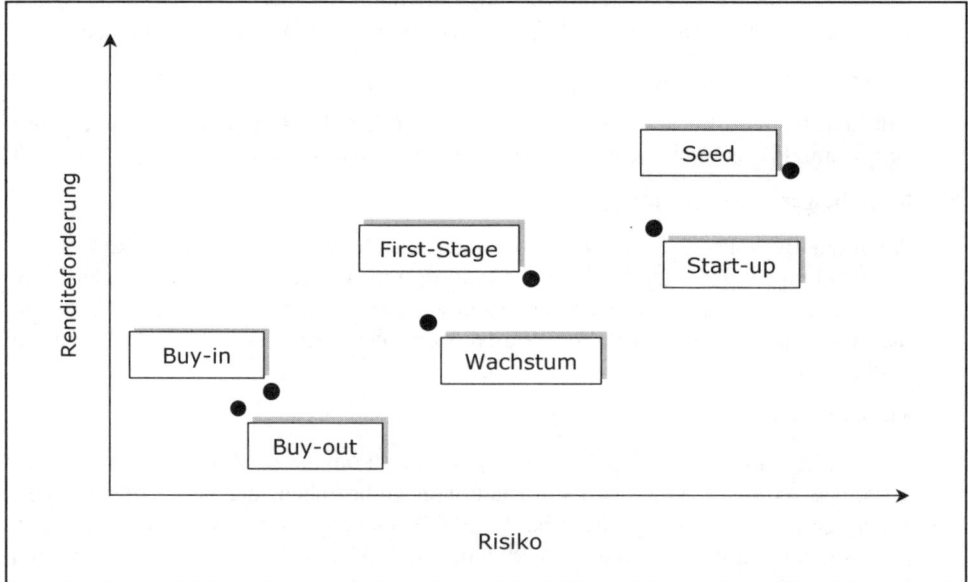

Abbildung 12: Rendite- und Risikopositionen von Private-Equity-Finanzierungen

Um diese qualitative Einordnung zu untermauern, wenden wir uns den Renditerealisationen von MBOs und MBIs zu. Abbildung 13 zeigt die Internen Zinsfüße von Buy-out-
und Private-Equity-Investitionen von Fonds über die Jahre von 1994 bis 2002.

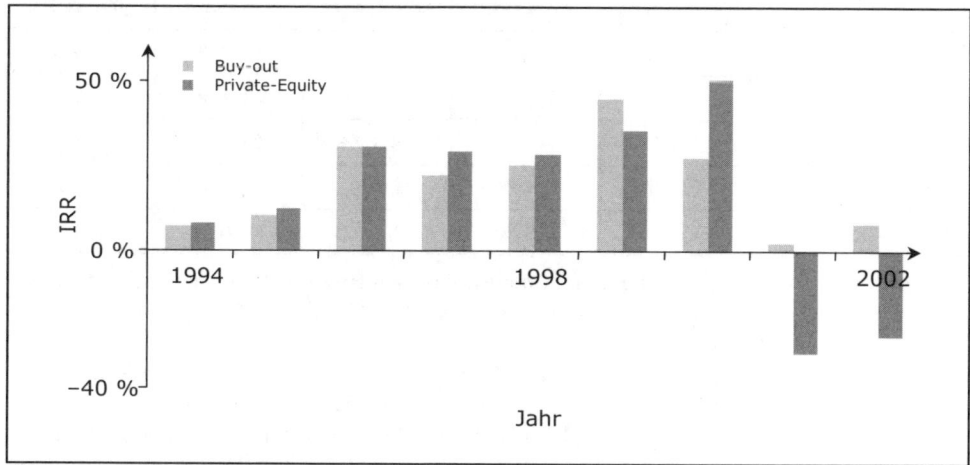

Abbildung 13: Renditerealisationen europäischer Buy-out- und Private-Equity-Fonds;
Quelle: EVCA (2004)

Die dargestellten Private-Equity-Fonds enthalten Investitionsobjekte aus dem Early-,
Middle- und Late-Stage-Bereich. Die Buy-out-Fonds, die Late-Stage-Finanzierungen
enthalten, stellen ein Sub-Portfolio an der unteren Renditegrenze des Private-Equity-
Portfolios dar. Dem finanzwirtschaftlichen Leitgedanken „No Risk, no Fun" folgend
bestätigt sich zunächst die Vermutung von niedrigen realisierten Buy-out-Renditen im
Vergleich zu Private-Equity-Renditen. Erwirtschafteten die Buy-out-Fonds im Jahr 1994
Renditen von noch unter zehn Prozent, können wir ab 1996 Renditen von bis zu 30 Prozent, 1999 sogar über 40 Prozent beobachten.

In den Jahren 1996 und 1999 fielen die Private-Equity-Renditerealisationen geringer aus
als die der Buy-outs. Dass mit den grundsätzlich höheren Ertragsaussichten des Private-
Equity- gegenüber dem Buy-out-Portfolio auch höhere Risiken einhergehen, können wir
an der Renditeentwicklung der Jahre 2001 und 2002 erkennen. Den leicht positiven Buy-
out-Renditen stehen negative Private-Equity-Renditen von bis zu minus 30 Prozent gegenüber. So berechnen wir für den betrachteten Zeitraum von 1994 bis 2002 für Buy-
outs und Buy-ins eine durchschnittliche Renditerealisation von 19,4 Prozent p. a. Für
den gesamten Private-Equity-Markt beläuft sich dieser Wert auf 15,2 Prozent p. a.

Auch beobachten wir unterschiedliche Renditerealisationen von Buy-out-Fonds in Abhängigkeit von der Größe des Fonds und des Anlagehorizontes. Tabelle 10 (Seite 64)

zeigt dazu die jährlichen Internen Zinsfüße für europäische Buy-out-Fonds in Abhängigkeit vom Anlagehorizont und Investitionsvolumen.

Fondsgröße	1-Jahres-Zinssatz	3-Jahres-Zinssatz	5-Jahres-Zinssatz	10-Jahres-Zinssatz	20-Jahres-Zinssatz
0 – 250 Mio. €	6,8 %	–0,9 %	7,5 %	10,9 %	**11,4 %**
250 – 500 Mio. €	8,6 %	2,5 %	18,5 %	**21,7 %**	16,9 %
500 – 1 000 Mio. €	–5,1 %	–4,7 %	**24,7 %**	24,7 %	21,5 %
Über 1 Mrd. €	–3,9 %	2,4 %	**3,9 %**	3,7 %	3,7 %
Alle Größen	–1,8 %	0,5 %	9,3 %	**12,5 %**	12,1 %

Tabelle 10:   Interne Zinsfüße p. a. von europäischen Buy-out-Fonds nach Fondsgröße
und Anlagehorizont von 1980 bis 2003; Quelle: EVCA (2004)

Grundsätzlich gilt, dass die Renditerealisation p. a. für die Laufzeit einer gesamten Finanzierung (circa fünf bis sieben Jahre) am höchsten ist. Dazu haben wir die Höchstwer-
te der Internen Zinsfüße in Tabelle 10 in jeder Größenklasse fett gesetzt. Für Fonds ab
250 Mio. Euro Investitionsvolumen erreichen die Investoren mit Haltedauern von fünf
bis zehn Jahren die höchsten Wertzuwächse. Kleine Fonds konnten bei längerfristigem
Anlagehorizont höhere Renditen erzielen als sehr große Fonds.

So erwirtschafteten bei der Fünf-Jahres-Laufzeit Fonds mit einem Investitionsvolumen
bis 250 Mio. Euro bzw. bis 500 Mio. Euro eine jährliche Verzinsung des eingesetzten
Kapitals von 7,5 Prozent p. a. bzw. 18,5 Prozent p. a., während Fonds ab 1 Mrd. Euro
lediglich 3,9 Prozent p. a. erzielten. Vorteile für kleinere Fonds gegenüber sehr großen
Fonds beobachten wir ebenfalls für Laufzeiten von zehn und 20 Jahren.

5.   Late-Stage-Finanzierung

Die wünschenswerte Endstation eines mit Beteiligungskapital finanzierten Unternehmens aus Sicht eines Private-Equity-Kapitalgebers ist der Börsengang – ein Initial-
Public-Offering (IPO). Bevor dieses Großereignis im Unternehmenslebenszyklus jedoch
aktiv angegangen werden kann, sollte sich das Unternehmen im Allgemeinen bereits in
der Late-Stage befinden. Die Produkte und Dienstleistungen sollten am Markt eingeführt
und das Unternehmen in einem breiten Markt Innovationsführer sein, um weiteres
Wachstum zu sichern. Für einen anstehenden Börsengang muss eine solide Eigenkapitalbasis vorhanden sein, um das Ausfallrisiko zu begrenzen und auf Grund der eigenen
Ertragsstärke für Investoren an der Börse einen besonderen Kaufanreiz zu bieten.

5.1 Begrifflichkeiten der Late-Stage-Finanzierung

Zur Late-Stage-Finanzierung gehören Bridge- und Turnaround-Financing sowie das Replacement-Kapital.

Bridge-Financing

Unternehmen, die noch keine solide Eigenkapitalbasis vorweisen können, sind Kandidaten für eine Brückenfinanzierung – das Bridge-Financing. Eine Brückenfinanzierung ist eine Finanzierung zur Vorbereitung eines geplanten Börsengangs oder zur Überbrückung von Finanzierungsengpässen auf Grund der Verschiebung von geplanten Börsengängen. So wurden in der Vergangenheit bereits mehrmals und teilweise sehr kurzfristig Börsengänge auf Grund des als schlecht empfundenen Börsenklimas und der damit einhergehenden erwarteten niedrigen Bewertung um einen längeren Zeitraum verschoben. Bei einer Verschiebung des Börsengangs fehlt dem Unternehmen dann aber das häufig bereits für Investitionsprojekte verplante Eigenkapital aus dem Börsengang.

Turnaround-Financing

Ein Unternehmen, dass die Expansions- bzw. Wachstumsphase bereits durchlebt hat, kann folgenden Schieflagen ausgesetzt sein:

1. Das Unternehmen erfährt auf Grund plötzlicher unerwarteter Ereignisse einen Ertragseinbruch, der mittelfristig behoben werden kann.

2. Das Unternehmen sieht sich stark veränderten Markterfordernissen gegenüber und erwartet nach einer Restrukturierung eine Forcierung der Aktivitäten und eine deutliche Belebung des Geschäfts.

3. Das Unternehmen steckt in einer ernsten Liquiditätskrise. Ein Sanierungskonzept muss die Liquidation der Gesellschaft verhindern und eine Wiederbelebung der Ertragskraft schaffen.

In solchen Unternehmenskrisen bestehen Finanzierungserfordernisse, die mit einer Turnaround-Finanzierung befriedigt werden können. Unternehmensschieflagen können besser behoben werden, je früher sie erkannt werden. Dementsprechend größer fällt die Turnaround-Wahrscheinlichkeit aus. Das Auswahlkriterium schlechthin für Turnaround-Investoren ist im Gegensatz zu anderen Private-Equity-Finanzierungen die Überlebensfähigkeit des Investitionsobjektes. Marktbezogene Kriterien und das aktuelle Management stehen im Hintergrund. Wichtiger sind die generelle Überlebensfähigkeit des Unternehmens, die eindeutige Identifikation der Krisenursache sowie die Suche nach einem neuen oder zumindest erweiterten Krisenmanagementteam.

Restrukturierungen auf Grund von Unternehmenszusammenschlüssen und deren möglicher Finanzierungsbedarf für Integration und Anpassungen von Prozessstrukturen wollen wir hier außen vor lassen, da die betreffenden Unternehmen eher selten Private-Equity-Unternehmen sind.

Replacement-Kapital

Das Ausscheiden eines wesentlichen Anteilseigners eines nicht-börsennotierten Unternehmens stellt häufig eine Herausforderung für die verbleibenden Anteilseigner dar. Um die Zersplitterung von Unternehmen durch das Ausscheiden von Gesellschaftern zu verhindern, wird in der Regel in Gesellschafterverträgen für diesen Fall ein Vorkaufsrecht für die Altgesellschafter vereinbart.

Die Realisierung dieses Vorkaufsrechts stellt die Altgesellschafter bisweilen vor eine erhebliche Belastung. Es ist zu klären, wie die Anteile auf die verbleibenden Eigner aufgeteilt werden. Zudem muss die Finanzierung des Kaufpreises dargestellt werden. Der ausscheidende Gesellschafter wird üblicherweise den Marktwert der Anteile verlangen, so dass die anderen Alteigentümer den Kaufpreis häufig nicht ohne weiteres durch die Zuführung von privaten Mitteln leisten können, sondern auf Fremdmittel zurückgreifen müssen.

Finanzierungskonstruktionen

Analog zu den Buy-outs können die Late-Stage-Finanzierungen ebenfalls als Asset- oder Share-Deal durchgeführt werden. Insbesondere Turnaround-Kapitalgeber verfolgen dabei entweder konsequent den Diversifikationsansatz oder den Ansatz der aktiven Einflussnahme. Der Diversifikationsansatz hat das Ziel, zahlreiche kleinere Beträge als Minderheitsinvestor zu investieren, wohingegen Kapitalgeber mit aktiver Einflussnahme Mehrheitsinvestoren sein wollen und sich ihr Portfolio aus einigen wenigen, intensiv betreuten Unternehmen zusammensetzt. Eine Untersuchung von 384 nordamerikanischen Turnaround-Investitionen aus dem Jahr 2001 belegt, dass Mehrheitsinvestoren im Durchschnitt höhere Renditen als Minderheitsinvestoren erzielen konnten.

Grundsätzlich stehen der Bridge-, Turnaround- und Replacement-Finanzierung wieder die bereits genannten Beteiligungsformen zur Verfügung:

- offene direkte Beteiligung,
- Beteiligung als atypischer stiller Gesellschafter,
- Beteiligung als typischer stiller Gesellschafter,
- Darlehen mit nachrangiger Bedienung,
- Genussscheine.

Bei der Turnaround-Finanzierung kommt eine Phasenfinanzierung selten vor. So wird im Gegensatz zum Venture-Capital die Bereitstellung von Folgekapital nicht an das Erreichen ex-ante definierter Ziele geknüpft, um eine negative Signalwirkung auf Geschäftspartner von Restrukturierungsunternehmen zu vermeiden.

Eine gängige Form der Kaufpreisfinanzierung der Anteile bei ausscheidenden Gesellschaftern stellt auch das Verkäuferdarlehen dar (vgl. Teil III des Buches). Sofern der ausscheidende Gesellschafter das Kapital nicht sofort benötigt, gewährt er den Käufern (bzw. über eine NewCo-Konstruktion dem Unternehmen) ein nachrangiges Darlehen, dessen Zahlungsmodalitäten grundsätzlich denen eines Kredits entsprechen.

Die vereinbarten Zinszahlungen fallen auf Grund des nachrangigen Bedienstatus jedoch höher als bei einem klassischen Kredit aus. Dem Unternehmen wird damit nicht abrupt Kapital entzogen, das die verbleibenden Gesellschafter zur Entrichtung des Kaufpreises benötigen. Zudem wird auch die Möglichkeit genutzt, dem ausscheidenden Gesellschafter nicht-betriebsnotwendige Sachwerte zu übertragen.

Grundsätzlich nimmt das Verhältnis von Eigen- und Fremdfinanzierungselementen entlang des Unternehmenslebenszyklus ab. Early-Stage-Unternehmen steht praktisch ausschließlich die reine Eigenfinanzierung offen. Wachstumsunternehmen mischen bereits einen Fremdkapitalanteil bei, LBOs werden schon hälftig mit Fremdkapital finanziert. So setzt sich diese Tendenz auch für die Late-Stage-Finanzierungen fort. In Abbildung 14 haben wir dazu das Ausfallrisiko, den Unternehmenswert in Prozent des IPO-Wertes sowie die Anteile der Eigen-, Mezzanine- und Fremdfinanzierung in der jeweiligen Lebenszyklusphase der Private- und Public-Equity-Unternehmen dargestellt.

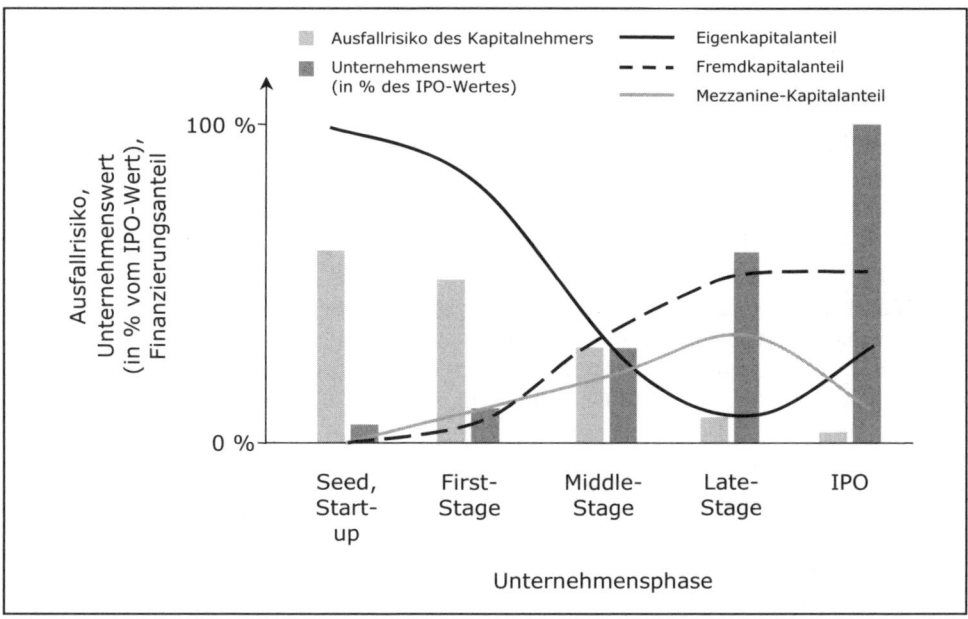

Abbildung 14: Ausfallrisiko, Unternehmenswert und Finanzierungsstruktur für Public- und Private-Equity-Unternehmen, Quelle: Stadler (2001)

In der Unternehmensphase Late-Stage haben wir alle Late-Stage-Finanzierungen, nämlich Buy-out, Buy-in, Bridge, Replacement und Turnaround, zusammengefasst. Im Vergleich zu Wachstumsfinanzierungen besitzen Late-Stage-Finanzierungen grundsätzlich
einen geringeren Eigenkapitalanteil, aber einen erhöhten Mezzanine- und Fremdkapitalanteil. Zum Börsengang steigt der Eigenkapitalanteil der Finanzierung wieder. Der Unternehmenswert beträgt in der Late-Stage schon circa 60 Prozent des IPO-Wertes auf
Grund des bis dahin erfolgten Wachstums und der Ertragsaussichten. Das Ausfallrisiko
hat sich im Vergleich zu den Seed- und Start-up-Investitionen auf ein Sechstel verringert.

Das Ausfallrisiko von Restrukturierungen ist einleuchtend. Deshalb wird als Beurtei-
lungsmaßstab auf die Kerngröße Turnaround-Wahrscheinlichkeit abgestellt. Man mag
vermuten, dass die Ausfallquote von Spätphasenfinanzierungen vergleichsweise höher
liegt. Diese These kann aber entkräftet werden, denn Private-Equity-Finanzierer nehmen
sich nur Erfolg versprechender Sanierungen an. Weniger aussichtsreiche Sanierungsfälle
werden nicht von Private-Equity-Finanzierern übernommen, sondern eher direkt an den
Insolvenzverwalter übergeben.

Eine Untersuchung der KfW aus dem Jahr 2001 erhob die Ausfallquote von Beteiligungsgesellschaften, die in unterschiedlichen Phasen des Lebenszyklus investierten. Dabei realisierten Frühphasenfinanzierer deutlich höhere Ausfallquoten als Spätphasenfinanzierer:

■   Ausfallquote der Frühphasenfinanzierer: circa zwölf Prozent,

■   Ausfallquote der Spätphasenfinanzierer: circa sechs Prozent,

■   Ausfallquote der Finanzierer ohne Phasenspezialisierung: circa zehn Prozent.

5.2   Der Markt für Late-Stage-Finanzierungen

Der Markt für Replacement-, Bridge- und Turnaround-Finanzierungen hat sich während
der vergangenen zehn Jahre wie folgt entwickelt: Betrachten wir in Tabelle 11 zunächst
die Brückenfinanzierung. Sie hat mit dem Börseneinbruch im Jahr 2000 deutlich an Relevanz eingebüßt. Wurden im Jahr 2000 noch 415 Mio. Euro in die Vorbereitung von
Unternehmen auf den Börsengang investiert, waren es 2004 nur noch 9 Mio. Euro.

Verglichen mit den MBO-, MBI- und LBO-Finanzierungen in Höhe von 2,7 Mrd. Euro
im Jahr 2004 kann bei der Bridge-Finanzierung nicht von einer aktuell bedeutenden Finanzierungsform gesprochen werden. Dabei wiesen die Brückenfinanzierungen sowie
die MBOs, MBIs und LBOs im Jahr 1999 noch nahezu identische Bruttoinvestitionen
von knapp 400 Mio. Euro auf.

(in Mio. €)	1994	1995	1996	1997	1998	1999	2000	2001	2002	2003	2004
Seed	15	16	34	59	121	187	388	172	77	27	22
Start-up	55	58	53	130	303	733	1 213	982	484	265	332
Wachstum	305	290	334	569	515	996	1 562	1 376	705	374	612
Replacement	—	—	—	—	73	90	102	74	18	4	93
Turnaround	3	32	38	18	44	11	42	76	43	26	13
Bridge	15	26	12	209	205	387	415	103	35	12	9
MBO / MBI / LBO	141	110	133	216	422	397	730	1 653	1 144	1 708	2 686

Tabelle 11:   Entwicklung der Bruttoinvestitionen in den einzelnen
Finanzierungsphasen; Quelle: BVK

Das Replacement-Kapital bleibt wohl trotz der Nachfolgeproblematik eine Finanzierungsform mit insgesamt untergeordneter Bedeutung. Die Bruttoinvestitionen beliefen
sich selbst im Hochjahr 2000 lediglich auf circa 100 Mio. Euro. Auch die Turnaround-
Finanzierungen sind insgesamt eher unbedeutend. Die Bruttoinvestitionen lagen hier in
den Jahren von 1994 bis 2004 in einer Bandbreite von 3 Mio. Euro bis 76 Mio. Euro.

Betrachten wir das Jahr 2004, zeigt sich eine deutliche Dominanz der Buy-out- und Buy-
in-Finanzierungen. Über 70 Prozent aller Neu- und Folgeinvestitionen der BVK-
Beteiligungsgesellschaften stellten Buy-in- und Buy-out-Finanzierungen dar, 2,5 Prozent
Replacement-Finanzierungen, jeweils unter 0,4 Prozent Brückenfinanzierungen und
Turnaround-Aktivitäten.

Wir hatten bereits anhand der BVK-Daten gezeigt, dass die den Markt dominierenden
Finanzierungen vornehmlich mit großen Unternehmen durchgeführt werden. Wir können
anhand der Daten aus Tabelle 12 (Seite 70) belegen, dass dies bei anderen Eigenfinanzierungsformen nicht der Fall ist, also durchaus zahlreich in kleine Unternehmen investiert wird.

Die Tabelle liefert die Transaktionsanzahlen für alle Private-Equity-Finanzierungen im
Zeitraum von 1999 bis 2004. Wir können auch hier wieder die Börsenhochphase bis zum
Jahr 2000 erkennen, in der insbesondere manches kleine Unternehmen – hier bis 99 Beschäftigte – aus den Branchen Technologie, Software und Telekommunikation schnell
an die Börse gebracht wurde. Die Hauptinformationen lauten:

(in Mio. €)	1999	2000	2001	2002	2003	2004
0 – 9	299	535	5	73	170	163
10 – 19	239	306	9	63	136	138
20 – 99	371	490	11	138	258	322
100 – 199	93	84	1	26	50	77
200 – 499	44	69	—	11	41	45
500 – 999	6	17	—	1	8	14
1 000 – 4 999	8	16	—	—	13	21
Ab 5 000	2	4	—	—	5	4
In % von gesamt bis 99	86 %	88 %	96 %	88 %	83 %	79 %
In % von gesamt bis 499	98 %	98 %	100 %	100 %	96 %	95 %

Tabelle 12: Transaktionsanzahl von Private-Equity-Finanzierungen in Abhängigkeit von der Beschäftigtenanzahl der Kapitalnehmer; Quelle: BVK

▪ Seit dem Börsencrash im Jahr 2000 sind Kapitalgeber offenbar risikoscheuer geworden: Die Transaktionsanzahlen sind gesunken.

▪ Im betrachteten Zeitraum dominierten Transaktionen bei Unternehmen mit bis zu 99 Beschäftigten.

▪ Im Jahr 2004 wurden 623 Private-Equity-Transaktionen der BVK-Mitglieder (das sind fast 80 Prozent aller BVK-Transaktionen des Jahres) bei Unternehmen mit bis zu 99 Beschäftigten durchgeführt.

▪ Legen wir die Mittelstandsdefinition mit bis zu 500 Mitarbeitern zu Grunde, waren die Kapitalnehmer der von BVK-Mitgliedern durchgeführten Private-Equity-Transaktionen in den Jahren von 1999 bis 2004 zu mindestens 95 Prozent mittelständische Unternehmen.

Wie in den vorangegangenen Kapiteln wollen wir unsere Aussagen nicht nur auf die Anzahl der Transaktionen stützen, sondern durch die Hinzunahme von Investitionsvolumina in den verschiedenen Größenklassen – gemessen durch die Anzahl der Beschäftigten – untermauern.

Tabelle 13 liefert dazu wieder für die Jahre von 1999 bis 2004 zunächst das durchschnittliche Volumen einer Transaktion in der betreffenden Größenklasse. Der Wert in Klammern entspricht dem Gesamttransaktionsvolumen der Investitionen in alle Unternehmen der jeweiligen Größenklasse. Wir beobachten, dass sich Transaktionsvolumina hin zu großen Unternehmen bewegen. Flossen im Jahr 1999 noch mehr als 90 Prozent der Private-Equity-Gelder in Unternehmen mit weniger als 500 Beschäftigten, waren es im Jahr 2004 kaum noch 25 Prozent. Diese Entwicklung kann sich mit der wachsenden Risikoaversion der Investoren erklären lassen sowie mit der nach der Jahrtausendwende und dem Börsencrash zurückgegangenen Anzahl von innovativen Unternehmens-gründungen.

Transaktionsvolumen pro Unternehmen (Transaktionsvolumina gesamt) in Mio. €						
Anzahl Beschäftigte	1999	2000	2001	2002	2003	2004
0 – 9	2,9 (879)	1,4 (744)	1,6 (8)	0,2 (80)	0,3 (58)	0,4 (60)
10 – 19	2,0 (470)	2,1 (646)	1,8 (16)	0,3 (118)	0,5 (69)	0,5 (69)
20 – 99	2,3 (862)	2,6 (1 276)	3,5 (38)	1,0 (64)	0,9 (222)	1,0 (307)
100 – 199	3,6 (330)	4,6 (387)	1,0 (1)	0,7 (17)	2,6 (132)	1,5 (112)
200 – 499	7,1 (313)	6,3 (438)	–	1,4 (15)	2,1 (87)	3,8 (171)
500 – 999	7,2 (43)	4,9 (84)	–	5,0 (5)	10,5 (84)	36,6 (512)
1 000 – 4 999	24,0 (192)	32,4 (518)	–	–	59,0 (767)	45,3 (951)
Ab 5 000	22,0 (44)	139,0 (556)	–	–	78,6 (393)	176,8 (707)

Tabelle 13:   Private-Equity-Transaktionsvolumina nach Größenklassen; Quelle: BVK

Tabelle 13 unterstreicht zudem den generellen Zusammenhang von Unternehmensgröße, Unternehmensalter und Finanzierungsvolumen. Wir hatten bereits konstatiert, dass Unternehmen, die mit zunehmendem Alter wachsen, häufig einen steigenden Finanzierungsbedarf aufweisen.

Die Tabelle zeigt, dass sich das Transaktionsvolumen pro Unternehmen für Unternehmen mit bis zu 499 Beschäftigten deutlich von den Werten für Unternehmen mit mehr als 1 000 Beschäftigten unterscheidet. In den Betrachtungsjahren springt der Transaktionswert von unter 1 Mio. Euro bis 7 Mio. Euro auf eine Spanne von 22 Mio. Euro bis 177 Mio. Euro. Bei Unternehmen mit bis zu 99 Mitarbeitern sehen wir Volumina unter 4 Mio. Euro, wobei wir ab dem Jahr 2002 einen Rückgang beobachten.

5.3   Renditeforderungen und -realisationen

Die zentralen Parameter zur Spezifizierung der Renditeforderung von Bridge-, Turnaround- und Replacement-Investoren lauten abermals:

1. Unternehmens- bzw. Ausfallrisiko

    Das Ausfallrisiko ist bei Turnaround-Finanzierungen höher als bei Bridge und Replacement. Die Renditeforderungen fallen umso geringer aus, je höher die Turnaround-Wahrscheinlichkeit ist.

2. Strukturierung der Transaktion

    Bei Gesamtfinanzierungen mit hohem Eigenkapitalanteil fordern Fremdkapitalgeber eine vergleichsweise geringe Risikoprämie.

3. Nachfrage und Angebot auf dem Late-Stage-Markt

    Das Angebot an potenziell erfolgreichen Unternehmen, die restrukturiert werden müssen, an die Börse möchten oder einen ausscheidenden Gesellschafter auszahlen müssen und zudem noch Innovationscharakter aufweisen, ist gering. Auch meiden manche Beteiligungsgesellschaften die Turnaround-Finanzierung aus Imagegründen. Der Markt für Turnaround-Finanzierungen ist illiquide und erschwert einen Verkauf der Beteiligung.

4. Strukturierung der einzelnen Finanzierungselemente

    Bei Turnaround-Transaktionen findet die phasenweise Finanzierung selten statt. Dementsprechend höher fällt die Renditeforderung aus.

5. Laufzeit der Transaktion

    Je länger die (geplante) Laufzeit, umso höher ist generell die Renditeforderung.

6. Marktbewertung und -entwicklung

    Die Renditeforderung von Bridge-Investoren ist dann besonders hoch, wenn das Börsenumfeld sehr volatil ist; ein hoch volatiler Markt erschwert den Verkauf von Anteilen zu hohen Preisen.

7. Markteffizienz

    Bei Turnaround-Finanzierungen liegt eine ausgeprägte Informationsasymmetrie vor. Der Kapitalgeber kennt das Unternehmen kaum. Häufig wird das bestehende Management ersetzt oder erweitert. Diese Informationsungleichheit führt zu starken Differenzen bei der Kaufpreisfindung. Diese findet aber unter zeitlichem Druck statt und fällt demnach eher zugunsten der Kapitalgeber aus. Bei Replacement-Finanzierungen reduziert sich die Asymmetrie stark, wenn der ausscheidende Gesellschafter ebenfalls Manager war und es zudem weitere Gesellschafter-Manager gibt.

8. Alternative Investitionsmöglichkeiten

Als Investitionsprojekt mit ähnlichem Rendite-Risiko-Profil stehen die Late-Stage-Buy-outs und -Buy-ins zur Auswahl. Wir haben bereits erörtert, dass der Buy-in-Markt zukünftig auf Grund der mittelständischen Nachfolgeproblematik vermutlich wachsen wird. Investoren finden somit zahlreiche alternative Investitionsmöglichkeiten, die die Renditeforderungen für Bridge, Replacement und Turnaround tendenziell erhöhen.

Zur Bezifferung von Renditeforderungen deutscher Investoren für Bridge, Turnaround und Replacement möchten wir abermals auf die Untersuchung zu den Beurteilungskriterien für Private-Equity-Unternehmen verweisen. Die dort erhobene Renditeforderung für Late-Stage-Investitionen beläuft sich auf 26 Prozent p. a. Eine Untersuchung zu Renditeforderungen von nordamerikanischen Turnaround-Investoren aus dem Jahr 1999 liefert Werte von 30 Prozent p. a. bis 35 Prozent p. a.

6. Der Börsengang

Going-Public, Initial-Public-Offering (IPO) und Börsengang – diese Begriffe beschreiben denselben Vorgang: die erstmalige Veräußerung von Aktien über den organisierten Kapitalmarkt an externe Investoren. Dabei ist der Börsengang typischerweise mit einer Kapitalerhöhung verbunden. Die Veräußerungsbeträge, die so genannten Emissionserlöse, fließen dann dem Unternehmen zur Finanzierung von Investitionen in Form von Eigenkapital zu. Ein Börsengang mit Kapitalerhöhung steigert die Eigenkapitalausstattung eines Unternehmens.

6.1 Eigenfinanzierung über den organisierten Kapitalmarkt

Bezüglich des Verkaufs von Unternehmensanteilen über den Kapitalmarkt wird zwischen Erst- bzw. Neuemission und Zweitemission (Secondary-Offering) unterschieden. Eine Erstemission ist als erstmalige Veräußerung von Aktien eines Unternehmens über den Kapitalmarkt definiert, das bis dato nicht börsennotiert war. Die Zweitemission bezeichnet den erneuten Verkauf von Aktien eines Unternehmens, das bereits an der Börse notiert ist und folglich schon erfolgreich einen Börsengang absolviert hat. Erstemissionen stehen im Mittelpunkt der folgenden Ausführungen.

Wir unterscheiden weiter zwischen einem direkten und einem indirekten Börsengang. Ein direkter Börsengang kennzeichnet eine Neuemission durch das Unternehmen selbst. Ein indirekter Börsengang erfolgt häufig nicht per Kapitalerhöhung, sondern geschieht durch Mantelkauf einer börsennotierten Gesellschaft oder Verschmelzung eines nicht-börsennotierten Unternehmens mit einem börsennotierten Unternehmen. In den folgenden Ausführungen konzentrieren wir uns auf den direkten Börsengang. Weiterführende Literatur zum indirekten Börsengang ist den Literaturhinweisen zu entnehmen.

Grundsätzlich kann jedes Unternehmen, das in der Form einer Aktiengesellschaft (AG) oder einer Kommanditgesellschaft auf Aktien (KGaA) geführt wird, direkt an die Börse gehen, wenn es das Mindestemissionsvolumen für das ausgewählte Börsensegment erbringen kann. Unter Mindestemissionsvolumen ist die Summe der Nennwerte der über die Börse angebotenen Aktien zu verstehen. Unternehmen, die diese Anforderungen erfüllen, werden als emissionsfähig bezeichnet. Nicht-emissionsfähige Unternehmen sind Unternehmen, die durch die Wahl der Rechtsform oder das Unterschreiten des Mindestemissionsvolumens keinen Eigenfinanzierungszugang zur Börse besitzen. Die Rechtsform der Aktiengesellschaft eignet sich aus folgenden Gründen für die Aufbringung von höheren Eigenkapitalbeträgen:

- Das Grundkapital kann in kleine Teilbeträge gesplittet werden. Mit dem Verkauf der Aktien über eine Börse ist eine Beteiligung am Unternehmen schon mit geringem Kapitaleinsatz möglich.

- Die Aktien des Unternehmens sind Wertpapiere, die an einer Börse gehandelt werden können. Soweit das Unternehmen eine entsprechende Anzahl von Aktien am Kapitalmarkt platziert hat und ein liquider Handel stattfindet, ist ein Verkauf von Aktien jederzeit möglich.

- Die Organisationsform der Aktiengesellschaft lässt eine nahezu unbegrenzte Anzahl von Gesellschaftern zu.

- Das Aktiengesetz bietet eine detaillierte Ausgestaltung des Gesellschaftsvertrags. Die Rechte der Eigentümer sind eindeutig definiert.

Eine Emission von Aktien ist ein öffentliches Angebot zur Zeichnung von Unternehmensanteilen. Als Zeichnung wird die Bestellung mit Kaufpflicht durch Anleger vor der Erstnotiz, dem ersten Handelstag, bezeichnet. Der Börsengang stellt nach dem Angebot zur Zeichnung durch das Unternehmen an institutionelle und private Anleger die Handelbarkeit der verkauften Aktien sicher.

Kapitalmarktscheu in Deutschland?

Mit zunehmender Globalisierung seit Mitte der achtziger Jahre hat sich der internationale Wettbewerb intensiviert. Es lassen sich Veränderungen wie der Größenwettbewerb zur Realisierung von Skaleneffekten, verkürzte Produktlebenszyklen und der insbesondere vom Rating getriebene Gedanke der Erhöhung der Eigenkapitalbasis mittelständischer Unternehmen beobachten. Der Druck zur Erhöhung des Haftungkapitals scheint immens, dennoch wagen – verglichen mit dem internationalen Marktkapitalisierungsvolumen – deutsche mittelständische Unternehmen nur recht selten den Gang an die Börse.

In Deutschland stellen mittelständische Unternehmen über 99 Prozent aller Unternehmen. Überwiegend handelt es sich hierbei um Unternehmen mit weniger als 250 Mitarbeitern, einen Jahresumsatz von bis zu 50 Mio. Euro und einer Bilanzsumme von bis zu 43 Mio. Euro – dies ist die EU-Mittelstandsdefinition. Eine Erklärung für die angesprochene Zurückhaltung kann die Struktur der deutschen mittelständischen Unternehmen liefern. So stehen häufig Familienbetriebe insbesondere der mit dem Börsengang verbundenen Verpflichtung zur Veröffentlichung der Jahresabschlüsse und je nach Börsensegment auch Halbjahres- und Quartalsberichte sowie Ad-hoc-Mitteilungen (vgl. Abschnitt 6.2) verschlossen gegenüber.

Auch scheint mit der Abgabe von Anteilen die Sorge um den Verlust von Selbstbestimmung einherzugehen. Zudem stellen die Kosten für das Going- und Being-Public eine nicht zu unterschätzende Aufwandsposition dar. Abgesehen vom abgeebbten Emissionsboom am inzwischen geschlossenen Neuen Markt scheint in Deutschland insgesamt eine gewisse Kapitalmarktscheu zu existieren. Tabelle 14 zeigt die Aktienmarktkapitalisierung im internationalen Vergleich.

Land	Börsenkapitalisierung/ Bruttoinlandsprodukt Mittelwert (1976 – 1999)	Börsenumsätze/ Börsenkapitalisierung Mittelwert (1976 – 1999)
Großbritannien	0,84	0,38
USA	0,69	0,60
Japan	0,66	0,49
Kanada	0,51	0,34
Frankreich	0,25	0,37
Spanien	0,24	0,48
Deutschland	**0,22**	**0,84**
Griechenland	0,19	0,24
Österreich	0,08	0,39

Tabelle 14:   Börsenkapitalisierung und -umsätze im internationalen Vergleich;
                  Quelle: Kappler/Westerheide (2003)

Um das Argument der Kapitalmarktscheu in der deutschen Wirtschaft mit Daten zu untermauern, betrachten wir die Kennziffern Börsenkapitalisierung im Verhältnis zum Bruttoinlandsprodukt sowie Börsenumsätze im Verhältnis zur Börsenkapitalisierung. Die Börsenkapitalisierung errechnet sich als Summe der Produkte aus der Anzahl aller notierten Aktien und deren jeweiligen Kursen. Setzen wir die Börsenkapitalisierung ins

Verhältnis zur Wirtschaftskraft, gemessen durch das Bruttoinlandsprodukt, ergibt sich eine normierte, vergleichbare Größe.

Sollen auch die Handelsaktivitäten bewertet werden, liefert der Börsenumsatz nützliche Informationen. Wir fragen hier also, ob in Deutschland die notierten Aktien häufig gehandelt werden. So kann es insbesondere im Börsensegment Freiverkehr (vgl. Abschnitt 6.2) auftreten, dass eine Aktie mehrere Tage lang nicht gehandelt wird. Auch die Häufigkeit des Handels charakterisiert die Relevanz eines Börsenplatzes und drückt Nachfrage- und Angebotskapazitäten nach Aktien aus.

Deutschland positioniert sich bezüglich der Kennziffer Börsenkapitalisierung/Bruttoinlandsprodukt sogar schlechter als seine kontinentaleuropäischen Mitbewerber Spanien und Frankreich. Dennoch weisen in Deutschland die notierten Aktien eine hohe Liquidität auf. Bei der Kennziffer Börsenumsatz/Börsenkapitalisierung liegt Deutschland mit 0,84 an der Spitze des Vergleichs aus Tabelle 14. Trotz der geringen Börsenkapitalisierung in Deutschland kann von einem stetigen Wachstum des Aktienumlaufs seit 1956 gesprochen werden (vgl. Abbildung 15).

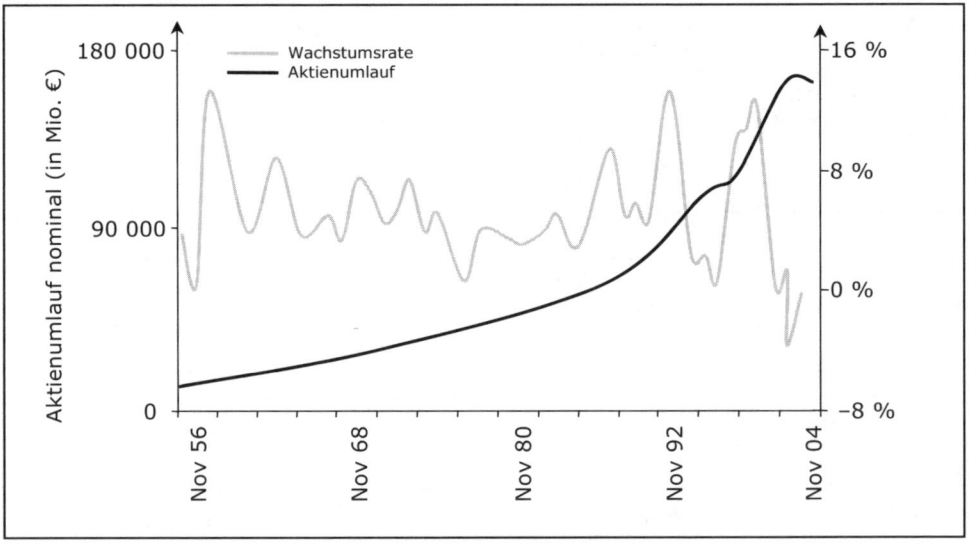

Abbildung 15: Aktienumlauf inländischer Emittenten in Nominalwerten;
Datenquelle: Deutsche Bundesbank

Der dargestellte Aktienumlauf wurde gemessen als Summe der Produkte von Nominalwert und Aktienanzahl aller in Deutschland notierten Aktien. Allein im Jahr 2003 beobachten wir mit minus 3,9 Prozent eine negative Entwicklung. Die Wachstumsrate der Nominal-Börsenkapitalisierung zeigt im Jahr 1997 einen Wert von über zwölf Prozent. Dies war insbesondere auf den Börsengang der Deutschen Telekom zurückzuführen.

Diese Wachstumsergebnisse – wenn auch bei geringer Gesamtbörsenkapitalisierung – lassen sich mit den naheliegenden Vorteilen der gestiegenen Publizität und höheren Eigenkapitalquote durch den Börsengang erklären. Die Vorteile eines IPO lauten im Einzelnen:

▪ Stärkung der Eigenkapitalbasis

Das gezeichnete Kapital erhöht sich um den Nennwert der ausgegebenen Aktien. Das Agio wird in die Kapitalrücklage eingestellt.

▪ Internationalisierung des Unternehmens

Der Emissionserlös kann der Ausweitung der globalen Aktivitäten zur Steigerung der Wettbewerbsfähigkeit auch außerhalb Deutschlands dienen. Das Auslandsgeschäft stellt das Kundenpotenzial auf eine breitere Basis.

▪ Höhere Attraktivität als Arbeitgeber

Der Börsengang geht mit einer gestiegenen Publizität einher. Das Unternehmen präsentiert sich somit auch als erfolgreiches und attraktives Unternehmen für potenzielle Mitarbeiter auf allen Unternehmensebenen.

▪ Medienwirkung des Börsengangs

Neben der Attraktivität für potenzielle Mitarbeiter schafft die verstärkte Öffentlichkeitsarbeit auch Präsenz bei potenziellen Neukunden.

▪ Realisierung des Marktwertes durch Altgesellschafter

Der Verkauf von Aktien durch Altgesellschafter unter Beachtung von Lock-up-Vorschriften bietet die Möglichkeit des Verkaufs von Anteilen.

▪ Mitarbeitermotivation

Die Beteiligung der Mitarbeiter am Unternehmen z. B. durch eine bevorzugte Zeichnungsberechtigung sorgt für einen Interessensausgleich zwischen Unternehmenseignern bzw. Vorstand und Mitarbeitern.

▪ Messung der Leistungsfähigkeit des Managements

Ein Kriterium zur Managementbeurteilung stellt die Steigerung des Unternehmenswertes dar, der direkt aus der Marktkapitalisierung abgelesen werden kann. Dies entspricht dem Konzept des Shareholder-Values, das die Maximierung des Unternehmenswertes in den Vordergrund des unternehmerischen Handelns stellt.

▪ Zugang zu weiteren Kapitalmarktfinanzierungen

Der Börsengang bietet dem Unternehmen die Möglichkeit, sich bei erneutem Eigenkapitalbedarf abermals über den Kapitalmarkt zu finanzieren. Mit der Erhöhung der Haftungskapitalquote verbessert sich gleichzeitig die Risikoposition des Unternehmens aus Sicht der Fremdkapitalgeber. Die Aufnahme von Fremdkapital über den

Kapitalmarkt z. B. in Form einer Anleiheemission stellt eine Fremdfinanzierungs-
form dar, die neben dem Bankkredit insbesondere für größere mittelständische Unternehmen an Bedeutung gewinnt.

▪ Vereinfachter Gesellschafterwechsel

Der problemlose Verkauf der Unternehmensanteile über den Kapitalmarkt ermöglicht schnelle Gesellschafterwechsel. Der aufwendige Prozess der Abfindungsermitt-
lung bleibt erspart.

▪ Lösung von Nachfolgeproblemen

Die erhöhte Publizität macht das Unternehmen vor allem auf der Managementebene
attraktiv. Die Übernahme der Geschäftsführung scheint durch die Aussicht auf die
Partizipation an Kurssteigerungen der Aktien des Unternehmens reizvoll.

Die Argumente für den Gang an die Börse verstärken die Aussichten auf eine positive
Geschäftsentwicklung durch diese Finanzierungsform. Der Geschäftsverlauf lässt sich
neben den Erfolgsdaten des Jahresabschlusses z. B. auch durch die Wachstumsrate der
Mitarbeiteranzahl beurteilen.

Abbildung 16 zeigt die Entwicklung des Mitarbeiterwachstums von börsennotierten und
nicht-börsennotierten Unternehmen im Vergleich. Der Untersuchung standen für die
Jahre 1987 bis 1997 mindestens 300 und maximal 1 500 Unternehmen pro Jahr zur Verfügung. Die untersuchten börsennotierten Unternehmen weisen eine höhere Beschäfti-
gungswachstumsrate als die nicht-börsennotierten Unternehmen auf.

6.2   Börsensegmente

Der Gang an die Börse ist mit einer Vielzahl von Entscheidungen verbunden. Ein Entscheidungskriterium stellt das Börsensegment dar. Im Folgenden wollen wir die einzelnen Segmente der Frankfurter Wertpapierbörse mit den jeweiligen Zulassungsvorausset-
zungen und Pflichten vorstellen sowie einen kurzen Überblick über die kleineren
deutschen Börsen in Hamburg, Hannover, München und Stuttgart geben.

Generell können Emittenten zwischen der Aufnahme in den Amtlichen Handel, den Geregelten Markt und den Freiverkehr wählen. Diese Börsensegmente unterscheiden sich
durch die Anforderungen an Publizität, Transparenz, Liquidität und Kursfeststellung.

Der Amtliche Handel stellt die höchsten Zulassungsanforderungen. So muss das Unternehmen mindestens drei Jahre vor dem Börsengang bestehen, das Emissionsvolumen
darf 1,25 Mio. Euro nicht unterschreiten, bei Stückaktien müssen mindestens 10 000
Aktien emittiert werden. Unternehmen des Geregelten Marktes müssen mindestens ein
Emissionsvolumen von 250 000 Euro aufweisen. Das Unternehmensalter ist hier unerheblich für die Zulassung.

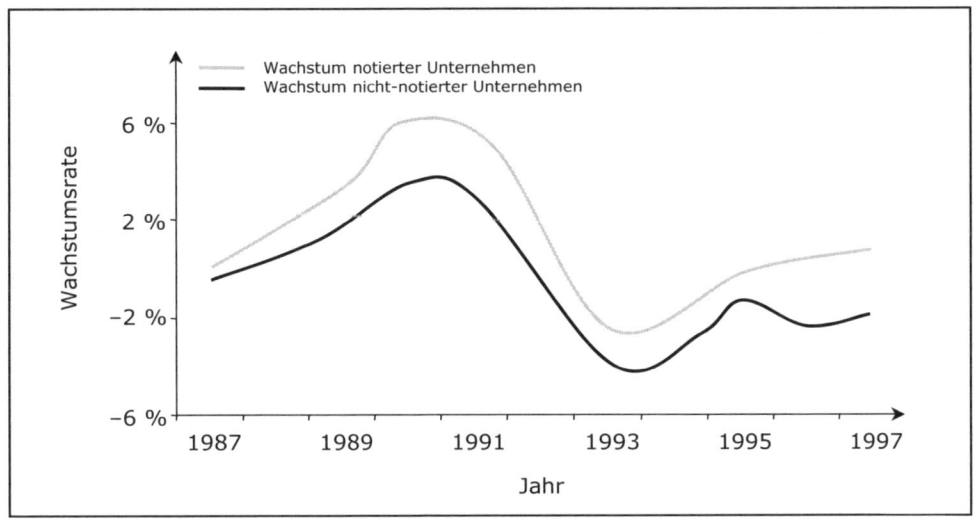

Abbildung 16: Beschäftigungswachstum börsennotierter und nicht-börsennotierter
Unternehmen; Quelle: Kappler/Westerheide (2003)

Der Freiverkehr ist das Segment für kleinere Unternehmen. Es existieren keine Mindestemissionsvolumina. Die Publizitätsvorschriften sind recht gering. Im Gegensatz zum
Amtlichen Handel oder Geregelten Markt ist die Kursfeststellung nicht amtlich organi-
siert und überwacht. Die Kursfestsetzung übernehmen freie – nicht amtlich bestellte –
Makler. Auf Grund der im Freiverkehr geringen Emissionsvolumina kann ein Kauf oder
Verkauf von Anteilen nicht täglich möglich sein bzw. ist nur mit Zu- bzw. Abschlägen
auf die Kauf- bzw. von den Verkaufspreisvorstellungen realisierbar.

Zudem hat die Deutsche Börse AG im Jahr 2003 an der Frankfurter Wertpapierbörse –
der größten Börse in Deutschland – ein Gliederungskriterium eingerichtet, das den Börsenkandidaten und Anlegern eine Segmentierung der Unternehmen bezüglich deren Publizitätsanforderungen bietet: General-Standard und Prime-Standard.

Der General-Standard soll sich als Segment für kleine und mittlere Börsenkandidaten auf
Grund der geringeren Anforderungen etablieren und wird in der Regel von den Unternehmen des Geregelten Marktes erfüllt, der Prime-Standard hingegen von Unternehmen
des Amtlichen Handels.

Tabelle 15 (Seite 80) gibt die Publizitätsanforderungen für beide Standards wieder. Die
für beide Standards verpflichtende Ad-hoc-Publizität beinhaltet die sofortige öffentliche
Bekanntgabe von relevanten Unternehmensnachrichten, die die Entwicklung des Kurses
beeinflussen. Die Ad-hoc-Publizität ist im Wertpapierhandelsgesetz (WpHG) verankert.

General-Standard	Prime-Standard
Veröffentlichung von Jahresabschlüssen	
Veröffentlichung von Halbjahresabschlüssen	
Ad-hoc-Publizität in deutscher Sprache	
	Erstellung und Veröffentlichung von Quartalsberichten
	Internationale Rechnungslegung nach IFRS oder US-GAAP
	Erstellung und Veröffentlichung eines Unternehmenskalenders
	Mindestens einmal jährlich: Durchführung einer Analystenkonferenz
	Berichterstattung auch in englischer Sprache

Tabelle 15:   Publizitätspflichten im General- und Prime-Standard;
Quelle: Deutsche Börse

Die Gesamt- und Teilmarktentwicklung an Börsen wird durch Indizes gemessen. Indizes entsprechen Portfolios aus mehreren Wertpapieren. Die an der Frankfurter Wertpapierbörse berechneten wichtigsten Aktienindizes sind:

1. Deutscher Aktienindex (Dax)

    Der Dax enthält die 30 größten deutschen Unternehmen, gemessen an der Marktkapitalisierung und dem Aktienumsatz. Der Dax repräsentiert circa 75 Prozent des Grundkapitals deutscher börsennotierter Aktiengesellschaften. Vertreten sind Unternehmen der klassischen Branchen.

2. Midcap-Index (MDax)

    Der MDax umfasst die 31 bis 80 größten deutschen Unternehmen, wieder gemessen an der Marktkapitalisierung und dem Aktienumsatz. Vertreten sind ebenfalls Unternehmen der klassischen Branchen.

3. Smallcap-Index (SDax)

    Der SDax umfasst die 81 bis 130 größten deutschen Unternehmen, ebenfalls gemessen an der Marktkapitalisierung und dem Aktienumsatz. Vertreten sind wiederum Unternehmen der klassischen Branchen.

4. Technologie-Index (TecDax)

Der TecDax umfasst die größten deutschen Technologie-Unternehmen unterhalb des Dax. Unternehmen des TecDax sind am ehesten vergleichbar mit dem im Jahr 2003 eingestellten Wachstumssegment Neuer Markt.

5. Composite-Dax (CDax)

Der CDax enthält alle inländischen Unternehmen, die an der Frankfurter Wertpapierbörse in den Segmenten Prime- und General-Standard notiert sind. Der CDax enthielt im Juli 2005 679 Werte.

Über die Indexzugehörigkeit und -aufnahme entscheidet der Vorstand der Deutschen Börse AG nach Vorschlägen des Arbeitskreises Aktienindizes. Entscheidungskriterien sind die fortlaufende Handelbarkeit, die Marktkapitalisierung der sich im Streubesitz befindlichen Aktien sowie der Orderbuchumsatz. Ein Unternehmen kann lediglich dann zu einem der vier erstgenannten Indizes gehören, wenn es die Kriterien des Prime-Standards erfüllt.

Ein Vorteil der Zugehörigkeit eines Unternehmens zu einem Index besteht in der höheren Medienpräsenz und Analystenaufmerksamkeit. Gleichzeitig kaufen insbesondere institutionelle Investoren, z. B. Fondsmanager, bevorzugt Indexaktien, weil die Geschäftspolitik der angesprochenen Unternehmen durch die erhöhten Publizitätsvorschriften des Prime-Standards transparenter ist und eine vergleichsweise höhere Liquidität vorherrscht. Liquidität bedeutet hier, dass an allen Handelstagen eine entsprechend große Menge an Aktien angeboten und nachgefragt wird, so dass zu jeder Zeit Käufe oder Verkäufe möglich sind.

Für mittelständische Unternehmen kann ein erstes Ziel die Aufnahme in den Freiverkehr sein. Die für den Mittelstand realistischen Indizes sind dann mittelfristig der CDax, der die Aufnahme im Geregelten Markt voraussetzt, und längerfristig der SDax oder der TecDax, die beide an die Pflichten des Prime-Standards gekoppelt sind.

Ein Gespür für Größenordnungen an der Börse liefert Tabelle 16 (Seite 82). Sie weist die Unternehmen mit geringster und größter Marktkapitalisierung der Indizes CDax, TecDax und SDax aus. Eine Angabe für das kleinste Unternehmen des CDax nehmen wir nicht vor, weil die Trennung zwischen „fast insolvent" und Aktie mit besonders niedrigem Kurs im Bereich der so genannten Penny-Stocks schwer fällt. So finden sich Unternehmen im CDax, deren Marktkapitalisierung nur noch im fünfstelligen Bereich liegt. Zum Stichtag waren mehr als 100 Unternehmen im CDax notiert, deren Marktkapitalisierung 1 Mio. Euro nicht überschritt.

Neben der Frankfurter Wertpapierbörse rüsten sich jüngst andere deutsche Börsenplätze für die Notierung von kleinen und mittleren Unternehmen. So richtete die Börse München das Börsensegment Prädikatsmarkt ein. Der Prädikatsmarkt ist ein Segment des Freiverkehrs und stellt nachstehende Anforderungen an Neuemittenten:

Index	Kapitalisierung (min)	Unternehmen	Branche	Mitarbeiter-anzahl
TecDax	1,61 Mio. €	Orbis AG	Informations-technologie	250
SDax	19,78 Mio. €	IM International-media AG	Filmver-marktung	50
Index	**Kapitalisierung (max)**	**Unternehmen**	**Branche**	**Mitarbeiter-anzahl**
CDax	44,94 Mrd. €	Siemens AG	Elektro	426 000
TecDax	2,28 Mrd. €	T-Online International AG	Telekommuni-kation	2 600
SDax	0,41 Mrd. €	Deutsche Euroshop AG	Shopping-center	3

Tabelle 16: Größenordnungen an der Frankfurter Wertpapierbörse zum 26.7.2004; Quelle für die Aktiendaten: Deutsche Börse

▦ Mindestgrundkapital: 1 Mio. Euro,

▦ Mindestemissionsvolumen: 250 000 Euro (in Form einer Barkapitalerhöhung),

▦ Mindeststreubesitz: 25 Prozent,

▦ Rechnungslegung nach HGB,

▦ Haltepflicht für Altaktionäre (Lock-up): zwölf Monate,

▦ Ad-hoc-Publizität,

▦ Veröffentlichung eines vierteljährlichen Aktionärsbriefes.

Im Juni 2005 waren im Münchener Prädikatsmarkt zehn Unternehmen notiert, deren Größe wir gemessen an der Mitarbeiterzahl in Tabelle 17 zeigen. Alle genannten Unternehmen sind mittelständische Unternehmen, wenn wir die Anzahl der Mitarbeiter als Beurteilungskriterium heranziehen. Dabei sind traditionelle Branchen wie Handel oder Nahrungs- und Genussmittel genauso vertreten wie Software oder Technologie.

Neben dem Prädikatsmarkt existiert seit dem 1.7.2005 das Börsensegment M:access, das die Börse München als Ersatz für den Frankfurter Neuen Markt bezeichnet und sich an kleine und mittlere innovative Unternehmen richtet. Das Grundkapital der zu listenden Unternehmen muss mindestens 2 Mio. Euro betragen. Mindestemissionsvolumina gibt es nicht. Im Juni 2005 waren sieben Unternehmen bekannt, die in M:access eine Listung anstreben. Dies sind die bis dato noch im Prädikatsmarkt gelisteten Unternehmen CCR Logistics Systems, Datapharm Netsystems, Jost, S.A.G. Solarstrom, U.C.A. und Value-Holding.

Unternehmen	Branche	Mitarbeiter-anzahl
AG für Historische Wertpapiere	Handel	10
Allgäuer Alpenwasser AG	Nahrungs- und Genussmittel	21
CCR Logistics Systems AG	Logistik	39
Datapharm Netsystems AG	Healthcare	30
Hyrican Informationssysteme AG	Informations- und Kommunikationstechnologie	15
Jost AG	Kanzleivermittlung	5
S.A.G. Solarstrom AG	Energie	9
U.C.A. AG	Finanzdienstleistungen	13
Value-Holding AG	Finanzdienstleistungen	9
Werbas AG	Software	75

Tabelle 17: Unternehmen im Prädikatsmarkt der Münchener Börse im Juni 2005

Die Börsenplätze Hamburg und Hannover sind unter dem Dach der Börsen AG zusammengeführt. Die Börsen AG ist die Trägergesellschaft beider Handelsplätze und durch Fusion im Jahr 1999 entstanden. Neben den börsenüblichen Segmenten Amtlicher Handel, Geregelter Markt und Freiverkehr bietet die Hanseatische Wertpapierbörse in Hamburg als weiteres Börsensegment den Start-up Market für kleine und mittlere Unternehmen an.

An die Emittenten im Start-up Market werden folgende Anforderungen gestellt (Ausnahmeregelungen sind möglich):

- Mindesteigenkapital: 730 000 Euro,

- Zulassung der Wertpapiere zum Geregelten Markt,

- Mindestemissionsvolumen: 250 000 Euro,

- Mindeststreubesitz: 25 Prozent,

- mindestens 25 Prozent des Emissionsvolumens müssen aus einer aktuell durchgeführten Kapitalerhöhung stammen,

- Lock-up-Frist für Altaktionäre mit mindestens fünf Prozent Anteil am gezeichneten Kapital: sechs Monate,

- Vorlage und Veröffentlichung des geprüften Jahresabschlusses (HGB, IFRS oder US-GAAP),

▪ Veröffentlichung und Einreichung von ungeprüften vierteljährlichen Zwischenberichten,

▪ Ad-hoc-Publizität.

Das Mittelstandssegment der Börse Stuttgart nennt sich Gate-M, wobei M für Mittelstand steht. Neuemissionen, die im Gate-M platziert werden, müssen im Amtlichen Handel oder Geregelten Markt der Baden-Württembergischen Wertpapierbörse zugelassen sein. Im Juni 2005 waren 24 Unternehmen im Gate-M gelistet mit breiter Branchenstreuung. Die Unternehmen des Gate-M sind typischerweise größer als z. B. die Unternehmen des Prädikatsmarktes der Börse München.

6.3   Aktiengattungen und Kapitalerhöhungsformen

Neben der Entscheidung für den Prime- oder General-Standard besteht die Wahl der Aktienart, die über den Kapitalmarkt den Investoren angeboten werden soll. Hinter der Wahl der Aktienart verbirgt sich die Entscheidung über Rechte und Pflichten, die den neuen Eignern zugestanden werden sollen.

Aktienarten

Aktien lassen sich hinsichtlich folgender Kriterien unterscheiden:

▪ Wertbezeichnung,

▪ Übertragungsmöglichkeit,

▪ Rechteumfang,

▪ Ausgabezeitpunkt,

▪ Sonderformen.

Nach der Wertbezeichnung werden Nennwertaktien sowie Quoten- bzw. Stückaktien unterschieden. Erstere lauten auf einen bestimmten Nennbetrag am Grundkapital. Dieses findet sich in der Bilanz als gezeichnetes Kapital wieder. Der Nennwert darf einen Euro nicht unterschreiten.

Quotenaktien bzw. nennwertlose Stückaktien verbriefen einen gewissen Anteil am Grundkapital einer AG. So kann eine Aktie als ein Tausendstel oder Millionstel des gezeichneten Kapitals ausgewiesen sein. Nennwertlose Stückaktien wurden mit der Einführung des Euro am deutschen Kapitalmarkt präsenter, weil sich auf Grund der Euro-Umrechnung bei Nennwertaktien nicht erlaubte „krumme" Beträge ergaben. So wurden Nennwertaktien in nennwertlose Stückaktien umgewandelt, um dem Umrechnungsproblem zu begegnen.

Insbesondere beim elektronischen Handel und einem stetigen Eigentümerwechsel spielt die Übertragungsmöglichkeit der Wertpapiere eine bedeutende Rolle. Man unterscheidet Namensaktien und Inhaberaktien. Erstere verpflichten bei Besitzübernahme zur Eintragung des Namens, des Wohnortes und des Berufes in das Aktienregister des Unternehmens. Aktienregister werden häufig von der den Börsengang begleitenden Bank geführt.

Der Eigentümer einer Namensaktie kann nur dann seine Rechte geltend machen, wenn er im Aktienregister vermerkt ist. Eine andere als die im Register benannte Person kann keinen Verkauf veranlassen. Der Handel findet durch Einigung, Indossament und Übergabe statt. Dies geschieht heute auf elektronischem Weg. Der Verkauf von so genannten vinkulierten Namensaktien ist an die Zustimmung des emittierenden Unternehmens geknüpft. Die Ausgabe von vinkulierten Namensaktien ist demnach insbesondere zur Abwehr von Unternehmensübernahmen geeignet.

Bei der Inhaberaktie ist dem Wertpapier kein Eigentümername zugeordnet. Der Kauf oder Verkauf geschieht bei Inhaberaktien durch Einigung und Übergabe. In den USA sind ausschließlich Namensaktien zur Emission zulässig, weil so die Kenntnis der Aktionärsstruktur sowie eine gezielte Ansprache der Unternehmenseigner möglich ist.

Eine weitere Charakteristik stellt die Unterscheidung nach Stimmrecht, Dividendenanspruch und Anspruch auf Anteil am Liquidationserlös dar, was zu den Stamm- und Vorzugsaktien führt. Stammaktien sind die in Deutschland am häufigsten ausgegebene Aktienart. Selten treten Vorzugsaktien an deutschen Börsen allein auf. Sie werden in der Regel zusätzlich zu ebenfalls börsengehandelten Stammaktien emittiert. Jeder Inhaber einer Stammaktie besitzt das gleiche Recht auf:

- Teilnahme an der Hauptversammlung,

- Stimmrecht und Mitsprache sowie Auskunftsersuchen auf der Hauptversammlung,

- Anfechtung von Hauptversammlungsbeschlüssen,

- Erhalt der Dividende pro Aktie, sofern eine Dividende gezahlt wird,

- Erhalt eines Liquidationserlöses,

- Bezug von jungen Aktien im Rahmen einer Kapitalerhöhung.

Die Rechte eines Stammaktionärs entsprechen den im Aktiengesetz für den Normalfall vorgesehenen Rechten. Eigentümer von Vorzugsaktien werden bei bestimmten dieser Rechte bevorzugt. Man unterscheidet dabei zwischen einem relativen Vorzug und einem absoluten Vorzug. Der absolute Vorzug impliziert die Gewährung von Rechten zuzüglich zu denen des Stammaktionärs. Dies kann sich z. B. in der Ausschüttung einer Vorzugsdividende oder einer garantierten Mindestverzinsung auch in Verlustjahren äußern. Der relative Vorzug charakterisiert eine Situation, in der der Vorzugsaktionär bei einem bestimmten Recht eine Bevorzugung erfährt, dafür aber die Beschneidung bei einem anderen Recht in Kauf nehmen muss. Beispielhaft dafür steht der Bezug einer erhöhten Dividende, gekoppelt an den Verzicht auf das Stimmrecht auf der Hauptversammlung.

Dieser Fall ist an deutschen Börsen eher üblich und wird als stimmrechtslose Vorzugs-aktie bezeichnet.

Die Unterscheidung zwischen alten und jungen Aktien ergibt sich aus Folgendem: Als junge Aktien werden die durch eine Kapitalerhöhung ausgegebenen Aktien bezeichnet. Alte Aktien sind dann diejenigen Aktien, die vor der Kapitalerhöhung bereits in Umlauf waren.

In jüngerer Zeit bereichern die so genannten American-Depositary-Receipts (ADRs) und Tracking-Stocks den Aktienhandel. American-Depositary-Receipts sind von amerikani-schen Banken ausgegebene Hinterlegungsscheine nicht-amerikanischer, also ausländi-scher, Aktien. Sie werden anstelle der Aktien an US-Börsen gehandelt. In jüngster Zeit sind Global-Depositary-Receipts (GDRs) hinzugekommen, die auch an europäischen Börsen gehandelt werden.

Tracking-Stocks sind Geschäftsbereichsaktien. An der Börse wird demnach kein gesam-tes Unternehmen, sondern nur eine Geschäftssparte eines Unternehmens gehandelt. Die Emission von Tracking-Stocks geht mit dem Verkauf des ausschließlichen Rechtes der Beteiligung am Gewinn der Geschäftssparte einher. Somit kann zeitnah frisches Kapital über die Börse erworben werden, ohne Kontrollrechte (z. B. durch Stimmrechte) aus der Hand zu geben. Tracking-Stocks sind in Deutschland bis dato sehr selten. Für mittel-ständische Unternehmen scheint eine solche Emission eher schwierig, müssen doch bei Tracking-Stocks die Mindestemissionsvolumina durch nur einen Geschäftsbereich er-bracht werden.

Kapitalerhöhungen

Zur Durchführung eines Börsengangs muss in aller Regel eine eigenkapitalmehrende Kapitalerhöhung durchgeführt werden. Zusätzlich besteht die Möglichkeit des Verkaufs von Aktien durch Altaktionäre (so genannter Green-Shoe). Die Höhe des Green-Shoes ist durch die Zulassungsbestimmungen der Börsensegmente geregelt. Häufig entscheidet sich der Vorstand des Börsenaspiranten für eine Kapitalerhöhung und zusätzlich für eine prozentual deutlich geringere Abgabe von Altaktien bezogen auf das Gesamtemissions-volumen, weil:

■   die Abgabe von Aktien von Investoren und Analysten häufig mit dem „schnellen Kassemachen" durch die Altaktionäre in Verbindung gebracht wird, denn es drängt sich nicht selten die Frage auf, warum im Rahmen eines Börsengangs Investoren die Aktie des Unternehmens kaufen sollten, wenn die Altaktionäre eine Anlagemög-lichkeit mit höherer Renditeerwartung außerhalb des Unternehmens sehen;

■   beim Verkauf von Anteilen der Altaktionäre der Verkaufserlös nicht an das Unter-nehmen, sondern an die Gesellschafter fließt;

■   Emissionsvolumina an Kapitalerhöhungen geknüpft sind.

Zur Durchführung eines Börsengangs bieten sich die gesetzlich geregelten Arten von Kapitalerhöhungen an. Abbildung 17 gibt einen Überblick über das Spektrum an Kapitalerhöhungen.

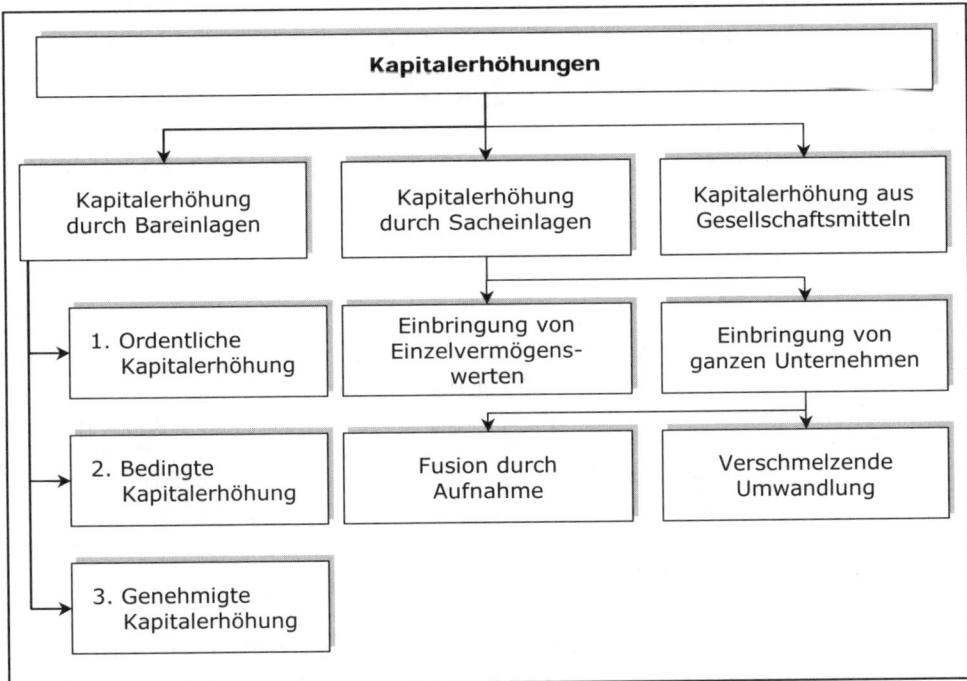

Abbildung 17: Formen von Kapitalerhöhungen für Aktiengesellschaften

Eine Kapitalerhöhung aus Gesellschaftsmitteln (Umwandlung von offenen Rücklagen einer Kapitalgesellschaft in Nominalkapital, Berichtigungsaktien) führt lediglich zu einer Umschichtung innerhalb des Eigenkapitals und ist deshalb nicht für den Verkauf von Aktien an einer Börse geeignet. Der Verkauf von Aktien über den Kapitalmarkt mittels Börsengang kann ausschließlich durch Bareinlagen realisiert werden. Kapitalerhöhungen durch Sacheinlagen sind hier nicht zulässig.

Die ordentliche Kapitalerhöhung ist eine am deutschen Kapitalmarkt gängige Form zur Erhöhung des Eigenkapitals von Aktiengesellschaften. Die ordentliche Kapitalerhöhung bedarf folgender Voraussetzungen:

- die Hauptversammlung hat mit einer Dreiviertelmehrheit der Erhöhung zugestimmt, dabei gilt die Mehrheit jeweils für Stammaktionäre und Vorzugsaktionäre;

- ausstehende Einlagen auf das gezeichnete Kapital existieren nicht;

▪ die Anmeldung bzw. die Durchführung der Erhöhung ist beim Handelsregister erfolgt bzw. eingetragen;

▪ die Erhöhung der Anzahl von Stückaktien entspricht der Erhöhung des gezeichneten Kapitals.

Die ordentliche Kapitalerhöhung beinhaltet für die Altaktionäre das Recht zum Bezug junger Aktien bei Aktienemissionen. Das Bezugsrecht der Altaktionäre soll sicherstellen, dass den Altaktionären die Möglichkeit zur Aufrechterhaltung ihres Eigentümeranteils am Unternehmen geboten wird. Üblicherweise werden junge Aktien zu einem Kurs (knapp) unter dem aktuellen Kurs der Altaktien verkauft, so dass sich zwischen alten und jungen Aktien ein Mischkurs unterhalb des Kurses der Altaktien einstellt. Für diesen Vermögensverlust entschädigen die Bezugsrechte; diese können bei Nicht-Ausübung über den Kapitalmarkt verkauft werden.

Kurz erklärt: Bezugsrecht

▪ Üben die Altaktionäre bei einer Kapitalerhöhung ihr Bezugsrecht nicht aus oder ist ihr Bezugsrecht ausgeschlossen, reduziert sich ihr relativer Stimmrechtsanteil und sie erleiden einen Vermögensverlust. Letzterer entsteht, weil der Bezugskurs junger Aktien (knapp) unter dem Kurs der Altaktien liegt – sonst würden schließlich keine jungen Aktien gekauft werden – und sich ein Mischkurs zwischen Bezugskurs und Kurs der Altaktien einstellt. Sowohl die Reduzierung des Stimmrechtsanteils als auch den Kursrückgang bezeichnet man als Verwässerungseffekt.

▪ Als Ausgleich für den Vermögensverlust dient das grundsätzlich handelbare Bezugsrecht, das die Vermögensposition von Alt- und Jungaktionär in Übereinstimmung bringt. Sein rechnerischer Wert lautet:

$$\text{Wert des Bezugsrechts} = \frac{\text{Kurs der Altaktie} - \text{Bezugskurs}}{\text{Bezugsverhältnis} + 1}$$

Die ordentliche Kapitalerhöhung erhöht das Eigenkapital des Unternehmens. Somit steigt auch die Eigenkapitalquote. Dabei mag man sich fragen, was denn eine passende Eigenkapitalausstattung für den IPO ist, bevor im Rahmen des Börsengangs die ordentliche Kapitalerhöhung durchgeführt wird (vgl. Abbildung 18). In die dazu betrachtete Untersuchung der Universität Gießen wurden 313 Börsengänge der Jahre von 1997 bis 2000 einbezogen. Die Unternehmen waren junge Wachstumsunternehmen, die den Gang an den Neuen Markt wagten. Die Eigenkapitalquoten der Börsenaspiranten zeigen ein durchwachsenes Bild. So ist kaum ein Rückschluss auf eine börsenoptimale Kapitalstruktur zu ziehen. Das Mittel der Eigenkapitalquote ein Jahr vor dem Börsengang lag bei 35 Prozent.

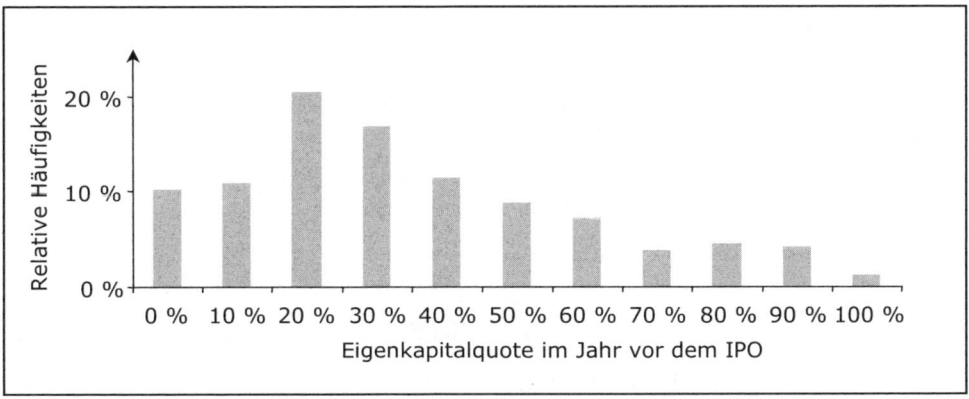

Abbildung 18: Eigenkapitalquoten von Börsenaspiranten im Jahr vor dem IPO;
Quelle: Bessler/Kurth (2004)

Werden Aktien im Rahmen eines Börsengangs mittels ordentlicher Kapitalerhöhung angeboten, unterscheidet man eine Selbstemission von einer Fremdemission. Auf Grund der Komplexität der Investorenansprache, des Pricing und der Börseneinführung entscheiden sich Unternehmen in der Regel zur Beauftragung eines Bankenkonsortiums. Dann wird von einer Fremdemission gesprochen. Die Entscheidung zum Verkauf von Aktien in Eigenregie des Unternehmens entspricht der Selbstemission. Entscheidend für den Unterschied beider Formen ist das Emissionsrisiko.

Unter Emissionsrisiko subsumiert man die Risikofaktoren, die zu einer nicht vollständigen Platzierung der Aktien führen. Bei einer Fremdemission liegt dieses Risiko üblicherweise beim Bankenkonsortium. Bei der Selbstemission ist das nicht der Fall. Man kann vermuten, dass die Entscheidung für eine Selbstemission überwiegend durch die mit der Beschäftigung des Bankenkonsortiums entstehenden, recht hohen Kosten erklärbar ist. Sie wird in Deutschland aber selten gewählt.

Die Fremdemission als vorherrschende Emissionsform erfolgt in zwei Schritten: Als die Begebung der Aktien wird die Transaktion des Verkaufs oder teilweisen Verkaufs der jungen Aktien an das Bankenkonsortium oder die ausgesuchte Einzelbank bezeichnet. Das Unternehmen erhält sofort den Gegenwert der Aktien. Erst nach dem Ankauf beginnt die Hauptaufgabe des Emissionskonsortiums: die Platzierung der Aktien bei institutionellen und privaten Investoren.

Eine Fremdemission belässt das Emissionsrisiko beim Emittenten, wenn das Bankenkonsortium lediglich als Platzierungskonsortium auftritt. Die Banken handeln dann als Kommissionär, also auf eigenen Namen, aber auf fremde Rechnung. Engagiert ein Börsenaspirant eine Bank oder ein Konsortium als Übernahmekonsortium, verbleibt das Emissionsrisiko bei der Bank, denn ein Übernahmekonsortium handelt auf eigene Rechnung. Nicht-platzierte Aktien werden dem Unternehmen von der Bank ebenso bezahlt wie platzierte. Dennoch drückt sich eine geringe Nachfrage auch in geringeren Emissionskursen aus.

Die bedingte Kapitalerhöhung kann nur zweckgebunden erfolgen. Folgende Gründe zur Durchführung sind gesetzlich vorgegeben:

- Gewährung von Umtausch- oder Bezugsrechten auf (junge) Aktien an Gläubiger von Wandelschuldverschreibungen und Optionsanleihen;

- Vorbereitung einer Unternehmensfusion;

- Gewährung von Bezugsrechten an Arbeitnehmer und Mitglieder des Vorstandes des Unternehmens oder eines verbundenen Unternehmens.

Die bedingte Kapitalerhöhung darf 50 Prozent des zur Zeit der Beschlussfassung vorhandenen gezeichneten Kapitals nicht überschreiten. Zur Gewährung von Bezugsrechten für Arbeitnehmer und Vorstände ist die bedingte Kapitalerhöhung auf zehn Prozent des gezeichneten Kapitals limitiert (unter Ausschluss des Bezugsrechts für die Aktaktionäre). Der Beschluss muss mit Dreiviertelmehrheit der Hauptversammlung gefasst werden. Das bedingte Kapital ist stets im Geschäftsbericht zu vermerken und im Handelsregister einzutragen.

Die genehmigte Kapitalerhöhung ist an keinen aktuellen Finanzierungsanlass gebunden und für eine zukünftige Erhöhung des gezeichneten Kapitals vorgesehen. Hierbei wird der Vorstand von der Hauptversammlung für die Dauer von maximal fünf Jahren ermächtigt, das Grundkapital um einen bestimmten Nennbetrag (das so genannte genehmigte Kapital) durch Ausgabe junger Aktien zu erhöhen. Die genehmigte Kapitalerhöhung soll die Schwerfälligkeit der ordentlichen Kapitalerhöhung überwinden und dem Vorstand eine größere Dispositionsfreiheit geben. Diese Form der Kapitalerhöhung ermöglicht es also, dass ein zu einem späteren Zeitpunkt gegebener Kapitalbedarf durch Ausgabe neuer Aktien schnell gedeckt werden kann, ohne dann kurzfristig eine Hauptversammlung durchführen zu müssen.

Auch der genehmigten Kapitalerhöhung muss die Hauptversammlung mit Drei-Viertel-Mehrheit zustimmen. Der Nennbetrag der dann emittierten jungen Aktien darf 50 Prozent des zum Zeitpunkt der Ermächtigung bilanzierten gezeichneten Kapitals nicht überschreiten. Die jungen Aktien dürfen wieder lediglich dann ausgegeben werden, wenn ausstehende Einlagen auf das gezeichnete Kapital vollständig eingezahlt wurden.

6.4   Prozessplan Börsengang

Das Projekt Börsengang beginnt nicht mit der Erstnotiz an der Börse. Vielmehr ist wohl eine mindestens halbjährige Vorbereitungsphase bis zur Börseneinführung notwendig, um das Projekt zum gewünschten Erfolg zu führen. Es empfiehlt sich, einem IPO-Fahrplan zu folgen, der strukturiert durch die Vielzahl von Anforderungen und Vorbereitungsmaßnahmen leitet. Solch ein idealtypischer IPO-Fahrplan soll im Folgenden umrissen werden, um die sich von den anderen Eigenfinanzierungsformen unterscheidenden Vorbereitungen zu unterstreichen. Der Börsengang ist aufwandsintensiv. Ein IPO-Fahrplan kann sich aus folgenden Phasen zusammensetzen:

1. strategische Entscheidungen und Partnerwahl,

2. Erstellung des schriftlichen Rahmenwerks,

3. Preisfindung und Investorenansprache,

4. Platzierung, Zuteilung und erster Handelstag.

Strategische Entscheidungen und Partnerwahl

Die Entscheidung für Kooperationen ist wohl eine der wichtigsten Entscheidungen, die in der Vorbereitungsphase getroffen werden müssen. Dabei wird bei einer Fremdemission zunächst eine Konsortialbank oder ein Team von Konsortialbanken ausgewählt. Dieser Selektionsprozess gestaltet sich jedoch keineswegs einseitig, denn nicht jede Bank möchte jeden IPO, z. B. auf Grund fehlender Ertragsaussichten, begleiten. Der Aufgabenbereich einer Konsortialbank bzw. eines Bankenkonsortiums umfasst:

- Überprüfung der Börsenreife des Antragstellers,

- Durchführung der Due-Diligence,

- Ermittlung des Unternehmenswertes als Grundlage für die Emissionspreisfindung,

- Strukturierung der Emission,

- Begleitung des gesamten Zulassungsprozesses,

- Vermarktung und Platzierung der jungen Aktien,

- Betreuung nach dem Börsengang, z. B. Führen des Aktienregisters.

Die jeweiligen IPO-Teams der Banken präsentieren dann in einem so genannten Beauty-Contest, nach Sichtung einer Businessplan-artigen Unternehmenspräsentation, ihre Vorstellungen von Emissionspreis, Emissionskosten und ihre Platzierungskraft. Die potenziellen Konsortialbanken bewerten die Fakten und unterbreiten dem Kandidaten ein Angebot. Dabei sollte nicht in jedem Fall die Bank mit der höchsten angegebenen Emissionspreisspanne, sondern wohl diejenige mit einer realistischen Preisspanne gewählt werden. So bleiben Kursstürze und Platzierungsprobleme auf Grund von Überbewertungen eher aus. Durch die Inanspruchnahme der Dienstleistungen einer Konsortialbank bzw. eines Konsortiums können Kosten bis zu sechs Prozent des Emissionserlöses anfallen.

Für die professionelle Durchführung des Börsengangs sollten Unternehmen neben der Konsortialbank auf zusätzliches externes Beratungs-Know-how in den Bereichen IPO-Durchführung, Recht, Wirtschaftsprüfung und Steuerberatung sowie Investor-Relations zurückgreifen. Selbst Unternehmen, deren Aktien bereits gehandelt werden, arbeiten dauerhaft mit diesen Beratern zusammen, um den Anforderungen des Being-Public gerecht zu werden. Auf Beratungsleistungen rund um den Börsengang sind so genannte IPO- und Corporate-Finance-Berater spezialisiert.

IPO-Berater prüfen im Vorfeld schon die Börsenreife, unterstützen den Aufbau eines kapitalmarktfähigen Rechnungswesens, prüfen die Unternehmensstrategie und die IPO-Absichten. IPO-Berater betreuen die Erstellung des Emissionskonzeptes und besitzen Kenntnisse der Verfahren zur Unternehmensbewertung, um für die Konsortialbank einen geeigneten Partner zu stellen, wenn es zu Emissionspreisdiskussionen kommt. IPO-Berater erstellen den Businessplan als Grundlage des Emissionskonzeptes.

Die Aufgaben der Rechtsberatung werden häufig durch Wirtschaftsjuristen wahrgenommen. Diese formulieren für den anstehenden Börsengang gemeinsam mit der Konsortialbank das Zulassungsdokument. Die juristische Prüfung bezieht sich auf jegliche Inhalte, die nach außen kommuniziert werden, um z. B. Prospekthaftungsfällen aus dem Weg zu gehen. Als Teil der Due-Diligence prüft die so genannte Legal-Due-Diligence das gesamte unternehmerische Vertragswerk. Auch sollten gesellschaftsrechtliche Maßnahmen, wie z. B. eine Kapitalerhöhung, der juristischen Prüfung unterzogen werden.

Die am Börsengang beteiligten Wirtschaftsprüfer und Steuerberater erstellen und testieren die Jahresabschlüsse und gegebenenfalls Zwischenabschlüsse. Ihr Handlungsfeld ist daneben auf die Plausibilitätsprüfung von Planzahlen sowie von Markt- und Wettbewerbsanalysen ausgeweitet. Dieser Prozess geht als Financial- und Commercial-Due-Diligence in die Gesamt-Due-Diligence ein. IPO-Berater-, Wirtschaftsprüfer- und Rechtsanwalts-Provisionen können bis zu vier Prozent des Emissionserlöses betragen.

Aktien können nicht verkauft werden, wenn keine Nachfrage besteht. Letztere besteht dann, wenn das Investment attraktiv scheint und die potenziellen Investoren von dem Angebot in Kenntnis gesetzt werden. Dafür werden häufig im Rahmen des Going- und Being-Public die Dienstleistungen einer Investor-Relations-Agentur in Anspruch genommen. Gute Agenturen sind durch eine Referenzliste, internationale Expertise und die Bereitschaft zur Zusammenarbeit zu identifizieren. Die Aufwendungen für Investor-Relations (IR) können bis zu zwei Prozent des Emissionserlöses betragen.

Sind nun Konsortialbank, IPO-Berater, Wirtschaftsprüfer bzw. Steuerberater, Wirtschaftsjurist und Investor-Relations-Agentur ausgesucht und die rechtlichen Voraussetzungen erfüllt, schließen sich weitere Entscheidungen an. Es sollen folgende Fragen geklärt werden, über die sich der Unternehmer häufig bereits während des Heranreifens der Börsengang-Idee ausführlich Gedanken gemacht hat:

▧   Gestaltung der Aktionärsstruktur nach dem IPO,

▧   langfristige Nutzung des Kapitalmarktes.

An diese Entscheidungen schließt sich die Kommunikation mit der Konsortialbank und das Aufstellen eines IPO-Zeitplans durch den IPO-Berater an.

Erstellung des schriftlichen Rahmenwerks

Wir haben bereits eine Vielzahl von Dokumenten, die im Rahmen eines Börsengangs erstellt werden müssen, angesprochen. Der Erfolg eines IPO beruht nun wesentlich auf folgenden Dokumenten, die qualitativ und quantitativ aufbereitet und stimmig sein müssen:

1. Businessplan

   ▪ Der Businessplan bildet die Grundlage für die Due-Diligence; er wird nicht veröffentlicht.

   ▪ Inhalte
     Unternehmensgeschichte, Strategie, rechtliche Verhältnisse, Zusammensetzung des Managements, Produkte und Märkte, Wettbewerb, besondere Chancen und Risiken, Planzahlen (circa drei bis fünf Jahre), Erläuterung des Kapitalbedarfs und der Kapitalverwendung.

2. Emissionskonzept

   ▪ Das Emissionskonzept dient als Leitfaden zur Durchführung des Börsengangs; es wird ständig fortgeschrieben und ebenfalls nicht veröffentlicht.

   ▪ Inhalte
     Wahl des Börsenplatzes, der Aktiengattung, des Emissionsvolumens, des Umfangs der Kapitalerhöhung, des Platzierungsverfahrens, der Kapitalverwendung und der Publizitätsvorschriften.

3. Due-Diligence

   ▪ Die Due-Diligence stellt eine Risiken-Chancen-Inventur dar; sie dient als Input für die Unternehmensbewertung.

   ▪ Inhalte
     Legal-, Financial-, Commercial- (und Tax-) Due-Diligence.

4. Equity-Story

   ▪ Die Equity-Story enthält eingängige Kaufargumente für die Aktie; sie wird auf Basis des Businessplans und der Due-Diligence mit dem IPO-Berater und/oder der Konsortialbank erarbeitet und stellt ein Kommunikationsinstrument gegenüber Analysten und Investoren dar.

   ▪ Inhalte
     Alleinstellungsmerkmale, Visionen und Strategien sowie deren geplante Umsetzung, Marktführerschaften, Profitabilitäten, Produktpositionierungen.

5. Verkaufsprospekt

◾ Der Verkaufsprospekt ist ein wichtiges Dokument für den Börsengang und wird für Investoren veröffentlicht.

◾ Mindestinhalte
Haftungsklausel, zuzulassende Aktien, Angaben zum Emittenten und zu Beteiligungen, Angaben zum Kapital, zur Geschäftstätigkeit und zur Vermögens-, Finanz- und Ertragslage, Geschäftsführung und Aufsichtsorgane, Geschäftsaussichten, Abschlussprüfer.

6. Antrag auf Börsenzulassung

◾ Der Börsenzulassungsantrag wird bei der Zulassungsstelle der jeweiligen Börse in Zusammenarbeit mit der Konsortialbank eingereicht.

◾ Einzureichen sind (je nach Börse)
Zulassungsantrag, aktuelle Satzung, aktueller Handelsregisterauszug, Gründungsbericht, Nachweis der Emissionsbeschlüsse, Verbriefungsurkunde, Verkaufsprospekt, Jahresabschlüsse und Lageberichte.

Preisfindung und Investorenansprache

Die Erstellung der genannten Dokumente bietet die Grundlage zur Ansprache der Investoren. Dazu liefert die Konsortialbank als Input eine Unternehmensbewertung und einen Research-Report. Beide dienen zur Vorlage bei Investoren, um mögliche Preisspannen zu diskutieren und die Aufnahmebereitschaft der institutionellen Investoren zu testen. Dies geschieht unter Federführung der Konsortialbanken auf Investoren-Meetings.

Auf Roadshows richtet der Unternehmer das Wort direkt an mögliche Investoren. Roadshows können als „Schaulaufen" des Top-Managements vor potenziellen Investoren bezeichnet werden. Es gilt dort, Broschüren zu verteilen, Stärken und Zukunftsaussichten zu erläutern und teilweise auch bohrende Fragen zu beantworten. Ziel der Roadshow ist es, durch persönliches kompetentes Auftreten der Unternehmensleitung möglichst viele Zeichnungen für die Aktien zu erzielen.

Die Unternehmensbewertung liefert dabei die zentrale Information für eine Kaufentscheidung. Der Unternehmenswert meint in diesem Zusammenhang in der Regel den Marktwert des Eigenkapitals eines Unternehmens. Die Unternehmensbewertungsverfahren, die zur Bepreisung von Eigenkapital im Rahmen von Börsengängen zum Einsatz kommen, sind typischerweise die Gesamtbewertungsverfahren.

Hier entscheiden nicht die am Bewertungsstichtag existierenden Vermögensgegenstände und Schulden, sondern was das Unternehmen in Zukunft an Erträgen bzw. Cashflows zu erwirtschaften im Stande ist. Der Unternehmenswert wird demnach aus der zukünftigen Leistungsfähigkeit abgeleitet. Diese Leistung wird anhand von Ausschüttungen bzw.

Cashflows gemessen. Grundlage der Gesamtbewertungsverfahren ist das Kapital- bzw. Barwertkonzept.

Der Barwert gibt den auf den heutigen Zeitpunkt diskontierten Wert zukünftiger Unternehmens- (Netto-) Erträge bzw. Cashflows an. Zu den Gesamtbewertungsverfahren zählen das Ertragswertverfahren, das Discounted-Cashflow- (DCF-) Verfahren sowie die Vergleichsverfahren (vgl. Abschnitt 2.2). Die Vergleichsverfahren errechnen den Unternehmenswert über Marktwerte von Vergleichsunternehmen. Dazu können Gewinn- oder Umsatzmultiplikatoren der Branche verwendet werden. Die Anwendung dieser Verfahren dient als Anhaltspunkt und Plausibilitätsprüfung im Prozess der Wertermittlung.

Eine Analyse von 363 Research-Berichten durch die Universität Münster im Zeitraum von 1997 bis 2001 hat gezeigt, dass für 71,9 Prozent der Börsengänge das Discounted-Cashflow-Verfahren sowie für 60,6 Prozent der Börsengänge die Verwendung von Gewinnmultiplikatoren die am häufigsten verwendeten Verfahren zur Ermittlung von Emissionspreisen darstellen.

Beispiel 5 (Emissionspreisfindung)

Zur Veranschaulichung wollen wir den Wert eines Unternehmens nach dem Barwertkonzept und nach der Multiplikatormethode berechnen. Dazu greifen wir auf die Planzahlen der Textil AG laut Tabelle 18 zurück. Das Unternehmen legte eine Szenarioplanung für eine optimistische (Best-Case), eine realistische (Middle-Case) und eine pessimistische Entwicklung (Worst-Case) der Cashflows vor. Das Szenario Middle-Case besitze eine Eintrittswahrscheinlichkeit von 60 Prozent. Die Szenarien Best- und Worst-Case seien gleich wahrscheinlich mit jeweils 20 Prozent.

Jahr	31.12.2005	31.12.2006	31.12.2007	ab 2008
Cashflow (Best-Case)	2,2 Mio. €	2,5 Mio. €	3,5 Mio. €	4,5 Mio. €
Cashflow (Middle-Case)	1,5 Mio. €	2,2 Mio. €	2,7 Mio. €	3,5 Mio. €
Cashflow (Worst-Case)	1,2 Mio. €	1,7 Mio. €	2,0 Mio. €	3,0 Mio. €

Tabelle 18:   Plan-Cashflows der Textil AG (Beispiel)

Der risikoangemessene Diskontierungszinssatz betrage zehn Prozent p. a. Zur Ermittlung des Unternehmenswertes sind nun die Plan-Cashflows zu diskontieren. Die Diskontierung erfolgt zum 1.1.2005. Wir gehen von der Annahme aus, dass die genannten Cashflows den Eigenkapitalgebern zustehen (Equity-Methode). Der Cashflow der Letzt-Jahres-Planung (hier für 2008) geht als Ewige Rente in den Barwert ein (Going-Concern-Prinzip). Wir berechnen zunächst für jedes Szenario einen Wert W:

(21)
$$W^{Best} = \frac{2,2 \text{ Mio. } €}{1+0,10} + \frac{2,5 \text{ Mio. } €}{(1+0,10)^2} + \frac{3,5 \text{ Mio. } €}{(1+0,10)^3} + \frac{4,5 \text{ Mio. } € / 0,1}{(1+0,10)^3}$$
$$= 40\,504\,884 \text{ €}$$

$$W^{Middle} = \frac{1,5 \text{ Mio. } €}{1+0,10} + \frac{2,2 \text{ Mio. } €}{(1+0,10)^2} + \frac{2,7 \text{ Mio. } €}{(1+0,10)^3} + \frac{3,5 \text{ Mio. } € / 0,1}{(1+0,10)^3}$$
$$= 31\,506\,386 \text{ €}$$

$$W^{Worst} = \frac{1,2 \text{ Mio. } €}{1+0,10} + \frac{1,7 \text{ Mio. } €}{(1+0,10)^2} + \frac{2,0 \text{ Mio. } €}{(1+0,10)^3} + \frac{3,0 \text{ Mio. } € / 0,1}{(1+0,10)^3}$$
$$= 26\,537\,941 \text{ €}$$

Der Unternehmenswert ergibt sich nun aus diesen Werten, gewichtet mit der jeweiligen Eintrittswahrscheinlichkeit:

(22)
$$UW = 0,2 \times 40\,504\,884 \text{ €} + 0,6 \times 31\,506\,386 \text{ €} + 0,2 \times 26\,537\,941 \text{ €}$$
$$= 32\,312\,397 \text{ €}$$

Versuchen wir nun, über die Multiplikatormethode einen Unternehmenswert für die Textil AG aus den Unternehmenswerten von Vergleichsunternehmen abzuleiten: Ausgangspunkt ist das Mittelstandssegment der Frankfurter Wertpapierbörse – der SDax. Wir selektieren zunächst im Hinblick auf die Branche oder andere Unternehmensmerkmale vergleichbare Unternehmen und notieren deren Börsenbewertung mittels Umsatz- und Gewinnmultiplikator. Tabelle 19 listet die Vergleichsunternehmen und deren Kennzahlen auf. Einen Hinweis auf die Veröffentlichung von aktuellen Branchenmultiplikatoren enthält der Literaturanhang.

Unternehmen	Kurs-Umsatz-Verhältnis	Kurs-Gewinn-Verhältnis
Beate Uhse AG	1,87	40,4
Escada AG	0,35	42,2
Gerry Weber International AG	0,44	8,3
Villeroy & Boch AG (VZ)	0,26	29,1
Mittelwert	0,73	30,0

Tabelle 19: Börsenmultiplikatoren ausgesuchter SDax-Werte zum 27.7.2004; Quelle: Börse Online (2004)

Das Kurs-Umsatz-Verhältnis berechnet sich als Quotient aus Marktkapitalisierung und Umsatz. Es drückt aus, mit welchem Vielfachen des Umsatzes das Eigenkapital eines

Unternehmens an der Börse bewertet wird. Das Kurs-Gewinn-Verhältnis gibt an, mit welchem Vielfachen des Gewinnes ein Unternehmen an der Börse bepreist ist. Dabei gilt: Je höher diese Verhältniszahlen, umso vergleichsweise teurer sind die Aktien des Unternehmens.

Für unsere Vergleichsunternehmen des SDax erhalten wir ein durchschnittliches Kurs-Umsatz-Verhältnis von 0,73 und ein durchschnittliches Kurs-Gewinn-Verhältnis von 30,0. Beide Werte spiegeln Einschätzungen der Marktteilnehmer über die zukünftigen Branchen- und Einzel-Erfolgsaussichten und -Risiken wider und liefern somit Informationen für eine mögliche Börsenbewertung der noch nicht notierten Textil AG. Mit einem Umsatz von 50 Mio. Euro und einem Gewinn von 1 Mio. Euro berechnen wir folgende marktorientierte Unternehmenswerte:

$$(23) \qquad UW^{\text{Gewinn}} = 50 \text{ Mio. } € \times 0,73 = 36,5 \text{ Mio. } €$$

$$UW^{\text{Umsatz}} = 1 \text{ Mio. } € \times 30,0 = 30,0 \text{ Mio. } €$$

Zur Interpretation des Unternehmenswertes sei angemerkt: Der berechnete Wert ist nicht zwingend der Preis, der für ein Unternehmen oder eine Aktie gezahlt werden muss oder wird. Für den Käufer ist der Unternehmenswert zunächst derjenige Preis, den er höchstens zu zahlen bereit ist. Der Verkäufer sollte mindestens den Unternehmenswert verlangen, weil er sich sonst schlechter stellt als ohne den Verkauf der Anteile. Berechnete Unternehmenswerte sind deshalb Grenzpreise.

Dabei ist klar, dass die Berechnung von Unternehmenswerten subjektiv geprägt ist. Jeder Bewerter schätzt die Zukunft eines Unternehmens und die Risiken anders ein. Diese Differenzen zeigen sich in der Erstellung der Planungsrechnungen und den Angaben für Wahrscheinlichkeiten von Szenarios, die Ausgangspunkt der Bewertung sind.

Wollen wir nun den Wert einer Aktie berechnen, ist lediglich der ermittelte Unternehmenswert (nach DCF-Verfahren oder Multiplikatormethode) durch die Anzahl der Aktien zu teilen. Hat sich die Konsortialbank auf einen Unternehmenswert oder eine Unternehmenswertspanne festgelegt, kann sie den daraus resultierenden rechnerischen Wert einer Aktie bestimmen. Im folgenden Platzierungsprozess gilt es dann, die Aktien an Investoren möglichst zu einem Preis nahe der eigenen Preisvorstellung zu verkaufen.

Platzierung, Zuteilung und erster Handelstag

Unter der Platzierung wird der Verkauf der Aktien im unmittelbar vorbörslichen Handel verstanden. Der Erfolg der Platzierung hängt wesentlich vom Preis der angebotenen Aktien ab. Zur Preisfindung und Zuteilung werden folgende Verfahren unterschieden:

- Festpreisverfahren

  Zu Grunde liegt ein fester Emissionspreis; ein Nachfrage- oder Angebotsüberhang kann nicht durch den Preismechanismus ausgeglichen werden.

▓ Auktionsverfahren

Investoren übermitteln ihre Preis- und Mengenpräferenzen für die angebotenen Aktien; die Zuteilung der Emission erfolgt nach dem Höchstgebots-Grundsatz.

▓ Bookbuilding-Verfahren

Die Konsortialbank erfasst alle Zeichnungswünsche zu einer durch die Unternehmensbewertung vorgegebenen Bookbuilding-Preisspanne und kann ermitteln, zu welchem Emissionspreis welche Verkäufe getätigt werden können; die selektive Auswahl von Investoren ist möglich.

Das in Deutschland gängigste Verfahren ist das Bookbuilding-Verfahren. Das Auktionsverfahren wird häufiger an ausländischen Börsen eingesetzt. Sind die Aktien je nach Verfahren zugeteilt, folgt der erste Handelstag und die erste Kursfestsetzung an der Börse. Dieser Kurs kann stark vom Emissionskurs abweichen.

Nicht verwechselt werden sollten die verschiedenen Kursarten. So gibt es neben dem Emissionskurs z. B. den Aktienkurs, den Bilanzkurs und den Ertragswertkurs. Der Aktienkurs ist der Preis, für den eine Aktie an einer Börse gehandelt wird. Er ist ein Ergebnis von Angebot und Nachfrage. Angebot und Nachfrage nach Wertpapieren unterliegen einer Vielzahl von mehr oder minder starken Einflussfaktoren, z. B.:

▓ Ertragsaussichten des Emittenten;

▓ politische Einflüsse, die durch wirtschaftspolitische Entscheidungen und die Finanzpolitik Unternehmen fördern oder benachteiligen;

▓ gesamtwirtschaftliche Lage und Konjunkturentwicklung;

▓ Veränderung von Wechselkursen und die Entwicklung anderer Volkswirtschaften;

▓ psychologische Einflussfaktoren wie Gerüchte oder Stimmungen.

Aktienkurse werden je nach Liquidität und Handelssystem fortlaufend ermittelt. Der Aktienkurs kann über Börsenportale abgerufen werden. Mittels Aktienkurs und Anzahl ausgegebener Aktien berechnet sich die bereits erwähnte Marktkapitalisierung. Sie entspricht dem Unternehmenswert – also dem Marktwert des Eigenkapitals des Unternehmens:

(24)   Marktkapitalisierung = Anzahl Aktien × Aktienkurs

Der Bilanzkurs hingegen drückt das Verhältnis vom bilanzierten Eigenkapital zum gezeichneten Kapital aus:

(25) $Bilanzkurs = \dfrac{Bilanziertes\ Eigenkapital}{Gezeichnetes\ Kapital}$

Der Ertragswertkurs drückt den Unterschied von Buchwert und Marktwert des unternehmerischen Eigenkapitals aus. Der Nennwert einer Aktie entspricht ihrem Buchwert. Der Marktwert der Aktie ist der Aktienkurs. Den Ertragswertkurs sind Investoren am Kapitalmarkt bereit, für einen auf einen Euro normierten, nominalen Unternehmensanteil zu zahlen:

$$(26) \quad \text{Ertragswertkurs} = \frac{\text{Marktkapitalisierung}}{\text{Gezeichnetes Kapital}}$$

Beispiel 6 (Markt- und Buchwert)

Um den Unterschied von Buch- und Marktwert zu verdeutlichen, bringen wir die Textil AG in den Freiverkehr der Frankfurter Wertpapierbörse, weil das Emissionsvolumen für den Geregelten Markt nicht ausreicht. Das gezeichnete Kapital des Unternehmens beträgt 600 000 Euro. Es lautet auf Stückaktien mit einem rechnerischen Nennwert von einem Euro. Das Unternehmen beabsichtigt, weitere Aktien mit wiederum einem rechnerischen Nennwert von einem Euro über die Börse zu verkaufen. Dazu werden 159 000 Aktien durch eine ordentliche Kapitalerhöhung an neue Eigner gebracht. Zudem beabsichtigen drei Altaktionäre, jeweils 10 000 Aktien zum Kauf anzubieten (Green-Shoe). Nach dem Börsengang erhöht sich somit das gezeichnete Kapital um 159 000 Euro auf 759 000 Euro (vgl. Abbildung 19, Seite 100).

Im Folgenden wollen wir den Emissionskurs, die Altaktionärsrendite und die Marktkapitalisierung berechnen. Der Emissionskurs ist derjenige Aktienkurs, zu dem die Aktie in der Zeichnungsphase angeboten wird. Er ermittelt sich aus der Unternehmensbewertung. Für die Textil AG hatten wir mittels Barwertmethode einen Unternehmenswert von 32 312 397 Euro berechnet. Teilen wir diesen durch die Anzahl der Aktien der Textil AG, erhalten wir einen rechnerischen Anteilspreis:

$$(27) \quad \text{Rechnerischer Emissionskurs pro Aktie} = \frac{32\,312\,397\ \text{€}}{759\,000} = 42{,}57\ \text{€}$$

Gerade 42,57 Euro wäre eine Aktie des Unternehmens wert, würden die der Unternehmensbewertung zu Grunde liegenden Planungsrechnungen von den Investoren akzeptiert. Zur Erhöhung der Attraktivität der Aktien der Textil AG wird nicht der Kurs von 42,57 Euro, sondern ein Kurs von 36,85 Euro angeboten. Mit diesem Underpricing hoffen wir, der Aktie Kurspotenzial zu geben.

Durch den Verkauf der Aktien erzielen die Altaktionäre folgende (auf die Gesamthaltedauer bezogene) Rendite:

$$(28) \quad \text{Rendite der Altaktionäre} = \frac{36{,}85\ \text{€} - 1\ \text{€}}{1\ \text{€}} = 3\,585\ \%$$

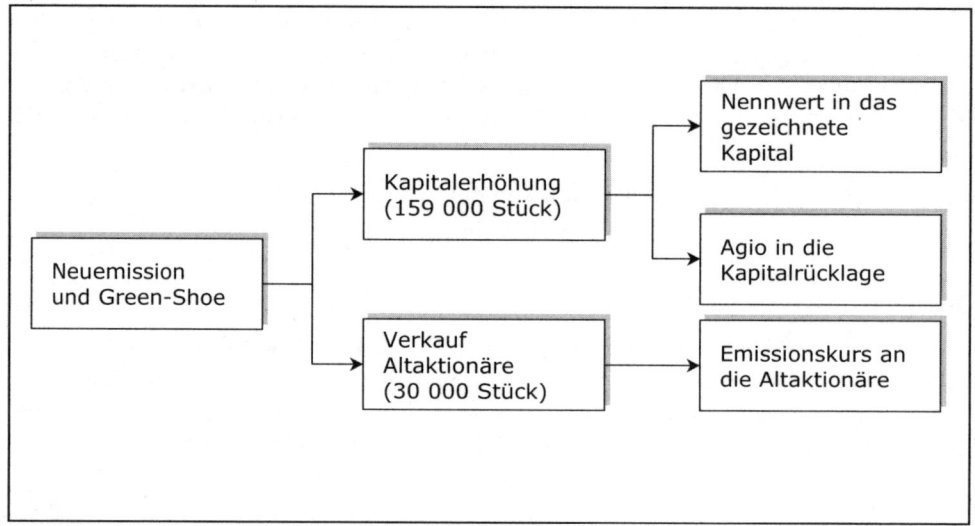

Abbildung 19: Emissionserlös der Textil AG (Beispiel)

In die Kapitalrücklage wird der Betrag von rund 5,7 Mio. Euro eingestellt. In die Berechnung der Kapitalrücklage aus dem Börsengang gehen nur die Aktien der Kapitalerhöhung ein. Dieser Betrag errechnet sich wie folgt:

(29)   Kapitalrücklage = 35,85 € × 159 000 = 5 700 150 €

Nach der Zuteilung der Aktien zu einem Preis von 36,85 Euro folgt der erste Handelstag. Eine hohe Nachfrage nach den Aktien der Textil AG beflügelt den ersten Börsenkurs auf 40,50 Euro. Die Marktkapitalisierung beträgt dann:

(30)   Marktkapitalisierung = 40,50 € × 759 000 = 30 739 500 €

Die Marktkapitalisierung der Textil AG verändert sich nun mit jedem neuen Aktienkurs. Der Börsengang ist abgeschlossen. Sodann stellt sich dem Unternehmen die neue Herausforderung des Being-Public, d. h. des erfolgreichen Bestehens an der Börse unter Beachtung der Publizitäts-, Ad-hoc- und Insidervorschriften.

6.5   Renditen und Renditeforderungen von Eigenkapitalgebern börsennotierter Unternehmen

Eine spannende Frage für die Eigenkapitalgeber eines börsennotierten Unternehmens ist die nach der Rendite. Die Rendite R einer Aktieninvestition lässt sich aus der Steigerung des Aktienkurses berechnen. Wird eine Dividende gezahlt, ist diese ebenfalls Bestandteil der Rendite:

(31) $R = \dfrac{K_1 - K_0 + D_{0,1}}{K_0}$

mit K_0 =   Aktienkurs zu Beginn der Anlageperiode

K_1 =   Aktienkurs am Ende der Anlageperiode

$D_{0,1}$ =   gezahlte Dividende während der Anlageperiode

Zur Berechnung realisierter Aktienrenditen greifen wir auf historische Kursdaten zurück und wollen an den Beispielen des Dax und CDax die Renditeentwicklungen aufzeigen. Beide (Performance-) Indizes berücksichtigen neben der Kursveränderung auch die Kapitalerträge, also insbesondere Dividendenzahlungen. Tabelle 20 spiegelt ein volatiles Bild der jährlichen Renditen wider. Die Renditen lassen die Börsenentwicklung ablesen. So waren in den Jahren von 1996 bis 1999 Renditen von 15 Prozent p. a. bis über 45 Prozent p. a. zu beobachten. In Zeiten der Kursstürze aus den Jahren 2001 und 2002 traten negative Renditen von bis zu minus 44 Prozent p. a. auf.

Jahr	Dax	CDax	Jahr	Dax	CDax
1981	2,0%	2,6%	1993	46,7%	44,6%
1982	12,7%	14,1%	1994	–7,1%	–5,8%
1983	40,0%	28,0%	1995	7,0%	5,4%
1984	6,1%	7,9%	1996	28,2%	21,4%
1985	66,4%	56,9%	1997	47,1%	40,8%
1986	4,8%	6,7%	1998	17,7%	15,4%
1987	–30,2%	–30,1%	1999	39,1%	31,9%
1988	32,8%	31,9%	2000	–7,5%	–9,9%
1989	34,8%	37,1%	2001	–19,8%	–17,9%
1990	–21,9%	–14,7%	2002	–43,9%	–39,9%
1991	12,9%	4,7%	2003	37,1%	37,6%
1992	–2,1%	–6,4%	2004	7,3%	8,5%

Tabelle 20:   Dax- und CDax-Renditen

Diese Werte unterstreichen das höhere Risikopotenzial des Eigenkapitals gegenüber dem Fremdkapital. Dass Eigenkapital sehr hohe Kapitalkosten aufweisen kann, haben insbesondere junge Unternehmen des ehemaligen Neuen Marktes erfahren. Nach dem Zusammenbruch war es praktisch unmöglich, dort junge Aktien zu platzieren. Die Renditeforderungen der Anleger waren offenbar so hoch, dass es schlicht zu keinen Emissionen kam. Die Eigenkapitalkosten werden also für Unternehmen insbesondere dann wirksam, wenn neuer Finanzierungsbedarf besteht.

Betrachten wir nun Eigenkapital-Renditeforderungen für einzelne Unternehmen, die wir wieder über das Capital-Asset-Pricing-Modell (vgl. Kapitel 3) mit dem Cdax als Markt-index und einem risikolosen Zinssatz in Höhe der Bundesumlaufrendite von 3,3 Prozent p. a. approximieren. Im Gegensatz zu historischen Renditen sind die über das CAPM ermittelten Renditeforderungen in Tabelle 21 nicht realisiert. Die CAPM-Rendite-forderungen zeigen auf, welche Renditen die Eigenkapitalgeber des jeweiligen Unter-nehmens auf Grund des Risikos (gemessen durch den Beta-Koeffizienten) verlangen sollten. Für ein höheres Risiko sind die Eigenkapitalgeber tendenziell mit einer höheren Risikoprämie zu kompensieren.

Unternehmen	Branche	Beta	Rendite-forderung p. a. (2003 – 2004)	Rendite-forderung p. a. (1981 – 2004)
Aixtron AG	Halbleiter	1,47	32,3%	15,0%
GPC Biotech AG	Biotechnologie	1,14	25,8%	12,4%
SCM Micro-systems Inc.	Smart-Card-Reader	1,18	26,6%	12,7%
Teles AG	Telekommu-nikation	1,11	25,2%	12,2%
Web.de AG	Internetportal	0,74	17,9%	9,2%
Balda AG	Hochleistungs-kunststoff	1,06	24,2%	11,8%
Deutsche Beteili-gungs AG	Beteiligungs-gesellschaft	0,28	8,8%	5,5%
Deutz AG	Motoren-produktion	0,49	13,0%	7,2%
GfK AG	Konsumforschung	0,22	7,6%	5,1%
Sixt AG	Autovermietung	0,50	13,2%	7,3%
Viva Media AG	Musik-TV-Sender	0,55	14,1%	7,7%

Tabelle 21:   Renditeforderungen ausgesuchter SDax- und TecDax-Unternehmen; Quelle für die Beta-Koeffizienten: Comdirect Bank

Dazu zeigen wir in Tabelle 21 zwei Renditeforderungen mit unterschiedlicher Fristigkeit der Datenbasis. Beschränken wir uns auf die Jahre 2003 und 2004, fallen die Renditeforderungen erheblich höher aus als bei langfristiger Betrachtung. Dies liegt an der über-durchschnittlich positiven Kapitalmarktentwicklung mit einer mittleren CDax-Rendite in Höhe von 23,0 Prozent p. a. in diesen Jahren. Dagegen wurden in den Renditeforderungen als Mittel aus 24 Jahren die Kurszuwächse beim CDax in Höhe von durchschnittlich 11,3 Prozent p. a. auch durch Börsencrashs zum Ende der achtziger Jahre und zu Anfang des neuen Jahrtausends kompensiert.

Literaturhinweise zur Eigenfinanzierung

Eine Darstellung der Business-Angel-Arten, deren Anforderungsprofil, der Gestaltungsmöglichkeiten in den Erstphasenfinanzierungen und Details zum Consulting-Angel findet man bei Horst/Krüger (1999). Hilfreich ist auch das Mustervertragswerk zum Einsatz von Genussrechten.

Berger (1993) vermittelt die Grundlagen des Buy-outs und geht insbesondere auf die Mitarbeiterbeteiligung als Finanzierungsspielart des MBO ein. Ein Kapitalkostenvergleich von externem und internem Eigenkapital schließt sich an. Hoffmann/Ramke (1992) stellen Formen, Methoden und Bedingungen des MBO vor und erörtern Buy-outs und Buy-ins. Hilfreich sind die Darstellung der unternehmensspezifischen Voraussetzungen für MBOs, deren Konzeption und Durchführung sowie das angefügte Glossar. Hatzig (2002) diskutiert die Höhe des Eigenkapitals bei Buy-out- und Buy-in-Transaktionen. Then Bergh (1998) erörtert die Motive, Deal-Gestaltungen und steuerlichen Aspekte von LBOs.

Schefczyk (2000) vermittelt Grundlagen zur Venture-Capital-Finanzierung für Kapitalnehmer, Kapitalgeber und andere Interessierte. Neben einem theorieorientierten Teil sind für Praktiker insbesondere die Ausführungen zu den Rahmenbedingungen des Venture-Capital-Marktes, der Gestaltung, den Zielen und Aktivitäten von Venture-Capital-Gebern sowie der Entwicklung einer Geschäftsplanung junger Unternehmen aufschlussreich.

Peemöller/Geiger/Barchet (2001) diskutieren Risikofaktoren von Venture-Capital-Finanzierungen, bewertungsrelevante Charakteristika von Unternehmen sowie die Ergebnisse einer Befragung von BVK-Mitgliedsunternehmen über die Bewertung von Unternehmen in der Frühphase. Hendel (2003) erörtert die Anwendung der Realoptionstheorie zur Bewertung von Venture-Capital-Investitionen.

Stadler (2001) gibt eine Übersicht über Private-Equity-Finanzierungen. Eisele/Habermann/Oesterle (2003) untersuchen die Erfolgsfaktoren von Private-Equity-Kapitalnehmern. Wipfli (2001) überprüft den Beitrag von Erfolgsfaktoren zum Wert junger Unternehmen. EVCA (2004) geht der Frage nach, welchen Anteil seines Portfolios ein Investor unter Rendite-Risiko-Aspekten in Private-Equity investieren sollte, und misst die Performance europäischer Private-Equity-Fonds.

KfW (2004a) vermittelt Angaben zu Private-Equity-Renditeforderungen, Renditerealisationen und Ausfallraten von Private-Equity-Portfolios. KfW (2003b) enthält Ausführungen zum Verhältnis von Angebot und Nachfrage auf dem Beteiligungsmarkt. KfW (2003a) vermittelt Ergebnisse einer Befragung der BVK-Beteiligungsgesellschaften über Eigenschaften von Beteiligungsgebern, Anzahl von Finanzierungsanfragen, Deal-Typen, Ratinganwendungen, Transaktionsvolumina, Investitionen in Abhängigkeit von der Finanzierungsphase, Zielbranchen, Mindestrenditen, Ausfallquoten usw.

Mandl/Rabel (1997) behandeln die Gesamt- und Einzelbewertungsverfahren zur Unternehmensbewertung mit zahlreichen Rechenbeispielen. Eine Diskussion der Vor- und Nachteile von Vergleichs- und Ertragswertverfahren enthält Barthel (1996). Die verschiedenen Methoden werden u. a. mit realen Kapitalmarktdaten veranschaulicht. Den Standard des Instituts der Wirtschaftsprüfer zur Durchführung von Unternehmensbewertungen findet man bei IDW (2000).

Deutsche Börse (2003) stellt einen prozessorientierten Leitfaden für organisatorische, steuerliche und juristische Entscheidungen von Börsenaspiranten dar. Seppelfricke/Seppelfricke (2000), Nadler (2001) und Bösl (2003) behandeln den indirekten Börsengang.

Deutsche Börse (2005) enthält Informationen zu der Zusammensetzung, den Auswahlkriterien und den Berechnungsformeln für Aktienindizes. Im Anhang findet man die Spezifikation der Brancheneinteilung der Deutschen Börse.

Nützliche Internetadressen für Kapitalnehmer sind:

▪ www.bmwi.de/Navigation/Existenzgruender.html

   Hier erhalten Interessierte Zugriff auf die Förderdatenbank des Bundeswirtschaftsministeriums; Download-Möglichkeit eines Informationsbriefes.

▪ www.boersestuttgart.de

   Download-Möglichkeit einer Broschüre, des Regelwerks, des Aufnahmeantrags, von Handelsinformationen und gelisteten Unternehmen des Börsensegments Gate M der Stuttgarter Börse.

▪ www.businessangelsforum.de

   Die Website des Business Angels Netzwerk Deutschland e. V. (BAND) dient der Kontaktaufnahme von Kapitalgebern und -nehmern. Mit Suchfunktionen können Gründer oder Business-Angels identifiziert und kontaktiert werden. Im Juni 2005 waren 100 Gründer und 125 Business-Angels registriert.

- www.bvk-ev.de

  Informationen zum deutschen Venture-Capital-Markt vom Bundesverband deutscher Kapitalbeteiligungsgesellschaften e. V. (BVK). Hier stehen diverse Jahresstatistiken zum Download zur Verfügung – eine Quelle für Marktinformationen (Portfolioentwicklung, Branchen, Exits usw.) zu Venture-Capital und Private-Equity in Deutschland.

- www.comdirect.de

  Auf der Internetseite der Comdirect Bank findet man beispielsweise die Beta-Koeffizienten börsennotierter Aktien.

- www.evca.com

  Die englischsprachige Website der europäischen Venture-Capital-Vereinigung mit Mitgliedersuchfunktion; zur Suche von Investoren außerhalb Deutschlands.

- www.exchange.de

  Das Portal der Deutschen Börse bietet neben Kursdaten und Marktstatistiken Informationen für Börsenaspiranten. So stehen die Deutsche Börse-Prospekte und -Leitfäden zum Download zur Verfügung.

- www.finance-magazin.de

  Die Website liefert Branchenmultiplikatoren zur Unternehmensbewertung und Beiträge zu verschiedenen Finanzierungsformen (insbesondere im Mergers-and-Acquisitions-Bereich).

- www.kfw.de

  In der Rubrik Research kann das German-Private-Equity-Barometer abgelesen werden, das eine Einschätzung der Entwicklung des Venture-Capital-Marktes liefert.

- www.maccess.de

  Auf dieser Website, die auch über www.boersemuenchen.de erreichbar ist, stehen für das Mittelstands-Börsensegment M:access das Regelwerk, eine Informationsbroschüre sowie Kontaktdaten zum Download bereit.

- www.venturecapital.de

  Monatlich erscheinendes Magazin zu Private-Equity-Themen mit praktischem Fokus; Sonderhefte zu speziellen Finanzierungsformen.

Teil II

Fremdfinanzierung

7. Charakteristika und Formen der Fremdfinanzierung

Betrachtet man die Eigenkapitalquote deutscher mittelständischer Unternehmen, die im Frühjahr 2005 für 37 Prozent dieser Unternehmen unterhalb von zehn Prozent lag (Tendenz gegenüber 2004 steigend, vgl. Abbildung 20), wird die Bedeutung der Fremdfinanzierung gegenüber der Eigenfinanzierung sofort offensichtlich. Mittelständische Unternehmen haben im Allgemeinen das Problem, nur über eine dünne Eigenkapitaldecke zu verfügen. Daher spielen die Möglichkeiten zur Aufnahme von Fremdkapital eine bedeutende Rolle für diese Unternehmen.

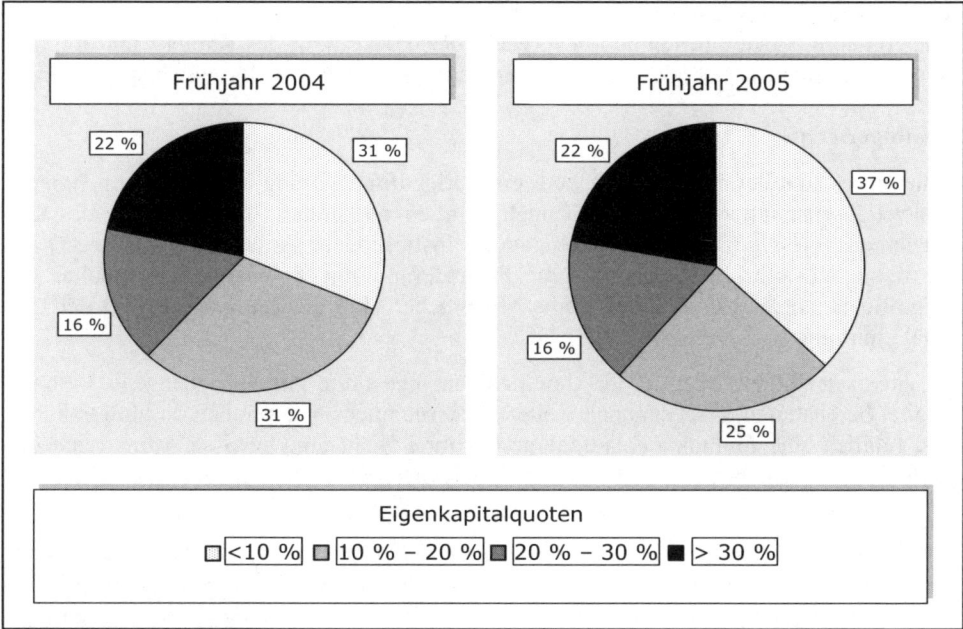

Abbildung 20: Eigenkapitalquoten deutscher mittelständischer Unternehmen; Quelle: Creditreform

In diesem Teil des Buches werden nun zunächst in Abschnitt 7.1 die wesentlichen Charakteristika einer Fremdfinanzierung vorgestellt. Dabei wird insbesondere auf eine Abgrenzung gegenüber der Eigenfinanzierung Wert gelegt. Der Unterschied zwischen einer Eigen- und einer Fremdfinanzierung wird auch in einer anderen Art und Weise der Ermittlung der entsprechenden Kapitalkosten deutlich, die für die Fremdfinanzierung in Abschnitt 7.2 gezeigt wird. In Abschnitt 7.3 werden verschiedene Systematisierungsansätze bezüglich der Fremdfinanzierung von Unternehmen dargestellt. Dabei wird schon kurz auf die in den Kapiteln 9 bis 15 genauer vorgestellten speziellen Formen der Fremdfinanzierung eingegangen, d. h. es wird gezeigt, wie die einzelnen Fremdfinanzierungsformen nach verschiedenen Kriterien geordnet werden können. Kapitel 8 widmet sich zuvor den typischen Varianten der Besicherung von Fremdkapital. Nach einigen Ausführungen zur Begrenzung des Zinsänderungsrisikos in Kapitel 16 werden in Kapitel 17 die verschiedenen Formen der Fremdfinanzierung von Unternehmen abschließend miteinander verglichen.

7.1 Charakteristika der Fremdfinanzierung

Eigen- und Fremdfinanzierung unterscheiden sich im Wesentlichen hinsichtlich der mit der Finanzierung verbundenen Rechte der Kapitalgeber, hinsichtlich der Dauer der Kapitalüberlassung sowie hinsichtlich der Rendite-Risiko-Struktur des Kapitals und folglich hinsichtlich der mit der Finanzierung verbundenen Kapitalkosten für ein Unternehmen.

Gläubigerrechte

Während es sich bei den Kapitalgebern einer Eigenfinanzierung um die Unternehmenseigner (Gesellschafter, Aktionäre) handelt, wird Fremdkapital von Gläubigern des Unternehmens (Geschäftspartner, Banken, andere institutionelle Anleger, Privatanleger) zur Verfügung gestellt. Im Gegensatz zur Finanzierung mit Eigenkapital beinhaltet die Fremdfinanzierung grundsätzlich keine Mitspracherechte der Kapitalgeber bei der Geschäftsführung.

Möchten oder können bereits im Unternehmen investierte Anteilseigner kein weiteres Kapital bereitstellen, aber dennoch weitere Unternehmensinvestitionen durchführen, besitzt folglich eine Fremdkapitalaufnahme aus ihrer Sicht eine gewisse Attraktivität gegenüber der Aufnahme weiterer Eigenkapitalgeber, da Erstere ihre Mitspracherechte nicht berührt.

Die durch eine Fremdfinanzierung entstehenden Gläubigerrechte beinhalten das Recht auf Rückzahlung und Verzinsung des überlassenen Kapitals. Dabei handelt es sich um einen festen Anspruch, der – abgesehen vom Insolvenzfall – von der Unternehmenslage unabhängig ist. Dies steht im Gegensatz zur Eigenfinanzierung, bei der die Kapitalgeber grundsätzlich keinen festen Anspruch auf Dividenden, Entnahmen oder eine Rückzahlung ihres eingezahlten Kapitals besitzen. Die potenziellen Zahlungen an die Eigenkapitalgeber sind vielmehr in hohem Maße von der Unternehmenslage abhängig. Die Unterscheidung zwischen einer Fremd- und einer Eigenfinanzierung drückt sich nicht zuletzt auch in der Terminologie der jeweiligen Verzinsungsform aus (Zinsen versus Dividenden).

Zeitliche Befristung

Die Dauer der Kapitalüberlassung ist bei einer Fremdfinanzierung im Gegensatz zu einer Eigenfinanzierung im Allgemeinen befristet. Häufig wird zwar eine Prolongation, d. h. die Verlängerung einer Finanzierung nach Ablauf der Zinsbindungsfrist, in Aussicht gestellt. Da dies jedoch nicht zwingend zu unveränderten Konditionen geschieht, sondern Letztere vielmehr an eine mitunter veränderte Bonitätseinschätzung des Unternehmens sowie eine Veränderung des Kapitalmarktes insgesamt angepasst werden, handelt es sich dabei ökonomisch eher um immer neue Finanzierungen.

Rendite, Risiko und Kapitalkosten

Die Fremdkapitalgeber eines Unternehmens sind im Gegensatz zu den Eigenkapitalgebern nicht an den Gewinnen des Unternehmens beteiligt, da sie lediglich eine fest vereinbarte Zinszahlung erhalten. Sieht man wiederum vom Insolvenzfall ab, so nimmt ein Fremdkapitalgeber im Gegensatz zum Eigenkapitalgeber im Gegenzug auch nicht an den Verlusten eines Unternehmens teil. Dies macht deutlich, dass sowohl die Chancen als auch die Risiken einer Fremdfinanzierung geringer ausfallen als die einer Eigenfinanzierung.

Ein risikoscheuer Kapitalgeber – und Kapitalgeber sind im Allgemeinen als risikoscheu einzuschätzen – wird nun für ein höheres eingegangenes Risiko auch eine höhere Rendite erwarten. Deshalb sind die Renditen, die Eigenkapitalgeber z. B. durch Dividendenzahlungen und Kurssteigerungen fordern, in der Regel höher als die vertraglich vereinbarten Renditen auf Grund von Zinszahlungen bei einer Fremdfinanzierung. Nur bei einer entsprechend hohen erwarteten Rendite bzw. bei einem entsprechend niedrigen Preis für einen Unternehmensanteil wird ein potenzieller Eigenkapitalgeber einem Unternehmen Kapital zur Verfügung stellen.

Die Renditen der Kapitalgeber stellen aus Unternehmenssicht den Hauptbestandteil des Kostensatzes der Kapitalaufnahme und damit des Kostensatzes der Finanzierung dar. Eine Fremdfinanzierung ist deshalb mit einem geringeren Kapitalkostensatz für ein Unternehmen verbunden als die Eigenfinanzierung. Dies soll die hohen Verschuldungsgrade deutscher mittelständischer Unternehmen nicht rechtfertigen. Dennoch ist eine Fremd- gegenüber einer Eigenfinanzierung aus Kapitalkostensicht im folgenden Sinne gerechtfertigt:

Die Rendite der Eigenkapitalgeber wächst mit dem Verschuldungsgrad, sofern die Gesamtkapitalrendite des Unternehmens, d. h. die Rendite aller vom Unternehmen getätigten Investitionen, über dem Zinssatz für das Fremdkapital liegt. Dieser Leverage-Effekt resultiert daraus, dass sich die Gesamtkapitalrendite als gewichtetes Mittel der Renditen der Eigenkapitalgeber und der Fremdkapitalgeber ergibt. Die Gewichtungsfaktoren sind dabei gerade die Anteile des Eigen- und des Fremdkapitals am Gesamtkapital des Unternehmens.

Zumindest bei positiver Geschäftsentwicklung ist nun ein hoher Verschuldungsgrad auf Grund des Leverage-Effektes aus Renditegesichtspunkten für die Eigenkapitalgeber – also die Unternehmenseigner – wünschenswert. Dies wiederum setzt einen hohen Anteil der Fremdfinanzierung an den Unternehmensinvestitionen voraus. Mit dem Verschuldungsgrad steigt auch das Risiko der Eigenkapitalgeber. Ein optimaler Verschuldungsgrad ist aus dem Leverage-Effekt deshalb nicht berechenbar.

Kurz erklärt: Leverage-Effekt

■ Der Leverage-Effekt quantifiziert die Abhängigkeit der Rentabilität des Eigenkapitals r_{EK} vom Verschuldungsgrad FK/EK:

$$r_{EK} = r_{GK} + (r_{GK} - r_{FK}) \times \frac{FK}{EK}$$

■ Ein positiver Leverage-Effekt tritt ein, wenn die Gesamtkapitalrentabilität r_{GK} über dem Fremdkapitalzinssatz r_{FK} liegt; bei steigender Verschuldung erhöht sich dann die Eigenkapitalrendite.

■ Ein negativer Leverage-Effekt tritt ein, wenn die Gesamtkapitalrentabilität kleiner ausfällt als der Fremdkapitalzinssatz; bei steigender Verschuldung verringert sich dann die Eigenkapitalrendite.

■ Eine ständige Erhöhung des Verschuldungsgrades ist nicht optimal, weil mit zunehmender Verschuldung das Risiko der Eigenkapitalgeber steigt und diese entsprechend ihre Renditeforderungen ebenfalls erhöhen.

Auch die Einschätzung der Kapitalkosten gestaltet sich bei einer Fremdfinanzierung anders als bei einer Eigenfinanzierung. Zur Einschätzung des Kapitalkostensatzes einer Eigenfinanzierung wird gern auf in der Vergangenheit realisierte Renditen der Eigenkapitalgeber vergleichbarer Unternehmen zurückgegriffen.

Bei einer Fremdfinanzierung sind hingegen die verschiedenen mit der Finanzierungsmaßnahme verbundenen Ein- und Auszahlungen aus Unternehmenssicht weitestgehend bekannt oder zumindest abschätzbar, so dass zur Berechnung des Kapitalkostensatzes einer Finanzierungsmaßnahme mittels Fremdkapital die Methode des Internen Zinsfußes herangezogen werden kann.

Diese Methode wird eine zentrale Rolle spielen, wenn es darum geht, die Berechnung des Kapitalkostensatzes verschiedener Formen der Fremdfinanzierung aufzuzeigen. Zunächst sollen jedoch die Vor- und Nachteile der Fremd- gegenüber der Eigenfinanzierung zusammengefasst werden. Dabei zeigen sich folgende Vorteile:

■ keine Beschneidung der Mitspracherechte der Unternehmenseigner bei der Geschäftsführung,

■ Erhöhung der Rendite der Unternehmenseigner bei positiver Geschäftsentwicklung (auf Grund des Leverage-Effektes erhöht sich jedoch der Eigenkapital-Kostensatz).

Diesen Vorteilen stehen folgende Nachteile gegenüber:

■ feste Liquiditätsbelastung des Unternehmens durch Zins- und Tilgungsleistungen, die in wirtschaftlich schlechten Zeiten den Handlungsspielraum einschränken und unter Umständen zu starken Liquiditätsschwierigkeiten bis hin zur Insolvenz führen können,

■ Befristung der Kapitalüberlassung.

7.2   Kapitalkostensatz einer Fremdfinanzierung

Zur Berechnung des Kapitalkostensatzes einer Fremdfinanzierungsmaßnahme gilt es zunächst, sämtliche Ein- und Auszahlungen des Unternehmens zu ermitteln, die mit der Finanzierungsmaßnahme im Zusammenhang stehen. Bei diesen Zahlungen handelt es sich einerseits um den Betrag, der dem Unternehmen von den Kapitalgebern zur Verfügung gestellt wird und deshalb aus Unternehmenssicht eine Einzahlung darstellt, und andererseits um Zins- und Tilgungszahlungen, die aus Unternehmenssicht Auszahlungen darstellen.

Hinzu kommen noch weitere (Aus-) Zahlungen, die mit der Finanzierungsmaßnahme im Zusammenhang stehen. Dazu zählen z. B. Gebühren sowie Kosten für Bonitätsprüfung und Berichterstattung. Diese können zu Beginn anfallen und verringern dann die (Netto-) Anfangszahlung an das Unternehmen entsprechend. Aber auch Folgekosten, die dann den Zins- und Tilgungszahlungen hinzuzurechnen sind, sind denkbar.

Hat man für jeden Zeitpunkt die entsprechende Nettozahlung ermittelt, die sich aus der Finanzierungsmaßnahme ergibt, so erhält man eine Zahlungsreihe. Der Interne Zinsfuß dieser Zahlungsreihe ist nun derjenige Zinssatz, für den die Summe der auf den Anfangszeitpunkt diskontierten zukünftigen Einzelzahlungen der Zahlungsreihe betragsmäßig gerade die Höhe der (Netto-) Anfangszahlung ergibt.

Im einfachen Fall der Aufnahme eines Darlehens, mit dem keine weiteren Gebühren und Kosten verbunden sind, wären nur die Darlehenssumme und die Zins- und Tilgungszahlungen zu berücksichtigen. Der Interne Zinsfuß der entsprechenden Zahlungsreihe ist dann derjenige Zinssatz, für den die Summe der auf den Zeitpunkt der Auszahlung der Darlehenssumme diskontierten Zins- und Tilgungszahlungen gerade der Darlehenssumme entspricht. Der Interne Zinsfuß (vgl. Seite 47) des Darlehens ist also nichts anderes als dessen Effektivzinssatz.

Wir wollen hier nur andeuten, dass der Internen-Zinsfuß-Methode bei nicht-flacher Zinsstruktur die mehr oder minder fehlgehende Annahme innewohnt, zwischenzeitliche Zahlungen könnten eben zum Internen Zinsfuß angelegt bzw. finanziert werden. Dies muss nicht der Fall sein. Deshalb sollten streng genommen zur Diskontierung von Zahlungen zu unterschiedlichen Zeitpunkten auch unterschiedliche Zinssätze verwendet werden (die so genannten Kassa-Zinssätze bzw. Spot-Rates). Dieser Umstand scheint uns aber insbesondere für solche Unternehmen von größerer Bedeutung, die mit Zinskontrakten handeln, also für Kreditinstitute oder andere Finanzdienstleister.

Die Idee der Effektivzinssatz-Berechnung machen wir uns zu Nutze, wenn es darum geht, den mit einer Finanzierungsmaßnahme verbundenen Kapitalkostensatz des Unternehmens zu ermitteln. Wir werden dabei möglichst sämtliche Auszahlungen aus Unternehmenssicht berücksichtigen.

Abbildung 21 veranschaulicht die Berechnung des mit einer Fremdfinanzierungsmaßnahme verbundenen Kapitalkostensatzes graphisch. Dabei symbolisieren die Kästen Nettozahlungen, wobei (Netto-) Einzahlungen aus Unternehmenssicht nach oben und (Netto-) Auszahlungen nach unten weisen. Der graue Anteil der Kästen symbolisiert den Wert der Nettozahlungen aus anfänglicher Sicht, den man erhält, wenn man die Zahlungen mit dem Kapitalkostensatz auf den Anfangszeitpunkt diskontiert. Der Kapitalkostensatz ist nun so zu bestimmen, dass die Gesamtfläche aller nach unten weisenden grauen Anteile gerade der Fläche des nach oben weisenden grauen Anteils entspricht.

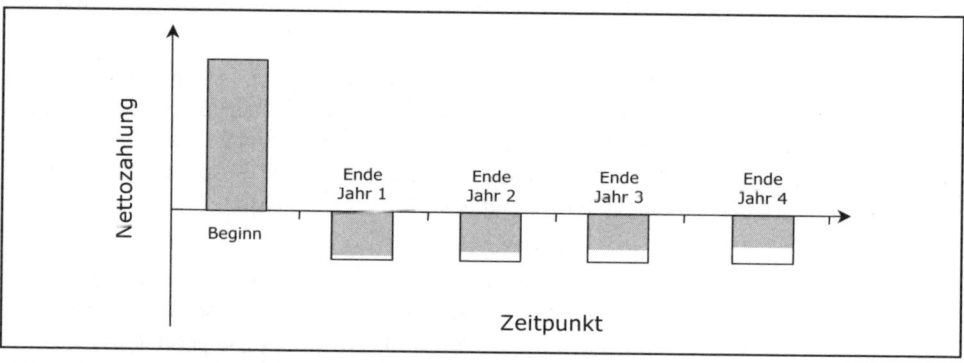

Abbildung 21: Kapitalkostensatz einer Fremdfinanzierung

Die Ermittlung des Kapitalkostensatzes (p. a.) mit Hilfe der Methode des Internen Zinsfußes schafft Vergleichbarkeit verschiedener Finanzierungsmaßnahmen bezüglich der damit verbundenen Kapitalkosten. Fixe und variable Kosten werden zu einer Kennzahl aggregiert, die als Effektivzinssatz interpretierbar ist. Je höher dieser Zinssatz, umso höher sind die Kapitalkosten einer Finanzierungsmaßnahme einzuschätzen.

Die häufig anzutreffende getrennte Ausweisung von fixen und variablen Kosten erschwert hingegen die Vergleichbarkeit verschiedener Finanzierungsmaßnahmen hinsichtlich der Kapitalkosten. Zur Bestimmung des jeweiligen Kapitalkostensatzes mittels der Methode des Internen Zinsfußes erweist sich Standardsoftware (sogar bereits die übliche Software zur Tabellenkalkulation) als hilfreich und ausreichend.

7.3   Systematisierung der Fremdfinanzierung

Fremdkapital lässt sich zweckmäßig hinsichtlich der Kapitalherkunft, der mit der Kapitalaufnahme verbundenen Bilanzstruktureffekte sowie der Dauer der Kapitalüberlassung systematisieren. Zudem ist zu unterscheiden, ob dem Unternehmen durch die Finanzierungsmaßnahme unmittelbar ein Zufluss finanzieller Mittel ermöglicht wird oder ob es sich lediglich die Kreditwürdigkeit des Gläubigers leiht. Verschiedene Besicherungsinstrumente, verbunden mit einer unterschiedlichen Stellung der Gläubiger für den Fall der Insolvenz des Unternehmens, sind ebenfalls von Bedeutung. Weitere Systematisierungsmöglichkeiten des Fremdkapitals ergeben sich aus der Art der Verzinsung, der Art und Anzahl der Gläubiger sowie der damit verbundenen Fungibilität des Kapitals.

Kapitalherkunft

Eine erste generelle Unterscheidungsmöglichkeit verschiedener Finanzierungsformen besteht darin, ob die finanziellen Mittel aus dem Verkauf von Vermögensteilen – im Idealfall aus dem Umsatzprozess des Unternehmens – stammen oder dem Unternehmen finanzielle Mittel von außen zugeführt werden. Bei der ersten Form handelt es sich um die so genannte Innenfinanzierung, bei der zweiten um die so genannte Außenfinanzierung. Ein typisches Beispiel für eine Innenfinanzierung mittels Fremdkapital stellt die Finanzierung aus Rückstellungen dar. Hier soll der Fokus jedoch auf den Möglichkeiten der Unternehmensfinanzierung über den Markt für Fremdkapital liegen. Deshalb wird diese Form der Innenfinanzierung hier nicht weiter vertieft.

Jedoch existieren auch Formen der Innenfinanzierung mittels Fremdkapital, die durchaus in Konkurrenz zu verschiedenen Formen der Außenfinanzierung stehen. Es handelt sich dabei um die Finanzierungsformen Factoring, Forfaitierung und Asset-Backed-Securities. Dabei erfolgt eine Kapitalfreisetzung durch den Verkauf von Forderungen an einen Factor, einen Forfaiteur bzw. eine so genannte Einzweckgesellschaft.

Bilanzstruktureffekte

Eng verbunden mit der Unterscheidung in Außen- und Innenfinanzierung ist die Auswirkung der Finanzierungsmaßnahme auf die Bilanzstruktur des Unternehmens. So gilt im Allgemeinen, dass die Außenfinanzierung mittels Fremdkapital zu einer Bilanzverlängerung führt, da finanzielle Mittel in das Unternehmen fließen, denen kein entsprechender Abgang an Vermögen gegenübersteht.

Die soeben angesprochenen Formen der Innenfinanzierung sind hingegen bilanzneutral, da dem Zufluss an finanziellen Mitteln ein entsprechender Abgang an Forderungen gegenübersteht. Das Finanzierungsleasing wirkt im Vergleich mit einer Kreditfinanzierung ebenfalls nicht bilanzverlängernd, da das Leasingobjekt beim Leasinggeber und nicht beim Unternehmen bilanziert wird.

Dauer der Kapitalüberlassung

Da die Dauer der Kapitalüberlassung bei der Fremdfinanzierung gegenüber der Finanzierung mit Eigenkapital befristet ist, lässt sich Fremdkapital zweckmäßig hinsichtlich der Laufzeit charakterisieren. So werden lang-, mittel- und kurzfristige Finanzierungsformen unterschieden. Einheitliche Zeiträume zur Unterscheidung existieren jedoch nicht. Die Deutsche Bundesbank trennt beispielsweise in Kredite mit einer vereinbarten Laufzeit von bis zu einem Jahr (kurzfristige Kredite), Kredite mit einer vereinbarten Laufzeit von über einem und bis zu fünf Jahren (mittelfristige Kredite) sowie Kredite mit einer vereinbarten Laufzeit von mehr als fünf Jahren (langfristige Kredite). Das HGB grenzt ebenfalls Verbindlichkeiten mit einer Restlaufzeit von bis zu einem Jahr sowie Verbindlichkeiten mit einer Restlaufzeit von mehr als fünf Jahren von den übrigen Verbindlichkeiten ab.

Formen des kurzfristigen Fremdkapitals sind beispielsweise der kurzfristige Lieferantenkredit sowie die verschiedenen kurzfristigen Bankkredite. Zu den Formen des langfristigen Fremdkapitals zählen die langfristigen Bankkredite, die Schuldscheindarlehen sowie die Unternehmensanleihen. Das Finanzierungsleasing ist in vielen Fällen ebenfalls als langfristig anzusehen.

Geld- versus Kreditleihe

Eine weitere Unterscheidungsmöglichkeit besteht darin, ob es sich um eine Geld- oder eine Kreditleihe handelt. Bei einer Geldleihe fließt dem Unternehmen eine sofortige Zahlung zu oder es kann über einen gewissen Kreditrahmen verfügen. In beiden Fällen wird dem Unternehmen direkt Geld zur Verfügung gestellt.

Bei einer Kreditleihe wird hingegen lediglich die Kreditwürdigkeit des Gläubigers auf das Unternehmen übertragen, indem dieser ein Versprechen abgibt, unter bestimmten Bedingungen eine Zahlung zu leisten. Folglich erhält ein Unternehmen bei einer Kreditleihe nicht finanzielle Mittel, sondern es leiht sich die Kreditwürdigkeit z. B. einer Bank zur Besicherung anderweitiger Verpflichtungen. An die Kreditleihe kann sich jedoch die tatsächliche Gewährung eines Kredites anschließen, nämlich dann, wenn die Bank mangels Zahlungskraft des Kredit leihenden Unternehmens in Anspruch genommen wird.

Wir wollen uns hier auf Geldleihen konzentrieren und Kreditleihen lediglich bei der Besicherung von Fremdkapital (Avalkredit) ansprechen bzw. dort, wo sie als Besicherungsinstrument unmittelbar von Bedeutung sind (Akzeptkredit und Akkreditiv).

Besicherung und Stellung im Insolvenzfall

Eine weitere Systematisierungsmöglichkeit ergibt sich daraus, ob und wie das vom Unternehmen aufgenommene Fremdkapital zu besichern ist. Eng damit verbunden ist die Systematisierung bezüglich der Rangfolge der Bedienung des Fremdkapitals im Insolvenzfall des Unternehmens, also grob gesprochen die Unterscheidung in vorrangig und nachrangig besichertes Fremdkapital. Konkreter lautet eine Unterscheidung nach der Stellung verschiedener Gläubiger (Fremdkapitalgeber) im Insolvenzfall folgendermaßen:

- Zunächst können aussonderungsberechtigte Gläubiger die Herausgabe bestimmter Gegenstände aus der Insolvenzmasse verlangen und nehmen damit am eigentlichen Insolvenzverfahren gar nicht teil. Typische Beispiele sind der einfache Eigentums-vorbehalt bei den Lieferantenkrediten sowie die Herausgabe von Leasingobjekten, die beim Leasinggeber bilanziert werden.

- Absonderungsberechtigte Gläubiger haben anschließend einen Anspruch auf eine Befriedigung ihrer Forderungen aus der Verwertung bestimmter Gegenstände durch den Insolvenzverwalter. Hierzu zählen Sicherungsübereignungen und Sicherungs-zessionen.

- Hingegen entstehen die Forderungen der so genannten Massegläubiger erst nach der Eröffnung des Insolvenzverfahrens bzw. werden durch dieses selbst veranlasst (z. B. Gerichtskosten und Kosten für den Insolvenzverwalter). Ein Großteil der Insolvenz-anträge wird allerdings bereits mangels Masse abgelehnt, nämlich jene, bei denen die Forderungen der Massegläubiger nicht befriedigt werden könnten.

- Einfache Insolvenzgläubiger, deren Forderungen erst nach denen der Massegläubi-ger befriedigt werden, besitzen bei Eröffnung des Insolvenzverfahrens einen Ver-mögensanspruch gegenüber dem Schuldner. Für sie gilt der Grundsatz der gleich-mäßigen Befriedigung der Gläubiger entsprechend der Höhe der jeweils ausstehenden Forderungen.

- Am Ende der Kette stehen die nachrangigen Insolvenzgläubiger, deren Forderungen erst nach denen der einfachen Insolvenzgläubiger befriedigt werden. In der Praxis geht spätestens diese Gruppe häufig leer aus. Darlehen, die auf Grund ihrer aus-drücklichen Nachrangigkeit zum Teil Eigenkapitaleigenschaften (bezüglich Rendite-forderung und Risiko sowie aus Sicht der anderen Fremdkapitalgeber) aufweisen, werden in Teil III dieses Buches besprochen.

Verzinsung

Eine weitere Systematisierungsform ergibt sich aus der Art der Verzinsung. Dabei kann einerseits festverzinsliches und variabel verzinsliches Fremdkapital unterschieden wer-den. Wie wir später sehen werden, lassen sich diese beiden Formen durch geeignete Kontrakte ineinander überführen. Andererseits kann danach unterschieden werden, wann Zins- und Tilgungszahlungen zu leisten sind. So können die Zinszahlungen regelmäßig oder erst am Ende der Laufzeit erfolgen. Gleiches gilt für die Tilgungszahlungen. Ver-schiedene Kombinationsmöglichkeiten werden bei den langfristigen Bankkrediten und bei den Unternehmensanleihen erörtert.

Insbesondere werden gerade bei den kurzfristigen Finanzierungsformen die Zinszahlun-gen häufig vorweggenommen, indem ein Abschlag in Form eines Skontos (kurzfristiger

Lieferantenkredit) oder eines Diskonts (Wechseldiskontkredit, Lombardkredit, Forderungsverkauf) erfolgt.

Art und Anzahl der Gläubiger

Fremdkapital lässt sich zweckmäßig auch nach der Art der Gläubiger unterscheiden. Dabei kann es sich um Geschäftspartner des Unternehmens (Handelskredit), Banken, institutionelle Investoren (Schuldscheindarlehen und Private-Debt) oder private Investoren (Unternehmensanleihe und Asset-Backed-Securities) handeln.

Eng damit verbunden ist die Unterscheidung nach der Anzahl der Gläubiger. So handelt es sich z. B. bei den Handelskrediten, bei den Bankkrediten sowie beim Factoring und der Forfaitierung um nur einen Gläubiger, bei den Schuldscheindarlehen sowie beim Private-Debt zumeist um einige wenige und bei den Unternehmensanleihen sowie bei den Asset-Backed-Securities um eine Vielzahl verschiedener Gläubiger.

Fungibilität

Im Allgemeinen wird Fremdkapital umso fungibler (handelbarer), je mehr Investoren daran beteiligt sind bzw. je näher am Kapitalmarkt orientiert die Finanzierung stattfindet. Deutlich wird dies beim Übergang von den langfristigen Bankkrediten über die Schuldscheindarlehen zu den Unternehmensanleihen.

Unternehmensanleihen können auf unterschiedliche Arten bei den Kapitalgebern platziert werden. Ausgehend von der Selbstemission über die Fremdemission mit Hilfe eines Bankenkonsortiums, weiter über die Platzierung im Freiverkehr z. B. der Frankfurter Wertpapierbörse bis hin zur Platzierung im Amtlichen Handel oder Geregelten Markt steigt dabei die Kapitalmarktorientierung und damit die Fungibilität der Anleihe.

Das weitere Vorgehen gestaltet sich nun folgendermaßen: Da bei der Vorstellung der unterschiedlichen Formen der Fremdfinanzierung jeweils auch auf bevorzugte Besicherungsinstrumente einzugehen ist, ist es hilfreich, zunächst die typischen Instrumente der Besicherung von Fremdkapital vorzustellen. Dies geschieht in Kapitel 8.

In den Kapiteln 9 bis 15 werden dann die einzelnen Formen der Fremdfinanzierung behandelt. Dabei werden folgende Systematisierungsansätze weiter verfolgt: Zunächst werden Außen-Fremdfinanzierungsformen vorgestellt. Innerhalb dieser erfolgt eine Differenzierung nach Art und Anzahl der Gläubiger und damit auch nach der Kapitalmarktorientierung der Finanzierung.

Begonnen wird dabei mit der Darstellung der verschiedenen Handelskredite (Kapitel 9), gefolgt von den verschiedenen Bankkrediten (Kapitel 10), weiter über die Schuldscheindarlehen (Kapitel 11) bis hin zu den Unternehmensanleihen (Kapitel 12). Erst im Anschluss (Kapitel 13) wird kurz auf den Begriff des Private-Debt eingegangen. Der Grund hierfür liegt darin, dass Private-Debt unterschiedlich aufgefasst wird und daher in den zuvor besprochenen Fremdfinanzierungsformen bereits enthalten ist oder eher zu den mezzaninen Finanzierungsformen gehört, die in Teil III des Buches behandelt werden.

In Kapitel 14 werden die Innen-Fremdfinanzierungsformen vorgestellt, die auf Forderungsverkäufen beruhen. In Kapitel 15 wird das Finanzierungsleasing dargestellt, das eine Kombination aus einer Finanzierungsmaßnahme und einer Investition darstellt. Abbildung 22 verdeutlicht die verfolgten Systematisierungsansätze bei der Darstellung der verschiedenen Formen der Fremdfinanzierung in den Kapiteln 9 bis 15.

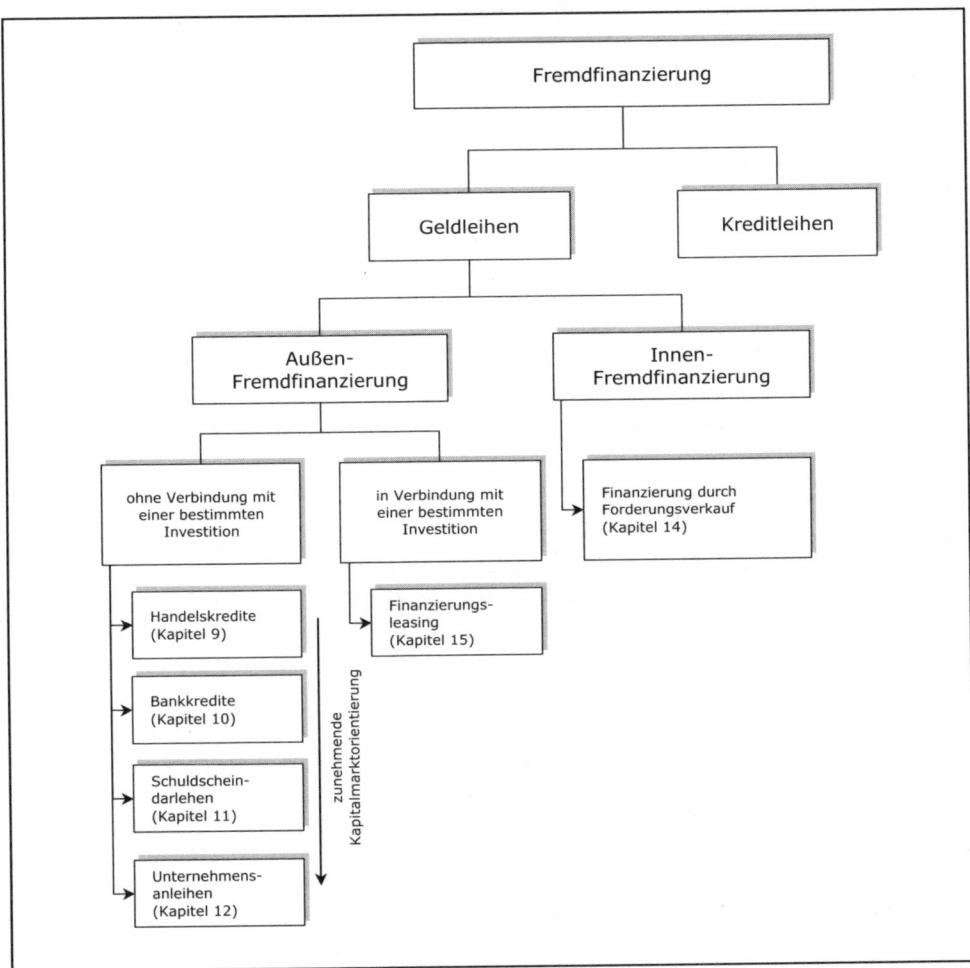

Abbildung 22: Systematisierung der Fremdfinanzierungsformen

8. Besicherung von Fremdkapital

Die ursprüngliche Bedeutung des Begriffes Kredit leitet sich aus dem lateinischen credere ab und bedeutet jemandem glauben bzw. Vertrauen schenken. Vor diesem Hintergrund erscheint es zunächst widersprüchlich, dass Gläubiger im Allgemeinen bei der Gewährung von Fremdkapital Sicherheiten verlangen. Um sich aber gegen Ausfälle des Schuldners abzusichern, vereinbaren beispielsweise Banken im Kreditvertrag Sicherheiten, was durch Abbildung 23 verdeutlicht wird. Allerdings sind Kreditsicherheiten nicht immer zwingend erforderlich. Beispielsweise sind manche Banken unter der Voraussetzung einwandfreier Kapitaldienstfähigkeit im Einzelfall bereit, Kredite mit einem Blankoanteil von bis zu 100 Prozent zu gewähren.

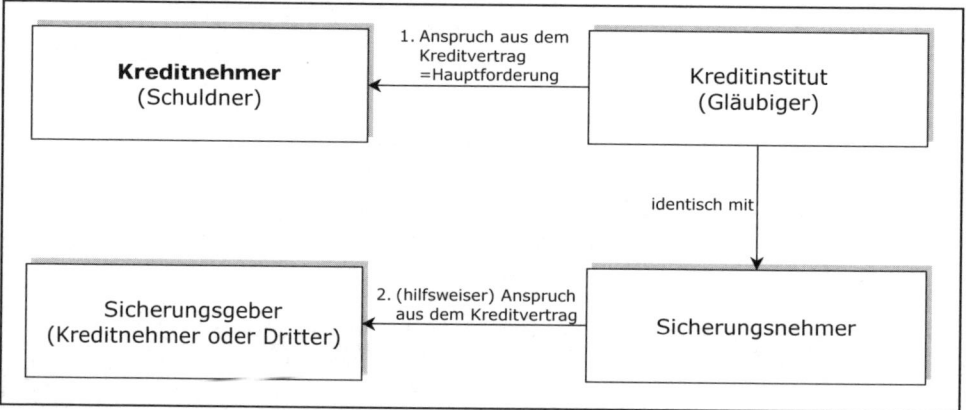

Abbildung 23: Funktion der Kreditsicherheiten; Quelle: Bauer u. a. (2003)

8.1 Einteilung der Besicherungsinstrumente

Die zur Besicherung von Fremdkapital verwendeten Instrumente können nach verschiedenen Kriterien eingeteilt werden. Die Einteilungen überschneiden sich zwar zum Teil, dienen aber dem Verständnis der Sicherheiten und den damit verbundenen Rechtsfolgen bei Ausfall des Schuldners.

Angelehnte versus abstrakte Sicherheiten

Angelehnte (akzessorische) Sicherheiten sind in ihrem Bestand und der Höhe nach von der Forderung abhängig. Entsteht mit der Gewährung des Fremdkapitals eine Forderung an den Schuldner, ist die Sicherheit rechtswirksam vorhanden. Beim Erlöschen der Forderung erlischt gleichzeitig die Sicherheit, ohne dass eine förmliche Aufhebung erforderlich ist. Bei einer teilweisen Rückführung der Forderung vermindert sich der Wert der akzessorischen Sicherheit in gleichem Maße, erhöht sich jedoch umgekehrt nicht, wenn sich die Forderung noch einmal erhöht. Beispiele für akzessorische Sicherheiten sind die Bürgschaft, die Hypothek und das Pfandrecht.

Im Gegensatz dazu stehen die abstrakten (treuhänderischen, fiduziarischen) Sicherheiten, die nicht an den Bestand einer Forderung gebunden sind. Selbst nach Erlöschen der Forderung bleiben diese Sicherheiten bestehen. Allerdings hat der Sicherungsgeber dann einen Rückgewähranspruch, d. h. er hat einen Anspruch auf die Freigabe und Rückübertragung der Sicherheit. Als abstrakte Sicherheiten gelten die Garantie, die Grundschuld, der Eigentumsvorbehalt, die Sicherungsübereignung sowie die sicherungsweise Abtretung (Zession) von Forderungen und Rechten.

Geborene versus gekorene Sicherheiten

Sicherheiten, die bereits gesetzlich geregelt sind, werden als geborene Sicherheiten bezeichnet. Die gesetzliche Fixierung gibt es bei der Bürgschaft, den Grundpfandrechten (Hypothek und Grundschuld) und dem Pfandrecht durch das BGB.

Die gekorenen Sicherheiten sind nicht oder nur teilweise gesetzlich geregelt. Vertragliche Vereinbarungen wurden aus praktischen Erwägungen heraus zu Besicherungsinstrumenten entwickelt, die von Gläubigern und Schuldnern akzeptiert und angewendet werden. So wurden beispielsweise die Sicherungsübereignung und die Sicherungszession aus dem Pfandrecht entwickelt.

Personal- versus Realsicherheiten

Bei Personalsicherheiten übernimmt neben dem Schuldner mindestens eine weitere Person die Gewähr, dass die Verpflichtungen aus dem Kapitalvertrag ordnungsgemäß erfüllt werden. Da der Sicherungsgeber in der Regel mit seinem gesamten Vermögen haftet, richtet sich der Wert einer Personalsicherheit insbesondere nach der Bonität des Sicherungsgebers. Neben der Bürgschaft und der Garantie spielt die Patronatserklärung als Personalsicherheit bei Unternehmen eine bedeutende Rolle.

Durch Realsicherheiten besitzt der Sicherungsnehmer keinen schuldrechtlichen Anspruch, sondern ein dingliches Verwertungsrecht an dem Sicherungsgegenstand. Bei Nicht-Erfüllen der Verpflichtungen aus der Kapitalüberlassung erhält der Gläubiger das Recht auf bevorzugte Befriedigung. Der Wert der Sicherheit hängt somit vom erzielbaren Erlös ab. Die Realsicherheiten können nach der Art des Sicherungsgegenstandes noch einmal in Sicherheiten an unbeweglichen Sachen (Immobiliarsicherheiten bzw. Grundpfandrechte), beweglichen Sachen (Mobiliarsicherheiten: Eigentumsvorbehalt, Pfandrecht und Sicherungsübereignung) und an Rechten (Sicherungszession) unterschieden werden.

Singular- versus Globalsicherheiten

Nach der Anzahl der Sicherungsgegenstände werden Singular- und Globalsicherheiten unterschieden. Singularsicherheiten beziehen sich auf einen einzelnen Gegenstand, wie beispielsweise die Sicherungsübereignung eines Fahrzeugs, während Globalsicherheiten über eine bestimmte Gattung eine nicht genau festgelegte Anzahl an Gegenständen einschließen. Beispiele sind die Sicherungsübereignung eines Warenlagers oder die Abtretung von Forderungen gegenüber einer Kundengruppe.

Eigen- versus Drittsicherheiten

Nach der Bereitstellung der Sicherheiten werden Eigen- und Drittsicherheiten unterschieden. Wird eine Sicherheit vom Schuldner selbst zur Verfügung gestellt, handelt es sich um eine Eigensicherheit. Bei der Sicherheitenstellung durch einen Dritten spricht man von einer Drittsicherheit. Entscheidend für diese Einordnung ist, wem das Sicherungsobjekt gehört.

Im Folgenden werden zunächst die Personalsicherheiten Bürgschaft, Garantie und Patronatserklärung erläutert (Abschnitt 8.2). Es folgt eine Darstellung der Immobiliarsicherheiten Hypothek und Grundschuld (Abschnitt 8.3). Nach der Darstellung der Mobiliarsicherheiten Eigentumsvorbehalt, Pfandrecht und Sicherungsübereignung (Abschnitt 8.4) folgt eine Erläuterung der Sicherungszession (Abschnitt 8.5). Innerhalb der einzelnen Abschnitte werden dabei zumeist zunächst die akzessorischen und im Anschluss die entsprechenden abstrakten Besicherungsinstrumente vorgestellt.

8.2   Personalsicherheiten

Im Folgenden werden die Personalsicherheiten Bürgschaft, Garantie und Patronatserklärung erläutert. Zudem wird auf Avalkredite als Anwendungsform der Personalsicherheiten eingegangen, bei denen ein Kreditinstitut einem Unternehmen seine Kreditwürdigkeit leiht.

Bürgschaft

Gemäß den bereits erläuterten Einteilungen der Besicherungsinstrumente von Fremdkapital wird die im BGB geregelte Bürgschaft als eine akzessorische Personalsicherheit betrachtet, die der Schriftform bedarf. Zwar kann auf die Schriftform verzichtet werden, sofern der Bürge ein Kaufmann ist und die Bürgschaft für ihn ein Handelsgeschäft darstellt. Zur Beweissicherung wird jedoch in der Praxis auch unter Kaufleuten die Schriftform verlangt. Nach dem BGB verpflichtet sich der Bürge gegenüber dem Gläubiger eines Dritten, für die Erfüllung der Verbindlichkeiten des Dritten einzustehen. Für den Bürgen entsteht eine Eventualverbindlichkeit, die der Gläubiger bei einem Zahlungsausfall des Schuldners in Anspruch nehmen kann.

Abbildung 24 verdeutlicht die Rechtsverhältnisse von Kreditgeber, Kreditnehmer und Bürge am Beispiel eines durch eine Bürgschaft besicherten Bankkredites. Befriedigt der Bürge den Gläubiger, geht die Hauptforderung gegen den Schuldner automatisch auf ihn über.

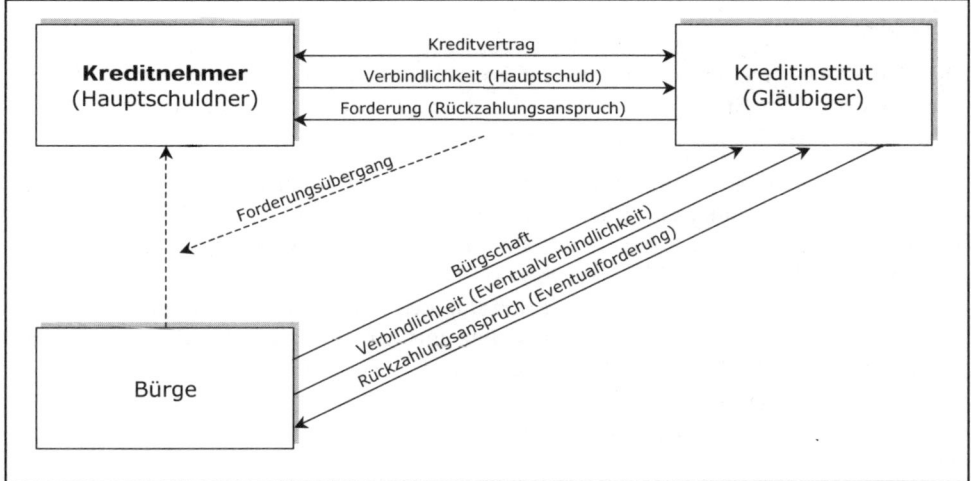

Abbildung 24: Rechtsverhältnisse bei der Bürgschaft; Quelle: Grill/Perczynski (2004)

Auf Grund der Akzessorität der Bürgschaft ist diese wirkungslos, sofern die Hauptschuld noch nicht besteht oder bereits erloschen ist. Für die Höhe einer Bürgschaft ist die Höhe der Hauptforderung maßgeblich. Dabei ist es unzulässig, eine Bürgschaft in unbegrenzter Höhe zu verlangen, da diese den Bürgen finanziell ruinieren könnte. Vielmehr ist im Bürgschaftsvertrag ein Höchstbetrag zu vereinbaren, der bis zu zehn Prozent über dem Nominalbetrag der Forderung liegen kann, um etwaige zusätzliche Kosten zu decken, die mit der Vollstreckung und Inanspruchnahme des Bürgen verbunden sind.

Der Bürge kann im Rahmen einer Klage sein Recht auf die so genannte Einrede der Vorausklage geltend machen. Dies bedeutet, dass der Bürge erst dann vom Gläubiger in Anspruch genommen werden kann, wenn gegen den Schuldner ein erfolgloses Zwangsvollstreckungsverfahren durchgeführt worden ist. Da ein Zwangsvollstreckungsverfahren in der Regel mit Kosten verbunden ist und einige Zeit in Anspruch nehmen kann, verlangen Kreditinstitute fast ausschließlich selbstschuldnerische Bürgschaften, in denen der Bürge auf die Einrede der Vorausklage verzichtet. Der Bürge ist dann bei einem Zahlungsausfall des Hauptschuldners zur sofortigen Begleichung der Forderung verpflichtet. Der Gläubiger muss dazu lediglich eine erfolglose Mahnung im Rahmen der kaufmännischen Gepflogenheiten nachweisen.

Der Wert einer Bürgschaft hängt im Wesentlichen von der Bonität des Bürgen ab. Diese kann sich über den Zeitraum einer Bürgschaftsübernahme erheblich verändern. Aus diesem Grund werden Bürgschaften im Kreditgeschäft von Banken häufig lediglich als zusätzliche Sicherheiten im Kreditvertrag verankert, die mit einem Wert von null angesetzt werden.

Garantie

Die Garantie als eine weitere Personalsicherheit hat im Gegensatz zur Bürgschaft fiduziarischen Charakter. Sie ist in Deutschland nicht per Gesetz, sondern erst durch die Wirtschaftspraxis zum Besicherungsinstrument geworden.

Trotz ihrer Abstraktheit wird die Garantie im Normalfall durch einen separaten Vertrag auf eine bestimmte Hauptschuld bezogen, wobei in diesem Vertrag eine Leistung für den Fall versprochen wird, dass die Hauptschuld nicht eingelöst wird. Die Abstraktheit von Garantien zeigt sich nun darin, dass man sie im Normalfall auf erste Anforderung hin und gegen Vorlage einer schriftlichen Erklärung des Garantienehmers zahlbar stellt. Bei einer Zahlungsaufforderung des Begünstigten aus einer Garantie erfolgt dabei keine sachliche Prüfung bezüglich der Berechtigung der Zahlungsaufforderung. Dies wird erst nach der Zahlung erörtert. Der Begünstigte aus einer Garantie ist damit durch keine Beweislast beschwert. Dies hat dazu geführt, dass Garantien vor allem international gebräuchlich sind.

Patronatserklärung

Patronatserklärungen sind typisch für Konzernkredite, werden also insbesondere von Mutter- für Tochtergesellschaften abgegeben. Die Bandbreite von Patronatserklärungen beginnt bei moralisch verpflichtenden, weichen Erklärungen, in denen die Muttergesellschaft beispielsweise lediglich bestätigt, dass sie die Kreditaufnahme durch die Tochtergesellschaft befürwortet, und bei denen die Muttergesellschaft im Wesentlichen nur für die Richtigkeit ihrer Auskunft haftet.

Bevorzugt wird hingegen von den Gläubigern das andere Ende der Bandbreite von Patronatserklärungen, nämlich eindeutige, harte Verpflichtungserklärungen der Muttergesellschaft, die der Bürgschaft ähnlich sind. Dabei übernimmt eine Muttergesellschaft beispielsweise die Verpflichtung, die Tochtergesellschaft stets so mit finanziellen Mitteln auszustatten, dass diese all ihren Zahlungsverpflichtungen nachkommen kann. Seitens des Gläubigers besteht allerdings kein direkter Anspruch auf Zahlung von der Muttergesellschaft. Es können lediglich Schadensersatzansprüche gestellt werden.

Avalkredit

Bei einem Avalkredit handelt es sich um eine Kreditleihe, bei der ein Kreditinstitut eine Bürgschaft oder Garantie übernimmt, für gegenwärtige oder zukünftige Verbindlichkeiten unterschiedlicher Art eines Kunden (Avalkreditnehmer) einem Dritten (Avalbe-

günstigter) gegenüber einzustehen. Hauptschuldner bleibt folglich der Avalkreditnehmer. Die Bank wird nur in Anspruch genommen, wenn dieser nicht zahlt. Abbildung 25
verdeutlicht die Abwicklung eines Avalkredits.

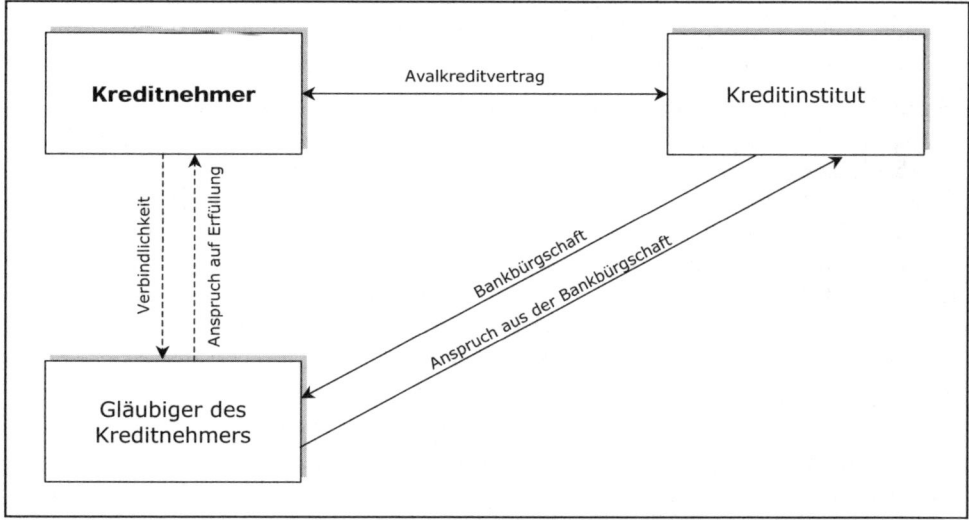

Abbildung 25: Abwicklung eines Avalkredits; Quelle: Grill/Perczynski (2004)

Der Bankaval kann sich stets nur auf die Zahlung eines bestimmten Geldbetrags beziehen und nicht auf die Erbringung anderer Leistungen gerichtet sein, wie beispielsweise
auf die Erfüllung einer Lieferung. Bankavale werden häufig bei der Stundung von Ab-
gaben durch die öffentliche Hand benötigt (Zollaval, Frachtaval, Steueraval).
Bankgarantien sind üblich bei Ausschreibungen der öffentlichen Hand (Bietungs-
garantie), bei Auslandsgeschäften (Lieferungs- und Leistungsgarantie), in Branchen mit
großem Auftragsvolumen (Anzahlungsgarantie) sowie als Gewährleistungs- oder
Erfüllungsgarantie. Mitunter sind Bankbürgschaften für Prozessverpflichtungen
erforderlich (Prozessaval). Insgesamt hat sich im internationalen Geschäft die Garantie
auf Grund ihrer Abstraktheit als der praktischere Aval herausgestellt.

In der Kreditwirtschaft wird ein Avalkredit häufig in Verbindung mit einem Kontokorrentkredit vergeben. Dabei wird die Höhe des Avals auf die Kreditlinie angerechnet.
Wird beispielsweise ein Kontokorrentkredit inklusive Aval in Höhe von 25 000 Euro
vereinbart, wobei der Aval 5 000 Euro beträgt, ist die Höhe des eigentlichen Kontokorrentkredits auf 20 000 Euro begrenzt. Die Begründung hierfür liegt darin, dass sich ein in
Anspruch genommener Aval automatisch in einen Kredit umwandelt.

Für den Kreditnehmer ist der Avalkredit bedeutsam, weil der Einsatz liquider Mittel reduziert wird und das Vertrauen gegenüber Lieferanten durch die Bürgschaftsübernahme

der Bank wächst. Er muss für den Aval in der Regel keine Sicherheiten stellen und zahlt zudem keine Kreditzinsen, sondern lediglich eine Avalprovision, die in Abhängigkeit von der Höhe und der Laufzeit bei circa einem bis zwei Prozent p. a. (bezogen auf die Höhe des Avals) liegt. Das Kreditinstitut muss ebenfalls (außer bei Inanspruchnahme) keine liquiden Mittel zur Verfügung stellen und generiert einen zusätzlichen Ertrag. Deshalb sind Kreditinstitute bereit, Avale anzubieten, was von etwa zehn Prozent der Unternehmen angenommen wird.

Spezialisiert auf die Gewährung von Avalkrediten sind Bürgschaftsbanken, deren Hauptprodukt so genannte Ausfallbürgschaften sind. Dabei wird das Ausfallrisiko für verschiedenste (neu abzuschließende) Bankkredite übernommen (außer Überziehungskredite). Die Ausfallbürgschaft ist dabei absolut (z. B. auf 1 Mio. Euro) und in Bezug auf die Kredithöhe (z. B. 80 Prozent des Kreditvolumens) begrenzt. Auch Bürgschaften für Kredite anderer Art sind möglich, dann jedoch in der Regel in kleineren Größenordnungen (z. B. bis 100 000 Euro). Als Kosten fallen für den Kreditnehmer ein Bearbeitungsentgelt von etwa einem Prozent und eine jährliche Bürgschaftsprovision von etwa 0,8 Prozent des zu verbürgenden Kreditbetrags an.

Die Antragstellung erfolgt im Regelfall über die Hausbank und im Ausnahmefall direkt bei den Bürgschaftsbanken. Wird dem Kreditnehmer nach erfolgreicher Bonitätsprüfung und Prüfung seines Konzepts eine Ausfallbürgschaft gewährt, so kann diese bei einer (anderen) Bank als Sicherheit verwendet werden, was die eigentliche Kreditaufnahme (in Form einer Geld- und nicht nur einer Kreditleihe) im Allgemeinen erleichtert. Ein weiteres Aufgabenfeld der Bürgschaftsbanken stellt die Übernahme von Garantien, insbesondere gegenüber Beteiligungsgesellschaften zur Absicherung typischer stiller Beteiligungen, dar.

8.3   Grundpfandrechte

Grundpfandrechte sind dingliche Belastungen eines Grundstücks, die unabhängig von dessen jeweiligem Eigentümer bestehen können. Bei einer Veräußerung eines mit Grundpfandrechten belasteten Grundstücks muss der neue Eigentümer diese gegen sich gelten lassen. Mittels Zwangsversteigerung können ausgefallene Forderungen befriedigt werden. Dabei hat der Inhaber des Grundpfandrechts nur einen Anspruch auf den Erlös aus der Versteigerung, das restliche Vermögen des Grundstückseigentümers haftet nicht.

Die Grundpfandrechte werden als Pfandrecht für unbewegliche Sachen im Grundbuch eingetragen. Dabei unterscheidet man Brief- und Buchrechte. Bei einem Buchrecht wird das Pfandrecht eingetragen und ist mit dem Zeitpunkt der Eintragung gültig. Bei einem Briefrecht wird zusätzlich ein Hypotheken- oder Grundschuldbrief ausgestellt, der neben anderen bestehenden Grundpfandrechten die Nummer des Grundbuchblattes enthalten sowie mit Unterschrift und Siegel versehen sein muss. In diesem Fall erlangt das Pfandrecht erst mit der Ausstellung des dazugehörigen Briefs Gültigkeit. Das BGB sieht als

Regelfall ein Briefrecht vor. In der Praxis sind hingegen fast ausnahmslos Buchrechte anzutreffen, da die rechtliche Abwicklung auf Grund des nicht benötigten Briefs schneller und unkomplizierter möglich ist.

Grundpfandrechte gehen je nach Lage und Zustand des betreffenden Grundstücks mit einem Wertansatz von circa 60 bis 80 Prozent in den Sicherheitenvertrag ein. Man unterscheidet die im Folgenden erläuterten Grundpfandrechte Hypothek und Grundschuld.

Hypothek

Als akzessorische Sicherheit ist die Hypothek an das Bestehen einer dazugehörigen Forderung gebunden. Die Forderung muss zum Zeitpunkt der Eintragung der Hypothek wirksam entstanden sein und fortbestehen. Die Grundform der Hypothek ist die Verkehrshypothek. Dabei ist der Grundsatz der Akzessorität aufgelockert. Ist diese Hypothek ordnungsgemäß im Grundbuch eingetragen, gilt bezüglich der Existenz der dazugehörigen Forderung der öffentliche Glaube des Grundbuchs. Ein Nachweis über das Bestehen der Forderung muss nicht erbracht werden. Bei einer Sicherungshypothek hingegen greift die strenge Akzessorität. Möchte der Inhaber der Hypothek diese in Anspruch nehmen, muss er die Existenz der Forderung nachweisen.

Die Hypothek eignet sich als Sicherungsmittel nur für Forderungen, die eine konstante Rückführung beinhalten, denn mit einer Rückführung der Forderung verringert sich automatisch der Anspruch aus der Hypothek. Ist beispielsweise ein einmal in Anspruch genommener, durch eine Hypothek besicherter Kontokorrentkredit komplett zurückgezahlt worden, so ist die Hypothek im Folgenden wertlos, auch wenn der Kontokorrentkredit erneut in Anspruch genommen wird. Ein Wiederaufleben der Hypothek ist in ihrer Grundform nicht möglich.

Lediglich die Sonderform der Höchstbetragshypothek lässt dies prinzipiell zu. Hier entsteht bei Rückzahlung der Forderung eine Eigentümergrundschuld, die als Hypothek wieder auflebt, wenn eine erneute Forderung entsteht. Der Nachteil auch der Höchstbetragshypothek besteht jedoch darin, dass die Zwangsvollstreckungsklausel (Unterwerfung des Sicherungsgebers unter die sofortige Zwangsvollstreckung) nicht eingetragen werden kann, so dass sich der Sicherungsnehmer erst über vergebliche Mahnungen einen vollstreckbaren Titel (Recht zur Zwangsvollstreckung) beschaffen muss. Insgesamt gestaltet sich eine Umsetzung der Hypothek als Besicherungsinstrument selbst in ihren Sonderformen als schwierig. Daher wird in der Praxis die im Folgenden erläuterte Grundschuld bevorzugt.

Grundschuld

Im Gegensatz zur Hypothek ist die Grundschuld in ihrem rechtlichen Charakter abstrakt, also unabhängig von einer dazugehörigen Forderung. Mit Ausnahme dieser Unabhängigkeit von einer Forderung gelten für die Grundschuld dieselben gesetzlichen Vorschriften wie für die Hypothek. Für den Bestand einer Grundschuld spielt es keine Rolle, ob überhaupt eine Forderung besteht bzw. in welcher Höhe diese vorhanden ist. Es ist damit auch unerheblich, ob eine Forderung zwischenzeitlich teilweise oder ganz zurückgeführt wird.

Daher eignet sich die Grundschuld beispielsweise als Rahmensicherheit für ein komplettes Kreditengagement. Die zu besichernde Forderung kann dabei jederzeit ausgetauscht werden. Aus diesen Gründen und wegen der Möglichkeit der Eintragung der Zwangsvollstreckungsklausel hat die Grundschuld die Hypothek in der Praxis weitgehend verdrängt.

Das BGB räumt dem Eigentümer eines Grundstücks die Möglichkeit ein, eine Grundschuld für sich selbst eintragen zu lassen (Eigentümergrundschuld). Diese rangbeständige Sicherheit kann später an einen Gläubiger abgetreten werden (Sicherungszession, vgl. Abschnitt 8.5), ohne dass es einer Umschreibung im Grundbuch bedarf. Für den Grundstückseigentümer ergibt sich der Vorteil, dass für Außenstehende nicht ersichtlich ist, ob, in welcher Höhe und bei welchem Gläubiger Kapital aufgenommen wurde.

8.4   Mobiliarsicherheiten

Im Folgenden werden die Mobiliarsicherheiten Eigentumsvorbehalt, Pfandrecht und Sicherungsübereignung erläutert.

Eigentumsvorbehalt

Der Eigentumsvorbehalt ist die typische Besicherungsform eines Lieferantenkredits. Dabei verbleibt die gelieferte Ware trotz Besitzübergang an den Käufer bis zur vollen Bezahlung des Kaufpreises im Eigentum des Verkäufers.

Beim Eigentumsvorbehalt mit Kontokorrentvorbehalt besteht zwischen dem Lieferanten und dem Abnehmer ein Kontokorrentverhältnis und der Eigentumsvorbehalt geht nicht schon mit der Bezahlung der jeweils gelieferten Ware unter, sondern bleibt bis zur vollständigen Begleichung aller Verbindlichkeiten des Abnehmers gegenüber dem Lieferanten bestehen. Der Eigentumsvorbehalt mit Konzernvorbehalt ist von Bedeutung, wenn der Lieferant zu einem Konzern gehört. Er funktioniert wie der Eigentumsvorbehalt mit Kontokorrentvorbehalt, wobei sich der Lieferant das Eigentum an der verkauften Ware so lange vorbehält, bis der Abnehmer alle Verbindlichkeiten gegenüber dem Gesamtkonzern erfüllt hat.

Beim erweiterten Eigentumsvorbehalt (Eigentumsvorbehalt mit Verarbeitungsklausel) gehört auch ein aus der gelieferten Ware neu entstandenes Erzeugnis noch dem Lieferanten bis zur vollständigen Bezahlung der Ware. Der verlängerte Eigentumsvorbehalt (Eigentumsvorbehalt mit Vorausabtretung) sorgt für den Fall vor, dass die gelieferte Ware vom Abnehmer an einen Zweitabnehmer weiterverkauft wird. Der Lieferant lässt sich dabei bereits im Voraus die Forderung des Abnehmers an den Zweitabnehmer abtreten (vgl. Abschnitt 8.5). Damit wird der Eigentumsvorbehalt im Fall des Weiterverkaufs der Ware auf Ziel automatisch durch eine so genannte Anschlusszession einer Forderung abgelöst.

Pfandrecht

Das Pfandrecht ist eine gesetzlich geregelte, akzessorische Sicherheit, die in ihrer Höhe der Forderung inklusive Zinsen entspricht. Schuldner und Gläubiger einigen sich dabei zunächst über die Verpfändung einer Sache oder eines Rechts. Erforderlich für die Entstehung des Pfandrechts ist die Übergabe der Sache an den Sicherungsnehmer, der dadurch unmittelbaren Besitz erlangt und zur sorgsamen Verwahrung des Pfandgegenstands verpflichtet ist. Ist der Gläubiger bereits im unmittelbaren Besitz, genügt die Einigung über die Pfandbestellung. Der Schuldner bleibt Eigentümer, übt aber lediglich einen mittelbaren Besitz aus. Abbildung 26 verdeutlicht die rechtliche Struktur des Pfandrechts.

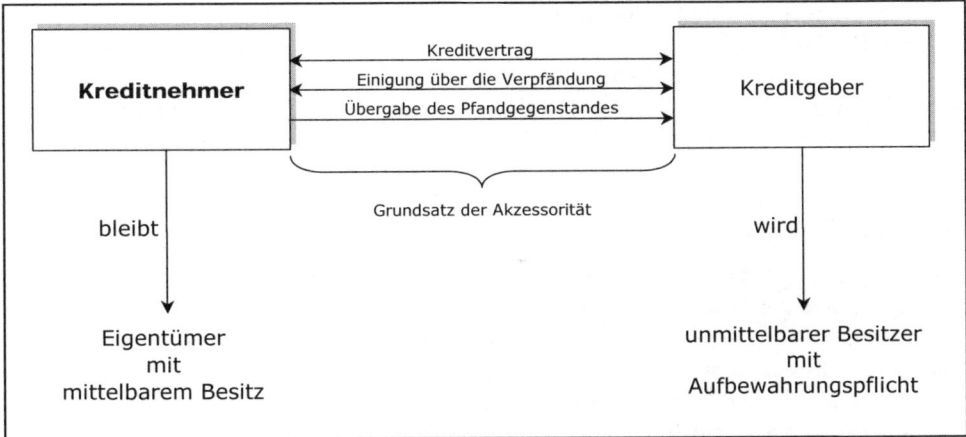

Abbildung 26: Rechtliche Struktur des Pfandrechts; Quelle: Sauter (2002)

Die Verpfändung von beweglichen Sachen spielt in der Praxis keine sehr bedeutende Rolle, da der Pfandgegenstand dem Gläubiger übergeben werden muss und somit dem Schuldner für die Verwendung in seinem Unternehmen nicht mehr zur Verfügung steht. Eine Bank müsste für verpfändete Gegenstände einen Lagerraum einrichten, was kostenintensiv und verwaltungsaufwendig wäre. Deshalb beschränkt sich die Verpfändung von Sachen auf werthaltige Gegenstände wie Goldmünzen oder -barren, die beispielsweise in den Tresorräumen von Banken gelagert werden können.

Dem entgegen steht die Verpfändung von Rechten, wobei hier vor allem Forderungen und Wertpapiere von Bedeutung sind. Dazu zählen beispielsweise auch Kontoguthaben bei Banken. Bestehen diese Guthaben oder ein Wertpapierdepot bei einer Kredit gebenden Bank, greift zur Sicherung eines Kredits bereits das Pfandrecht gemäß den Allgemeinen Geschäftsbedingungen (AGB-Pfandrecht), nach dem die Bank automatisch ein Pfandrecht an denjenigen Wertpapieren und Sachen erwirbt, an denen sie Besitz erlangt hat oder noch erlangen wird.

Zusätzlich wird im Kreditvertrag vereinbart, dass die entsprechenden Kontoguthaben zur Sicherung eines Zahlungsausfalls dienen. Diese liquide Unterlegung von Darlehen stellt bei Banken eine bevorzugte Sicherheit dar, da bei einem Zahlungsausfall die sofortige Begleichung der Forderung möglich ist. Kontoguthaben in Landeswährung gelten als einhundertprozentiger Sicherheitenwert. Wertpapiere werden je nach Bonität des Emittenten eingestuft. Deutsche Staatsanleihen werden mit 100 Prozent bewertet. Bei anderen Wertpapieren (z. B. Aktien, Unternehmensanleihen und Investmentfonds) kann je nach Rating des Emittenten der Beleihungswert zwischen null und 80 Prozent liegen.

Generell gelten für die Verpfändung von Forderungen dieselben Bestimmungen wie bei der Verpfändung von Sachen. Neben der Einigung erfolgt eine Übergabe in der Form, dass dem Schuldner der Forderung die Verpfändung angezeigt wird. Die Verpfändung von Forderungen ist nämlich nur dann wirksam, wenn der Gläubiger sie dem Schuldner anzeigt. Die Offenlegung der Verpfändung kann für den (Pfand-) Schuldner einen Nachteil haben. Ein informierter Schuldner der verpfändeten Forderung könnte eine für die Geschäftsbeziehung negative Schlussfolgerung ziehen. Zur Vermeidung der Offenlegung wurde aus dem Pfandrecht die in Abschnitt 8.5 erläuterte Sicherungsabtretung von Forderungen entwickelt.

Sicherungsübereignung

Die Besicherung von Forderungen durch bewegliche Sachen ist gesetzlich durch das Pfandrecht geregelt. Das BGB fordert jedoch, dass dabei der unmittelbare Besitz an der verpfändeten Sache an den Sicherungsnehmer übergeht, was die Fortführung des Geschäftsbetriebs des Sicherungsgebers behindern bzw. gänzlich unmöglich machen kann. Deshalb wurde in der Praxis die Sicherungsübereignung entwickelt, die auf den unmittelbaren Besitz der Sache durch den Sicherungsnehmer verzichtet.

Dabei geht im Rahmen eines Besitzkonstituts das Eigentum am Sicherungsgut an den Gläubiger und Sicherungsnehmer über. Unmittelbarer Besitzer des Sicherungsguts bleibt der Schuldner und Sicherungsgeber. Im Außenverhältnis wird der Sicherungsnehmer somit Eigentümer gegenüber Dritten. Im Innenverhältnis besteht ein Treuhandverhältnis zwischen den beteiligten Parteien. Der Sicherungsgeber verwahrt treuhänderisch das Sicherungsgut und ist berechtigt, dieses im Rahmen seines Geschäftsbetriebs zu nutzen und gegebenenfalls auch zu verarbeiten. Im Verwertungsfall ist er zur Herausgabe verpflichtet. Der Sicherungsnehmer kann das Sicherungsgut verwerten, sofern die vertraglich vereinbarten Voraussetzungen erfüllt sind. Er ist im Gegenzug verpflichtet, das Eigentum zurück zu übertragen, wenn der Sicherungszweck entfällt.

Bei der Sicherungsübereignung unterscheidet man zwischen der Übereignung einer einzelnen Sache und der Übereignung mehrerer Sachen. Die Einzelsicherungsübereignung erfolgt hauptsächlich bei Fahrzeugen oder einzelnen Maschinen, die Übereignung mehrerer Sachen häufig in Form von Warenlagern. Bei letzterer Form tritt in der Regel ein Raumsicherungsvertrag in Kraft, der die genaue Bestimmung der einzelnen Waren beinhaltet.

Sicherungsgeber und -nehmer fixieren ihre getroffenen Vereinbarungen in einem schriftlichen Vertrag, aus dem vor allem die genaue Bestimmbarkeit der zu übereignenden Sache(n) hervorgehen muss. Dabei ist das Sicherungsgut so zu kennzeichnen und zu beschreiben, dass es ein außen stehender Dritter ohne jeden Zweifel identifizieren kann. Bei einzelnen Maschinen oder Fahrzeugen geschieht dies durch die Nennung von Seriennummern. Bei einem Warenlager werden der Lagerplatz und die betreffende Ware genau bezeichnet. Zusätzlich sollte im Lager kenntlich gemacht werden, welche Waren bzw. welcher Bereich zum Sicherungsgut gehören. Eine räumliche Zusammenfassung der übereigneten Waren ist nicht notwendig. Lediglich die zweifelsfreie Bestimmbarkeit muss gegeben sein.

Ein Problem bei der Sicherungsübereignung von Warenlagern tritt durch den ständig wechselnden Bestand und die (Weiter-) Verarbeitung auf. Unternehmen, die ihre Waren zur Sicherung von Forderungen übereignen, müssen diese verarbeiten oder verkaufen können, um den Geschäftsbetrieb aufrechtzuerhalten. Mit der Verarbeitung verliert jedoch der Sicherungsnehmer das Sicherungseigentum. Das Eigentum geht dann auf den Sicherungsgeber über. Aus diesem Grund lassen sich Sicherungsnehmer nicht nur den aktuellen Bestand übereignen, sondern zusätzlich alle Waren, die im Rahmen der Geschäftstätigkeit des Sicherungsgebers zukünftig eingelagert werden. Rechtswirksam wird die zukünftige Übereignung, indem die Sicherungsgüter in dem vorgesehenen Bereich eingelagert und entsprechend der Vertragsvereinbarungen markiert werden.

Auf Grund der Probleme, die bei einer Sicherungsübereignung eines Warenlagers auftreten können, und des damit verbundenen hohen Aufwands wird diese Sicherheit meist nur zusätzlich in die Kreditverträge von Banken aufgenommen und mit einem Wert von null angesetzt. Die Sicherungsübereignung von Fahrzeugen stellt mit einem Wertansatz von circa 40 Prozent hingegen eine gängige Absicherung dar.

8.5   Sicherungszession

Zur Besicherung von Forderungen kann ein Schuldner Forderungen und andere Rechte, die er selbst besitzt, an den Gläubiger abtreten. Von großer Bedeutung ist dabei die Abtretung von Forderungen aus Lieferungen und Leistungen. Die Abtretung (Zession) wird ohne Mitwirken des Drittschuldners rechtswirksam zwischen dem Gläubiger der abzutretenden Forderungen (Zedent) und dem Sicherungsnehmer (Zessionar) abgeschlossen.

Abbildung 27 verdeutlicht, dass der Sicherungsnehmer als neuer Gläubiger (in Bezug auf die abgetretene Forderung) an die Stelle des alten Gläubigers tritt. Die Abtretung einer Forderung hat fiduziarische Wirkung, d. h. sie erfolgt treuhänderisch. Der Sicherungsnehmer ist nur berechtigt, die Forderung einzuziehen, wenn der Sicherungsgeber seinen Verpflichtungen aus dem Kreditverhältnis nicht nachkommt.

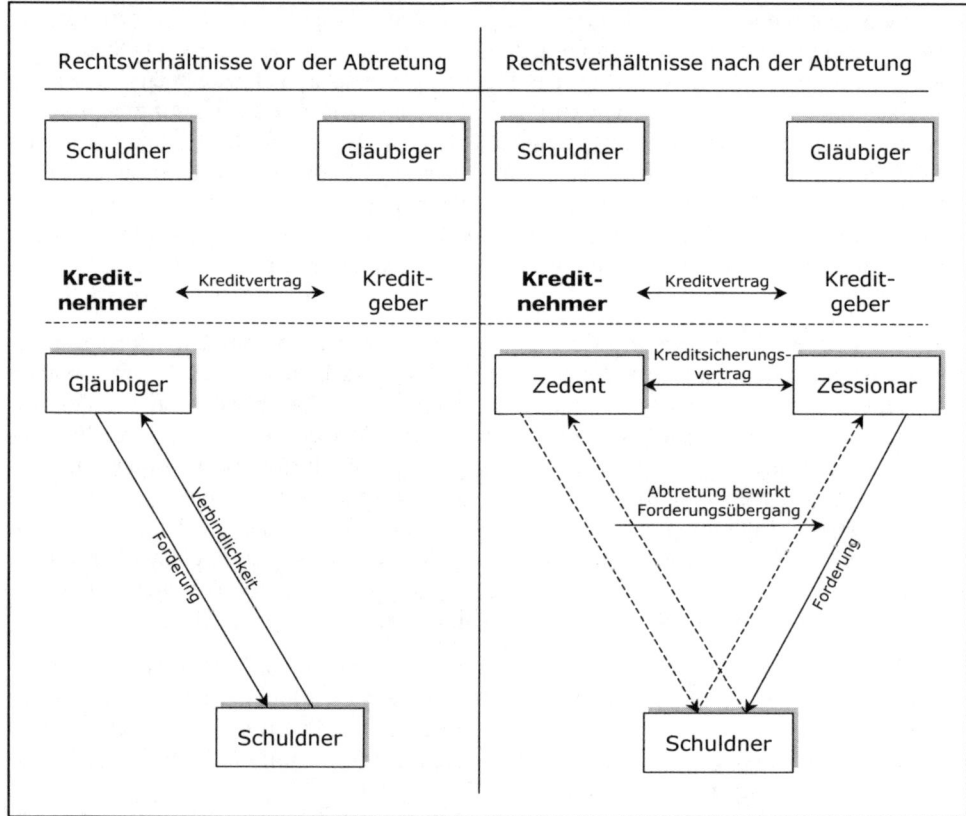

Abbildung 27: Abtretung einer Forderung; Quelle: Grill/Perczynski (2004)

Wird dabei die Abtretung an den Drittschuldner angezeigt, spricht man von einer offenen Zession. In der Folge kann der Drittschuldner mit schuldbefreiender Wirkung nur noch an den Zessionar zahlen. Bei der stillen Zession wird der Drittschuldner nicht informiert und er zahlt weiter mit Schuld befreiender Wirkung an den Zedenten. Durch eine offene Zession kann unter Umständen die Geschäftsbeziehung zwischen Drittschuldner und Sicherungsgeber negativ beeinflusst werden. Da sich insbesondere Banken dessen bewusst sind, wird in den meisten Fällen auf die Offenlegung verzichtet.

Im Rahmen eines Abtretungsvertrags können einzelne (Einzelzession) oder mehrere Forderungen abgetreten werden. Auf Grund der Tatsachen, dass der Wert der Sicherheit erlischt, sobald die offene Forderung durch den Drittschuldner beglichen wird, und dass Firmenkunden von Banken meistens viele offene Forderungen besitzen, haben sich in der Praxis Rahmenabtretungen durchgesetzt.

Bei der Mantelzession werden bestehende Forderungen gegen verschiedene Drittschuldner abgetreten. Gleichzeitig verpflichtet sich der Sicherungsgeber, laufend weitere Forderungen abzutreten, um die vereinbarte Sicherungssumme aufrechtzuerhalten. Dies erfolgt durch die Einreichung von Debitorenlisten und Rechnungen beim Gläubiger. Die Einreichung dieser Unterlagen hat konstitutive Wirkung, d. h. erst durch die Übergabe werden die Forderungen wirksam abgetreten. Werden entsprechende Unterlagen nicht eingereicht, vermindert sich der Wert der Sicherheit.

Dieses Risiko tritt bei der Globalzession nicht auf. Im Vertrag wird hier vereinbart, dass sowohl gegenwärtige als auch zukünftige Forderungen gegen bestimmte Drittschuldner abgetreten werden. Bereits mit Entstehung der Forderung ist sie rechtswirksam abgetreten. Die Einreichung von entsprechenden Debitorenlisten hat nur deklaratorischen Charakter, d. h. sie begründet den Sachverhalt der Abtretung nicht, sondern dient lediglich der Kontrolle, ob der Sicherungswert in der vereinbarten Höhe vorhanden ist. Die Eingrenzung der Drittschuldner kann anhand der Anfangsbuchstaben (z. B. alle Abnehmer von A bis M), durch regionale Eingrenzung (z. B. alle Abnehmer mit Sitz in Hessen) oder durch Eingrenzen auf bestimmte Wirtschaftsbereiche (z. B. alle Unternehmen aus der Automobilindustrie) erfolgen.

Die Abtretung von Forderungen aus Lieferungen und Leistungen wird von den Kreditinstituten unterschiedlich bewertet. Während einige Banken auf Grund der nicht sichergestellten Zahlung im Verwertungsfall den Wert mit null ansetzen, verwenden andere Banken je nach Bonität der Drittschuldner Wertansätze von null bis zu 60 Prozent.

9. Handelskredite

Wir wenden uns nun den verschiedenen Fremdfinanzierungsformen zu und behandeln zunächst die Handelskredite. Dazu zählen die Lieferanten- (Abschnitt 9.1) und die Kundenkredite (Abschnitt 9.2). Eng verbunden mit Lieferantenkrediten in Form von Wechselkrediten sind Wechseldiskontkredite, die erst im Rahmen der kurzfristigen Bankkredite in Abschnitt 10.3 besprochen werden.

9.1   Lieferantenkredite

Bei den Lieferantenkrediten existieren kurzfristige Varianten in Form von Buch- oder Wechselkrediten, aber auch mittel- bis langfristige Varianten, beispielsweise als Einrichtungs- oder Ausstattungskredite.

Kurzfristige Lieferantenkredite

Unter einem (kurzfristigen) Lieferantenkredit versteht man einen Kredit, der vom Verkäufer einer Ware dem Käufer im Zusammenhang mit dem Warenabsatz gewährt wird. Wesentliches Merkmal eines solchen Lieferantenkredites ist folglich seine enge Verbundenheit zum Warenabsatz. Der Kredit soll dabei den Zeitraum zwischen Beschaffung und Geldeingang aus dem Verkauf der (verarbeiteten) Ware überbrücken. Beim kurzfristigen Lieferantenkredit werden dem Kreditnehmer keine Geldmittel zur Verfügung gestellt, sondern es wird der Kaufpreis der Ware durch den Lieferanten gestundet. Dies entspricht aus finanzwirtschaftlicher Sicht einem Vorwegabzug der Zinsen.

Sowohl die kurzfristigen Lieferantenkredite als auch die mittel- bis langfristigen Varianten stellen wichtige absatzpolitische Instrumente dar. Bezüglich der kurzfristigen Varianten besitzt in manchen Branchen der Wettbewerb über die Zahlungskonditionen zum Teil eine ähnliche Bedeutung wie der Preiswettbewerb. Kurzfristige Lieferantenkredite können als Buch- oder Wechselkredite gewährt werden:

- Beim Wechselkredit erhält der Lieferant zur Sicherung seiner Forderung einen Wechsel vom Abnehmer (Solawechsel, eigener Wechsel) bzw. lässt sich einen selbst ausgestellten Wechsel vom Abnehmer unterschreiben (gezogener Wechsel, Tratte bzw. nach Unterschrift des Bezogenen Akzept). Diese Unterscheidung ist deshalb bedeutsam, weil gemäß Wechselgesetz auch der Aussteller für die Zahlung haftet. Wechselkredite sind gebräuchlich, wenn der Lieferant einen Wechsel für seine eigene Refinanzierung benötigt (vgl. Abschnitt 10.3) oder wenn die Kreditwürdigkeit des Abnehmers nicht zweifelsfrei feststeht und der Wechsel somit Sicherungszwecken dient.

- Beim Buchkredit erfolgt beim Lieferanten eine Erhöhung der Bilanzposition Forderungen aus Lieferungen und Leistungen, beim Abnehmer eine entsprechende Erhöhung der Bilanzposition Verbindlichkeiten aus Lieferungen und Leistungen.

Die wichtigste Form des kurzfristigen Lieferantenkredites ist der so genannte Verkauf auf Ziel. Dabei stellt der Rechnungsbetrag im Allgemeinen den Zielpreis dar, während sich der Barpreis als Differenz aus Zielpreis und Skonto ergibt. Wird der Kredit nicht in Anspruch genommen, die Ware also sofort bezahlt, kann der Käufer den in Rechnung gestellten Verkaufspreis um einen vereinbarten Betrag (Skonto) mindern.

Unter der Skontofrist versteht man den Zeitraum, innerhalb dessen die Ware abzüglich Skonto bezahlt werden kann. Die Skontobezugsspanne stellt den Kreditzeitraum dar. Das Zahlungsziel ergibt sich als Summe aus Skontofrist und Skontobezugsspanne. Der Lieferantenkredit in Form des Skontoabzugs ist im Allgemeinen hochverzinslich, wie das folgende Beispiel mit typischen Konditionen verdeutlicht.

Beispiel 7 (Kurzfristiger Lieferantenkredit)

Ein Unternehmen erhält von einem Lieferanten eine Rechnung über einen Betrag von 10 000 Euro, wobei für die Zahlung dieses Rechnungsbetrags Folgendes vereinbart ist: drei Prozent Skonto bei Zahlung innerhalb von zehn Tagen, sonst netto innerhalb von 30 Tagen.

Das Zahlungsziel beträgt folglich 30 Tage, die Skontofrist beträgt zehn Tage und die Skontobezugsspanne 20 Tage. Der Zielpreis in Höhe von 10 000 Euro kann bei Nicht-Inanspruchnahme des Lieferantenkredits um 300 Euro Skonto gemindert werden, womit sich ein Barpreis von 9 700 Euro ergibt. Das Unternehmen wird nun vernünftigerweise entweder die Skontofrist ausnutzen und folglich am zehnten Tag bezahlen oder die Skontobezugsspanne ausreizen und damit erst am dreißigsten Tag bezahlen. Es ergibt sich insgesamt eine Laufzeit des Lieferantenkredits von 20 Tagen bei einem Kreditvolumen von 9 700 Euro und einem Rückzahlungsbetrag von 10 000 Euro.

Wie hoch die mit dem Lieferantenkredit verbundenen Kapitalkosten (gemessen als Effektivzinssatz p. a.) für das Unternehmen sind, zeigt sich wie folgt: Zunächst berechnet man den Zinssatz bezogen auf die Laufzeit des Kredites von 20 Tagen. Dieser wird anschließend in einen Jahreszinssatz umgerechnet. Dabei wird hier die von den meisten Banken und Finanzdienstleistern favorisierte, so genannte deutsche Methode der Zinstageberechnung verwendet, nach der das Jahr mit 360 Zinstagen angesetzt wird:

$$(32) \qquad \text{Kapitalkostensatz} = \frac{10\,000\,€ - 9\,700\,€}{9\,700\,€} \times \frac{360}{20} = 55{,}67\,\%$$

Wie das Beispiel zeigt, ist es unter Kapitalkosten-Gesichtspunkten zumeist günstiger, anstelle kurzfristiger Lieferantenkredite einen Bankkredit (vgl. Kapitel 10) oder Factoring (vgl. Abschnitt 14.1) in Anspruch zu nehmen. Der weiten Verbreitung von Lieferantenkrediten liegen folglich andere Ursachen zu Grunde. Insbesondere entfallen die vergleichsweise umständlichen Formalitäten beim Nachsuchen um andere Kreditarten. Auch eine Bonitätsprüfung findet sehr diskret oder gar nicht statt. Die Absicherung eines (kurzfristigen) Lieferantenkredites erfolgt regelmäßig durch Eigentumsvorbehalt des Lieferanten an der Ware. Daneben dient beim Wechselkredit ein Wechsel zur Besicherung.

Akzeptkredite

Insbesondere im Außenhandel ist es häufig erforderlich, dass der Name und damit die Kreditwürdigkeit einer Bank an die Stelle des Schuldners (Abnehmer bzw. Importeur) treten, da Letzterer dem Gläubiger (Lieferant bzw. Exporteur) oft nur unzureichend bekannt ist.

Beim Akzeptkredit (Bankakzept) räumt eine Bank einem Unternehmen (Kreditleiher) das Recht ein, auf sie einen Wechsel zu ziehen, der von der Bank als Bezogener akzeptiert wird. Bei Fälligkeit des Wechsels muss das Unternehmen der Bank die Wechselsumme zur Verfügung stellen. Die Bank ist daher zwar wechselrechtlich Hauptschuldner, hat jedoch nur dann einzustehen, wenn der Kreditleiher die Wechselsumme nicht rechtzeitig zahlen kann. Für diese Eventualverbindlichkeit verlangt die Bank eine (bonitätsabhängige) Akzeptprovision in der Größenordnung von etwa einem Prozent des Wechselbetrags. Das Bankakzept kann vom Kreditleiher an seine Gläubiger, z. B. an einen Lieferanten, weitergegeben werden.

Mittel- bis langfristige Lieferantenkredite

Zu den mittel- bis langfristigen Lieferantenkrediten zählen die Einrichtungs- bzw. Ausstattungskredite, wie sie z. B. von Brauereien an Gaststätten oder von Mineralölgesellschaften an Tankstellen gewährt werden. Sie sollen hier am Beispiel der Brauereikredite erklärt werden.

Im Fall eines Brauereikredites stellt eine Brauerei einem Gaststättenbetreiber nach erfolgter Bonitätsprüfung Kapital für Einrichtungsgegenstände als Darlehen zur Verfügung. Im Gegenzug verpflichtet sich der Kreditnehmer, für die Laufzeit des Darlehensvertrags ausschließlich das Bier der Brauerei zum Ausschank bzw. Verkauf zu bringen und folglich auch von ihr zu beziehen. Über die Bezugsmengen gibt es unterschiedliche Regelungen, die mehr oder minder streng sind. So kann eine monatliche Mindestabnahmemenge, eine Mindestabnahmemenge über die gesamte Laufzeit des Darlehens oder auch gar keine Mindestabnahmemenge vereinbart werden. Wird beispielsweise eine Mindestabnahmemenge über die gesamte Vertragslaufzeit nicht erreicht, so verlängert sich die Getränkebezugsverpflichtung entsprechend bis zur Abnahme der Vertragsmenge.

Brauereikredite sind häufig als Annuitätendarlehen (vgl. Abschnitt 10.5) ausgelegt. Der Darlehensnehmer zahlt dabei über die Darlehenslaufzeit konstante monatliche Raten, die entsprechende Zins- und Tilgungsanteile enthalten. Auch Sondertilgungsoptionen sind möglich, wobei jedoch die Getränkebezugsverpflichtung bei Ausübung der Option im Allgemeinen über die ursprünglich vereinbarte Vertragslaufzeit bestehen bleibt. Die von den Brauereien verlangten Zinssätze liegen unter den Konditionen von Bankkrediten, was vor dem Hintergrund der Gewinnung eines festen Abnehmers nicht verwundert.

Die Besicherung von Brauereikrediten erfolgt durch Sicherungsübereignung von Teilen des Gaststätteninventars. Darüber hinaus lassen sich Brauereien auch den pfändbaren Betrag gegenwärtiger und zukünftiger Einkommen des Betreibers abtreten. Zudem werden häufig Bürgschaften Dritter vereinbart.

9.2   Kundenkredite

Kundenkredite sind Handelskredite, denen eine vertraglich vereinbarte Leistung zwischen einem Kunden als Kreditgeber und einem Lieferanten als Kreditnehmer mit dem Ziel zu Grunde liegt, dass der Kunde bereits vor Erhalt der Leistung Zahlungen erbringt. Während also bei Lieferantenkrediten Zulieferer eines Unternehmens als Kreditgeber auftreten, sind es bei Anzahlungen bzw. Kundenkrediten Abnehmer, die einen Vorauszahlungskredit leisten. Kundenkredite stellen damit das Gegenstück zu Lieferantenkrediten dar.

Kundenkredite werden gewährt, wenn Produkte oder Waren bestellt werden, die erst später geliefert werden, oder bei Auftragsproduktionen. Dabei stellen die Anzahlungen für das Unternehmen einerseits eine Finanzierungshilfe für den Einkauf bzw. die Produktion dar. Andererseits wird der Kunde an seine Bestellung oder seinen Auftrag gebunden, wenn die Anzahlung nicht oder nicht vollständig rückzahlbar ist. Dies verringert das Risiko, dass der Auftraggeber nicht mehr an der Leistung interessiert ist oder die bestellte Ware nicht abnimmt.

Bisweilen werden Anzahlungen zinslos zur Verfügung gestellt, was zu Kapitalkosten in Höhe von null führt. In der Regel wird der Abnehmer jedoch bei vorschüssiger Zahlung in der Summe einen geringeren Preis zahlen als bei einer endfälligen Zahlung, wie das folgende Beispiel verdeutlicht.

Beispiel 8 (Kundenkredit)

Ein Kunde lässt von einem Unternehmen eine Spezialmaschine anfertigen. Bei Bezahlung nach Fertigstellung würde das Unternehmen dafür einen Barpreis in Höhe von 100 000 Euro verlangen. Die Fertigung dauert drei Monate. Das Unternehmen lässt sich nun die Maschine in drei Raten zu Beginn jeden Monats bezahlen. Die Raten werden dem jeweiligen Finanzierungsbedarf des Unternehmens im Zusammenhang mit der Fertigung der Maschine angepasst und betragen 40 000 Euro, 35 000 Euro und 24 000 Euro.

Der Kapitalkostensatz (p. a.) des Unternehmens im Zusammenhang mit diesem Vorauszahlungskredit sei mit k bezeichnet und kann folgendermaßen berechnet werden. Der Barpreis ergibt sich als Summe der aufgezinsten Ratenzahlungen:

$$
(33) \quad
\begin{aligned}
100\,000\ \euro = {}& 40\,000\ \euro \times \left(1 + k \times \frac{3}{12}\right) + 35\,000\ \euro \times \left(1 + k \times \frac{2}{12}\right) \\
& + 24\,000\ \euro \times \left(1 + k \times \frac{1}{12}\right)
\end{aligned}
$$

Dies führt zu einem Kapitalkostensatz in Höhe von 5,61 Prozent p. a.

10. Bankkredite

„Der Bankkredit bleibt die wichtigste Finanzierungsquelle des Mittelstands.", so schreibt das Handelsblatt am 11.4.2005 in seiner Beilage Journal Mittelstand. Deshalb und auf Grund der Vielfalt der verschiedenen Bankkredite sowie der Diskussion um diese Kapitalquelle insbesondere für den Mittelstand verbunden mit Schlagwörtern wie Rating und Basel II wollen wir den Bankkrediten das umfangreichste Kapitel in diesem Teil des Buches widmen.

Zunächst werden kurzfristige und im Anschluss langfristige Kredite vorgestellt, bei denen Banken als Kreditgeber auftreten. Der bedeutendste kurzfristige Bankkredit ist der Kontokorrentkredit (Abschnitt 10.1). Gelegentlich werden auch analog zu den langfristigen Krediten kurzfristige Kredite in bestimmter Höhe für eine bestimmte (kurze) Zeit aufgenommen, z. B. bei Zwischenfinanzierungen (Abschnitt 10.2). Häufig eng verbunden mit vergebenen Lieferantenkrediten bzw. deren Besicherung sind Wechseldiskontkredite (Abschnitt 10.3). Lombardkredite werden ebenfalls angesprochen, wenngleich sie im Unternehmenskreditgeschäft keine besondere Rolle spielen (Abschnitt 10.4).

Abschließend wird behandelt, worauf Banken bei einer Bonitätsprüfung ihrer Kreditnehmer Wert legen und wie sie entsprechende Angaben zu einem bankinternen Rating verdichten (Abschnitt 10.6). Im Zusammenhang mit Basel II sind diese Ratings vor allem in Verbindung mit daraus abgeleiteten Konditionen von Bankkrediten in den Vordergrund der Diskussion gerückt (Abschnitt 10.7).

10.1 Kontokorrentkredite

Kontokorrentkredite (Dispositionskredite) stellen die klassische kurzfristige Finanzierungsform dar. Das Kontokorrent ist eine laufende Rechnung, wobei der Saldo von Plus- und Minusbewegungen für die Verrechnung wechselseitiger Ansprüche maßgeblich ist. Die Abwicklung von Kontokorrentkrediten bei Banken erfolgt über Kontokorrentkonten (auch als Girokonten bezeichnet).

Nach Eröffnung eines Kontokorrentkontos, Kreditantrag und Bonitätsprüfung erfolgt gegebenenfalls die Zusage des Kredits in Form einer Kontokorrentlinie. Diese Kreditlinie stellt die Höchstgrenze dar, bis zu der das Kontokorrentkonto in Anspruch genommen werden darf. Zinsen müssen dabei in aller Regel nur für den tatsächlich in Anspruch genommenen Kreditbetrag gegebenenfalls zuzüglich einer Bereitstellungsgebühr gezahlt werden. Wird die Kontokorrentlinie überzogen, fallen erhöhte Zinssätze an. Häufig wird ein Kontokorrentkredit auch in Verbindung mit einem Avalkredit gewährt.

Kontokorrentkredite werden im Allgemeinen „bis auf Weiteres" (deshalb formal kurzfristig, obwohl häufig langfristig in Anspruch genommen) zugesagt, um der Bank sowohl bei der Höhe des Zinssatzes als auch bei der Höhe der Kreditlinie eine ständige Anpassung zu ermöglichen. Dabei wird der Zinssatz an Bonitätsveränderungen des Kreditnehmers und die aktuelle Geldmarktlage angepasst, die Kreditlinie hingegen an eine veränderte Bonität oder an veränderte Bedürfnisse des Unternehmens.

Der Vorteil eines Kontokorrentkredits liegt in der Möglichkeit der flexiblen Inanspruchnahme. Darüber hinaus ist er nicht zweckgebunden und steht für alle üblichen Transaktionen zur Verfügung. Kontokorrentkredite dienen als kurzfristige Betriebsmittelkredite zur Finanzierung des Umsatzprozesses, als Saisonkredite, um saisonale Schwankungen der liquiden Mittel auszugleichen, als Überbrückungskredite bis zu einer längerfristigen Darlehensfinanzierung oder für kurzfristige Anschaffungen. Zudem steht eine noch nicht erschöpfte Kreditlinie dem Unternehmen als Liquiditätsreserve zur Verfügung; dies erlaubt eine Minimierung der liquiden Mittel.

Trotz der Vorteile von Kontokorrentkrediten ist bei ihrer Inanspruchnahme eine gewisse Sorgfalt geboten. Bei den Entscheidungen von Banken über Kreditverlängerungen spielt nämlich die Analyse der Kontenführung eine wichtige Rolle. Negative Merkmale sind dabei die permanente Führung des Kontokorrentkredits am Limit oder sogar Überziehungen. Wird erwartet, dass ein bestimmter Teil der Kreditlinie für eine gewisse Zeit durchgängig genutzt wird, sollte sich der Kreditnehmer deshalb um eine weitere kurzfristige Kreditvereinbarung bemühen (vgl. Abschnitt 10.2) – nicht zuletzt auch aus Kostengründen, da die Kapitalkosten kurzfristiger Zwischenfinanzierungen typischerweise unter denen von Kontokorrentkrediten liegen.

Einen ersten Anhaltspunkt für die mit einem Kontokorrentkredit verbundenen Kapitalkosten – vor allem im Vergleich zu denen von Bankkrediten mit fester Laufzeit – liefern die Monatsberichte der Deutschen Bundesbank. Dort ist für März 2005 für das Neugeschäft deutscher Banken bezüglich Überziehungskrediten an nicht-finanzielle Kapitalgesellschaften ein Effektivzinssatz von 5,91 Prozent p. a. ausgewiesen. Zusätzlich wird den Unternehmen für die Kreditbereitstellung bzw. die Prolongation jeweils eine Einmal-Provision in Höhe von meist einem Prozent der Kreditlinie berechnet, wobei die Prolongation im Allgemeinen jährlich stattfindet.

Auf Grund der schwankenden Höhe der Inanspruchnahme von Kontokorrentkrediten kommen als Sicherheiten hauptsächlich abstrakte Sicherheiten in Frage, denen keine bestimmte Forderung zu Grunde liegt. Beispiele sind die Sicherungsübereignung, die Sicherungszession von Forderungen sowie die Grundschuld. Als akzessorische Sicherheiten finden im Wesentlichen die Bürgschaft sowie die Verpfändung von Wertpapieren (vgl. Abschnitt 10.4) Anwendung.

Teilweise verlangen Banken daneben auch eine so genannte Ausschließlichkeitserklärung. Dabei verpflichtet sich das Unternehmen, alle Bankgeschäfte ausschließlich mit der Kredit gewährenden Bank abzuschließen, was der Bank einen umfassenden Einblick in die finanziellen Transaktionen des Unternehmens und seine Geschäftsbeziehungen ermöglicht und laufende bzw. zukünftige Bonitätsprüfungen erleichtert.

10.2   Zwischenfinanzierungen

Die Aufnahme von kurzfristigem Fremdkapital direkt am Kapitalmarkt in Form von Euronotes und Commercial-Papers sowie von mittelfristigem Fremdkapital in Form von Medium-Term-Notes kommt nur für ein Emissionsvolumen in Höhe eines Millionenbetrags und für erstklassige Emittenten in Frage. Für kleine und mittlere Unternehmen lautet die Alternative häufig, ein kurzfristiges Bankdarlehen aufzunehmen.

Benötigt also ein (mittelständisches) Unternehmen eine Zwischenfinanzierung bis zu einer eigentlichen Darlehensfinanzierung oder wird für eine gewisse Zeit erwartet, dass ein bestimmter Teil der Kreditlinie des Kontokorrentkredites durchgängig genutzt wird, kann es sinnvoll sein, sich bei einer Bank um eine kurzfristige Kreditvereinbarung zu bemühen. Der Kreditzinssatz ist dann analog zu der Verzinsung bei Euronotes, Commercial-Papers und Medium-Term-Notes häufig an einen Geldmarktsatz, z. B. Ein-Monats-Euribor oder Drei-Monats-Libor, gekoppelt (zuzüglich eines festen Aufschlags entsprechend der Bonität des Unternehmens) und wird dann in entsprechenden Abständen, z. B. monatlich oder vierteljährlich, angepasst. Euribor steht dabei als Abkürzung für Euro-Interbank-Offered-Rate. Die Euribor-Sätze sind durchschnittliche Zinssätze für kurzfristige Geldaufnahmen bzw. -verleihungen im Interbankengeschäft, die täglich für verschiedene Laufzeiten von der Europäischen Zentralbank ermittelt und veröffentlicht werden. Libor steht analog als Abkürzung für London-Interbank-Offered-Rate.

Auch für diese kurzfristigen Kredite findet man einen ersten Anhaltspunkt für die damit verbundenen Kapitalkosten in den Monatsberichten der Deutschen Bundesbank. Für März 2005 ist dort für das Neugeschäft deutscher Banken bezüglich Krediten an nicht-finanzielle Kapitalgesellschaften bis 1 Mio. Euro mit anfänglicher Zinsbindung und variabler Verzinsung oder einer Laufzeit von maximal einem Jahr (ohne Überziehungskredite) ein Effektivzinssatz von 4,42 Prozent p. a. ausgewiesen. Für Kredite von über 1 Mio. Euro lautet der entsprechende durchschnittliche Effektivzinssatz 3,25 Prozent p. a.

10.3   Wechseldiskontkredite

Wechseldiskontkredite setzen zunächst das Vorhandensein eines Wechsels beim Kreditnehmer voraus. Wir wollen uns hier auf so genannte Handelswechsel und Finanzwechsel beschränken. Einem Handelswechsel liegt ein Waren- oder Dienstleistungsgeschäft zu Grunde. Ein Beispiel für Finanzwechsel, die ausschließlich der Kreditbeschaffung dienen, stellt das bereits angesprochene Bankakzept dar.

Handelswechsel beruhen auf einem Kreditkauf (Zielkauf), bei dem der Lieferant zur Sicherung seiner Forderung aus einem Lieferantenkredit einen Wechsel vom Abnehmer erhält bzw. einen selbst ausgestellten Wechsel vom Abnehmer unterschreiben lässt. Darüber hinaus kann auch ein Bankakzept vom Abnehmer an den Lieferanten weitergegeben werden. Falls der Lieferant den Wechsel lediglich als Sicherungsinstrument benutzen möchte, wird er diesen bis zum Einlösungstermin aufheben. Hat der Lieferant jedoch einen Liquiditätsbedarf, so wird er den Wechsel einer Bank zur Diskontierung anbieten, d. h. zum Ankauf des Wechsels unter Vorwegabzug der Kreditzinsen. Dazu wird der Wechsel indossiert, also auf der Rückseite des Wechsels unterschrieben.

Außerdem kann ein Wechsel nicht nur einmal, sondern beliebig oft indossiert werden, auch wenn der Normalfall darin besteht, dass ein Wechsel nur noch an eine Bank weitergegeben wird. Erhält nun die Bank als letzter Inhaber des Wechsels ihr Geld bei Fälligkeit nicht vom Bezogenen (dem letztlich aus dem Wechsel Verpflichteten), so kann sie sich an einen beliebigen vorherigen Inhaber des Wechsels wenden und ihn zur Zahlung auffordern (Wechselregress). Dies führt dazu, dass die Konditionen des Wechseldiskontkredits, also der Hauptbestandteil der Kapitalkosten für den Kreditnehmer, nicht nur von seiner eigenen Bonität abhängen. Auf Grund des Wechselregresses sind die Konditionen eines Wechseldiskontkredits tendenziell umso günstiger, je mehr Wechselverpflichtete haften und je besser deren Bonität ist.

Bei der Ausstellung und Übertragung eines Wechsels sind die strengen Vorschriften des Wechselgesetzes zu beachten, da die entsprechende Urkunde sonst nicht als Wechsel gilt. Deshalb erfolgt die Ausstellung von Wechseln in der Praxis ausschließlich auf vorgedruckten Wechselformularen. Die Berechnung des Kapitalkostensatzes eines Wechseldiskontkredites erfolgt ähnlich zu dem eines Lieferantenkredites (vgl. Beispiel 7), wobei jetzt der Skonto durch die Summe aus dem so genannten Diskont und den Diskontspesen ersetzt wird.

Beispiel 9 (Wechseldiskontkredit)

Ein Unternehmen bietet seiner Bank einen Wechsel mit einer Wechselsumme von 10 000 Euro zur Diskontierung an. Bei einem Diskontsatz von sechs Prozent p. a. ergibt sich bei einer Restlaufzeit von drei Monaten ein Diskont von 150 Euro, den die Bank von der Wechselsumme abzieht, und folglich ein Diskonterlös von zunächst 9 850 Euro, der sich nach Abzug von annahmegemäß zehn Euro Diskontspesen nochmals auf 9 840 Euro verringert. Es ergibt sich insgesamt ein Kredit mit einer Laufzeit von drei Monaten bei einem Kreditvolumen von 9 840 Euro und einem Rückzahlungsbetrag von 10 000 Euro.

Zur Berechnung des mit dem Wechseldiskontkredit verbundenen Kapitalkostensatzes für das Unternehmen gehen wir wie in Beispiel 7 vor, berechnen also zunächst den Zinssatz bezogen auf die Laufzeit von drei Monaten und rechnen diesen anschließend auf ein Jahr hoch:

$$(34) \qquad \text{Kapitalkostensatz} = \frac{10\,000\,€ - 9\,840\,€}{9\,840\,€} \times \frac{12}{3} = 6,50\,\%$$

10.4   Lombardkredite

Unter einem Lombardkredit versteht man einen Kredit gegen die Verpfändung von beweglichen Sachen oder Rechten, d. h. er ist im Wesentlichen durch die Art der Besicherung gekennzeichnet. Bei Lombardkrediten wird in der Regel ein fester Betrag für eine
bestimmte Laufzeit ausgereicht, der am Ende der Laufzeit in einer Summe zu tilgen ist,
worin der wesentliche Unterschied zu einem mittels Verpfändung besicherten Kontokorrentkredit besteht. Letzterer wird deshalb auch als unechter Lombard bezeichnet. Lombardkredite werden neben Kreditinstituten beispielsweise auch von Pfandleihanstalten
(Leihhäusern) vergeben. Sie spielen im Unternehmenskreditgeschäft kaum eine Rolle,
weshalb die verschiedenen Arten hier nur kurz erwähnt werden sollen.

Beim Effektenlombard wird ein Kredit gegen die Verpfändung von fungiblen Wertpapieren (Effekten) gewährt. Dabei liegt die Beleihungsgrenze von börsennotierten festverzinslichen Wertpapieren bei circa 80 Prozent ihres Werts zum Beleihungszeitpunkt,
von Aktien bei circa 50 bis 70 Prozent und von nicht-börsennotierten Papieren noch darunter. Ein Wechsellombard ist typischerweise höher verzinslich als ein Wechseldiskontkredit und wird deshalb nur für sehr kurze Laufzeiten genutzt.

Da ein Warenlombard mit dem Nachteil behaftet ist, dass die verpfändeten Waren dem
Kreditgeber übergeben werden müssen, werden stattdessen Papiere verpfändet, die lediglich das Recht an der Ware verbriefen, also handelsrechtliche Order- bzw. Dispositi-
onspapiere wie z. B. Ladescheine und Frachtbriefe. Da die Verpfändung von Forderungen nur dann wirksam ist, wenn der Gläubiger sie dem Schuldner anzeigt, wird in der
Praxis bezüglich der Verpfändung von Forderungen aus Lieferungen und Leistungen
nicht der Forderungslombard gewählt, sondern stattdessen die Zession der Forderungen.

10.5   Langfristige Bankkredite

Langfristige Bankkredite werden erst nach einer umfangreichen Bonitätsprüfung ausgereicht, auf die wir in Abschnitt 10.6 näher eingehen wollen. Sie lassen sich vor allem
hinsichtlich der Art der Verzinsung und der Tilgung unterscheiden. Eine weitere Unter-
scheidungsform ergibt sich aus dem Vergleich von Auszahlungs- und Rückzahlungsbetrag (Disagio). Langfristige Kredite besitzen meistens Darlehensform, d. h. ihre Aus-
und Rückzahlung ist fest geplant.

Verzinsung

Nach der Art der Verzinsung lassen sich fest- und variabel verzinsliche Kredite unterscheiden. Die variable Verzinsung besitzt dabei zwar den Nachteil, dass die Zinszahlungen in ihrer absoluten Höhe nicht vorhersehbar sind. Dem steht jedoch der Vorteil gegenüber, dass sich der variable Zinssatz immer den aktuellen Marktverhältnissen
anpasst, also stets marktgerecht ist. Eine feste Verzinsung kann sich hingegen im Zeit-

verlauf als hoch, aber auch als niedrig im Vergleich zur veränderten Marktverzinsung erweisen.

Der Zinssatz bei einem langfristigen Kredit mit variabler Verzinsung ist typischerweise an einen Geldmarktsatz (z. B. Drei-Monats-Euribor oder Sechs-Monats-Libor) gekoppelt. Die Anpassung erfolgt dann in entsprechenden Abständen (z. B. alle drei oder sechs Monate). Daneben enthält der Zinssatz einen festen Aufschlag je nach Bonität des Kredit nehmenden Unternehmens, der sich analog zu den Bonitätsaufschlägen bei festen Zinssätzen ermittelt. Insgesamt könnte ein variabler Zinssatz für einen langfristigen Bankkredit etwa folgendermaßen lauten: Drei-Monats-Euribor plus ein Prozent p. a. Für kleinere Unternehmen sind langfristige Bankkredite mit variabler Verzinsung noch eher die Ausnahme.

Die größere Zahl der langfristigen Bankkredite hat hingegen für eine bestimmte Zeit (Zinsbindungsfrist) einen festen Zinssatz. Ausführungen zur Transformation fester Zinszahlungen in variable oder umgekehrt bzw. zur Begrenzung des Zinsänderungsrisikos während der Laufzeit bei variabel verzinslichen Krediten folgen in Kapitel 16.

Tilgung

Nach der Art der Tilgung lassen sich Annuitätendarlehen, Tilgungsdarlehen (Abzahlungsdarlehen), endfällige Darlehen (Zinsdarlehen) und Darlehen ohne zwischenzeitliche Zahlungen unterscheiden:

- Annuitätendarlehen zeichnen sich durch eine konstante Rate über die gesamte Laufzeit aus. Die anfängliche Rate teilt sich dabei in einen hohen Zins- und einen niedrigen Tilgungsanteil. Mit der schrittweisen Rückführung des Kreditbetrags verringern sich die zu zahlenden Zinsen. Der reduzierte Betrag wird zur zusätzlichen Tilgung verwendet, so dass sich am Ende der Laufzeit die Rate aus einem niedrigen Zins- und einem hohen Tilgungsanteil zusammensetzt.

- Im Gegensatz dazu bleibt der Tilgungsanteil bei Tilgungsdarlehen über die gesamte Laufzeit konstant. Durch den verringerten Kreditbetrag vermindert sich die Zinszahlung und damit auch die Höhe der Gesamtrate.

- Für endfällige Darlehen werden während der Laufzeit nur die Zinsen gezahlt, weshalb der Zinsanteil über die gesamte Laufzeit konstant bleibt. Die Tilgung erfolgt am Ende in einer Summe.

- Bei Darlehen ohne zwischenzeitliche Zahlungen erfolgen während der Laufzeit auch keine Zinszahlungen. Die Zinsen werden hingegen bis zum Ende der Laufzeit mitverzinst und dann zusammen mit der Tilgung in einer Summe gezahlt.

Das folgende Beispiel verdeutlicht die unterschiedlichen Zahlungen während der Laufzeit eines Darlehens in Abhängigkeit von der gewählten Tilgungsform.

Beispiel 10 (Tilgungsformen von Darlehen)

Ein Kreditinstitut reicht an ein Unternehmen ein Darlehen mit einer Darlehenssumme von 100 000 Euro und einer Laufzeit von vier Jahren zu einem Zinssatz von sechs Prozent p. a. aus. Neben den Zins- und Tilgungszahlungen fallen keine weiteren Zahlungen, z. B. Gebühren, an. Als weitere Vereinfachung gehen wir von jährlichen Zahlungen aus, wenngleich monatliche oder vierteljährliche Zahlungen bei Darlehen weitaus üblicher sind.

In Abhängigkeit von der gewählten Tilgungsform ergeben sich die in den Tabellen 22 bis 25 dargestellten Zahlungen. Diese lassen sich mit Ausnahme der Gesamtrate beim Annuitätendarlehen intuitiv ermitteln. Für diese Rate – auch kurz als Annuität bezeichnet – gilt:

$$(35) \qquad \text{Annuität} = \text{Darlehenssumme} \times \frac{(1 + \text{Zinssatz})^{\text{Laufzeit}} \times \text{Zinssatz}}{(1 + \text{Zinssatz})^{\text{Laufzeit}} - 1}$$

Annuitäten- und Tilgungsdarlehen spielen in der Kreditwirtschaft eine große Rolle und werden etwa in gleichem Maße von Unternehmen in Anspruch genommen. Rund 50 Prozent aller Unternehmen nutzen mindestens eine dieser beiden Finanzierungsformen.

Weniger geläufig sind endfällige Darlehen oder Darlehen ohne zwischenzeitliche Zahlungen, da diese in den meisten Fällen durch fällige Lebensversicherungen oder Bausparverträge getilgt werden, die von Privatpersonen abgeschlossen werden. Praxisrelevant ist das bei kleinen Unternehmen, in denen ein Gesellschafter sein Privatvermögen zur Verfügung stellt. Daher liegt der Anteil der Unternehmen, die diese Darlehen nutzen, lediglich zwischen fünf und zehn Prozent.

Jahr	Schuld zu Jahresbeginn	Gesamtrate	Zins	Tilgung	Schuld zum Jahresende
1	100 000,00 €	28 859,15 €	6 000,00 €	22 859,15 €	77 140,85 €
2	77 140,85 €	28 859,15 €	4 628,45 €	24 230,70 €	52 910,15 €
3	52 910,15 €	28 859,15 €	3 174,61 €	25 684,54 €	27 225,61 €
4	27 225,61 €	28 859,15 €	1 633,54 €	27 225,61 €	—

Tabelle 22:   Zins- und Tilgungsplan eines Annuitätendarlehens

Jahr	Schuld zu Jahresbeginn	Gesamtrate	Zins	Tilgung	Schuld zum Jahresende
1	100 000,00 €	31 000,00 €	6 000,00 €	25 000,00 €	75 000,00 €
2	75 000,00 €	29 500,00 €	4 500,00 €	25 000,00 €	50 000,00 €
3	50 000,00 €	28 000,00 €	3 000,00 €	25 000,00 €	25 000,00 €
4	25 000,00 €	26 500,00 €	1 500,00 €	25 000,00 €	–

Tabelle 23:   Zins- und Tilgungsplan eines Tilgungsdarlehens

Jahr	Schuld zu Jahresbeginn	Gesamtrate	Zins	Tilgung	Schuld zum Jahresende
1	100 000,00 €	6 000,00 €	6 000,00 €	–	100 000,00 €
2	100 000,00 €	6 000,00 €	6 000,00 €	–	100 000,00 €
3	100 000,00 €	6 000,00 €	6 000,00 €	–	100 000,00 €
4	100 000,00 €	106 000,00 €	6 000,00 €	100 000,00 €	–

Tabelle 24:   Zins- und Tilgungsplan eines endfälligen Darlehens

Jahr	Schuld zu Jahresbeginn	Gesamtrate	Zins	Tilgung	Schuld zum Jahresende
1	100 000,00 €	–	–	–	106 000,00 €
2	106 000,00 €	–	–	–	112 360,00 €
3	112 360,00 €	–	–	–	119 101,60 €
4	119 101,60 €	126 247,70 €	26 247,70 €	100 000,00 €	–

Tabelle 25:   Zins- und Tilgungsplan eines Darlehens ohne zwischenzeitliche Zahlungen

Kapitalkosten

Wie schon für Kontokorrent- und andere kurzfristige Bankkredite findet man auch für mittel- bis langfristige Kredite von Banken einen ersten Anhaltspunkt für die damit verbundenen Kapitalkosten in den Monatsberichten der Deutschen Bundesbank. Für März 2005 sind dort für das Neugeschäft deutscher Banken bezüglich Krediten an nicht-finanzielle Kapitalgesellschaften mit anfänglicher Zinsbindung die in Tabelle 26 (Seite 146) zusammengefassten Effektivzinssätze angegeben. Diese Daten sowie die in Abschnitt 10.2 angegebenen Effektivzinssätze lassen Zweierlei erkennen: Der Effektivzinssatz eines Kredits war im März 2005 einerseits umso höher, je länger die Laufzeit des Kredites ausfiel, und andererseits umso niedriger, je größer das Kreditvolumen war.

Kreditvolumen	bis 1 Mio. €		über 1 Mio. €	
Laufzeit	1 – 5 Jahre	über 5 Jahre	1 – 5 Jahre	über 5 Jahre
Effektivzinssatz	4,70 % p. a.	4,71 % p. a.	3,68 % p. a.	4,23 % p. a.

Tabelle 26:   Durchschnittliche Effektivzinssätze im Kreditneugeschäft an Unternehmen im März 2005; Quelle: Deutsche Bundesbank (2005)

Neben den Zinskosten kommt auf den Kreditnehmer im Allgemeinen eine Kreditprovision in Höhe von einem Prozent der Darlehenssumme zu. Daneben werden langfristige Bankkredite in der Regel nur gegen dingliche Sicherheiten (vor allem Grundpfandrechte) ausgereicht. Auch die Stellung von Sicherheiten ist wieder mit Kosten für den Kreditnehmer verbunden. Einige Banken verlangen die Einrichtung eines eigenen Kreditkontos, wobei mitunter Gebühren anfallen. Insgesamt sind neben den Zinskosten eine Reihe weiterer Kosten mit dem Kredit verbunden, welche die Kapitalkosten der Kreditaufnahme erhöhen, wie das folgende Beispiel verdeutlicht.

Beispiel 11 (Kapitalkosten eines langfristigen Bankkredites)

Ein Unternehmen nimmt bei seiner Bank ein endfälliges Darlehen in Höhe von 50 000 Euro mit einer Laufzeit von zehn Jahren zu einem Nominalzinssatz von fünf Prozent p. a. auf. Die Zinszahlungen erfolgen jährlich.

Werden keine weiteren Provisionen, Gebühren und Kosten (beispielsweise für die Stellung von Sicherheiten) fällig, so beträgt die Einzahlung aus Sicht des Unternehmens zu Beginn 50 000 Euro, die Auszahlungen am Ende der Jahre 1 bis 9 lauten jeweils 2 500 Euro und die Auszahlung am Ende beträgt 52 500 Euro. Der Kapitalkostensatz entspricht dann dem Nominalzinssatz in Höhe von fünf Prozent p. a.

Eine Bereitstellungsgebühr in Höhe von einem Prozent der Darlehenssumme verringert die Nettozahlung zu Beginn auf 49 500 Euro, bei unveränderten Zahlungen am Ende der Jahre 1 bis 10. Dadurch ergibt sich ein Kapitalkostensatz von 5,13 Prozent p. a.

Nehmen wir zusätzlich an, dass das Darlehen durch eine Grundschuld zu besichern ist, zu deren Eintragung Notar- und Amtsgerichtskosten von jeweils einem Prozent der Höhe der Grundschuld (in Höhe der Darlehenssumme) anfallen, so verringert sich die Nettozahlung zu Beginn auf 48 500 Euro, bei unveränderten Zahlungen am Ende der Jahre 1 bis 10. Der Kapitalkostensatz lautet jetzt 5,40 Prozent p. a.

Ist nun auch ein eigenes Darlehenskonto einzurichten, für das am Ende der Jahre 1 bis 10 jeweils Gebühren in Höhe von 60 Euro anfallen, so beträgt die Nettozahlung aus Sicht des Unternehmens zu Beginn zwar weiterhin 48 500 Euro, die Nettozahlungen am Ende der Jahre 1 bis 9 lauten nun jedoch jeweils 2 560 Euro und die Nettozahlung am Ende des letzten Jahres beträgt 52 560 Euro. Insgesamt ergibt sich ein Kapitalkostensatz von 5,52 Prozent p. a., der um mehr als zehn Prozent über dem Nominalzinssatz liegt.

Dabei haben wir bislang lediglich Aspekte berücksichtigt, die sich unmittelbar monetär bewerten lassen. Rechnet man die Arbeitszeit des Unternehmers für das Kreditgespräch, die Vorbereitung sowie die Aufbereitung der Unterlagen, welche die Bank regelmäßig fordert, hinzu und berücksichtigt diese in den Auszahlungen aus Unternehmenssicht, führt das zu einer weiteren Erhöhung des Kapitalkostensatzes.

Disagio

Das Disagio bezogen auf den Auszahlungsbetrag eines Kredits (Auszahlungsdisagio, Auszahlungsabschlag oder im Hypothekenkreditgeschäft auch Damnum) ist der Betrag, um den die Auszahlungssumme des Kredits den Rückzahlungsbetrag unterschreitet.

Durch die Verwendung eines Disagios lassen sich Kredite (bei gleichem Effektivzinssatz) mit einem niedrigeren Nominalzinssatz und folglich niedrigeren Zinszahlungen für den Kreditnehmer ausstatten. Bei gleichem Disagio (und gleichem Effektivzinssatz) fällt die Reduzierung der Zinszahlungen dabei umso höher aus, je kürzer die Laufzeit des Kredits ist. Die so vorerst erzielte Verringerung der Liquiditätsbelastung eines Unternehmens wird jedoch durch eine spätere Erhöhung der Liquiditätsbelastung auf Grund der Erhöhung der Darlehenssumme erkauft.

Beispiel 12 (Disagio)

Ein Unternehmen benötigt zum Kauf einer Immobilie ein Darlehen in Höhe von 1 Mio. Euro. Seine Bank bietet ihm ein endfälliges Darlehen mit einer Laufzeit von zwei Jahren zum Zinssatz von acht Prozent p. a. an. Eine Anschlussfinanzierung wird ebenfalls in Aussicht gestellt. Bei jährlichen Zinszahlungen würde dieses Darlehen zu einer Liquiditätsbelastung des Unternehmens in Höhe von 80 000 Euro p. a. führen.

Da das Unternehmen in den nächsten zwei Jahren auch andere liquiditätsbelastende Verpflichtungen hat, soll das Darlehen so gestaltet werden, dass die daraus resultierende Liquiditätsbelastung nicht mehr als 60 000 Euro p. a. beträgt. Gewählt wird dazu eine vom Effektivzinssatz her gleichwertige Konditionenvariante mit Disagio.

Bei einem Disagio von vier Prozent und gleichem Auszahlungsbetrag wie zuvor in Höhe von 1 Mio. Euro beträgt die Darlehens- bzw. Rückzahlungssumme 1 041 667 Euro. Bei gleichem Effektivzinssatz wie zuvor in Höhe von acht Prozent p. a. ergibt sich die jährliche Zinszahlung gemäß folgender Gleichung:

$$(36) \qquad 1\,000\,000\;€ = \frac{\text{Zinszahlung}}{1{,}08} + \frac{1\,041\,667\;€ + \text{Zinszahlung}}{1{,}08^2}$$

Dies führt auf eine jährliche Zinszahlung von 59 968 Euro bzw. einen Nominalzinssatz von 5,76 Prozent p. a.

Werden die in Aussicht gestellte Anschlussfinanzierung als endfälliges Darlehen gestaltet, wieder mit einem Zinssatz von acht Prozent p. a. ausgestattet und kein Disagio gewählt, so beträgt die Liquiditätsbelastung des Unternehmens ab dem dritten Jahr 83 333

Euro p. a., da die Darlehenssumme nun 1 041 667 Euro beträgt. Die Liquiditätsbelastung liegt dann also über derjenigen der Ausgangsvariante ohne Disagio.

Die Verringerung der Liquiditätsbelastung in den ersten beiden Jahren um jeweils 20 032 Euro wird durch eine Erhöhung der Darlehenssumme um 41 667 Euro sowie eine daraus resultierende Erhöhung der Liquiditätsbelastung ab dem dritten Jahr um jeweils 3 333 Euro gegenüber der Ausgangsvariante ohne Disagio erkauft. Würde dem Unternehmen für das Anschlussdarlehen wieder eine Konditionenvariante mit Disagio gewährt, würde dieser Effekt in die Zukunft verschoben und dabei verstärkt werden.

10.6   Bonitätsprüfung und bankinterne Ratings

Die Kreditvergabe an Unternehmen stellt für Banken ein strategisches Geschäftsfeld dar. Bei einem durchschnittlichen deutschen Kreditinstitut entfallen etwa zwei Drittel bis drei Viertel der Aktivseite auf Kredite. Das Kreditgeschäft bildet somit eine wichtige Ertragsquelle, allerdings unter der Voraussetzung, dass die vergebenen Kredite inklusive Zinsen überwiegend ordnungsgemäß zurückgeführt werden.

Zahlungsausfälle (insgesamt 39 213 Unternehmensinsolvenzen in Deutschland im Jahr 2004, dies entspricht einer Insolvenzquote von 1,34 Prozent) haben in den zurückliegenden Jahren die Krediterträge der deutschen Kreditinstitute negativ beeinflusst. Im Wettbewerb der Banken lastet daneben auch ein Margendruck auf der Ertragskraft des Kreditgeschäfts. Deshalb überprüfen Banken vor einer Kreditvergabe umfassend die Kreditwürdigkeit des Kreditnehmers. Das oberste Ziel dieser Prüfung liegt in der Beurteilung der Kapitaldienstfähigkeit.

Die Durchführung der Kreditwürdigkeitsprüfung erfolgt heute überwiegend durch einen Ratingprozess. Zuvor muss jedoch überprüft werden, ob der potenzielle Kreditnehmer überhaupt rechtswirksam Kreditverträge abschließen kann, also die Kreditfähigkeit besitzt. Kreditfähig sind sowohl natürliche als auch juristische Personen, die voll geschäftsfähig sind. Eine juristische Person erlangt ihre Geschäftsfähigkeit durch Eintragung in das Handelsregister, das beim zuständigen Amtsgericht geführt wird. Ein aktueller Auszug aus dem Handelsregister ist bei der Kreditbeantragung vorzulegen und die vertretende Person, in der Regel der Geschäftsführer bzw. Vorstand, muss sich ausweisen, damit geprüft werden kann, ob er berechtigt ist, das Unternehmen zu vertreten.

Die Bonitätsprüfung gliedert sich dann in die Prüfung quantitativer Faktoren, die auch als Hard-Facts bezeichnet werden, und qualitativer Faktoren, die auch als Soft-Facts bezeichnet werden:

■   Zu den Hard-Facts zählen die Daten aus vergangenen Jahresabschlüssen (Gewinn- und Verlustrechnung (GuV) und Bilanz), Zwischenabschlüssen und betriebswirtschaftlichen Auswertungen (BwAs) sowie Zahlen mit Zukunftsbezug, die sich beispielsweise aus der Auftragslage und den damit verbundenen Planzahlen (Umsatz-,

Liquiditäts-, Investitions- und Personalplan) ergeben. Diese Daten werden zu Bilanzkennzahlen verdichtet. Weiter gehören Unternehmensindikatoren zu den Hard-Facts, die sich zwar in Form von Kennzahlen ausdrücken lassen, zu deren Bestimmung aber auch quantitative Daten außerhalb von Bilanz und GuV notwendig sind.

■ Die Soft-Facts sollen bonitätsrelevante Aspekte des Unternehmens erfassen, die sich kaum quantifizieren lassen. Sie werden meist anhand umfangreicher Kataloge abgefragt. Im Zentrum des Interesses stehen dabei das Marktumfeld, in dem das Unternehmen agiert, sowie die Struktur und das Management des Unternehmens. Dabei werden auch potenziell die Existenz des Unternehmens gefährdende Tatbestände ermittelt. Außerdem gehört das Einholen weiterer Auskünfte über den Kreditnehmer zu diesem Bereich. Daneben spielt natürlich auch die geplante Verwendung der bereitzustellenden Mittel eine große Rolle, die in einem Businessplan dargestellt werden kann.

Hard-Facts

Zu den Hard-Facts zählen vor allem Jahresabschlussdaten. Dies ergibt sich auch schon aus § 18 KWG, wonach ein Kreditinstitut einen Kredit von insgesamt mehr als 750 000 Euro (ehemals 250 000 Euro) nur gewähren darf, wenn es sich vom Kreditnehmer die wirtschaftlichen Verhältnisse, insbesondere durch Vorlage der Jahresabschlüsse, offen legen lässt. Diese Regelung wird von Banken auch bei der Vergabe kleinerer Kreditsummen umgesetzt.

Verschiedene Zahlen aus den Jahresabschlüssen (und auch Zwischen- sowie Planabschlüssen) werden dann zu Bilanzkennzahlen aggregiert. Bilanzkennzahlen können folgenden Gruppen entstammen:

■ Kennzahlen zur Kapitalstruktur

Zu diesen Kennzahlen zählen die Eigen- bzw. die Fremdkapitalquote sowie der Verschuldungsgrad (Quotient aus Fremd- und Eigenkapital), die sich ineinander überführen lassen und somit eine identische Aussagekraft besitzen.

■ Kennzahlen zur Anlagendeckung (Anlagendeckungsgrade)

Diese Kennzahlen drücken aus, inwieweit langfristig gebundene Aktiva (Anlagevermögen) durch langfristige Passiva (Eigenkapital und langfristige Verbindlichkeiten) gedeckt sind. Die fristenkongruente Finanzierung findet Ausdruck in der so genannten goldenen Bilanzregel.

■ Kennzahlen zur Liquidität (Liquiditätsgrade)

Diese Kennzahlen drücken aus, inwieweit kurzfristige Passiva (kurzfristige Verbindlichkeiten) durch kurzfristige Aktiva gedeckt sind, setzen also Teile des Umlaufvermögens ins Verhältnis zu den kurzfristigen Verbindlichkeiten. Eine weitere

Kennzahl zur Liquidität ist das Working-Capital, das sich als Differenz aus Umlaufvermögen und kurzfristigem Fremdkapital ergibt.

■ Kennzahlen auf Basis des Cashflows, der im Gegensatz zum Jahresüberschuss den
zahlungswirksamen Periodenerfolg misst

Zu diesen Kennzahlen zählt die Nettoinvestitionsdeckung, die den Cashflow zu den
Nettoneuinvestitionen ins Verhältnis setzt und damit beschreibt, inwieweit die Investitionen eines Unternehmens aus eigener Kraft getätigt werden können. Weiter
zählt dazu der Entschuldungsgrad, der den Cashflow zu der Effektivverschuldung
(Verbindlichkeiten vermindert um die liquiden Mittel) ins Verhältnis setzt und damit
beschreibt, welcher Anteil der Verschuldung durch den erzielten Cashflow getilgt
werden könnte. Identische Aussagekraft besitzt der dynamische Verschuldungsgrad,
der die Effektivverschuldung ins Verhältnis zum Cashflow setzt und damit beschreibt, wie viele Jahre ein Unternehmen ohne Neuverschuldung bei konstantem
Cashflow und ausschließlicher Verwendung des Cashflows zur Schuldentilgung benötigen würde, um seine Schulden vollständig zu tilgen.

■ Rentabilitätskennzahlen

Diese Kennzahlen setzen einen Erfolgsmaßstab (Jahresüberschuss bzw. Cashflow
vor oder nach Zinsen) ins Verhältnis zum eingesetzten Kapital (Eigen- oder Gesamtkapital) oder auch zum Umsatz. Je nach Wahl erhält man die Eigenkapitalren-
tabilität (Jahresüberschuss bzw. Cashflow bezogen auf das Eigenkapital), die Gesamtkapitalrentabilität (Jahresüberschuss bzw. Cashflow vor Zinsen bezogen auf das
Gesamtkapital), den Return-on-Investment (RoI, Jahresüberschuss bzw. Cashflow
bezogen auf das Gesamtkapital) oder die Umsatzrentabilität (Jahresüberschuss bzw.
Cashflow bezogen auf den Umsatz).

■ Intensitätskennzahlen

Diese Kennzahlen können verschiedene Bilanzpositionen ins Verhältnis zur Bilanzsumme oder verschiedene Positionen der GuV ins Verhältnis zum Umsatz setzen.
Zu Ersteren gehören die Rücklagenintensität, die darlegt, in welchem Umfang Gewinne thesauriert werden, sowie die Anlagen- und die Umlaufintensität, zwei Kennzahlen mit identischer Aussagekraft, die auf eine eventuelle Starrheit des Unternehmens oder auf einen hohen Material- oder Forderungsbestand hinweisen können. Zu
Letzteren gehören die Personalintensität, die die Arbeitsintensität im Unternehmen
misst, die Materialintensität, die die Effizienz des Materialeinsatzes beschreibt, sowie die Zinsintensität, die angibt, welcher Anteil am Umsatz den Fremdkapitalgebern zufließt.

■ Umschlagskennzahlen

Beispiele für diese Kennzahlen sind die Kapitalumschlagshäufigkeit, die den Umsatz ins Verhältnis zum Gesamtkapital setzt, die Vorratslager-Umschlagdauer, die
die Vorräte ins Verhältnis zum Umsatz setzt, sowie der Forderungsumschlag, der

die Forderungen aus Lieferungen und Leistungen ins Verhältnis zum Umsatz setzt und damit das Zahlungsverhalten der Kunden beschreibt.

Zu den Bilanzkennzahlen sei angemerkt, dass sie Banken nicht direkt aus den Jahresabschlüssen berechnen, die ihnen von den Kreditnehmern vorgelegt werden. Diese werden vielmehr zunächst bereinigt. Dazu gehören beispielsweise:

- Saldierung der aktivierten Aufwendungen für Ingangsetzung und Erweiterung des Geschäftsbetriebs mit dem Eigenkapital;

- Saldierung ausstehender und noch nicht eingeforderter Einlagen mit dem gezeichneten Kapital;

- Verrechnung des aktivierten Geschäfts- und Firmenwerts mit dem Eigenkapital;

- Umgliederung des aktivischen Rechnungsabgrenzungspostens in das Umlaufvermögen;

- Aussonderung von Disagiobeträgen aus dem Rechnungsabgrenzungsposten und Verrechnung mit dem Eigenkapital;

- Saldierung der aktiven latenten Steuern gegen das Eigenkapital;

- Aufteilung des Sonderpostens mit Rücklageanteil auf Eigen- und kurzfristiges Fremdkapital;

- Aufteilung von Baukostenzuschüssen auf Eigen- und langfristiges Fremdkapital;

- Zurechnung des passivischen Rechnungsabgrenzungspostens zum kurzfristigen Fremdkapital;

- Berücksichtigung von Verbindlichkeiten, die sich beispielsweise aus Leasingverträgen ergeben (vgl. Abschnitt 15.1).

Die Unternehmensindikatoren dienen zur Beurteilung der verschiedenen so genannten Primär- und Sekundäraktivitäten entlang der Wertschöpfungskette eines Unternehmens, wobei wir uns bei der Darstellung auf die jeweiligen Indikatoren beschränken wollen, die nicht bereits aus Jahresabschlussdaten ermittelbar sind.

- Primäraktivität Einkauf und Eingangslogistik

  Wichtige Indikatoren sind hier der Lieferbereitschaftsgrad als Anteil termingetreuer Lieferungen und die Lieferverzugsquote als durchschnittlicher Lieferverzug in Bezug zur durchschnittlichen Lieferzeit, welche die Zuverlässigkeit der Lieferanten des Unternehmens messen. Weiter sind die Reklamationsquote und die Beschaffungszeit für Materialien und Vorprodukte von Bedeutung, die die Qualität und Flexibilität im Beschaffungsbereich beschreiben.

  Verschiedene Abhängigkeiten im Beschaffungsbereich können durch den Importanteil als Anteil des Lieferantenumsatzes aus dem Ausland, die Anzahl der so genannten A-Lieferanten als Anzahl der umsatzstärksten Lieferanten, deren Umsätze zusammen z. B. 80 Prozent des gesamten Lieferantenumsatzes ausmachen, sowie die Lieferantenkonzentration als Anteil des Beschaffungsvolumens, der auf die z. B. zehn Prozent der umsatzstärksten Lieferanten entfällt, aufgedeckt werden. Solche Werte erhält man z. B. mittels ABC-Analyse.

▪ Primäraktivität Leistungserstellung

Wichtige Indikatoren sind hier die Ausschussquote als Anteil nicht verwertbarer Produkte bzw. Teile, die die Produktqualität beschreibt, die Anteile von Durchlauf- und Rüstzeiten an der Produktionszeit, die die Effizienz der Nutzung betrieblicher Kapazitäten messen, sowie der Kapazitätsauslastungsgrad technischer Anlagen und der Beschäftigungsgrad als Anteil der geleisteten an den geplanten Arbeitsstunden, die die Inanspruchnahme betrieblicher und personeller Kapazitäten beschreiben. Die Sortimentsbreite wird durch die Anzahl der A-Produkte als Anzahl der Produkte gemessen, mit denen zusammen z. B. 80 Prozent des gesamten Umsatzes erzielt werden.

▪ Primäraktivität Absatz und Ausgangslogistik

Wichtige Indikatoren sind auch hier der Lieferbereitschaftsgrad und die Lieferverzugsquote, die die Zuverlässigkeit des Unternehmens bei Auslieferungen messen. Die Effizienz des Vertriebs wird durch den durchschnittlichen Umsatz pro Kunde dargestellt. Verschiedene Abhängigkeiten im Absatzbereich können durch den Exportanteil als Anteil des Umsatzes im Ausland, die Anzahl der A-Kunden als Anzahl der umsatzstärksten Kunden, deren Umsätze zusammen z. B. 80 Prozent des Gesamtumsatzes ausmachen, sowie die Kundenkonzentration als Anteil des Absatzvolumens, der auf die z. B. zehn Prozent der umsatzstärksten Kunden entfällt, aufgedeckt werden.

▪ Primäraktivität Kundenservice und Marketing

Ein wichtiger Indikator ist hier die Bearbeitungszeit bei Kundenanfragen als durchschnittliche Dauer, die zwischen dem Eingang von Kundenanfragen und der Reaktion des Unternehmens durch Angebotserstellung liegt. Die Kundenzufriedenheit wird durch die Reklamationsquote als Anzahl der beanstandeten Auslieferungen des Unternehmens bezogen auf die Gesamtanzahl der Auslieferungen sowie die Wiederkaufrate der Kunden beschrieben.

▪ Sekundäraktivität Unternehmen und Unternehmensinfrastruktur

Wichtige Indikatoren sind hier die Anzahl der Produktionsstätten und der Beschäftigten. Daneben spiegelt der relative Marktanteil als Marktanteil des Unternehmens bezogen auf den Marktanteil der z. B. drei größten Konkurrenten die Stellung des Unternehmens im relevanten Markt wider.

- Sekundäraktivität Personal

  Der Auslastungsgrad der Mitarbeiter wird beispielsweise durch den Umsatz pro Mitarbeiter gemessen. Die Fluktuationsquote als Anzahl der ausgeschiedenen und ersetzten Mitarbeiter bezogen auf den durchschnittlichen Personalbedarf beschreibt die Mitarbeiter-(un-)zufriedenheit. Das Gegenstück stellt die Mitarbeiterloyalität dar, die als die durchschnittliche Dauer der Betriebszugehörigkeit eines Mitarbeiters definiert wird.

  Die Fehlzeitenquote als ausgefallene Arbeitszeit bezogen auf die disponierte Arbeitszeit misst die Arbeitsablaufstabilität. Sowohl eine hohe Fluktuations- als auch eine hohe Fehlzeitenquote ziehen hohe Kosten des Unternehmens nach sich. Entwicklungen im Personalbereich werden durch das Personalwachstum sowie die Kosten von Weiterbildungsmaßnahmen pro Mitarbeiter beschrieben.

- Sekundäraktivität Technologie und Entwicklung

  Der Umfang von Forschung und Entwicklung (F&E) – sowohl in Bezug auf die Beteiligten als auch auf die Aktivitäten – wird durch den Anteil der Mitarbeiter, die im Bereich F&E beschäftigt sind, die F&E-Intensität als Verhältnis von F&E-Ausgaben zum Umsatz sowie den F&E-Output als Anzahl von angemeldeten Patenten oder Schutzrechten beschrieben.

- Sekundäraktivität Finanzen

  Hier erfolgt eine umfassende Beurteilung durch Bilanzkennzahlen sowie die Kontoanalyse.

Die ermittelten Kennzahlen und Indikatoren werden einerseits im Zeitvergleich (über meist drei Jahre vergangenheitsorientiert und daneben auch zukunftsorientiert) sowie im Branchenvergleich analysiert. Bei Letzterem werden die Werte des betreffenden Unternehmens mit den Durchschnittswerten der jeweiligen Branche verglichen, da ihre Ausprägung im Allgemeinen stark branchenabhängig ist.

Soft-Facts

Wie bereits erwähnt spielen die Beurteilung des Marktumfeldes, in dem das Unternehmen agiert, sowie die Struktur und das Management des Unternehmens eine große Rolle im Bereich der qualitativen Faktoren. Ein Katalog hierzu könnte folgende Kriterien (sortiert nach Bereichen) beinhalten:

- Marketing, Markt und Branche

  Produktqualität, Lebenszyklusanalyse der Produkte, Marktposition bzw. Marktanteil der einzelnen Produkte, Zielgruppen und Kunden, absatzpolitisches Instrumentarium, Im- und Exporte, Konkurrenz, allgemeine Branchenlage;

- Rechnungswesen, Planungs- und Kontrollinstrumente

  Qualität der verschiedenen Instrumente des Rechnungswesens (handels- und steuer-rechtlicher Jahresabschluss, Zwischenabschlüsse und kurzfristige Erfolgsrechnung, Kosten- und Leistungsrechnung sowie Investitions-, Finanz- und Liquiditätspla-nung), Aktualität des Rechnungswesens, Einsatz des Rechnungswesens im Unter-nehmen;

- Logistik, Leistungswirtschaft und Technologie

  Lagerbuchhaltung und -kontrolle, Ladenhüter, Qualitätssicherung, Produktionstech-nik, technische Flexibilität, Zustand der Betriebsanlagen und -räume, Forschung und Entwicklung, Umweltbeeinflussung (Emission, Lärm usw.);

- Gesellschafter und Management

  Einfluss der Gesellschafter auf das Management, Gesellschaftsverträge, Teamfähig-keit und Autorität des Managements, Geschäftsgebaren (Vertrauenswürdigkeit, Ver-lässlichkeit, Informationspolitik gegenüber Gläubigern, Kommunikationsbereit-schaft), Alter und Gesundheit der Manager, Nachfolgeregelungen, Fluktuation im Management, fachliche und kaufmännische Qualifikation (Ausbildung, berufliche Entwicklung, Erfahrung, Kompetenz), Kreativität, Risikoeinstellung, privates bzw. familiäres Umfeld;

- Unternehmensorganisation

  Hierarchien und Klarheit der Zuständigkeiten, Betriebklima, Altersstruktur und Ausbildungsstand der Mitarbeiter.

Dass die Branche selbst sowie die Rechtsform und der Standort des Unternehmens wich-tige Faktoren zur Bonitätsbeurteilung darstellen, wird durch die Abbildungen 28 bis 30 auf den Seiten 155 bis 157 veranschaulicht, die Insolvenzanzahlen und -quoten für ver-schiedene Branchen, Unternehmensrechtsformen und Bundesländer veranschaulichen. In Bezug auf die Rechtsform erscheinen höhere Insolvenzquoten bei den Kapitalgesell-schaften im Vergleich zu den Einzelunternehmen und den Personengesellschaften auf Grund der unterschiedlichen Kapitalhaftung einleuchtend.

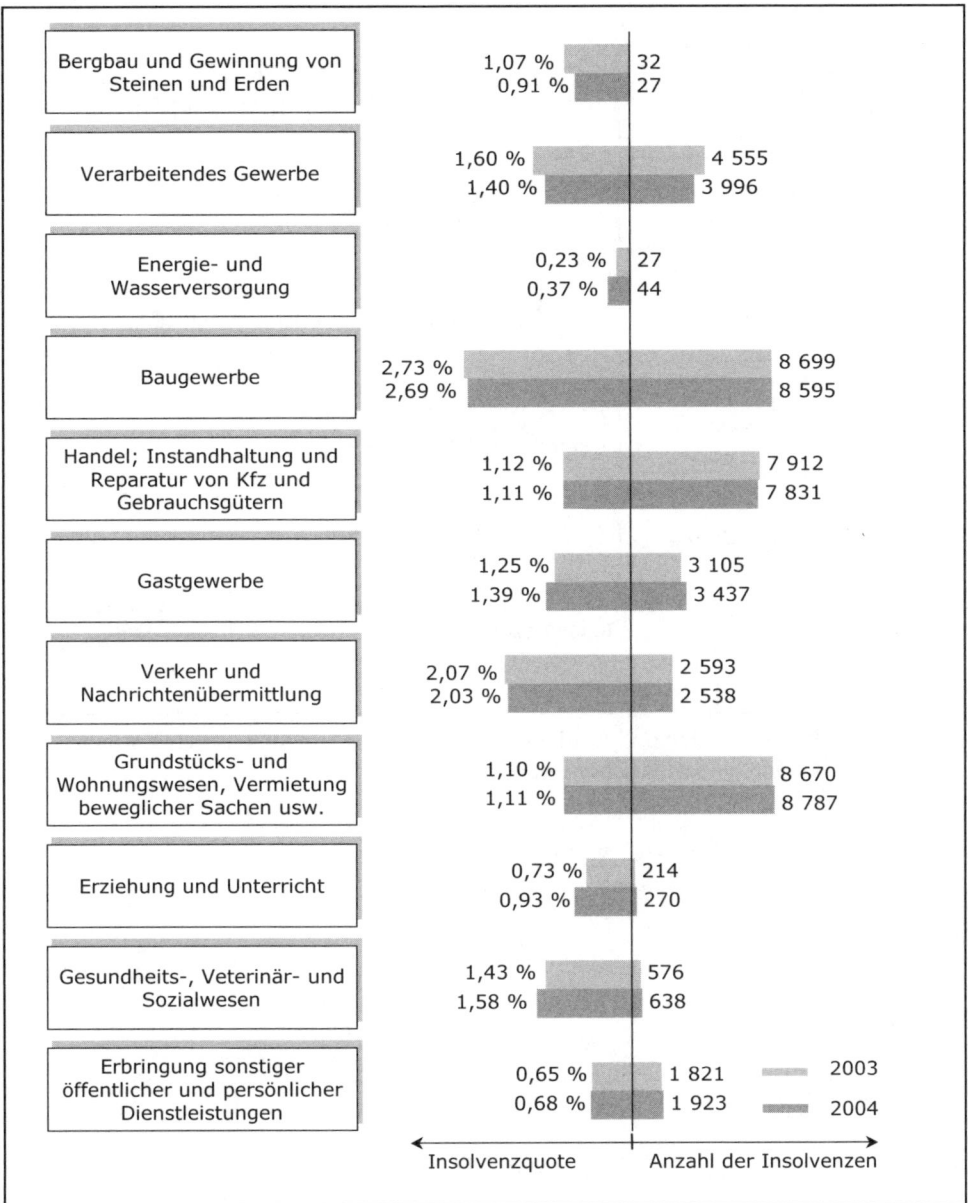

Abbildung 28: Insolvenzen und Insolvenzquoten nach Branchen;
Quelle: Statistisches Bundesamt

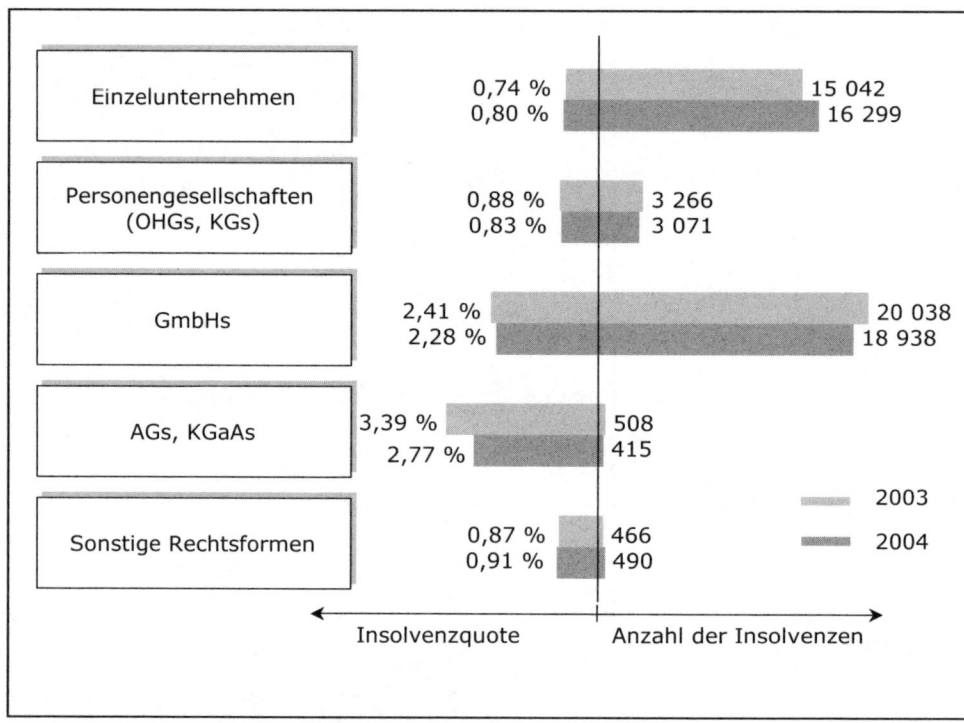

Abbildung 29: Insolvenzen und Insolvenzquoten nach Unternehmensrechtsformen;
Quelle: Statistisches Bundesamt

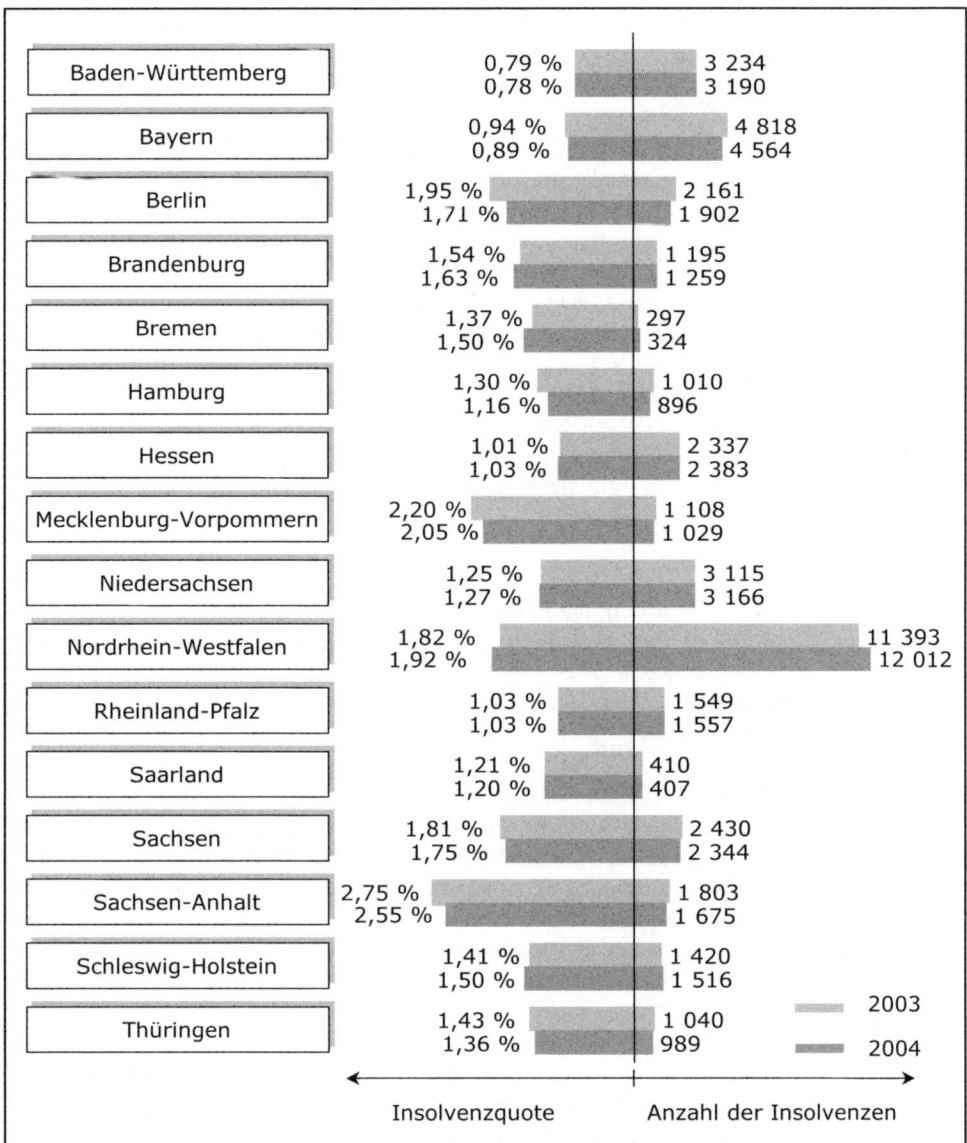

Abbildung 30: Insolvenzen und Insolvenzquoten nach Bundesländern;
Quelle: Statistisches Bundesamt

Potenziell die Existenz des Unternehmens gefährdende Tatbestände können nun folgenden Bereichen entstammen:

▦ Marktbezogene Risiken

Dazu zählen beispielsweise eine Veränderung des Käuferverhaltens auf Grund aktueller Trends oder eine Veränderung der Kaufkraft auf Grund der Arbeitsmarktsituation.

▦ Personenbezogene Risiken

Dazu zählen beispielsweise der Ausfall wichtiger Einzelpersonen wie des Geschäftsführers sowie von Projekt- oder Abteilungsleitern.

▦ Technische Risiken

Hierzu zählen beispielsweise Risiken technischer Anlagen und Produktionsrisiken, die zu einem Ausfall der Produktion oder zu ungeplanten Erhöhungen der Produktionskosten führen können, wie etwa das Risiko der Beschädigung von Produktionsanlagen.

▦ Kommerzielle Risiken

Eine Preis- und Lieferabhängigkeit von nur wenigen bzw. sogar nur einem Unternehmen (Single-Sourcing) stellt beispielsweise eine Bedrohung für ein Unternehmen dar, da eine verspätete Lieferung zur Nicht-Einhaltung von Terminen seitens des Unternehmens führen und Vertragsstrafen nach sich ziehen kann.

▦ Finanzwirtschaftliche Risiken

Wichtigstes Beispiel hier bildet die schlechte Zahlungsmoral von Kunden, die häufig zu Forderungsausfällen führt und somit ein existenzgefährdendes Liquiditätsrisiko enthalten kann. Aus empirischen Studien geht hervor, dass häufig dieser Risikofaktor für die Zahlungsunfähigkeit von Unternehmen und die daraus resultierende Insolvenz verantwortlich ist. Daneben dürfen auch Haftungsverhältnisse, die sich aus Nachschusspflichten und Rücknahmeverpflichtungen ergeben, als Eventualverbindlichkeiten eines Unternehmens nicht unberücksichtigt bleiben.

▦ Administrative Risiken

Hierzu zählen beispielsweise Führungsrisiken, die sich aus unklaren hierarchischen Verhältnissen, ungenügenden Delegationskompetenzen und fehlender Koordination zwischen verschiedenen betrieblichen Stellen ergeben können.

▦ Gesellschaftsbezogene Risiken

Dazu gehören politische Veränderungen, wie z. B. ein Regierungswechsel, der erheblichen Einfluss in finanz-, sozial- und wirtschaftspolitischer Hinsicht besitzen kann.

▨ Naturbezogene Risiken

In diese Gruppe fallen z. B. meteorologische Faktoren wie Schlechtwetterperioden, die Land- und Gastwirtschaftsbetriebe, Reisebüros, die Baubranche usw. beeinflussen können.

Zumindest dann, wenn es sich um eine Kreditverlängerung handelt, kann die Kredit gebende Bank analysieren, wie die bisherige Kontoführung verlief. Dabei wirkt sich eine lange Dauer der Geschäftsverbindung im Allgemeinen positiv aus, denn je länger eine Bank Erfahrung mit einem Kreditnehmer bezüglich der Abwicklung früherer Darlehen besitzt, umso größer ist ihr Vertrauen in ihn, zumindest wenn diese Erfahrungen positiv sind. Negativ wirken sich hingegen Verzögerungen bei Zins- und Tilgungszahlungen aus.

Analysiert wird auch die bisherige Inanspruchnahme von Kontokorrentkrediten. Diese sollte nicht durch eine permanente Führung am Limit oder sogar Überziehungen gekennzeichnet sein. Weitere wichtige Negativmerkmale sind Rücklastschriften, Scheckrückgaben oder Wechselproteste.

Weitere Auskünfte über den Kreditnehmer können in Form von Auskünften anderer Banken, der Industrie- und Handelskammern oder von Wirtschaftsauskunfteien (z. B. Creditreform, Schufa) eingeholt werden. Daneben sind auch die Rückmeldungen der Bundesbank über Millionenkredite (ab 1,5 Mio. Euro Volumen) von Bedeutung. Die Bundesbank führt die durch Bankenmeldungen erfasste Gesamtverschuldung eines Kreditnehmers, die Zahl der Kreditgeber und eine grobe Aufteilung der beanspruchten Kreditarten auf, wobei alle Banken eine Rückmeldung erhalten, die ihrerseits Meldungen über diesen Kreditgeber abgegeben haben. Zudem sind die Wechselprotestlisten zu nennen, in denen alle Schuldner erfasst werden, die Zahlungsverpflichtungen aus Wechseln bei Fälligkeit nicht eingelöst haben.

Hier zeigen sich auch so genannte K.-o.-Kriterien bei der Kreditvergabe, die in der Regel zur Ablehnung des Kreditantrags führen, noch bevor der Ratingprozess durchgeführt wird. Typische K.-o.-Kriterien lauten:

▨ Kreditkündigung bei einer anderen Bank,

▨ Kontopfändung,

▨ lange unvereinbarte Überziehungen in der Vergangenheit,

▨ negative Auskünfte.

Ratingprozess

Zunächst werden die Ausprägungen verschiedener Bilanzkennzahlen, Unternehmensindikatoren, qualitativer Faktoren und Risiken ermittelt und typischerweise mit Punktzahlen (Scores) versehen. Anschließend erfolgt eine Verdichtung der Ergebnisse zu einer Ratingnote. Die Ratingnote stellt somit eine Funktion der verschiedenen quantitativen und qualitativen Faktoren dar. Anschließend erfolgt je nach Ratingnote eine Zuordnung zu Ratingklassen – häufig kurz als Rating bezeichnet –, wobei jede Ratingklasse mit einer bestimmten Bonität der enthaltenen Kreditnehmer, d. h. mit einer bestimmten Bandbreite der Insolvenz- bzw. Ausfallwahrscheinlichkeit, einhergeht.

Welche Faktoren im Einzelnen betrachtet werden, bei welchen Ausprägungen welche Scores vergeben werden, wie die Verdichtung der Ergebnisse zu einer Ratingnote erfolgt, wie dann die Zuordnung zu einzelnen Ratingklassen geschieht und wie viele Ratingklassen existieren, variiert von Bank zu Bank. Jedenfalls sollte ein internes Ratingsystem so gestaltet sein, dass im Nachhinein beobachtbare Ausfallquoten die vorhergesagten (geschätzten) Ausfallwahrscheinlichkeiten der Kreditnehmer innerhalb einer Ratingklasse möglichst gut widerspiegeln. Mit anderen Worten: Die Schätzungen der mit den einzelnen Ratingklassen verbundenen Ausfallwahrscheinlichkeiten müssen stabil sein und die tatsächlichen Ausfallquoten dürfen nur geringfügig um diese Schätzwerte schwanken.

Derzeit werden die quantitativen Faktoren beim Rating mit stärker gewichtet, wobei wiederum die Bilanzkennzahlen den höchsten Stellenwert einnehmen. Dies kann jedoch im Prozess der ständigen Validierung der internen Ratingsysteme der Kreditinstitute nur eine Ausgangskonstellation sein.

Die Anzahl und Nomenklatur der Ratingklassen ist nicht einheitlich. Üblich sind acht bis über 15 Ratingklassen. Diese werden durch Ziffern, Buchstaben, Buchstabenkombinationen oder auch Buchstaben-Ziffern-Kombinationen, gegebenenfalls um Zeichen wie + oder – erweitert, ausgedrückt. Tabelle 27 enthält die bekannte Nomenklatur der Ratingagentur Standard & Poor's (S&P). Dabei handelt es sich um eine externe Ratingagentur und nicht um eine Bank, die interne Ratings erstellt. Auch die idealisierten einjährigen Ausfallwahrscheinlichkeiten, die empirisch über den Zeitraum von 1981 bis 2000 ermittelten einjährigen Ausfallquoten und die bonitätsmäßige Beschreibung der Kreditnehmer für die verschiedenen Ratingklassen sind in der Tabelle angegeben.

Berücksichtigung von Sicherheiten

Bei einem Kreditantrag werden auch Unterlagen über die zu stellenden Sicherheiten (z. B. Unterlagen über das Firmengelände, wenn ein Grundpfandrecht vorgesehen ist) eingereicht. Der bislang dargestellte Ratingprozess – der wie die Ratingklasse auch häufig kurz als Rating bezeichnet wird – ist nämlich rein Kreditnehmer-bezogen, ermittelt also die Bonität des Kreditnehmers vor Besicherung. Bonität vor Besicherung einerseits und Besicherung andererseits sind jedoch substitutive Faktoren, können also einander mehr oder weniger ersetzen. So können trotz geringer Bonität vor Besicherung durch eine gute Besicherung dennoch ansprechende Kreditkonditionen resultieren.

S&P-Rating-klasse	Idealisierte Ausfallwahr-scheinlichkeit	Empirisch ermittelte Ausfallquote	Klassenbeschreibung
AAA	0,01 %	0,00 %	Sehr gut: höchste Bonität; nahezu kein Ausfallrisiko
AA+	0,02 %	0,00 %	Sehr gut bis gut: hohe Zahlungs-wahrscheinlichkeit; geringes Ausfall-risiko
AA	0,03 %	0,00 %	
AA–	0,04 %	0,03 %	
A+	0,05 %	0,02 %	Gut bis befriedigend: angemessene Deckung von Zins und Tilgung; Risikoelemente vorhanden, die sich bei Veränderung des wirtschaftlichen Umfelds negativ auswirken
A	0,07 %	0,05 %	
A–	0,09 %	0,05 %	
BBB+	0,13 %	0,12 %	Befriedigend: angemessene Deckung von Zins und Tilgung; spekulative Elemente oder mangelnder Schutz gegen Veränderungen des wirtschaft-lichen Umfelds vorhanden
BBB	0,22 %	0,22 %	
BBB–	0,39 %	0,35 %	
BB+	0,67 %	0,44 %	Ausreichend: mäßige Deckung von Zins und Tilgung (auch in einem gu-ten wirtschaftlichen Umfeld)
BB	1,17 %	0,94 %	
BB–	2,03 %	1,33 %	
B+	3,51 %	2,91 %	Mangelhaft: geringe Deckung von Zins und Tilgung
B	6,08 %	8,38 %	
B–	10,54 %	10,32 %	
CCC/ CC	18,27 %	21,94 %	Ungenügend: niedrigste Qualität le-bender Engagements; geringster An-legerschutz; akute Gefahr des Zah-lungsverzugs
SD/ D			Zahlungsunfähig: in Zahlungsverzug

Tabelle 27: Ratingkategorien von Standard & Poor's; Quelle: Lüdicke (2003)

10.7 Basel II und Kreditkonditionen

Mit den neuen Vorschlägen des Baseler Ausschusses für Bankenaufsicht zur Eigenkapi-talunterlegung von Krediten (überarbeitete Rahmenvereinbarung zur Internationalen Konvergenz der Kapitalmessung und Eigenkapitalanforderungen, kurz Basel II) stehen – so die Befürchtung – insbesondere mittelständischen Unternehmen schwerere Zeiten bevor. Mit der Umsetzung der neuen Vorschriften wird sich die Eigenkapital-Unter-legungspflicht der Kreditinstitute nach dem Rating bzw. der Ausfallwahrscheinlichkeit der Kreditnehmer bemessen.

Dabei stellen Ratings kein gänzlich neues Instrument dar, schließlich berücksichtigen Kreditentscheidungen schon seit langem die Bonitätseinschätzung eines Unternehmens. Neu ist die fundamentale Bedeutung des Ratings für Banken und Unternehmen. Basel II verlangt, dass Vergleiche zwischen realisierten Ausfallraten und geschätzten Ausfallwahrscheinlichkeiten auf historischen Zeitreihen basieren, die möglichst weit zurückreichen, auch wenn die Vorschriften erst Anfang 2007 in die europäische Gesetzgebung übernommen werden, wobei sich die Regelungen für Deutschland dann im KWG wiederfinden werden. Deshalb arbeiten Banken derzeit mit Hochdruck an umfangreicheren Bonitätsprüfungen.

Nach dem ersten Baseler Akkord von 1988 (Basel I) müssen Kredite an Unternehmen pauschal mit acht Prozent regulatorischem Eigenkapital unterlegt werden. (Die regulatorischen Eigenmittel eines Kreditinstituts umfassen dabei neben dem bilanziellen Eigenkapital noch weiteres so genanntes Kernkapital sowie Ergänzungskapital und Drittrangmittel.) Folglich setzt Basel I keine Anreize, die Quersubventionierung von schlechten durch gute Schuldner zu vermeiden. Basel II verlangt nun die risikoangemessene Eigenkapitalunterlegung von Krediten. Banken müssen also in Zukunft für Schuldner mit gutem Rating weniger Eigenkapital aufweisen als für schlechte Schuldner. Für Letztere wird sich dies tendenziell in höheren Kreditzinssätzen auswirken, was die angesprochene Quersubventionierung mindert. Im Folgenden geht es nun darum, die Auswirkungen von Basel II auf die Gestaltung der Kreditkonditionen herauszuarbeiten.

Die neuen Vorschriften zur Eigenkapitalunterlegung

Der zweite Baseler Akkord stellt eine Bankenrichtlinie dar, die zunächst nur für international tätige Kreditinstitute gilt. Verantwortlich für die Erstellung der Richtlinie ist der Baseler Ausschuss für Bankenaufsicht. Ziel seiner Arbeit ist die Stabilisierung des Finanzsektors. Dies soll über eine Verpflichtung der Banken erreicht werden, die typischen finanzwirtschaftlichen Risiken (das sind Kredit-, Markt- und operationelle Risiken) zu messen und zu steuern. Darin liegt die vorrangige Aufgabe des zweiten Baseler Akkords.

Basel II besteht aus drei Säulen: Die erste Säule regelt die Mindesteigenkapital-Anforderungen von Kreditinstituten und stellt für Unternehmen die relevante Säule dar. Die zweite Säule enthält Aussagen zur Überprüfung der Einhaltung von Standards durch die Bankenaufsicht. Die dritte Säule befasst sich mit Offenlegungspflichten der Kreditinstitute. Die erste Säule umfasst die risikoangemessene Eigenkapitalunterlegung von Kredit-, Markt- und operationellen Risiken – also der typischen Bankrisiken. Unternehmen sind dabei insbesondere von den Vorschriften bezüglich der Kreditrisikounterlegung der ersten Säule betroffen.

Zur Bestimmung der Eigenkapitalunterlegung von Krediten können Banken zwischen einem auf internen Ratings basierenden Ansatz (Internal-Ratings-Based – IRB) und einem Standardansatz mit Ratings durch externe, von der Bankenaufsicht anerkannte Agenturen wählen, wobei die Zulassung externer Ratingagenturen die Einhaltung gewisser Mindestanforderungen voraussetzt. Der Baseler Ausschuss postuliert also einen strengen

Zusammenhang zwischen der Bonitätseinschätzung durch ein internes oder externes Rating und dem Kreditrisiko.

Mit dem Ergebniss der vom Baseler Ausschuss durchgeführten Auswirkungsstudien versucht der Ausschuss, die Vorteilhaftigkeit des IRB-Ansatzes nachzuweisen. Der so genannten Basis-IRB-Ansatz greift dabei im Gegensatz zum Advanced-IRB-Ansatz zur Bestimmung der Eigenkapital-Unterlegungspflicht lediglich auf die Ausfallwahrscheinlichkeit des Kreditnehmers als bankinterne Schätzung und für die restlichen Risikokomponenten (Verlustquote bei Ausfall, erwartete Höhe der Forderungen zum Zeitpunkt des Ausfalls) auf bankenaufsichtliche Vorgaben zurück.

Die Verwendung des Basis-IRB-Ansatzes setzt eine Datenhistorie von Ratingurteilen zur Validierung der bankinternen Ratingmodelle von mindestens fünf Jahren voraus, die selbst bei Anwendung anfänglicher Übergangsregelungen noch mindestens drei Jahre beträgt. Banken führen also schon jetzt umfangreiche Ratings ihrer Kreditnehmer durch, um die geforderte Datenbasis aufzubauen.

Im Folgenden wollen wir den Verlauf der Mindesteigenkapital-Anforderungen in Abhängigkeit von der Ausfallwahrscheinlichkeit für den Standard- und den Basis-IRB-Ansatz veranschaulichen. Dazu ist einführend zu bemerken, dass Kredite an Unternehmen gemäß Basel II verschiedenen Forderungsklassen angehören können, für die unterschiedliche Mindesteigenkapital-Anforderungen bestehen: Bei Retail-Krediten ist der Kreditnehmer eine natürliche Person oder ein kleines Unternehmen. Der Wert für die zusammengefassten Retail-Kredite an einen Kreditnehmer einer Bankengruppe darf 1 Mio. Euro nicht übersteigen. Darüber hinaus können Banken im IRB-Ansatz für Unternehmenskredite zwischen Forderungen an KMU (definiert als Unternehmen mit einem Jahresumsatz von weniger als 50 Mio. Euro) und an große Unternehmen unterscheiden.

Abbildung 31 (Seite 164) veranschaulicht die Vorschriften zur Mindesteigenkapital-Anforderung für den Standard- und den Basis-IRB-Ansatz (Letzterer für Kredite an KMU). Dabei bezieht sich die Ausfallwahrscheinlichkeit auf einen Zeithorizont von einem Jahr. Im Basis-IRB-Ansatz für Forderungen an KMU fließt auch der Jahresumsatz des Kreditnehmers zur Berechnung der Mindesteigenkapital-Anforderung ein. Dieser wurde hier exemplarisch mit 10 Mio. Euro angesetzt.

Die Mindesteigenkapital-Anforderung gibt nun an, in welcher Höhe bezogen auf die ausstehende Forderung regulatorisches Eigenkapital im Kreditinstitut vorhanden sein muss. Zur besseren Übersicht enthält die Abbildung zwei unterschiedlich skalierte Bereiche. Zusätzlich zur Ausfallwahrscheinlichkeit sind zudem die korrespondierenden Ratingklassen in der S&P-Notation angegeben, da diese den Parameter im Standardansatz darstellen.

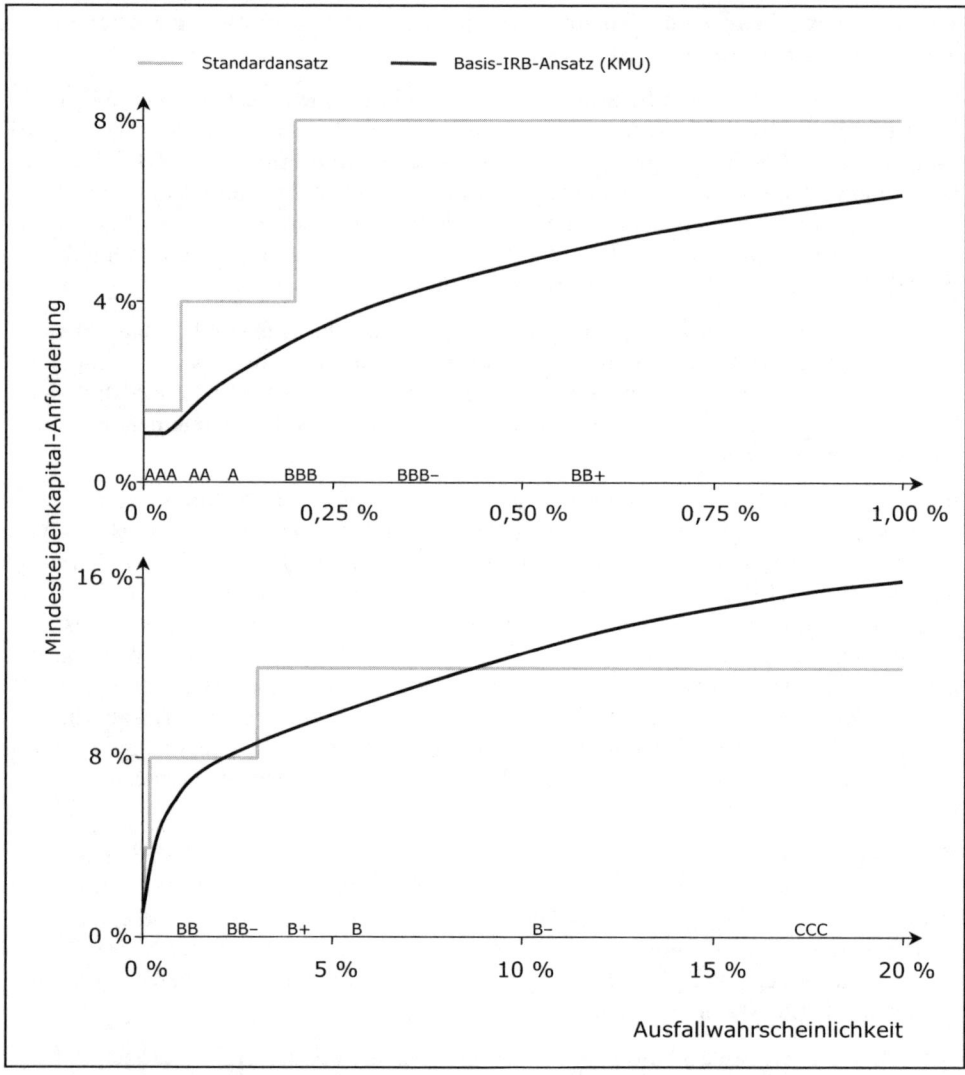

Abbildung 31: Mindesteigenkapital-Anforderung für Kredite an KMU im Standard- und
Basis-IRB-Ansatz

Auswirkungen auf die Kreditkonditionen

Zwar stellen die Vorschriften zur Mindesteigenkapital-Anforderung zunächst nur Vorschriften für Kreditinstitute dar, dennoch gibt es erhebliche Ausstrahlungswirkungen auf
Unternehmen. Sowohl beim externen als auch beim internen Rating müssen sich Kredit-

nehmer mit ungünstiger Bonität auf steigende Kreditzinssätze einstellen. Dieser Effekt wird in der Diskussion um Basel II häufig hervorgehoben.

Dabei wird jedoch oft folgender Zusammenhang übersehen: Kreditinstitute finanzieren sich wie andere Unternehmen auch durch Eigen- und Fremdkapital. Auch Kreditinstitute sind mit der betriebswirtschaftlichen Notwendigkeit konfrontiert, auf Dauer die Eigen- und Fremdkapitalkosten an die Kunden weiterzugeben. Deshalb sind die Kapitalkosten Bestandteil der Preiskalkulation für die Dienstleistungen einer Bank, insbesondere Teil der Kreditkonditionen.

Von Basel II ist vor diesem Hintergrund eine direkte Erhöhung der Kreditkonditionen erst dann zu erwarten, wenn die Eigenkapital-Unterlegungspflicht die Eigenkapitalquote übersteigt, über die das Kreditinstitut ohnehin verfügt. Nun liegt die regulatorische Eigenkapitalquote der Banken in Deutschland im Durchschnitt bei über zehn Prozent (vgl. Tabelle 28). Die Eigenkapitalquote im Bankgewerbe wird daher aus gesamtwirtschaftlicher Sicht keinen Engpass darstellen, weil die Mindesteigenkapital-Unterlegung insgesamt auf dem herrschenden Niveau von acht Prozent bleiben soll.

Bankengruppe	Bilanzielle Eigenkapitalquote	Regulatorische Eigenkapitalquote
Großbanken	3,6 %	13,0 %
Regionalbanken	4,8 %	12,9 %
Sparkassen	3,0 %	10,7 %
Genossenschaften	4,0 %	11,5 %
Realkreditinstitute	1,6 %	11,1 %
Bausparkassen	4,8 %	11,1 %

Tabelle 28:   Eigenkapitalquoten im deutschen Kreditgewerbe;
                   Quelle: Deutsche Bundesbank (2002)

Tatsächlich sind die wesentlichen Auswirkungen von Basel II nicht in den Eigenkapitalkosten zu finden, sondern äußern sich über die Risikomessung mit Ratings in einem anderen Bestandteil der Kreditkonditionen, nämlich dem Bonitätsspread.

Mit dem Rating bzw. der Schätzung der Ausfallwahrscheinlichkeit können Kreditinstitute die Ausfallkosten unternehmensspezifisch kalkulieren, während sie bisher noch überwiegend einen Standardrisiko-Kostensatz für alle Kreditnehmer berechneten. Der Bonitätsaufschlag in Form der Ausfallkosten beeinflusst den Kreditzinssatz in deutlich stärkerem Maße als die durch Basel II veränderte Eigenkapital-Unterlegungsvorschrift. Dieser indirekte Effekt ist daher ein weiteres Ziel von Basel II, kann und will doch der Baseler Ausschuss nicht die Konditionengestaltung vorschreiben.

Abbildung 32 zeigt die Ergebnisse der Kalkulation der Konditionen für einen (KMU-) Kredit, wobei wir zur Bestimmung der Bonitätsaufschläge die durch Basel II vorgegebene Berechnungsvorschrift für das Mindesteigenkapital im Basis-IRB-Ansatz (für KMU) sowie folgende Parameter und Angaben verwendet haben:

- Das Kredit nehmende Unternehmen besitzt einen Jahresumsatz von 10 Mio. Euro.

- Die Kreditlaufzeit beträgt drei Jahre.

- Der Kredit ist endfällig.

- Für den Geldeinkauf setzen wir die Drei-Jahres-Eurorendite mit einem Wert von drei Prozent p. a. an.

- Die Eigenkapitalkosten im Sinne der Renditeforderung der Bankaktionäre betragen 25 Prozent p. a. Hierbei sollen das bilanzielle Eigenkapital in Form des Buchwertes und der Marktwert des Eigenkapitals der Bank übereinstimmen.

- Die Mindesteigenkapital-Anforderung bezieht sich auf das regulatorische Eigenkapital. Der Anteil des bilanziellen am regulatorischen Eigenkapital soll 30 Prozent betragen.

- Die Verlustquote bei Ausfall wird im Basis-IRB-Ansatz mit 45 Prozent festgelegt.

- Die Berechnung des Bonitätsspreads erfolgt so, dass die gemäß Verlustquote bei Ausfall und Ausfallwahrscheinlichkeit erwarteten Zahlungen diskontiert (mit der Drei-Jahres-Eurorendite) auf den Beginnzeitpunkt in der Summe das Kreditvolumen ergeben. Dabei wird eine zusätzliche Risikoprämie der Bank aus Vereinfachungsgründen vernachlässigt; deren Berücksichtigung würde den Bonitätsspread erhöhen.

- Für die operationellen Risiken wird gemäß Basisindikatoransatz ein pauschaler Wert von 15 Prozent vom Kreditzinssatz angesetzt.

- Betriebskosten werden nicht berücksichtigt.

Abbildung 32 macht deutlich, dass bei ungünstiger Bonität weniger die Eigenkapitalkosten der Bank als vielmehr die Ausfallkosten einen großen Teil des Kreditzinssatzes ausmachen. Insgesamt können Unternehmen, die ein gutes Rating erhalten, also mit günstigeren Kreditzinssätzen rechnen als Unternehmen mit schlechten Ratings.

Im Allgemeinen wird davon ausgegangen, dass insbesondere kleine und mittlere Unternehmen über eine weniger günstige Bonität verfügen, z. B. auf Grund des vergleichsweise hohen Verschuldungsgrades. Insgesamt kommt es zu einer Drehung der Zinskurve (vgl. Abbildung 33, Seite 168).

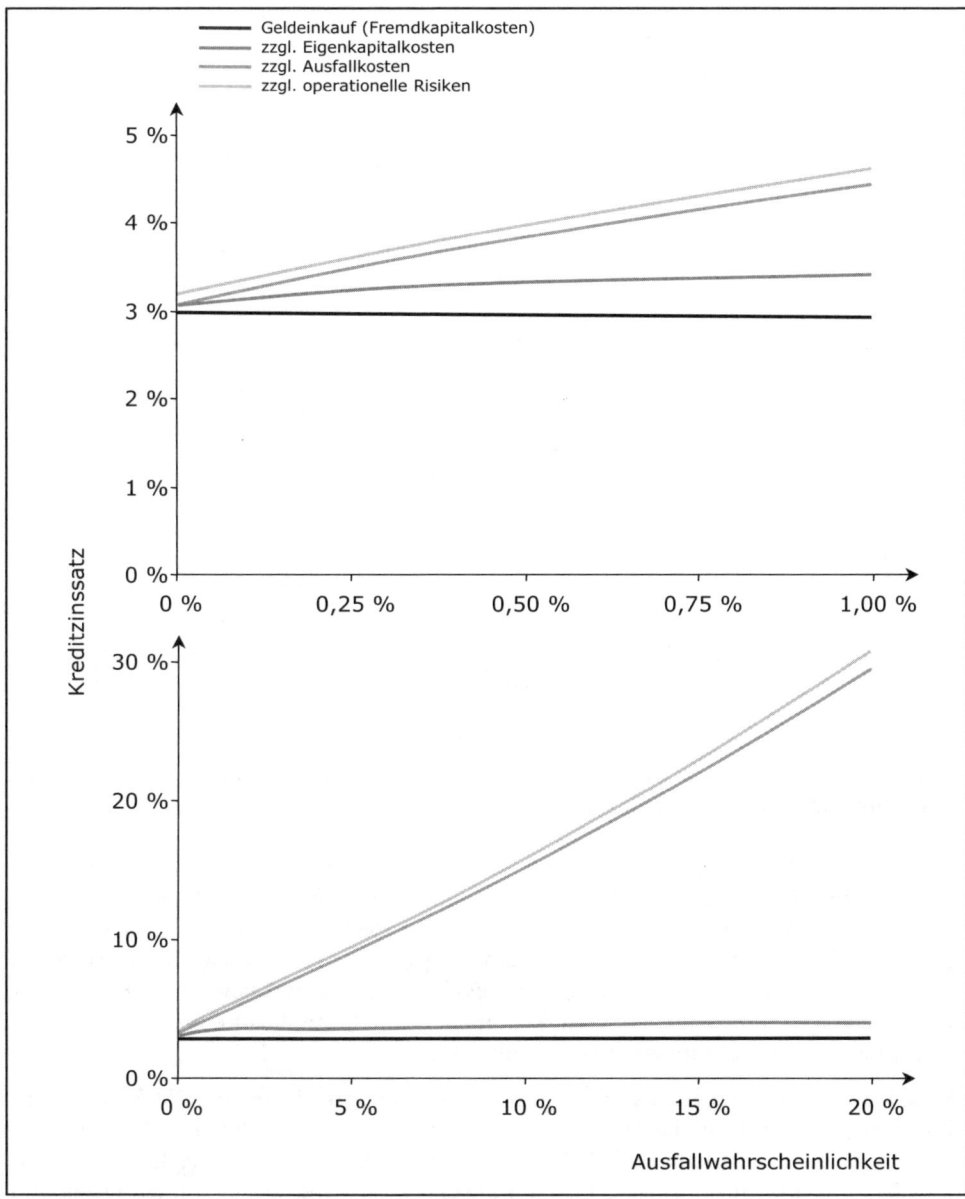

Abbildung 32: Kalkulation der Kreditkonditionen

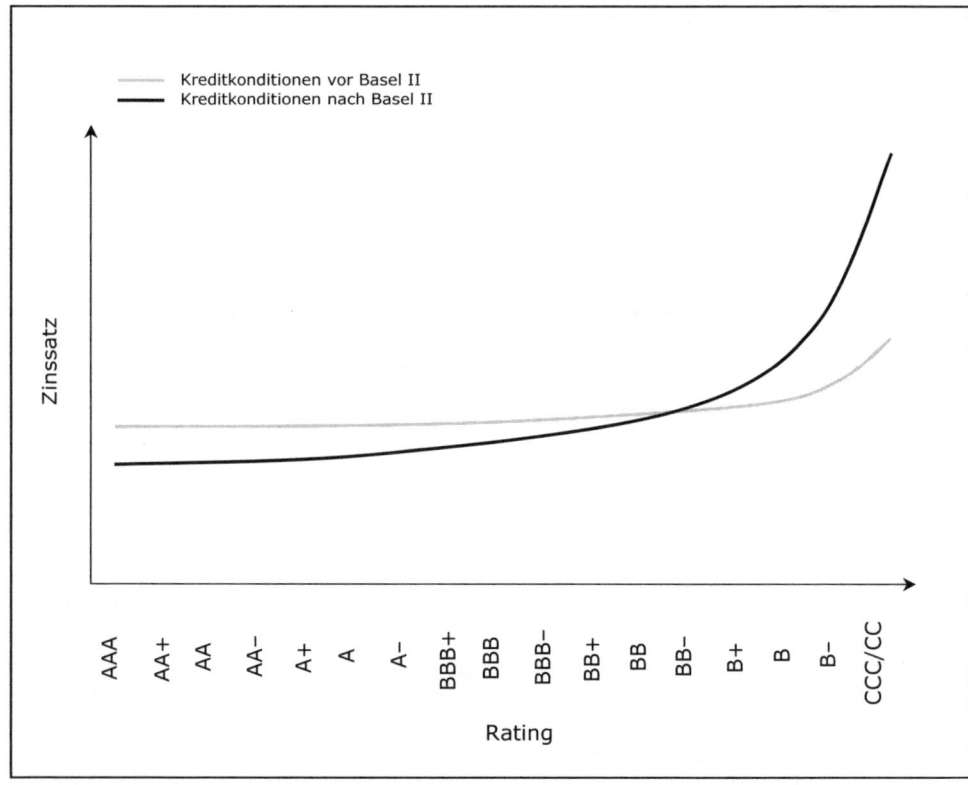

Abbildung 33: Drehung der Zinskurve durch Basel II

Der Kapitalmarkt eilt dieser Entwicklung bereits voraus. So beobachtete man am deutschen Markt für börsennotierte Unternehmensanleihen im Juni 2005 Bonitätsaufschläge in der Größenordnung von durchschnittlich 0,6 Prozentpunkten für Unternehmen mit noch guter Bonität (Ratingkategorie A) und etwa 0,9 Prozentpunkten für Unternehmen mit noch angemessener Deckung von Zins und Tilgung (Ratingkategorie BBB). Die bonitätsabhängige Spreizung der Kreditkonditionen am Kapitalmarkt wird aus Wettbewerbsgründen vom Kreditmarkt übernommen werden.

Abbildung 34 zeigt am Kapitalmarkt gezahlte Bonitätsspreads im Juni 2005. Der Bonitätsspread stellt dabei die Differenz aus der Rendite einer Unternehmensanleihe und der Rendite für bonitätsrisikofreie Anleihen dar, wobei Letztere mit der Rendite einer Bundesanleihe für die entsprechende Laufzeit gleichgesetzt wird. Dabei wurden Daten von Bundes- und Unternehmensanleihen ausgewertet, die auf der Homepage der Stuttgarter Börse Euwax veröffentlicht wurden.

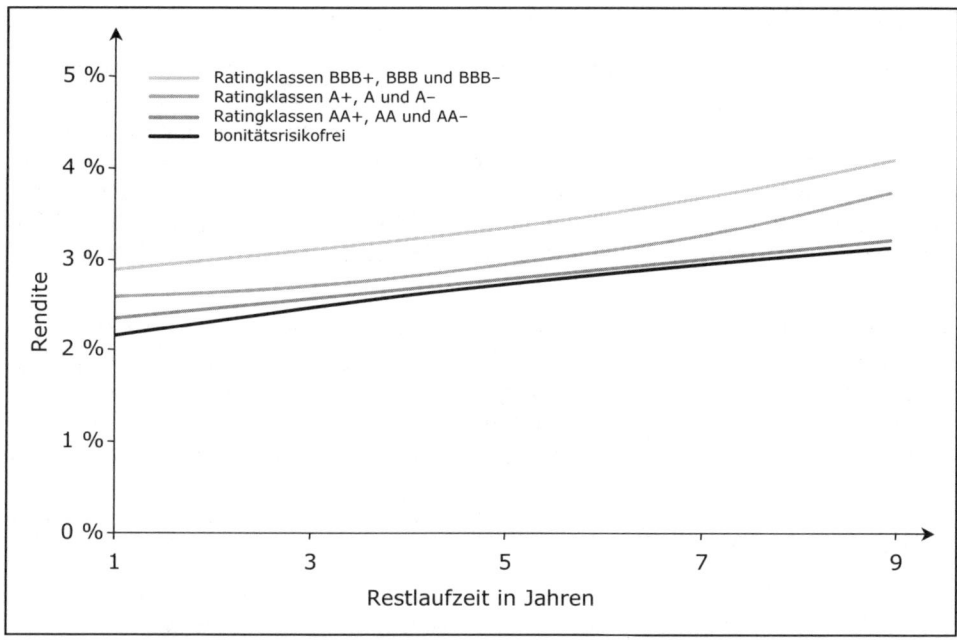

Abbildung 34: Bonitätsspreads am deutschen Kapitalmarkt im Juni 2005

In der Diskussion um die Auswirkungen von Basel II auf die Kreditkonditionen ist ein weiterer Aspekt wichtig: Mit der Entwicklung von Kreditderivaten in der zweiten Hälfte der neunziger Jahre und den steigenden Transaktionsvolumina solcher Kontrakte (gemäß Credit Derivatives Report der British Bankers' Association stieg das internationale Marktvolumen von 180 Mrd. US-Dollar in 1997 auf 5 021 Mrd. US-Dollar in 2004) ist es Banken möglich, Kreditrisiken isoliert zu handeln. Kreditderivate stellen eine Versicherung gegenüber Kreditrisiken dar. Bestimmte Kreditderivate, nämlich Total-Return-Swaps, Credit-Default-Swaps und Credit-Linked-Notes, werden sogar explizit als Instrumente zur Reduzierung der Eigenkapital-Unterlegungspflicht in Basel II genannt.

Damit werden wir eine Entwicklung erhalten, die wir bereits bei Konsumkrediten beobachten konnten: Spezialisierte Kreditinstitute werden auch an Unternehmen mit ungünstiger Bonität Kredite vergeben, jedoch nur gegen eine hohe Risikoprämie, die mindestens die angesprochene Versicherungsprämie enthält. Dies setzt entsprechende Ertragsaussichten auf der Unternehmensseite voraus. Besonders riskante Investitionsprojekte müssen eben eine entsprechend hohe Rendite erwarten lassen. Die vielfach geäußerte Befürchtung, auf Grund geringer Bonität generell von Bankkrediten ausgeschlossen zu sein, ist daher kaum gerechtfertigt. Vielmehr müssen solche Unternehmen befürchten, dass die Investitionsrendite nicht ausreicht, um die Kapitalkosten zu decken.

Risikomanagement als strategische Antwort auf Basel II

Die Kreditvergabe geht nach Basel II mit einem Ratingprozess einher. Damit erhöht sich der Anspruch an die Qualität der eingereichten Unterlagen erheblich. Es genügt zukünftig nicht mehr, nur einen Finanzplan aufzustellen, vielmehr muss auch die Belastbarkeit des Businessplans nachgewiesen werden. Zudem steigt der Anspruch an den Umfang der Rating-relevanten Daten. Kleine und mittelständische Unternehmen verfügen häufig nicht über ein entsprechendes Controllingsystem. Dies bedeutet einen erheblichen Mehraufwand für die Beschaffung und Aufbereitung der für die Kreditentscheidung notwendigen Unterlagen.

Mehr als es Unternehmen bisher gewohnt waren, gewinnen die Soft-Facts (z. B. Managementqualität und Innovationsdynamik) an Bedeutung. Die Kunde-Bank-Beziehung wird durch den erhöhten Informationsaustausch intensiviert. Die Bank wird dem Kreditnehmer das Rating zwar mitteilen; eine Beratung hinsichtlich bonitätsschwacher Unternehmensfaktoren kann jedoch auch zukünftig nicht von der Bank erwartet werden. Manchem Unternehmen sind die Rating-entscheidenden Faktoren bereits bekannt. Ziel wird es daher sein, diese Faktoren bzw. Kennzahlen positiv zu beeinflussen. Entscheidend ist dennoch nicht, kurzfristig durch Bilanzpolitik gewisse Kennzahlen zu schönen.

Vielmehr muss die Bonität langfristig gesichert werden – dies kann durch ein aktives Risikomanagement geschehen. Die Implementierung eines Risikomanagementsystems entspricht den Zielen von Banken und Unternehmen, denn in aller Regel besitzen Kreditinstitute kein Interesse an der Sicherheitenverwertung. Ihre Anstrengungen im Risikomanagement können Unternehmen durch einen Risikobericht dokumentieren, der als Grundlage für die Verhandlungen über die Kreditkonditionen beim Ratinggespräch ausschlaggebend sein kann.

Unternehmen müssen sich also verstärkt mit ihren Risiken beschäftigen. Erst die Identifikation und Analyse der Risiken ermöglicht ihre Steuerung im Hinblick auf die Sicherung des erfolgreichen Fortbestands der Unternehmung. Letzteres bedeutet eine geringere Ausfallwahrscheinlichkeit, die sich in einem besseren Rating auswirkt und zu geringeren Kapitalkosten führt.

11. Schuldscheindarlehen

Ein Schuldscheindarlehen stellt eine besondere Form des Darlehens dar. Schuldscheindarlehen haben sich zu einem etablierten langfristigen Finanzierungsinstrument entwickelt, dem insbesondere in der Investitionsfinanzierung des Industriesektors eine bedeutende Rolle zukommt. So sind Schuldscheindarlehen zu einer interessanten Finanzierungsalternative für (bonitätsstarke) Industrieunternehmen des gehobenen Mittelstands geworden. Es handelt sich dabei um Großdarlehen, die zur besseren Unterbringung bei den Kapitalgebern auch in Teildarlehen gestückelt werden.

Schuldscheindarlehen zählen zu den verbrieften Forderungen, da bei ihrer Gewährung vom Schuldner an den Gläubiger ein Schuldschein (also ein Schriftstück) übergeben wird. Zur Geltendmachung der Darlehensforderung ist der Besitz des Schuldscheins jedoch nicht erforderlich. Durch die Ausgabe des Schuldscheins bestätigt der Darlehensnehmer lediglich, den Darlehensbetrag empfangen zu haben, womit die sonst dem Gläubiger obliegende Beweislast über das Bestehen einer Forderung auf den Schuldner verlagert wird.

Ein Schuldschein ist folglich lediglich eine Beweis erleichternde Urkunde und noch kein Wertpapier, denn im Unterschied zum Wertpapier kann der Gläubiger auch ohne den Schuldschein seine Forderung geltend machen. Häufig wird deshalb beim Schuldscheindarlehen sogar auf die Ausstellung eines Schuldscheins verzichtet, da dieser lediglich für die Beweissicherung bestimmt ist und die Darlehensnehmer meist von höchster Bonität sind. Stattdessen wird zwischen den Parteien lediglich ein Darlehensvertrag geschlossen.

Hieraus folgt eine unterschiedliche Übertragung von Schuldscheinen und Wertpapieren. Während Wertpapiere in Form von Inhaberpapieren durch Einigung und Übergabe übertragen werden können, erfolgt beim Schuldschein die Übertragung durch Abtretung (Zession) der Forderungen.

Varianten des Schuldscheindarlehens

Zur Aufnahme von Fremdkapital in Form eines Schuldscheindarlehens existieren verschiedene Möglichkeiten, die sich in den Rechtsbeziehungen zwischen Darlehensnehmer und Kapitalgeber unterscheiden. Von einer direkten Darlehensgewährung wird gesprochen, wenn der Darlehensvertrag unmittelbar zwischen dem Kapitalgeber und dem Unternehmen als Darlehensnehmer geschlossen wird.

Auf Grund der hohen Darlehensvolumina sind jedoch zumeist mehrere Kapitalgeber beteiligt, die dann Teilbeträge des Gesamtdarlehens übernehmen. Die Intermediärfunktion erfüllen dabei überwiegend einzelne Kreditinstitute oder ein Bankenkonsortium und Finanzmakler. Nach der erfolgten Platzierung der Teilbeträge bei mehreren Kapitalsammelstellen (z. B. Versicherungsunternehmen) werden dann zwischen dem Kapital suchenden Unternehmen und den Kapitalgebern Einzelverträge abgeschlossen.

Bei der Kapitalbeschaffung mit Hilfe eines Intermediärs besteht das Risiko, dass sich für Teile des Schuldscheindarlehens keine Abnehmer finden lassen. Um diesem Risiko vorzubeugen, kann der Darlehensnehmer mit dem vermittelnden Kreditinstitut ein so genanntes Underwriting abschließen, d. h. eine Vereinbarung zur Übernahme derjenigen Darlehensteile durch das Kreditinstitut, die zunächst nicht erfolgreich bei den Kapitalgebern platziert werden konnten.

Dabei werden für die Übernahme dieser Darlehensteile im Voraus gesonderte Konditionen vereinbart und das Kreditinstitut erhält außerdem eine zusätzliche Provision (Underwriting-Fee). Das Risiko der Nicht-Unterbringung des Darlehens und auch das Kreditausfallrisiko werden somit auf das Kreditinstitut übertragen.

Um sich bei den Kapitalsammelstellen zu refinanzieren, versucht nun das Kreditinstitut, Teilbeträge des Darlehens an diese abzutreten. Einigen sich beide Parteien über die Übernahme der Teildarlehen, so spricht man von einer indirekten Darlehensgewährung, da zwischen dem Unternehmen als Darlehensnehmer und den eigentlichen Kapitalgebern keine direkten Vertragsbeziehungen bestehen und das Kreditinstitut hierbei das Platzierungsrisiko trägt.

Stimmen die Wünsche des Gläubigers hinsichtlich der Laufzeit des Darlehens mit denen des Schuldners überein, spricht man von einem fristenkongruenten Schuldscheindarlehen. Divergieren hingegen die Laufzeitwünsche von Kapitalgebern und Darlehensnehmer, wobei die Kapitalgeber eine kürzere Laufzeit wünschen als der Darlehensnehmer, so kann das revolvierende Schuldscheindarlehen zum Tragen kommen. Dabei werden durch den aufeinander folgenden Eintritt verschiedener Darlehensgeber in das Schuldverhältnis kurzfristige Geldanlagen in ein langfristiges Darlehen transformiert.

Beim direkt revolvierenden Schuldscheindarlehen üben Kreditinstitute oder Finanzmakler lediglich eine vermittelnde Tätigkeit aus. Damit trägt das Unternehmen als Darlehensnehmer das Fristentransformationsrisiko, d. h. das Risiko bei Fälligkeit von Teilbeträgen mit einer kürzeren Laufzeit als der des Gesamtdarlehens keine Anschlussfinanzierung zu erhalten. Zusätzlich ergibt sich für den Darlehensnehmer ein Zinsänderungsrisiko, da die Zinsen für die Teildarlehen mit jedem Darlehensgeber gesondert vereinbart werden müssen.

Beim indirekt revolvierenden Schuldscheindarlehen fungiert das zwischengeschaltete Kreditinstitut auch als juristischer Darlehensgeber. Das Kredit suchende Unternehmen trägt folglich kein Fristentransformationsrisiko. Für den Fall, dass eine Zinsanpassungsklausel im Vertrag aufgenommen wird, verbleibt jedoch das Zinsänderungsrisiko beim Darlehensnehmer. Abbildung 35 fasst die genannten Einteilungskriterien sowie die sich daraus ergebenden Typen von Schuldscheindarlehen zusammen.

Kapitalgeber

Als Darlehensgeber bei Schuldscheindarlehen fungieren Kapitalsammelstellen, die durch freiwilliges oder zwangsweises Sparen große Liquiditätsmengen kumulieren. Dazu gehören vorrangig private und öffentlich-rechtliche Versicherungsunternehmen, Sozialversicherungsträger, Bausparkassen, Pensionsfonds sowie Investmentgesellschaften. Im Versicherungssektor dominieren dabei die Lebensversicherungsgesellschaften, gefolgt von den Schaden- und Unfallversicherungsunternehmen. Lebensversicherungsgesellschaften können einen großen Teil ihres laufenden Prämienaufkommens langfristig anlegen, da sich bei ihnen der Eintritt von Versicherungsfällen und damit auch der Zeitpunkt und die Höhe von Auszahlungen durch Wahrscheinlichkeitsrechnungen hinreichend genau prognostizieren lassen.

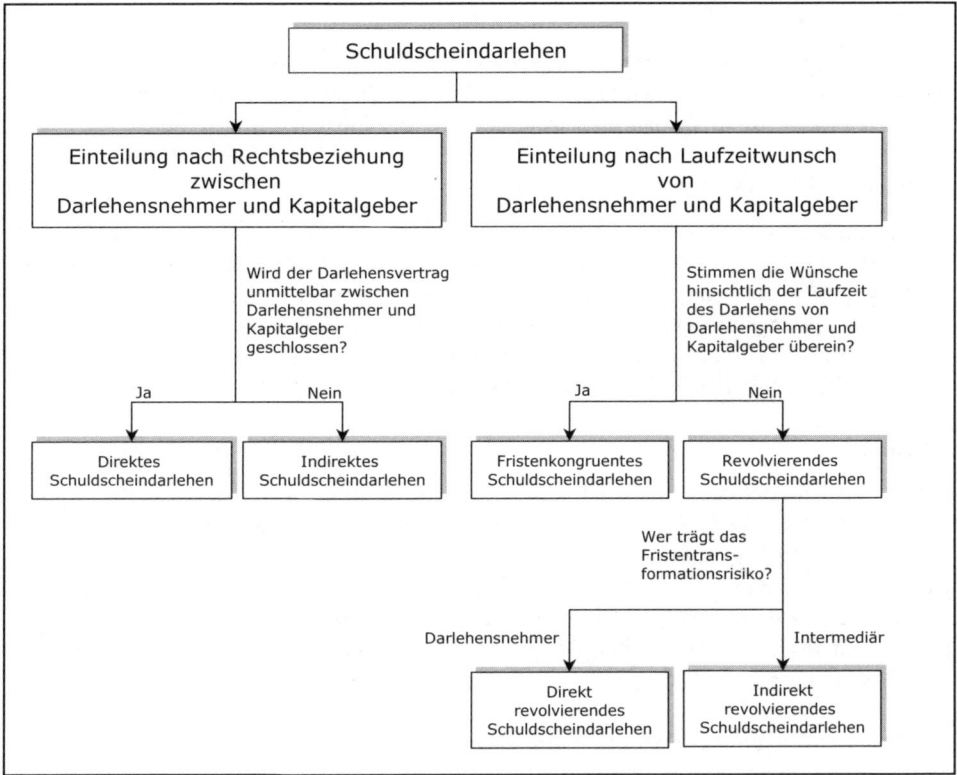

Abbildung 35: Einteilungskriterien und Typen von Schuldscheindarlehen

Anforderungen an den Schuldner

Der große Anteil von Versicherungsgesellschaften auf der Seite der Kapitalgeber hat zur Folge, dass sich der Kreis der Schuldner von Schuldscheindarlehen auf Unternehmen mit höchster Bonität beschränkt. Tritt eine Versicherung als Darlehensgeber auf, entscheidet die so genannte Deckungsstockfähigkeit der Versicherungsunternehmen darüber, ob ein Unternehmen schuldscheinfähig ist oder nicht. Die zuständige Aufsichtsbehörde – die Bundesanstalt für Finanzdienstleistungsaufsicht (BaFin) – hat den Erwerb an gewisse Kennziffernwerte geknüpft:

- Die Eigenkapitalquote des Darlehensnehmers muss größer als 30 Prozent sein.

- Der Finanzierungskoeffizient (Quotient aus Fremdkapital und der Summe aus Eigenkapital und Pensionsrückstellungen) darf nicht größer als zwei sein.

■ Die Gesamtkapitalrendite des Unternehmens muss mindestens sechs Prozent p. a. betragen.

■ Die Entschuldungsdauer (als Quotient aus Fremdkapital und Cashflow) darf nicht größer als sieben Jahre sein.

Die Erfüllung der BaFin-Kriterien ist auch – unabhängig davon, ob der Darlehensgeber eine Versicherung ist – ein Gütesiegel und kann die Platzierung des Schuldscheindarlehens erleichtern sowie Verhandlungsspielraum für die Zinskonditionen bieten.

Laufzeit und Volumen

Um die an Versicherungsgesellschaften gestellten gesetzlichen Bestimmungen einzuhalten, sollte die Laufzeit eines Schuldscheindarlehens einerseits nicht über 15 Jahre hinausgehen. Andererseits beträgt die Laufzeit mindestens zwei Jahre. Bankenverbände geben an, dass Schuldscheindarlehen üblicherweise mit Laufzeiten zwischen vier und sieben Jahren und in einem Volumen von 20 Mio. Euro bis über 100 Mio. Euro ausgegeben werden. Doch auch kleinere Volumina sind durchaus möglich.

Tilgung

Die Tilgungsmodalitäten eines Schuldscheindarlehens können flexibel gestaltet werden. So kann die Tilgung erst am Ende oder in konstanten Raten erfolgen. Im letzteren Fall beginnt die Tilgung mitunter auch erst nach Ablauf eines bestimmten tilgungsfreien Zeitraums. Denkbar ist ebenso ein einseitiges Kündigungsrecht des Schuldners bzw. die Möglichkeit zu einer erhöhten Tilgung. Bei revolvierenden Schuldscheindarlehen ergibt sich automatisch die Möglichkeit der Tilgung zu den Zeitpunkten, zu denen sonst eine Anschlussfinanzierung nötig wäre.

Sicherheiten, Negativerklärungen und Covenants

Um den hohen gesetzlichen Sicherheitsanforderungen gerecht zu werden, die an Darlehen von Versicherungsunternehmen gestellt werden, sind Schuldscheindarlehen oft mit erstrangigen Grundpfandrechten zu besichern. Auch Patronatserklärungen bei Tochtergesellschaften eines Konzerns als Darlehensnehmer sind üblich.

Darüber hinaus hat der Darlehensnehmer häufig eine Negativerklärung abzugeben, bei der er sich verpflichtet, keinem seiner bisherigen oder zukünftigen Gläubiger bessere Sicherungsrechte zu gewähren als den Gläubigern des Schuldscheindarlehens.

Außerdem ist es oft untersagt, Teile des Unternehmensvermögens zu veräußern, zu belasten, in fremde Unternehmen einzubringen oder in einer sonstigen Weise dem Zugriff der Gläubiger des Schuldscheindarlehens zu entziehen. Diese Beschränkungen werden als Legal-Covenants bezeichnet, zu denen auch Aufsichts- und Informationspflichten zählen. Auch so genannte Financial-Covenants, die den Schuldner verpflichten, Mindestwerte in Bezug auf finanzwirtschaftliche Kennzahlen (zumeist Kennzahlen zur Kapitalstruktur und Rentabilitätskennzahlen) einzuhalten, sind üblich.

Negativerklärungen und Covenants sind Bestandteil des Darlehensvertrags und ihre Einhaltung ist durch ein jährliches Testat des Wirtschaftsprüfers nachzuweisen. Die Nicht-Beachtung kann bei entsprechender Vertragsgestaltung eine Anpassung der Darlehenskonditionen oder sogar eine Kündigung des Darlehens durch den Gläubiger nach sich ziehen.

Typischer Ablauf einer Platzierung

Nach der Anfrage des Unternehmens bei seiner Bank bezüglich der Aufnahme eines Schuldscheindarlehens stellt die Bank interessierten Kapitalgebern zunächst bestimmte Eckdaten des geplanten Schuldscheindarlehens vor. Ist die Platzierungsaussicht gut, stellt die Bank ein Informationsblatt über das Unternehmen zusammen, das vergangene Unternehmensdaten, eine Prognose bezüglich seiner wirtschaftlichen Entwicklung sowie Daten über die Branche einschließlich beispielsweise des relevanten Marktes und der Wettbewerber enthält. Auf Basis dieser Daten wird außerdem ein bankinternes Rating erstellt, das die Grundlage für die festzulegenden Konditionen des Schuldscheindarlehens darstellt.

Die potenziellen institutionellen Investoren beurteilen die Anlagealternative Schuldscheindarlehen im Vergleich zu Alternativanlagen am Kapitalmarkt, wobei als Vergleichsbasis – bezüglich Konditionen und Risiko – vor allem an der Börse platzierte Unternehmensanleihen dienen. In der Praxis hat sich gezeigt, dass die Übernahme eines eigenen Finanzierungsanteils durch die arrangierende Bank auf Seiten der anderen Investoren positiv interpretiert wird. Insgesamt beträgt der typische Zeitrahmen einer Platzierung zwei bis drei Monate.

Kapitalkosten

Die Kapitalkosten eines Schuldscheindarlehens setzen sich aus den Zinszahlungen und verschiedenen Nebenkosten zusammen. Der Nominalzinssatz liegt meist um 0,25 bis 0,5 Prozentpunkte über dem einer vergleichbaren Kapitalmarktanleihe, da Schuldscheindarlehen weniger fungibel sind. Als Faktoren für die Zinsfestlegung gelten die Bonität des Darlehensnehmers, eine Brancheneinschätzung sowie das allgemeine Kapitalmarktumfeld, aber auch die Laufzeit und das Platzierungsvolumen.

Zu den zu Beginn anfallenden Nebenkosten zählen die Vermittlungsgebühr von circa einem bis zwei Prozent des Nominalbetrags des Darlehens, wobei die Vermittler dann auch die Bonitätsprüfung sowie die Bestellung der Kreditsicherheiten übernehmen. Zu den laufenden Nebenkosten zählen beispielsweise die Kosten für das jährliche Testat des Wirtschaftsprüfers sowie weitere Kosten für die Pflege des kontinuierlichen Informationsaustauschs zwischen Unternehmen und Investoren (Creditor-Relations).

Ob die höheren Zinszahlungen im Vergleich zu einer entsprechenden Anleihe durch die geringeren Nebenkosten kompensiert werden, zeigt ein entsprechender Vergleich des Kapitalkostensatzes. Insgesamt ist ein Schuldscheindarlehen insbesondere auf Grund des damit verbundenen geringeren Dokumentationsaufwandes (u. a. keine Erstellung eines genehmigungspflichtigen Emissionsprospektes) häufig kostengünstiger als eine vergleichbare Anleihe.

Beispiel 13 (Schuldscheindarlehen)

Ein Unternehmen nimmt ein endfälliges Schuldscheindarlehen mit einer Gesamthöhe von 10 Mio. Euro zu einem Nominalzinssatz von 7,5 Prozent p. a. mit einer Laufzeit von fünf Jahren auf. Das vermittelnde Kreditinstitut verlangt für die Platzierung bei verschiedenen Versicherungsgesellschaften eine Vermittlungsgebühr von 200 000 Euro. Darin sind die Kosten für die Bonitätsprüfung sowie für die Bestellung einer Grundschuld als Sicherheit bereits enthalten. Der Darlehensvertrag enthält eine Negativerklärung sowie diverse Legal- und Financial-Covenants, deren Einhaltung jedes Jahr durch ein Testat des Wirtschaftsprüfers nachzuweisen ist. Die Kosten des Wirtschaftsprüfers dazu werden auf 5 000 Euro pro Jahr geschätzt und fallen am Ende der Jahre 1 bis 4 an, da das Darlehen nach fünf Jahren ohnehin ausläuft. Weitere durch Creditor-Relations entstehende Kosten werden insgesamt auf 6 000 Euro pro Jahr geschätzt.

Zur Vereinfachung rechnen wir mit jährlichen Zinszahlungen sowie damit, dass alle Zahlungen jeweils am Ende eines Jahres anfallen. Es ergibt sich für das Unternehmen zu Beginn eine (Netto-) Einzahlung von 9 800 000 Euro, der Auszahlungen von jeweils 761 000 Euro am Ende der Jahre 1 bis 4 sowie 10 756 000 Euro am Ende des fünften Jahres gegenüberstehen. Der zugehörige Kapitalkostensatz k berechnet sich gemäß folgender Gleichung:

$$(37) \quad 9\,800\,000\,€ = \frac{761\,000\,€}{1+k} + \frac{761\,000\,€}{(1+k)^2} + \frac{761\,000\,€}{(1+k)^3}$$
$$+ \frac{761\,000\,€}{(1+k)^4} + \frac{10\,756\,000\,€}{(1+k)^5}$$

Er beträgt 8,10 Prozent p. a. und liegt damit um 0,6 Prozentpunkte über dem Nominalzinssatz des Schuldscheindarlehens.

Schuldscheindarlehen zwischen Bankkredit und Unternehmensanleihe

Das Schuldscheindarlehen kann gegenüber einem einfachen Bankkredit als „halber Weg zum Kapitalmarkt" angesehen werden. Einzelkredite mit einem Volumen von mehreren Millionen Euro oder sogar im zweistelligen Millionenbereich sind von den Hausbanken allein oft nicht erhältlich. Durch das Schuldscheindarlehen haben Unternehmen hingegen die Möglichkeit, den Kredit auf mehrere Investoren zu stückeln.

Die Vorteile eines Schuldscheindarlehens gegenüber einer Unternehmensanleihe bestehen darin, dass es sich schneller, einfacher und häufig kostengünstiger arrangieren lässt. Zumeist wird auf ein externes Rating verzichtet und stattdessen lediglich das bankinterne Rating durchgeführt. Es sind auch keine umfangreichen Roadshows oder ähnliche Aktivitäten zur Werbung von Investoren nötig, da es nur wenige Investoren gibt und üblicherweise eine vermittelnde Bank den Kontakt zu den Investoren herstellt. Darüber hinaus entfallen die umfangreichen Publizitätspflichten (beispielsweise der genehmigungspflichtige Emissionsprospekt). Die Anforderungen beschränken sich auf die Offenlegung von Jahresabschlüssen und Zwischenberichten gegenüber den Schuldscheingläubigern.

Schuldscheindarlehen stellen für bonitätsstarke Unternehmen des gehobenen Mittelstandes durchaus eine Finanzierungsalternative dar. Ein Beispiel für ein solches Unternehmen ist die Analytik Jena AG, die 1990 gegründet wurde, Analysemesstechnik entwickelt, produziert und vertreibt und zu deren internationale Kunden Unternehmen aus den Bereichen der Pharmazie, Biotechnologie und Umwelttechnik sowie Universitäten und Forschungsinstitute gehören.

Im Geschäftsjahr 2003/04 beschäftigte die Analytik Jena AG 395 Mitarbeiter und wies Umsatzerlöse in Höhe von 41,5 Mio. Euro aus. Die Bilanzsumme zum 30.9.2004 lautete auf 89,2 Mio. Euro. Auf Grundlage dieser Zahlen ist das Unternehmen zum gehobenen Mittelstand zu zählen. Die Analytik Jena AG hat am 17.3.2005 die erfolgreiche Platzierung eines Schuldscheindarlehens in Höhe von 7 Mio. Euro mit einer Laufzeit von fünf Jahren bekannt gegeben. Das Darlehen dient laut eigenen Angaben der mittel- bis langfristigen Finanzierung der Wachstumsstrategie des Unternehmens.

12. Unternehmensanleihen

Der Sachverständigenrat zur Begutachtung der gesamtwirtschaftlichen Entwicklung bemerkt in seinem Jahresgutachten 2004/05, dass im Hinblick auf die anstehende Einführung des Basel II-Akkords Unternehmenskredite in Deutschland vermehrt auf der Grundlage standardisierter Ratingverfahren und nicht mehr auf Basis persönlicher Beziehungen vergeben werden, die insbesondere das Verhältnis der mittelständischen Unternehmen zu den Kreditinstituten in Deutschland in der Vergangenheit geprägt haben.

Damit einhergehend ist seit mehreren Jahren unter anderem auch ein Rückgang des an Unternehmen und wirtschaftlich selbständige Privatpersonen vergebenen Kreditvolumens zu beobachten, wie Abbildung 36 (Seite 178) verdeutlicht. Als eine der Ursachen für diese Entwicklung nennt der Sachverständigenrat das Nachlassen der Kreditnachfrage auf Grund der steigenden Fremdfinanzierung mit Hilfe von alternativen Finanzierungsinstrumenten, zu denen der Rat auch Industrieobligationen zählt.

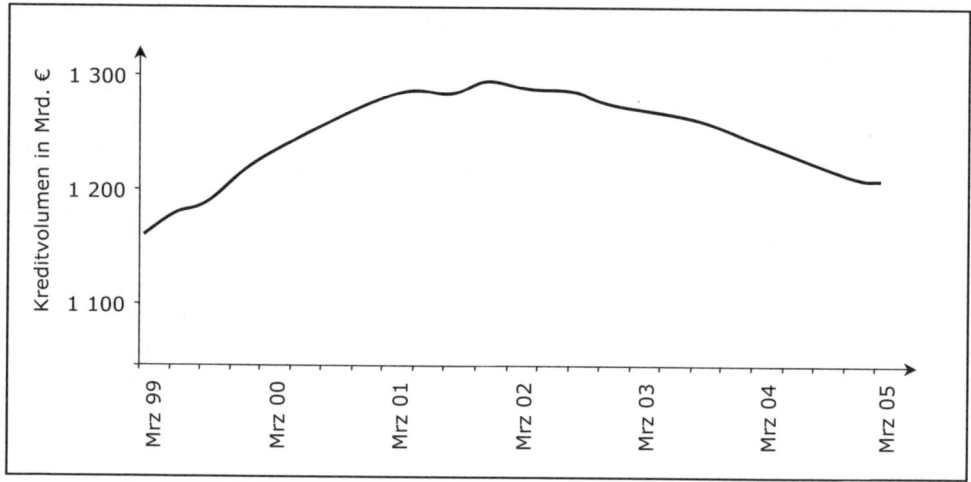

Abbildung 36: Kredite an Unternehmen und wirtschaftlich selbständige Privatpersonen;
Datenquelle: Deutsche Bundesbank

Wenn die persönliche Beziehung zwischen Kapitalgeber und -nehmer ohnehin an Bedeutung verliert, könnte bei der Kapitalvergabe der Intermediär Bank, der sich zur Kreditvergabe an Unternehmen am Kapitalmarkt refinanziert, gleichsam umgangen werden, wobei sich Unternehmen dann finanzielle Mittel direkt am Kapitalmarkt beschaffen würden. Dass der Trend weg vom Bankkredit und hin zu Anleiheemissionen von Unternehmen am Kapitalmarkt tatsächlich stattzufinden scheint, zeigt Abbildung 37, gemäß der das Volumen der im Umlauf befindlichen Industrieobligationen inländischer Emittenten kontinuierlich steigt.

Wir wollen hierzu bemerken, dass die zunehmende Kapitalmarktorientierung im Fremd- finanzierungsbereich die Dienstleistungen von Kreditinstituten keineswegs überflüssig macht. So ist bei öffentlich platzierten Anleihen typischerweise ein Emissionskonsorti- um nötig, selbst bei privat platzierten Anleihen benötigt man eine Zahlstelle. Im Übrigen liegt die Fremdkapitalaufnahme über den Kapitalmarkt im Interesse von Kapitalnehmer und -geber: Der Kapitalnehmer kann eine große Anzahl von Investoren ansprechen und Kreditinstitute können so ihr Kreditportfolio diversifizieren.

Bereits bei den Schuldscheindarlehen kamen bei der Aufnahme von großen Fremdkapi- talvolumina mehrere Kapitalgeber gleichzeitig zum Einsatz. Waren dies bei den Schuld- scheindarlehen noch einige wenige, so handelt es sich jetzt um eine Vielzahl unter- schiedlicher Kapitalgeber, die dem Kapital suchenden Unternehmen zumeist nicht bekannt sind. Man spricht in diesem Zusammenhang auch vom anonymen Kapitalmarkt. Darüber hinaus ist es häufig der Fall, dass die Vorstellungen des Kapital suchenden Un- ternehmens und des Kapitalgebers hinsichtlich der Überlassungsdauer des Kapitals di- vergieren. Schuldverschreibungen sind in der Lage, auch dieses Problem zu lösen.

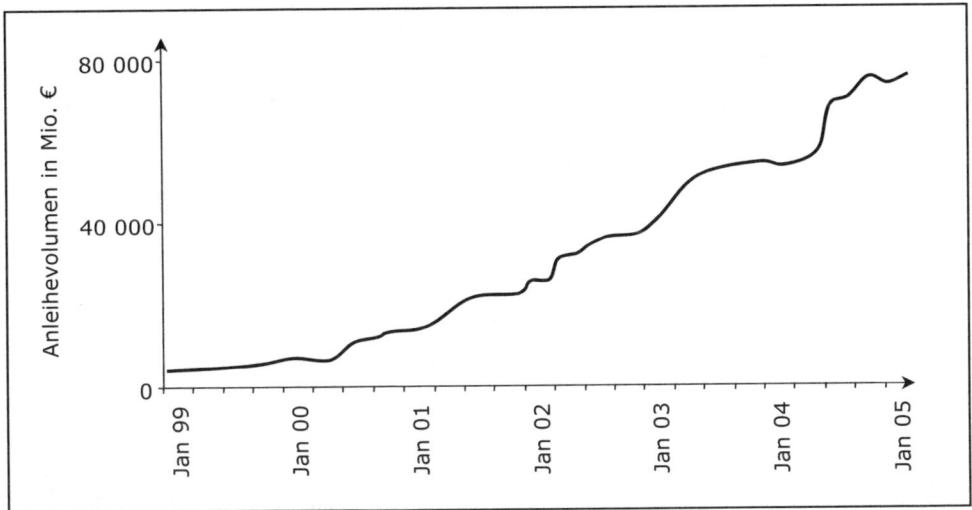

Abbildung 37: Industrieobligationen inländischer Emittenten;
Datenquelle: Deutsche Bundesbank

Schuldverschreibungen, die man synonym auch als Anleihen, Obligationen, festverzinsliche Wertpapiere, Renten oder Bonds bezeichnet, werden von Unternehmen, von der öffentlichen Hand (Anleihen des Bundes und der Länder sowie Kommunalobligationen), Banken (Bankschuldverschreibungen) und Realkreditinstituten (Pfandbriefe) ausgegeben. Schuldverschreibungen, die von Unternehmen emittiert werden, tragen unabhängig davon, welchem Wirtschaftszweig das emittierende Unternehmen angehört, die synonymen Bezeichnungen Industrieobligationen bzw. -anleihen, Unternehmensanleihen bzw. Corporate-Bonds.

Allgemeine Charakteristika von Industrieobligationen

Industrieobligationen sind langfristige Darlehen in verbriefter Form. Durch das Ausstellen einer Schuldverschreibung verbrieft der Emittent (Schuldner) in diesem Wertpapier dem Käufer der Anleihe (Gläubiger) den Anspruch auf Zinszahlungen während oder am Ende der Laufzeit und Rückzahlung des Nennwertes am Laufzeitende.

Die Ausgabe von Industrieobligationen erfolgt überwiegend in Form von Inhaberpapieren. Gemäß den rechtlichen Bestimmungen des Inhaberpapiers folgt das Recht aus dem Papier dem Recht am Papier. Jeder, der sich im Besitz des Inhaberpapiers befindet, kann also unabhängig davon, ob er dazu berechtigt ist oder nicht, durch Vorlage des Papiers vom Emittenten die Erfüllung der darin verbrieften Rechte fordern. Bei Verlust des Wertpapiers ist es für den Gläubiger kaum möglich, anderweitig sein Recht zu beweisen und seine Forderungen bezüglich Zins- und Tilgungszahlungen geltend zu machen. Leistet der Aussteller der Urkunde an einen zur Verfügung nicht berechtigten Inhaber, so wird er von seiner Schuld befreit. Die Übertragung des Inhaberpapiers vollzieht sich durch Einigung und Übergabe.

Darüber hinaus kann die Emission auch als Orderpapier (Namenspapier) geschehen, bei dem das Recht am Papier dem Recht aus dem Papier folgt. Nur der in dem Papier bezeichnete Inhaber oder eine von ihm durch ein Indossament (Übertragungsvermerk) benannte Person sind dazu berechtigt, die im Wertpapier verbrieften Ansprüche geltend zu machen.

Eine Kündigung der Anleihe ist seitens des Inhabers typischerweise nicht möglich, jedoch kann das Wertpapier jederzeit verkauft oder abgetreten werden, um das Kreditverhältnis zu beenden. Da dies die finanzielle Situation des Emittenten nicht berührt, ihm also das überlassene Kapital weiterhin – lediglich von einem anderen Kapitalgeber – zur Verfügung steht, sind Schuldverschreibungen geeignet, um Divergenzen zwischen Kapitalgeber und -nehmer hinsichtlich der Laufzeit zu überwinden.

Um die Platzierung einer Schuldverschreibung zu erleichtern und ihre Fungibilität an den Kapitalmärkten zu gewährleisten, wird sie in viele Teilforderungen gestückelt, für die dann Teilschuldverschreibungen ausgestellt werden, die jeweils einen bestimmten Teilbetrag an der Anleihe verbriefen. Üblich sind Papiere zum Nennwert von 100 Euro, 500 Euro, 1 000 Euro, 5 000 Euro und 10 000 Euro. Damit wird eine Teilschuldverschreibung auch für private Investoren zu einem in Frage kommenden Investment und umgekehrt erschließt sich einem Unternehmen bei der Emission von Anleihen ein großer Kreis potenzieller Kapitalgeber.

Eine Teilschuldverschreibung besteht aus zwei Bestandteilen: der eigentlichen Urkunde, auch Mantel genannt, und dem Bogen. Auf der Vorderseite des Mantels sind die Schuldanerkenntnis und das Verzinsungsversprechen des Emittenten aufgeführt. Auf den folgenden Seiten befinden sich die Rückzahlungs- und sonstige Vertragsbedingungen. Der Bogen enthält die Zinsscheine und bei längerfristigen Schuldverschreibungen den Erneuerungsschein (Talon) für den Bezug weiterer Zinskupons. Heute werden Mantel und Bogen nur noch sehr selten in Papierform ausgegeben, sondern über Depotkonten verrechnet. Üblicherweise wird lediglich eine bogenlose Globalurkunde bei einer Wertpapiersammelbank hinterlegt.

Verzinsung

Es existiert eine Vielzahl unterschiedlicher Anleihetypen je nach gewählter Verzinsungsform, von denen an dieser Stelle nur diejenigen vorgestellt werden sollen, die der reinen Fremdfinanzierung zugeordnet werden. Für die Anleihetypen, die einen mezzaninen Charakter besitzen (Wandelschuldverschreibung und Optionsanleihe) sei wieder auf Teil III des Buches verwiesen.

- Der klassische Typ ist die festverzinsliche Anleihe (Kuponanleihe bzw. Straight-Bond), die keine zusätzlichen Sonderrechte verbrieft und über die Laufzeit regelmäßige Kuponzahlungen (nominale Zinszahlungen) in konstanter Höhe bietet. Das

Zahlungsprofil einer Kuponanleihe gleicht folglich dem eines endfälligen Darlehens. Der Nominalzinssatz orientiert sich bei börsennotierten Anleihen an den aktuellen laufzeit- und bonitätsgerechten Kapitalmarktrenditen zum Zeitpunkt der Emission. Eine Momentaufnahme dieser Renditen ist in Abbildung 34 (Seite 169) zu finden. Bei nicht-börsennotierten Anleihen erfolgt ein zusätzlicher Aufschlag im Nominalzinssatz auf Grund der geringeren Fungibilität. Fast alle Unternehmensanleihen werden als Kuponanleihen emittiert.

■ Anleihen mit einer variablen nominalen Verzinsung tragen den Namen Floating-Rate-Notes (FRN) oder kurz Floater. Der Nominalzinssatz setzt sich in diesem Fall aus einem Basiszinssatz, zumeist ein Euribor- oder Libor-Satz für eine bestimmte Laufzeit, und einer Marge (Aufschlag, Spread) zusammen. Der Spread orientiert sich in seiner Höhe an der Bonität des Schuldners (Bonitätsspread bzw. Credit-Spread). Während der Basiszinssatz je nach Fristigkeit der Bezugsbasis (meist viertel- oder halbjährlich) angepasst wird und die Höhe der Zinszahlung bestimmt, bleibt der Spread während der gesamten Laufzeit konstant. Varianten der Floating-Rate-Note liegen in der Vereinbarung eines Mindest- und/oder Höchstzinssatzes.

Für Emittenten bieten Floating-Rate-Notes die Möglichkeit einer langfristigen Kapitalaufnahme mit stets marktkonformer Verzinsung. Für den Kapitalanleger ergibt sich der Vorzug, dass das Kursrisiko bei dieser Anleiheform weitgehend ausgeschaltet ist, da Floating-Rate-Notes zu den Zinsanpassungszeitpunkten – also regelmäßig – in der Nähe ihres Rückzahlungskurses notieren. Die Emission von Anleihen in Form von Floating-Rate-Notes erscheint sinnvoll, wenn das Zinsniveau zum Zeitpunkt der Emission hoch und volatil ist.

■ Eine weitere Anleiheform ist die Nullkuponanleihe, auch Zerobond genannt, die im Gegensatz zur festverzinslichen Anleihe über keine regelmäßigen Zinszahlungen verfügt, sondern abgezinst begeben und wieder auf den Nennwert aufgezinst zurückgezahlt wird. Dabei werden die Zinsen gestundet und mitverzinst. Das Zahlungsprofil einer Nullkuponanleihe gleicht folglich dem eines Darlehens ohne zwischenzeitliche Zahlungen. Bei Nullkuponanleihen beträgt der Rückzahlungskurs üblicherweise 100 Prozent, während die Ausgabe mit einem entsprechenden Abschlag erfolgt. Eine Variante der Nullkuponanleihe ist die Zuwachsanleihe (Zinssammler), bei der die Ausgabe zu einem Kurs von 100 Prozent und die Rückzahlung zu einem Kurs erfolgen, der Tilgung, Zinsen und Zinseszinsen enthält.

■ Vom US-amerikanischen Kapitalmarkt kommend hält auch die Ewige Rente (Consol-Bond, Perpetuity) zunehmend auf dem deutschen Kapitalmarkt Einzug. Dabei handelt es sich um eine Anleihe mit unendlicher Laufzeit, die folglich keine Rückzahlung, sondern nur regelmäßige Zinszahlungen verbrieft. Aktuelle Beispiele für Emittenten Ewiger Renten sind die Allianz AG, die Hannover Rückversicherung AG und die Linde AG.

Während bei langfristigen Bankkrediten Annuitäten- und Tilgungsdarlehen eine große Rolle und endfällige Darlehen sowie Darlehen ohne zwischenzeitliche Zahlungen eine untergeordnete Rolle spielen, ist es bei Anleihen eher umgekehrt. Dies führt – wie wir sehen werden – zu einer hohen Flexibilität bezüglich der Tilgung von Anleihen durch den Schuldner.

Rating

Viele Unternehmen lassen im Vorfeld einer Anleiheemission ein externes Rating einer Ratingagentur erstellen, wenngleich dies gesetzlich nicht vorgeschrieben ist. Dabei ist zwischen Emittentenratings, bei denen das komplette Unternehmen beurteilt wird, und Emissionsratings, die nur eine bestimmte Anleihe bzw. Anleiheklassen (kurzfristig versus langfristig, vorrangig versus nachrangig, besichert versus unbesichert) betreffen, zu unterscheiden. In jedem Fall ist ein Rating ein deutliches Signal für die Investoren, das die Bonitätseinschätzung des Unternehmens betrifft. Umgekehrt erleichtert es einem Unternehmen die Ermittlung eines angemessenen Bonitätsspreads bei der Wahl der Kuponhöhe. Ein gutes Rating kann folglich zu einer Reduktion der Kuponzahlungen führen und stellt außerdem ein wichtiges Marketinginstrument dar.

Die bekanntesten, weltweit tätigen und führenden Agenturen sind Standard & Poor's sowie Moody's Investors Service. Man unterscheidet Anleihen mit niedrigem Risiko eines Zahlungsausfalls (Investment-Grade) und Emissionen mit einem höheren Risiko (Speculative-Grade) – in Tabelle 27 (Seite 161) durch eine fettere horizontale Linie getrennt. Auch Fitch Ratings zählt zu den etablierten Ratingagenturen. Agenturen im deutschsprachigen Raum, die insbesondere Ratings für kleinere und mittlere Unternehmen erstellen, sind z. B. die Creditreform Rating AG oder die Euler Hermes Rating GmbH.

Wurde der Auftrag an eine Ratingagentur erteilt, stellt diese ein Analystenteam zusammen. Es erfolgen detaillierte Gespräche mit der Geschäftsführung des Emittenten, um betriebliche und finanzielle Daten sowie geschäftspolitische Aspekte intensiv zu besprechen. Neben den bereits im Rahmen der bankinternen Ratings dargestellten Faktoren spielen auch bei den Ratings externer Agenturen das Länderrisiko, die Branche, rechtliche Rahmenbedingungen sowie Wettbewerbstrends eine Rolle, wobei die drei letztgenannten Aspekte sowohl national als auch international beleuchtet werden.

Ist eine Erstbewertung erarbeitet, wird diese Ratingempfehlung im Ratingausschuss der zuständigen Agentur diskutiert, um über die Ratingeinstufung abzustimmen. Das Unternehmen erhält über die Einstufung Bescheid und kann noch eventuelle Bedenken vorbringen. Die Ratingeinstufung wird jährlich überprüft und kann somit zu Veränderungen nach oben (Up-Grade) und unten (Down-Grade) führen.

Die Kosten für die Erstellung eines Ratings durch eine externe Ratingagentur bewegen sich zwischen 2 000 Euro und 60 000 Euro, je nach Unternehmensgröße, Agentur, Umfang des Ratings (Erst- versus Folgerating, kurzes versus umfassendes Rating) usw. Hinzu kommen noch die nicht zu unterschätzenden unternehmensinternen Kosten für die Vorbereitung und Begleitung des Verfahrens sowie die Kosten für die jährliche Überarbeitung. Letztlich sollte die Entscheidung für oder gegen die Erstellung eines externen Ratings aus einer Kosten-Nutzen-Analyse abgeleitet werden, unter Beachtung der Akzeptanz der Ratingagentur am angestrebten Emissionsmarkt.

Ausgabekurs

Der Ausgabekurs einer Anleihe weicht häufig vom Nennbetrag ab, auf den die Teilschuldverschreibungen lauten. Liegt der Ausgabekurs unter pari (d. h. unterhalb des Nennwertes), wird der Differenzbetrag als Disagio bezeichnet und stellt für den Emittenten einen Aufwand dar, der als Rechnungsabgrenzungsposten aktiviert werden kann und dann über die Laufzeit der Anleihe durch planmäßige Abschreibungen aufzulösen ist. Falls der Ausgabekurs über pari liegt, spricht man beim Differenzbetrag vom Agio, das in der Bilanz zu passivieren und ertragswirksam über die Laufzeit der Anleihe aufzulösen ist.

Volumen, Laufzeit und Tilgung

Ein Mindestemissionsvolumen für Schuldverschreibungen schreibt der Gesetzgeber nur für den Fall vor, dass sie im Amtlichen Handel einer deutschen Börse zugelassen werden sollen. Dieses Mindestvolumen beträgt 250 000 Euro. In der Fachliteratur werden hingegen auf Grund der mit einer Anleiheemission verbundenen hohen Kosten Mindestemissionsvolumina zwischen 50 Mio. Euro und 200 Mio. Euro genannt, für die eine Begebung einer Anleihe als sinnvoll erscheinen. Bei den Unternehmensanleihen mit endlichen Laufzeiten liegen diese in der Regel zwischen fünf und 15 Jahren. Zerobonds können auch längere Laufzeiten aufweisen.

Die Tilgung der Unternehmensanleihen kann sich auf unterschiedliche Weise vollziehen. Die Anleihe kann am Laufzeitende in einem Betrag oder über die Laufzeit verteilt in Raten getilgt werden. Die zweite Variante geschieht im Allgemeinen durch freihändigen Rückkauf. Das emittierende Unternehmen erwirbt dann seine eigenen Anleihen am Kapitalmarkt zurück. Die Tilgung beginnt dabei häufig erst nach einigen tilgungsfreien Jahren, wodurch die Liquidität des emittierenden Unternehmens in den ersten Jahren, in denen die durch die Anleihe finanzierten Investitionen noch keine entsprechenden Erlöse erbringen, nicht belastet wird. Oft wird auch ein Tilgungsfonds (Sinking-Fund) gebildet, aus dem zu geeigneten Zeitpunkten ein freihändiger Rückkauf erfolgt.

Sicherheiten und Negativerklärungen

Die Besicherung von Industrieobligationen erfolgt vielfach durch Grundpfandrechte, vor allem durch Grundschulden, in einigen Fällen auch durch Bürgschaften anderer Unternehmen oder des Bundes und der Länder sowie teilweise auch nur durch Negativerklärungen.

Bei diesen Negativerklärungen verpflichtet sich der Emittent beispielsweise, während der Laufzeit der Anleihe keine weiteren Schuldverschreibungen zu begeben bzw. nur zu Bedingungen, die dann im Emissionsprospekt aufgeführt sind. Darüber hinaus erhalten die Anleihekäufer typischerweise ein Kündigungsrecht, welches an bestimmte negative Tatbestände – verursacht durch den Emittenten – geknüpft ist, wozu beispielsweise ein Verzug bei der Zinszahlung zählt.

Genehmigungspflicht

Bevor eine Unternehmensanleihe emittiert werden kann, muss sie, wie andere Wertpapiere auch, gewisse rechtliche Normen erfüllen, um der Öffentlichkeit angeboten werden zu dürfen. Die die gesetzliche Zulassung, die Emission und den Handel von Wertpapieren betreffenden gesetzlichen Regelungen sind in folgenden Gesetzen und Verordnungen kodifiziert:

- Börsengesetz (BörsG),

- Verordnung über die Zulassung von Wertpapieren zur amtlichen Notierung an einer Wertpapierbörse (Börsenzulassungs-Verordnung – BörsZulV),

- Wertpapier-Verkaufsprospektgesetz (VerkProspG),

- Verordnung über Wertpapier-Verkaufsprospekte (Verkaufsprospekt-Verordnung – VerkaufsprospVO),

- Gesetz über den Wertpapierhandel (Wertpapierhandelsgesetz – WpHG).

Wir werden unten für auf verschiedene Weisen emittierte Unternehmensanleihen die zu befolgenden gesetzlichen Vorschriften exemplarisch darstellen. Dabei können Unternehmensanleihen grundsätzlich auf folgende Arten am Markt platziert werden:

- Der erste Weg führt dabei über den organisierten Kapitalmarkt, dem die beiden öffentlich-rechtlich überwachten Zulassungssegmente deutscher Börsen Amtlicher Handel und Geregelter Markt entsprechen. Dieser Weg wird im Fachjargon Public-Debt, Listed-Debt oder Quoted-Debt genannt.

- Der zweite Weg trägt den Namen Private-Debt und impliziert die Emission an einem privaten, nicht-organisierten Kapitalmarkt, der an den deutschen Börsen dem privatrechtlich überwachten Zulassungssegment Freiverkehr entspricht. Es ist auch möglich, dass die Anleihe weder im Amtlichen Handel bzw. Geregelten Markt noch im Freiverkehr gelistet ist.

Die Emission von Industrieobligationen erfolgt üblicherweise als Fremdemission durch ein Bankenkonsortium, das dem Unternehmen sofort den Gegenwert der Anleihe zur Verfügung stellt. Auch wenn die Anleihe weder im Amtlichen Handel bzw. Geregelten Markt noch im Freiverkehr gelistet ist, wird häufig eine Bank oder ein Bankenkonsortium zum Anbieten der Teilschuldverschreibungen an die Kunden eingeschaltet. Vereinzelt wählt aber der Mittelstand dabei auch den Weg der Eigenemission, bei dem auf die vermittelnde Bank bzw. das Bankenkonsortium verzichtet wird. Insgesamt ist als Zeitrahmen der Platzierung typischerweise von drei bis sechs Monaten auszugehen.

Private-Debt im Freiverkehr

Bei der Zulassung eines Wertpapiers im Freiverkehr sind neben den gesetzlichen Vorschriften, die auch für Wertpapiere außerhalb der Börse zu befolgen sind, zusätzlich die Richtlinien der jeweiligen Börse zu erfüllen. Nachfolgend findet der Leser eine grobe Darstellung der gesetzlichen Zulassungsvorschriften allgemein sowie der Richtlinien für den Freiverkehr am Beispiel der Frankfurter Wertpapierbörse.

Allgemeine gesetzliche Vorschriften

Der Anbieter von Wertpapieren hat grundsätzlich einen Prospekt (Verkaufsprospekt) zu veröffentlichen, wenn die Wertpapiere im Inland öffentlich angeboten werden sollen und nicht bereits zum Handel an einer inländischen Börse zugelassen sind. Ausnahmefälle, in denen die Veröffentlichung des Prospektes nicht notwendig ist, listet das Wertpapier-Verkaufsprospektgesetz (VerkProspG) auf.

Das VerkProspG bestimmt zudem, dass der Prospekt für Wertpapiere, für die kein Antrag auf Zulassung zum Amtlichen Handel oder Geregelten Markt an einer inländischen Börse gestellt wird, diejenigen Angaben zu enthalten hat, die notwendig sind, um dem Publikum ein zutreffendes Urteil über den Emittenten und die Wertpapiere zu ermöglichen.

Den genauen Inhalt und die Form des Prospektes legt hingegen die Verkaufsprospekt-Verordnung (VerkaufsprospVO) fest. Dort wird vorgeschrieben, dass richtige und vollständige Auskünfte über die tatsächlichen und rechtlichen Verhältnisse zu machen sind, die für die Beurteilung der angebotenen Wertpapiere notwendig sind. Die Verordnung schreibt zudem vor, detaillierte Angaben bezüglich der Ausstattung der Wertpapiere und ihres Erwerbs, des Emittenten und seines Kapitals bzw. seiner Geschäftätigkeit zu machen.

Die Bekanntmachung der Veröffentlichung des gesetzmäßig erstellten Prospektes hat dann mindestens einen Werktag vor dem öffentlichen Angebot der Wertpapiere entweder über ein überregionales Börsenpflichtblatt zu erfolgen oder muss bei den im Verkaufsprospekt benannten Zahlstellen zur kostenlosen Ausgabe bereitgehalten werden. Verkaufsprospekte sind bei der Bundesanstalt für Finanzdienstleistungsaufsicht (BaFin) zu hinterlegen.

Richtlinien der Frankfurter Wertpapierbörse

Grundvoraussetzung für die Notierung von Unternehmenswertpapieren im Freiverkehr der Frankfurter Wertpapierbörse ist die Zulassung des Unternehmens zum Börsenhandel. Das Unternehmen muss unter Benennung desjenigen, der für das Unternehmen am Börsenhandel teilnehmen soll, einen schriftlichen Antrag auf Erteilung einer Unternehmenszulassung einreichen. Die Geschäftsführung der Frankfurter Wertpapierbörse entscheidet dann nach Prüfung des Antrags über die Unternehmenszulassung zum Börsenhandel.

Nach der erfolgten Zulassung ist das Unternehmen dazu berechtigt, schriftlich einen Antrag auf Einbezug seiner Wertpapiere in den Freiverkehr zu stellen. Hierbei kann die Abgabe einer Erklärung verlangt werden, in der sich das Unternehmen gegenüber der Deutsche Börse AG als Freiverkehrsträger dazu verpflichtet, sich über die für die Preisfeststellung wesentlichen Umstände und Informationen bezüglich der einbezogenen Wertpapiere bzw. der Emittenten in Kenntnis zu halten und die Deutsche Börse AG unverzüglich schriftlich und fortlaufend darüber zu informieren.

Laut Wortlaut der Standardverpflichtungserklärung sind dies bei Anleihen insbesondere von der Heimatbörse verfügte Aussetzungen, Wiederaufnahmen, Einstellungen sowie Verlosungen, Zinsänderungen, Kündigungen, Änderungen der Laufzeit, des Emittentennamens, der nationalen bzw. internationalen Wertpapierkennnummer oder der Heimatbörse, Änderungen der Zinsberechnung, Stückzinsen und der handelbaren Stückelung.

Public-Debt im Amtlichen Handel oder Geregelten Markt

Entscheidet sich ein Unternehmen dafür, seine Anleihe in den öffentlich-rechtlich kontrollierten Segmenten Geregelter Markt oder Amtlicher Handel zu emittieren, so treten neben den bereits erwähnten gesetzlichen Vorschriften bezüglich der Erstellung und Veröffentlichung eines Verkaufsprospektes noch weitere, verschärfte Regelungen hinzu. Die Zulassung von Wertpapieren zum Amtlichen Handel oder Geregelten Markt wird im Börsengesetz (BörsG), in der Börsenzulassungs-Verordnung (BörsZulV), im Wertpapier-Verkaufsprospektgesetz (VerkProspG) und im Wertpapierhandelsgesetz (WpHG) reglementiert.

Zusätzlich zu den gesetzlichen Bestimmungen müssen auch seitens der Börse aufgestellte, nunmehr verschärfte Richtlinien erfüllt werden, die für die Frankfurter Wertpapierbörse in der hauseigenen Börsenordnung manifestiert sind. Eine der Hauptvoraussetzungen für die Zulassung von Wertpapieren sowohl im Amtlichen Handel als auch im Geregelten Markt ist der Nachweis des Emittenten, über mindestens 730 000 Euro an haftendem Eigenkapital zu verfügen.

Kapitalkosten

Zunächst entspricht die Rendite einer Anleihe dem Internen Zinsfuß ihrer Zahlungsreihe und ist vom Nominalzinssatz, aber auch vom Ausgabe- und Rückzahlungskurs, der mittleren Laufzeit und der Wahl der Zinsabrechnungsperiode abhängig. Hinzu kommen weitere einmalige und laufende Kosten, insbesondere falls die Unternehmensanleihe an einer Börse emittiert und dort gehandelt wird. Ein Beispiel für die einmaligen Kosten im Vorfeld einer Anleiheemission stellen die Kosten für das Rating dar.

Wird die Anleihe im Rahmen einer Fremdemission mit Hilfe eines Bankenkonsortiums begeben, das nach der Übernahme der Anleihe für deren komplette Unterbringung an der

Börse zu sorgen hat, so verursacht die Konsortialprovision ebenfalls einmalige Kosten. Es schließen sich noch weitere Kosten, wie die Börseneinführungsprovision, die Börsenzulassungsgebühr, die Kosten der Erstellung und Prüfung des Verkaufsprospektes u. a. an. Die gesamten einmaligen Kosten belaufen sich dann auf circa vier bis fünf Prozent des Nominalbetrags der Anleihe.

Neben den Zinszahlungen treten als laufende Nebenkosten die Kuponeinlösungsprovision, Kosten für die Börsennotierung u. a. auf, die insgesamt circa 1,5 bis zwei Prozent des Nominalbetrags der Anleihe ausmachen. Bei einer Selbstemission und Verzicht auf eine Börsennotierung der Anleihe müssen nicht nur bestimmte gesetzliche Regelungen nicht erfüllt werden, sondern es entfallen auch alle mit dem Bankenkonsortium bzw. mit der Börse verbundenen Kosten.

Das folgende Rechenbeispiel zeigt, dass die Art und Höhe der Kapitalkosten, die mit der Emission einer Unternehmensanleihe verbunden sind, vom gewählten Emissionsweg abhängen. Um außerdem Vergleichbarkeit zur Alternative der Aufnahme eines Schuldscheindarlehens herzustellen, wird von den Eckdaten aus Beispiel 13 ausgegangen.

Beispiel 14 (Emissionswege für eine Unternehmensanleihe)

Ein Unternehmen benötigt Kapital in Höhe von 10 Mio. Euro für fünf Jahre. Untersucht werden sollen die Kapitalkosten einer entsprechenden Emission einer Kuponanleihe mit jährlichen Zinszahlungen in Abhängigkeit vom Emissionsweg. Die Anleihe wird zu pari ausgegeben und zurückgezahlt. Vorzeitige Rückkäufe einzelner Teilschuldverschreibungen sind nicht geplant. Wie schon in Beispiel 13 rechnen wir auch hier zur Vereinfachung damit, dass alle Zahlungen jeweils am Ende eines Jahres anfallen.

Bei der Eigenemission würde ein Nominalzinssatz von 7,25 Prozent p. a. gewählt werden. Dieser liegt auf Grund der höheren Fungibilität der Anleihe im Vergleich zum Schuldscheindarlehen um 0,25 Prozentpunkte unter dessen Nominalzinssatz. Die einmaligen Kosten zur Vorbereitung und Durchführung der Emission werden auf 210 000 Euro geschätzt und setzen sich aus den Kosten für die Erstellung des Emissionsprospektes und dessen Prüfung durch den Kapitalmarktausschuss (80 000 Euro) sowie Marketingaufwendungen (Roadshow, Zeitungsanzeigen, professioneller Internetauftritt, Call-Center) zur Erhöhung des Bekanntheitsgrades des Unternehmens, zur Bekanntgabe der geplanten Anleiheemission sowie zur Unterbringung der Teilschuldverschreibungen bei den Investoren (130 000 Euro) zusammen.

Die laufenden Kosten pro Jahr werden auf insgesamt 750 000 Euro geschätzt. Dazu zählen die Kuponzahlungen (725 000 Euro), die Kuponeinlösungsprovision (10 000 Euro) sowie Verwaltungskosten (15 000 Euro). Insgesamt ergibt sich für das Unternehmen zu Beginn eine (Netto-) Einzahlung von 9,79 Mio. Euro, der Auszahlungen von jeweils 750 000 Euro am Ende der Jahre 1 bis 4 sowie 10 750 000 Euro am Ende des fünften Jahres gegenüberstehen. Der zugehörige Kapitalkostensatz beträgt 8,03 Prozent p. a. und liegt damit um 0,78 Prozentpunkte über dem Nominalzinssatz der Anleihe bzw. um 0,07 Prozentpunkte unter dem Kapitalkostensatz des Schuldscheindarlehens.

Bei der Fremdemission durch ein Bankenkonsortium, jedoch ohne Aufnahme in den Freiverkehr bzw. Amtlichen Handel oder Geregelten Markt würde ebenfalls ein Nominalzinssatz von 7,25 Prozent p. a. gewählt werden. Die einmaligen Kosten zur Vorbereitung und Durchführung der Emission setzen sich nun aus den Prospektkosten (80 000 Euro), der Konsortialprovision (200 000 Euro) sowie Marketingaufwendungen (90 000 Euro) zusammen. Die geringeren Marketingaufwendungen gegenüber der Eigenemission resultieren daraus, dass das Bankenkonsortium die Unterbringung der Teilschuldverschreibungen bei den Investoren übernimmt.

Bei den laufenden Kosten pro Jahr entfallen gegenüber der Eigenemission aus demselben Grund die Verwaltungskosten in Höhe von 15 000 Euro. Insgesamt ergibt sich für das Unternehmen zu Beginn eine (Netto-) Einzahlung von 9,63 Mio. Euro, der Auszahlungen von jeweils 735 000 Euro am Ende der Jahre 1 bis 4 sowie 10 735 000 Euro am Ende des fünften Jahres gegenüberstehen. Der zugehörige Kapitalkostensatz beträgt 8,28 Prozent p. a. und liegt damit um 1,03 Prozentpunkte über dem Nominalzinssatz der Anleihe bzw. um 0,18 Prozentpunkte über dem Kapitalkostensatz des Schuldscheindarlehens.

Soll die Anleihe in den Freiverkehr der Frankfurter Wertpapierbörse aufgenommen werden, würde auf Grund der daraus resultierenden höheren Fungibilität ein Nominalzinssatz von sieben Prozent p. a. gewählt werden. Zu den einmaligen Kosten zur Vorbereitung und Durchführung der Emission kommen nun neben den Prospektkosten (80 000 Euro), der Konsortialprovision (200 000 Euro), den Marketingaufwendungen (90 000 Euro) und den Kosten für die Erstellung eines Ratings (15 000 Euro) noch die Gebühren der Frankfurter Wertpapierbörse (25 000 Euro) dazu.

Bei den laufenden Kosten kommen nun noch die Kosten der Frankfurter Wertpapierbörse in Höhe von 20 000 Euro pro Jahr hinzu, denen jedoch um 25 000 Euro geringere Kuponzahlungen gegenüberstehen. Insgesamt ergibt sich für das Unternehmen zu Beginn eine (Netto-) Einzahlung von 9,59 Mio. Euro, der Auszahlungen von jeweils 730 000 Euro am Ende der Jahre 1 bis 4 sowie 10 730 000 Euro am Ende des fünften Jahres gegenüberstehen. Der zugehörige Kapitalkostensatz beträgt 8,34 Prozent p. a. und liegt damit um 1,34 Prozentpunkte über dem Nominalzinssatz der Anleihe bzw. um 0,06 Prozentpunkte über dem Kapitalkostensatz der Anleihe bei der einfachen Fremdemission.

Soll die Anleihe in den Amtlichen Handel aufgenommen werden, würde ebenfalls ein Nominalzinssatz von sieben Prozent p. a. gewählt werden. Gegenüber der Freiverkehr-Variante belaufen sich die Börseneinführungskosten – bestehend aus Börseneinführungsprovision und Börsenzulassungsgebühr – nun auf 45 000 Euro und die laufenden Kosten für die Börsennotierung auf 40 000 Euro pro Jahr. Hinzu kommen laufende Auskunfts- und Informationskosten in Höhe von 10 000 Euro pro Jahr.

Insgesamt ergibt sich für das Unternehmen zu Beginn eine (Netto-) Einzahlung von 9,57 Mio. Euro, der Auszahlungen von jeweils 760 000 Euro am Ende der Jahre 1 bis 4 sowie 10 760 000 Euro am Ende des fünften Jahres gegenüberstehen. Der zugehörige Kapitalkostensatz beträgt 8,70 Prozent p. a. und liegt damit um 1,7 Prozentpunkte über dem Nominalzinssatz der Anleihe bzw. um 0,36 Prozentpunkte über dem Kapitalkostensatz der Anleihe bei der Freiverkehr-Variante.

Insgesamt erweist sich die Selbstemission noch vor der Aufnahme eines Schuldscheindarlehens aus Kostengründen für unsere Beispieldaten als vorteilhaft. Die niedrigeren Kuponzahlungen wiegen hier stärker als die höheren Nebenkosten. Die Aufnahme der Anleihe in den Freiverkehr bzw. sogar in den Amtlichen Handel ist mit den höchsten Kapitalkostensätzen verbunden. Grund sind die hohen Nebenkosten, die hier stärker wiegen als die geringeren Kuponzahlungen im Vergleich zu den anderen Emissionswegen.

Tabelle 29 fasst die Ergebnisse der Beispiele 13 und 14 zusammen. Die Reihenfolge bezüglich der Kapitalkostensätze ist zwar typisch, lässt sich aber nicht verallgemeinern. Letztlich müssen die Kapitalkosten der verschiedenen Alternativen für jede konkrete Situation ermittelt und gegenübergestellt werden. Insbesondere sind dabei neben den Zinskosten auch die verschiedenen Nebenkosten vollständig zu erfassen. Die Laufzeit ist ebenfalls von Bedeutung, da sich hohe einmalige Nebenkosten zu Beginn umso stärker auf den Kapitalkostensatz auswirken, je kürzer die Laufzeit des Fremdkapitals ist. Hinzu kommt, dass die Fungibilität der Anleihe mit zunehmendem Grad an Organisiertheit des Marktsegmentes steigt und so die Anleihe für Investoren attraktiver macht.

Finanzierungsalternative	Nominalzinssatz	Kapitalkostensatz
Schuldscheindarlehen	7,50 % p. a.	8,10 % p. a.
Anleihe (Eigenemission)	7,25 % p. a.	8,03 % p. a.
Anleihe (einfache Fremdemission)	7,25 % p. a.	8,28 % p. a.
Anleihe (Aufnahme in den Freiverkehr)	7,00 % p. a.	8,34 % p. a.
Anleihe (Aufnahme in den Amtlichen Handel)	7,00 % p. a.	8,70 % p. a.

Tabelle 29: Kapitalkosten eines Schuldscheindarlehens sowie verschiedener Emissionswege einer Unternehmensanleihe (Beispiel)

Unternehmensanleihen als Finanzierungsalternative des Mittelstandes

Unter den im Juni 2005 auf dem Parkett der Frankfurter Wertpapierbörse (Amtlicher Handel, Geregelter Markt, Freiverkehr) gehandelten Unternehmensanleihen deutscher Emittenten (Domestic-Corporate-Bonds) erfüllten lediglich vier Emittenten die quantitativen Kriterien der EU-Mittelstandsdefinition (Beschäftigtenzahl unter 250, Umsatz höchstens 50 Mio. Euro, Bilanzsumme höchstens 43 Mio. Euro). Dabei waren drei der Anleihen im Freiverkehr und nur eine im Amtlichen Handel notiert. Bei allen vier Emittenten handelt es sich um Kapitalbeteiligungsgesellschaften, also Gesellschaften mit finanziellem Fokus, und nicht um Industrie- oder Handelsunternehmen.

Dies lässt verschiedene Schlüsse zu. Eine erste Erklärung könnte darin bestehen, dass die Börse bzw. der börsennahe Freiverkehr sehr wohl eine Finanzierungsplattform auch für Unternehmen mittlerer Größe darstellen, diese sie nur noch nicht für sich „entdeckt" haben. Eine zweite Erklärung mag darin liegen, dass die Kapitalkosten einer Anleihenplatzierung im Freiverkehr bzw. Amtlichen Handel oder Geregelten Markt bei kleineren Emissionsvolumina tatsächlich zu hoch sind und dieser Emissionsweg nur dann genutzt wird, wenn damit auch nicht-finanzielle Motive – beispielsweise Prestige – verbunden sind. Etablierte mittelständische Unternehmen entdecken derzeit den Weg der Eigenemission von Unternehmensanleihen als Alternative zum traditionellen langfristigen Bankkredit, wie das folgende Fallbeispiel veranschaulicht.

Beispiel 15 (Privat platzierte Anleihen)

1. Der im Jahre 1804 gegründete, in Halle/Saale ansässige und in den neuen Bundesländern bekannte mittelständische Süßwarenhersteller Halloren Schokoladenfabrik GmbH wies zum 31.12.2003 eine Bilanzsumme von 29,8 Mio. Euro aus, erzielte 2003 Umsatzerlöse in Höhe von 24,6 Mio. Euro und beschäftigt insgesamt 250 Mitarbeiter. An dem Unternehmen sind zu 57,6 Prozent ein institutioneller Anleger und zu 32,4 Prozent eine Privatperson beteiligt. Die restlichen zehn Prozent der Anteile befinden sich im Streubesitz.

    Die (erste in Sachsen-Anhalt) privat platzierte Halloren-Anleihe verfügt über einen Gesamtnennbetrag von 10 Mio. Euro und ist in 10 000 Inhaber-Teilschuldverschreibungen zu Nennbeträgen von jeweils 1 000 Euro aufgeteilt. Die Laufzeit der Anleihe beträgt fünf Jahre. Sie wurde den Anlegern ab dem 20.10.2004 zum Kauf angeboten. Der Nominalzinssatz lautet sieben Prozent p. a., wobei die Zinsen nachträglich zum 20.10. eines jeden Jahres bis zum Jahr 2009 gezahlt werden. Die Rückzahlung erfolgt zum Nennbetrag am Ende der Laufzeit.

    Die Verpflichtungen des Emittenten aus den Inhaber-Teilschuldverschreibungen stellen unmittelbare, unbedingte, nicht besicherte und nicht nachrangige Verpflichtungen dar und stehen im gleichen Rang mit allen anderen nicht besicherten und nicht nachrangigen Verbindlichkeiten des Emittenten. Der Emittent gibt darüber hinaus die Negativerklärung ab, für die Laufzeit der Anleihe keine weitere Schuldverschreibung zu anderen Bedingungen als den im Prospekt aufgeführten zu begeben. Zusätzlich wird dem Käufer der Anleihe ein Kündigungsrecht eingeräumt, welches an bestimmte negative Tatbestände, verursacht durch den Emittenten, geknüpft ist (z. B. Verzug bei der Zinszahlung). Als Zahlstelle für den Emittenten ist die lokale Filiale einer Großbank tätig.

Das Unternehmen gibt an, mit der Resonanz der Anleihe bei den Investoren zufrieden zu sein, da bis Ende Mai 2005 bereits 95 Prozent der Anleihe bei Investoren platziert werden konnten. Auf Grund der hohen laufenden Kosten habe das Unternehmen es nicht in Erwägung gezogen, die Unternehmensanleihe an der Börse zu emittieren. Es habe dennoch eine Bonitätseinschätzung von Creditreform in Anspruch genommen und verfüge mit einem Bonitätsindex in Höhe von 183 auf einer Bewertungsskala von 100 bis 600 über eine gute Bonität.

Die Emission erfolgte in Eigenregie, so dass z. B. der Verkaufsprospekt ohne Mitwirkung einer spezialisierten Agentur erstellt worden sei. Für die Akquisition habe man ein hauseigenes Call-Center sowie eine Verwaltung zur vollständigen Verkaufsabwicklung eingerichtet. Die Bekanntmachung und Vermarktung der Anleihe erfolgt über die Schaltung von Annoncen in regionalen und bundesweiten Tageszeitungen.

Die Käufer der Anleihe seien fast ausschließlich Privatkunden, die Beträge zwischen 1 000 Euro und 20 000 Euro investierten. Der durchschnittlich investierte Betrag je Käufer liege bei circa 3 000 Euro. Mehr als 50 Prozent aller Gläubiger hätten ihren Wohnsitz in Sachsen-Anhalt, Sachsen und Thüringen, 15 Prozent kämen aus den restlichen neuen Bundesländern sowie Berlin, weitere 15 Prozent aus Hessen. Der Rest verteile sich über die übrigen Bundesländer. Die Altersspanne der Investoren liege zwischen 40 und 60 Jahren.

2. Als erstes mittelständisches Unternehmen der Nahrungs- und Genussmittelbranche hat der Fleisch- und Wurstwarenhersteller Zimbo mit Sitz in Bochum im Oktober 2003 Inhaber-Teilschuldverschreibungen im Volumen von 15 Mio. Euro mit einer Laufzeit von fünf Jahren am Kapitalmarkt platziert. Die Anleihe wird mit sieben Prozent p. a. verzinst und wurde im Direktvertrieb innerhalb von sechs Monaten über eine firmeneigene Hotline verkauft. Das Kapital floss u. a. in die Errichtung eines neuen Herstellungsbetriebs. Außerdem will Zimbo seinen Herstellungsstandort in Ungarn ausbauen. Die Kapazitäten des Betriebs werden bis Anfang 2006 verdoppelt.

Die 1953 von Max Zimmermann gegründete Zimbo-Gruppe weist inzwischen zwar eher die Zahlen eines größeren Unternehmens auf (über 3 000 Mitarbeiter, circa 400 Mio. Euro Jahresumsatz), ist aber auf Grund qualitativer Kriterien (gemäß Institut für Mittelstandsforschung (IfM) Bonn: enge Verbindung von Unternehmen und Inhaber sowie Einheit von Eigentum, Leitung, Haftung und Risiko) noch dem Mittelstand zuzuordnen.

3. Ein weiteres Beispiel eines mittelständischen Anleihenemittenten ist die Pauly Biskuit AG (unter 300 Mitarbeiter, jeweils unter 30 Mio. Euro Jahresumsatz und Bilanzsumme) mit Unternehmenssitz in Dessau (Sachsen-Anhalt), die am 18.5.2005 eine Unternehmensanleihe mit einem Volumen von 10 Mio. Euro und einer Laufzeit von fünf Jahren an private Geldgeber herausgegeben hat. Die Verzinsung liegt bei

7,25 Prozent p. a. Anleger können die Inhaber-Teilschuldverschreibungen mit der Stückelung zu je 1 000 Euro direkt bei Pauly Biskuit erwerben. Ziel dieser Emission ist es gemäß Unternehmensangaben, den Unternehmensstandort weiterhin auszubauen und bankenunabhängiger zu werden. Die Pauly Biskuit AG produziert Dauerbackwaren für bekannte Marken, Diabetikerprodukte sowie Kinder- und Bioprodukte.

4. Dass sich die Phantasie bei der Emission von Unternehmensanleihen nicht auf die Nahrungs- und Genussmittelbranche beschränkt, beweist der Stuttgarter Klett-Verlag (circa 2 000 Mitarbeiter, circa 300 Mio. Euro Jahresumsatz, circa 200 Mio. Euro Bilanzsumme), dessen Finanzabteilung 2005 für die Finanzierung des Zukaufs eines Anbieters von Fernschul-Lehrgängen gemeinsam mit einer Unternehmensberatung eine Anleihe entwickelte. Das „Bildungswertpapier" weist einen Nominalzinssatz von sieben Prozent p. a. und eine Laufzeit von fünf Jahren auf. Innerhalb weniger Wochen wurden die angestrebten 25 Mio. Euro gezeichnet.

Insgesamt bleibt festzuhalten, dass die Emission von Unternehmensanleihen nicht nur für Großunternehmen, sondern auch für etablierte mittelständische Unternehmen eine Finanzierungsalternative darstellt, die an Bedeutung gewinnt. Ziele dabei sind die Wachstumsfinanzierung und die Unabhängigkeit von Banken. Anleihen mittelständischer Unternehmen werden dabei hauptsächlich in Eigenregie und mit vergleichsweise kurzen Laufzeiten (häufig fünf Jahre) emittiert. Die Zeitdauer bis zur Unterbringung der Teilschuldverschreibungen bei den Investoren ist recht unterschiedlich. Im Allgemeinen ist dabei von etwa einem halben Jahr auszugehen.

13. Private-Debt

Private-Debt ist ein Begriff, der auf unterschiedliche Arten benutzt wird, die im Folgenden kurz vorgestellt werden. Dabei wird deutlich, dass je nach Definition die dabei genutzten Finanzierungsinstrumente bereits besprochen wurden oder aber auf Grund ihres Mezzanine-Charakters ausführlicher in Teil III des Buches behandelt werden.

13.1 Private-Debt im weiteren Sinne

Im weiteren Sinne versteht man unter Private-Debt Fremdkapital, das nicht am organisierten Kapitalmarkt gehandelt wird. Das am organisierten Kapitalmarkt gehandelte Fremdkapital wird dann analog als Public-Debt bezeichnet. Dabei kann der Begriff des organisierten Kapitalmarktes wiederum unterschiedlich aufgefasst werden.

In der engsten Fassung werden darunter nur die beiden öffentlich-rechtlich überwachten Börsensegmente Amtlicher Handel und Geregelter Markt verstanden. In einer weiten Fassung wird zum organisierten Kapitalmarkt auch das privatrechtlich überwachte Segment Freiverkehr gezählt. Die weiteste Fassung des organisierten Kapitalmarktes beinhaltet darüber hinaus auch den Over-the-Counter- (OTC-) Markt. Entsprechend kann nun Fremdkapital, das nicht im Amtlichen Handel oder Geregelten Markt gehandelt wird oder das auch nicht im Freiverkehr gehandelt wird oder das auch nicht am OTC-Markt gehandelt wird, zum Private-Debt im weiteren Sinne gezählt werden.

Bleiben wir bei der engsten Fassung von Fremdkapital, das an keinem mehr oder weniger organisierten Kapitalmarkt gehandelt wird, so lässt sich dies einteilen in die bereits besprochenen Handels- und Bankkredite, das so genannte Informal-Private-Debt, sowie das Private-Debt im engeren Sinne. Unter Informal-Private-Debt werden Fremdfinanzierungen verstanden, die zwischen Privatpersonen und Unternehmen stattfinden. Diese werden privat, also insbesondere nicht an einem organisierten Markt, abgewickelt. Es handelt sich dabei zumeist um Fremdfinanzierungen in kleinen Volumina. Auf diese soll hier nicht weiter eingegangen werden.

13.2 Private-Debt im engeren Sinne

Im engeren Sinne versteht man unter Private-Debt Fremdkapital, das vorwiegend von institutionellen Investoren – häufig außerhalb des Bankensektors – zur Verfügung gestellt wird. Es handelt sich dabei um privat platziertes, illiquides Fremdkapital mit einer geringen Anzahl von Kapitalgebern. Man spricht auch vom „Kredit ohne Bank". Die Laufzeit liegt dabei in der Regel zwischen fünf und zehn Jahren.

Gemäß dieser Definition wären zum Privat-Debt auch Schuldscheindarlehen zu zählen. Tatsächlich ist aber zumeist etwas anderes gemeint, wenn die Rede von Private-Debt (im engeren Sinne) ist. Es handelt sich dabei häufig um Fremdkapital, das unbesichert oder nachrangig ist und folglich eher Mezzanine-Charakter besitzt. Dieser Charakter kann auch stärker ausgeprägt sein, indem das Kapital mit so genannten Equity-Kickern wie Optionsscheinen oder Wandlungsrechten ausgestattet wird. Darüber hinaus ist Private-Debt eher im Speculative-Grade-Ratingbereich angesiedelt.

Instrumente und Kapitalgeber

Zu den typischen Private-Debt-Instrumenten zählen die Folgenden:

- nachrangig besicherte Kredite (Junior-Secured-Loans),
- unbesicherte Kredite,
- unbesicherte Schuldscheindarlehen (Senior-Unsecured-Notes),
- nachrangige und unbesicherte Bonds (High-Yield-Bonds),

▪ Kredite mit Optionsschein (Bonds bzw. Loans mit Warrant),

▪ Eigenkapital mit hohem festen Zinssatz, wobei die Zinsen je nach Zahlungskraft gegebenenfalls gestundet und mitverzinst werden (Payment-in-Kind).

Allen Instrumenten ist der mehr oder minder ausgeprägte Mezzanine-Charakter gemein, der sich in entsprechend höheren Risiken und damit verbundenen höheren geforderten Renditen der Kapitalgeber im Vergleich zu einer reinen Fremdfinanzierung äußert. Zu den typischen Kapitalgebern einer Private-Debt-Finanzierung zählen Kreditinstitute, Versicherungsunternehmen, Investmentfonds und so genannte Mezzanine-Fonds. Wir verweisen hier auf Teil III des Buches.

14. Finanzierung durch Forderungsverkauf

Bei den in diesem Kapitel besprochenen Finanzierungsformen handelt es sich um Formen der Innenfinanzierung mittels Fremdkapital. Die Innenfinanzierung äußert sich darin, dass eine Kapitalfreisetzung durch den Verkauf von Forderungen an einen Factor (Factoring, vgl. Abschnitt 14.1), einen Forfaiteur (Forfaitierung, vgl. Abschnitt 14.2) bzw. eine so genannte Einzweckgesellschaft (Asset-Backed-Securities, vgl. Abschnitt 14.3) stattfindet. Wir werden sehen, dass das Factoring, die Forfaitierung und der Verkauf von Forderungen an eine Einzweckgesellschaft, die dann wiederum durch diese Forderungen besicherte Anleihen (Asset-Backed-Securities) emittiert, in Konkurrenz zu den bislang besprochenen Formen der Außenfinanzierung mittels Fremdkapital stehen.

14.1 Factoring

Unter Factoring – auch Absatzfinanzierung genannt – versteht man den laufenden Verkauf von Forderungen aus Lieferungen und Leistungen innerhalb einer Rahmenvereinbarung. Der Forderungsverkäufer wird dabei als Factoringkunde, der Forderungskäufer als Factorinstitut oder kurz als Factor bezeichnet.

Gemäß Jahresbericht 2004 des Deutschen Factoring-Verbandes e. V. gehören dem Verband 20 Factorinstitute an, die nach Schätzung des Verbandes mehr als 95 Prozent des Factoringumsatzes in Deutschland generieren. Die Verbandsmitglieder hatten 2004 zusammen einen Factoringumsatz von 45,31 Mrd. Euro mit insgesamt 2 947 Factoringkunden. Zum 31.12.2004 schuldeten circa 1,7 Mio. Debitoren den Factorinstituten Geld, woraus sich bei einer mittleren Laufzeit der Forderungen von etwa drei Monaten ein betreuter Bestand über das Jahr von circa 6,8 Mio. Debitoren errechnen lässt. Die größten Marktanteile im Verband entfielen 2004 auf die Heller Bank (22,0 Prozent) und die Allgemeine Kredit Coface Finanz GmbH (16,4 Prozent).

Daneben existiert der BFM Bundesverband Factoring für den Mittelstand e. V. als Vereinigung mittelständischer Factoringinstitute, der sich als Ergänzung zum Deutschen Factoring-Verband e. V. versteht. Für den BFM kommen bereits Unternehmen mit einem Jahresumsatz von 250 000 Euro bei Vorliegen entsprechender Bonität in Frage. Zu den 25 Mitgliedern des BMF zählen beispielsweise die Dresdner Factoring AG als Marktführer in den neuen Bundesländern sowie zwei der insgesamt 13 Unternehmen, die innerhalb der Creditreform-Gruppe Factoring anbieten. Das Factoring hat in den vergangenen Jahren an Bedeutung gewonnen, wie Abbildung 38 verdeutlicht.

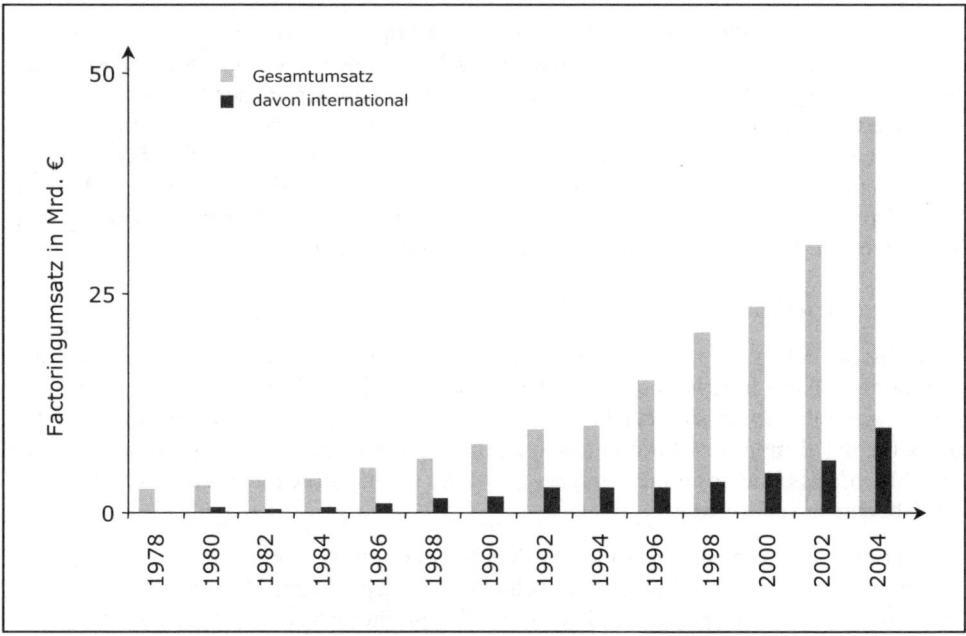

Abbildung 38: Entwicklung des Factoringumsatzes in Deutschland;
Quelle: Deutscher Factoring-Verband

Funktionen des Factors

Beim Factoring übernimmt der Factor bis zu drei Funktionen:

■ Die Finanzierungsfunktion ist unmittelbar einsichtig, da dem Unternehmen beim Verkauf von Forderungen deren Gegenwert (bis auf den noch zu erläuternden Auszahlungsabschlag sowie Zinsen und Provisionen) sofort und nicht erst bei jeweiliger Fälligkeit zur Verfügung steht.

■ Übernimmt der Factor die Delkrederefunktion, trägt er das Risiko der Uneinbringlichkeit – also des Ausfalls – von Forderungen. Dabei wird mitunter eine Selbstbe-

teiligung des Factoringkunden von 25 bis 30 Prozent vereinbart. Wird die Delkrederefunktion vom Factor nicht übernommen, findet faktisch kein Ankauf, sondern lediglich eine Bevorschussung von Forderungen statt. Man spricht dann vom unechten
Factoring, was sich analog zu einem Darlehen in einer Bilanzverlängerung äußert.

▪ Zur Dienstleistungsfunktion des Factors können die Debitorenbuchhaltung, die
   Rechnungsstellung sowie das Inkasso- und Mahnwesen zählen. Die Dienstleistungsfunktion wird insbesondere gegenüber größeren Factoringkunden mitunter einge-
   schränkt, wobei dann beispielsweise die Debitorenbuchhaltung weiter beim Unternehmen verbleibt.

Bezüglich der Finanzierungsfunktion steht der Factor in Konkurrenz zu Banken, die einen durch Globalzession der Forderungen aus Lieferungen und Leistungen besicherten
Kredit gewähren. Bezüglich der Delkrederefunktion konkurriert der Factor mit Kredit-
versicherungsunternehmen, die die Übernahme des Delkredererisikos im Rahmen von so
genannten Warenkreditversicherungen anbieten. Die Dienstleistungsfunktion könnten
außer dem Factor auch Inkassounternehmen und Buchhaltungsgesellschaften übernehmen (Outsourcing). Damit wäre das Factoring im Prinzip durch separate Verträge mit
verschiedenen Institutionen realisierbar und stellt insofern eine Vereinfachung dar.

Ablauf des Factorings

Zunächst schließen das Unternehmen und der Factor eine Rahmenvereinbarung über den
Forderungsankauf innerhalb der nächsten Jahre ab. Bei der Prüfung der entsprechenden
Unterlagen interessiert sich der Factor insbesondere für die Bonität der Debitoren, aber
auch für die Bonität des Forderungsverkäufers (Anschlusskunde). Daraus wird bereits
ersichtlich, dass Factoring nur geeignet ist, wenn das Unternehmen über einen konstanten Abnehmerkreis verfügt.

Ist nun eine Factoringvereinbarung zu Stande gekommen, erbringt der Factoringkunde
(Unternehmen) seine Leistungen und schickt die entsprechenden Rechnungen an seine
Abnehmer sowie in Kopie an den Factor. Nach typischerweise zwei Tagen überweist der
Factor dem Factoringkunden etwa 70 bis 90 Prozent des jeweiligen Rechnungsbetrags.
Der Auszahlungsabschlag ist ein Teileinbehalt wegen zu erwartender Retouren, nach-
träglicher Preisabschläge auf Grund von Mängeln usw., um den sich die verkauften For-
derungen noch reduzieren können.

Darüber hinaus werden die verschiedenen Provisionen sowie die vorweggenommenen
Zinsen vom Rechnungsbetrag abgezogen. Die Zahlung des Restbetrags (abzüglich even-
tueller Abschläge auf die Forderungen) erfolgt, wenn der Debitor an den Factor gezahlt
hat (offenes Factoring) bzw. der Debitor an den Factoringkunden und dieser wiederum
an den Factor (stilles Factoring). Abbildung 39 stellt die Beziehungen zwischen Factoringkunde, Abnehmer und Factor schematisch dar.

Kapitalkosten

Zunächst verlangt ein Factor für die Übernahme der Finanzierungsfunktion Kreditzinsen, wobei die Zinssätze in ihrer Höhe mit banküblichen Sollzinssätzen vergleichbar sind. Für die Übernahme der Delkrederefunktion wird eine Delkredereprovision fällig, die zwischen 0,2 und 1,5 Prozent des Umsatzes liegt und sich vor allem nach der Bonität der Abnehmer (Debitoren) des Factoringkunden richtet. Für die Übernahme der Dienstleistungsfunktion verlangt der Factor eine Dienstleistungsprovision, die je nach Umfang 0,5 bis 2,5 Prozent des Umsatzes beträgt. Hinzu kommen noch Kreditprüfungsgebühren im Vorfeld der Factoringvereinbarung, die z. B. pro zu überprüfendem Debitor berechnet werden.

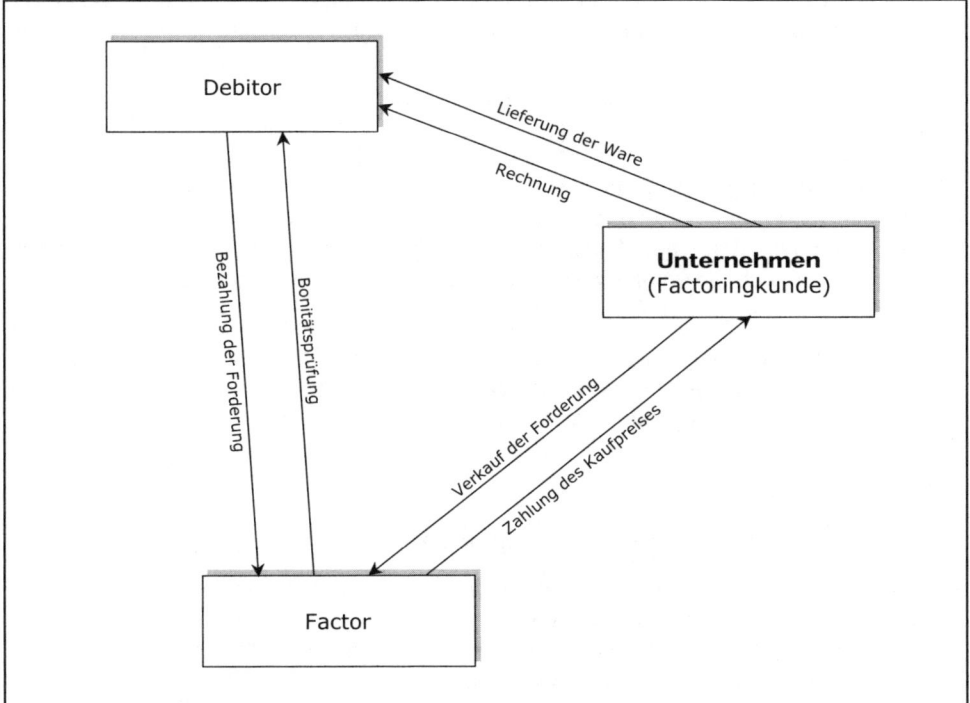

Abbildung 39: Wechselseitige Beziehungen beim Factoring;
Quelle: Dresdner Factoring (2004)

Beispiel 16 (Factoring)

Zunächst abstrahieren wir von den einmalig zu Beginn anfallenden Kreditprüfungsgebühren, da diese bei sehr vielen verkauften Forderungen eines Debitors nur einen geringen Teil der Kapitalkosten des Verkaufs einer einzelnen Forderung ausmachen.

Verkauft wird eine Forderung in Höhe von 10 000 Euro, die in drei Monaten fällig wird. Der Factor berechnet dafür Kreditzinsen zu einem Zinssatz von sechs Prozent p. a., eine Delkredereprovision in Höhe von einem Prozent sowie eine Dienstleistungsprovision in Höhe von zwei Prozent des Umsatzes (Rechnungsbetrag). Außerdem wird ein Auszahlungsabschlag in Höhe von zehn Prozent des Rechnungsbetrags einbehalten. Der Factor übernimmt das Risiko des Forderungsausfalls zu 100 Prozent.

Dem Unternehmen fließen zu Beginn 8 550 Euro zu (Rechnungsbetrag in Höhe von 10 000 Euro abzüglich Zinsen in Höhe von 150 Euro, Delkredere- und Dienstleistungsprovision in Höhe von zusammen 300 Euro sowie Auszahlungsabschlag in Höhe von 1 000 Euro). Unter der Voraussetzung, dass sich die Forderung nicht z. B. auf Grund mangelhafter Ware reduziert, fließen dem Unternehmen nach drei Monaten noch einmal 1 000 Euro zu, denen der dann auf Grund des Forderungsverkaufs nun nicht mehr zufließende Rechnungsbetrag in Höhe von 10 000 Euro gegenübersteht. Analog zu Beispiel 7 ergibt sich deshalb:

$$(38) \qquad \text{Kapitalkostensatz} = \frac{9\,000\,€ - 8\,550\,€}{8\,550\,€} \times \frac{12}{3} = 21,05\,\%$$

Wie das Beispiel zeigt, scheint Factoring recht hochverzinslich. Dabei darf nicht vergessen werden, dass vom Factor nicht nur die Finanzierungsfunktion übernommen wird. Würden die Delkredere- und Dienstleistungsfunktion vom Factor nicht übernommen werden, würden sich die Kapitalkosten des Factoring auf banküblichen Zinskosten reduzieren.

Bei einem Kapitalkostenvergleich zwischen Factoring und anderen Finanzierungsalternativen müssen nun umgekehrt bezüglich der Alternative zum Factoring nicht nur deren Zinskosten, sondern auch Kreditversicherungskosten, die Kosten für die Bonitätsprüfung der Abnehmer sowie die Kosten der selbst zu übernehmenden Dienstleistungen berücksichtigt werden.

Factoring als Finanzierungsalternative für den Mittelstand

Damit der Factor vor Abschluss der Rahmenvereinbarung über den Forderungsankauf die Bonität der Debitoren überprüfen kann, ist es erforderlich, dass das Unternehmen über einen konstanten Abnehmerkreis verfügt. Darüber hinaus sollte es sich bei den Debitoren um Unternehmen oder andere Organisationen handeln.

Damit Factoring wirtschaftlich ist, sollte das Unternehmen typischerweise mindestens über Jahresumsätze im hohen sechsstelligen Bereich verfügen, wobei die Einzelrechnungen Beträge von mehreren Tausend Euro aufweisen sollten. Dies macht deutlich, warum Factorinstitute sehr kleine Unternehmen eher selten akzeptieren. Auch in bestimmten Branchen, in denen Forderungen häufig nachträglich korrigiert werden, wird Factoring kaum durchgeführt (z. B. Baugewerbe).

Sehr große Unternehmen hingegen nutzen das Factoring selten, da sie insbesondere die Dienstleistungsfunktion häufig günstiger selbst übernehmen können, was für kleinere und mittlere Unternehmen nicht der Fall ist. Insgesamt ist der typische Factoringkunde also ein Unternehmen mittlerer Größe.

Besonders geeignet ist Factoring für Unternehmen, die sich in einer Wachstumsphase befinden, da der Finanzierungsrahmen beim Factoring automatisch mit dem Umsatz wächst. Factoring ist folglich flexibler bei der Ausweitung des Finanzierungsrahmens als beispielsweise ein Kontokorrentkredit. Die Vorteile des Factorings, die es zu einer Finanzierungsalternative für mittelständische Unternehmen vor allem in einer Wachstumsphase machen, lassen sich wie folgt zusammenfassen:

- Flexibilität bei der Anpassung des Finanzierungsrahmens;

- Übernahme des Debitorenmanagements durch den Factor, so dass sich das Unternehmen auf sein Kerngeschäft konzentrieren kann;

- Übernahme des Debitorenausfallrisikos, so dass sich die „Ansteckungsgefahr" des Unternehmens bei der Insolvenz eines Abnehmers reduziert, was wiederum zu Ratingverbesserungen führen kann;

- Liquiditätsverbesserung und damit die Möglichkeit, Skontovorteile zu nutzen, also teure Lieferantenkredite nicht in Anspruch nehmen zu müssen;

- positive Bilanzstruktureffekte, sofern die zufließende Liquidität zum Abbau von Verbindlichkeiten genutzt wird, mit der Folge einer Bilanzverkürzung, die wiederum eine Erhöhung der Eigenkapitalquote nach sich zieht, die schließlich zu Ratingverbesserungen führen kann.

14.2   Forfaitierung

Die Forfaitierung ist dem Factoring verwandt, da es sich ebenfalls um einen Forderungsankauf handelt. Der Forderungsverkäufer wird dabei als Forfaitist, der Forderungskäufer als Forfaiteur bezeichnet. Analog zu den Factorinstituten sind die Forfaiteure oft spezialisierte Institute oder Geschäftsbanken. Unterschiede der Forfaitierung im Vergleich zum Factoring lauten wie folgt:

- Während es sich beim Factoring bei den angekauften Forderungen um kurzfristige Forderungen handelt, sind die Forderungen bei der Forfaitierung überwiegend mittel- bis langfristig.

- Während beim Factoring innerhalb einer Rahmenvereinbarung (mittelhohe) Forderungen aus Lieferungen und Leistungen laufend angekauft werden, handelt es sich bei der Forfaitierung meist um hohe Einzelforderungen.

▪ Während es sich beim Factoring um Buchforderungen (Forderungen aus Lieferungen und Leistungen) handelt, sind es bei der Forfaitierung – vor allem im Auslandsgeschäft – häufig Wechselforderungen. Bei einwandfreien Forderungen und insbesondere im Inlandsgeschäft ist auch der Ankauf von Buchforderungen möglich. Dabei lässt sich der Forfaiteur jedoch im Allgemeinen vom Unternehmen eine Bestätigung geben, dass das Grundgeschäft ordnungsgemäß verlaufen ist, und vom Abnehmer eine Abnahmebescheinigung, in der festgehalten ist, dass die Ware oder die Leistung unbeanstandet abgenommen wurde.

▪ Beim Factoring wird bei der Übernahme der Delkrederefunktion mitunter ein Selbstbehalt des Factoringkunden von 25 bis 30 Prozent vereinbart. Darüber hinaus erfolgt beim Factoring ein Teileinbehalt, da sich die Forderungen noch reduzieren können. Hingegen kauft der Forfaiteur die Forderungen in der Regel ohne Selbstbehalt des Forfaitisten und ohne Auszahlungsabschlag – also ungekürzt – an (à forfait = ohne Rückgriff, pauschal). Insbesondere im Auslandsgeschäft werden deshalb vorwiegend (hoch) besicherte Forderungen angekauft.

Beispiele für die Forfaitierung von Forderungen im Inland sind der Verkauf von Leasingforderungen, durch den sich Leasinggesellschaften refinanzieren, oder der Verkauf von Forderungen über den Bilanzstichtag hinaus zur Verbesserung der Bilanzstruktur. In beiden Fällen treten typischerweise Banken als Forfaiteure auf. Hauptanwendung erfährt die Forfaitierung jedoch im Außenhandel, wobei Forderungen aus Großgeschäften (zumeist vereinbarte Ratenzahlungen) an Forfaiteure veräußert werden.

Die Forfaitierung besitzt vor allem auf Grund der Höhe der Forderungen im Vergleich zum Factoring eher geringe Bedeutung bei der Finanzierung mittelständischer Unternehmen. Dennoch soll die Forfaitierung von Exportforderungen kurz dargestellt werden, weil sich dabei Einblicke in die Abwicklung von Außenhandelsgeschäften ergeben.

Besicherung der Forderungen

Übliche Sicherheiten bei der Forfaitierung von Exportforderungen sind:

▪ Bürgschaft der Bank des Zahlungspflichtigen für diesen direkt auf dem Wechsel (Avalierung);

▪ separate Wechseleinlösungsbürgschaft, bei der die Bank des Abnehmers außerhalb des Wechsels eine Bürgschaft dafür abgibt, dass der Wechsel eingelöst wird;

▪ separate Bankgarantie als reine Form der abstrakten Garantie, die unbedingt gilt (zahlbar auf erste Anforderung hin);

▪ Akkreditiv (Dokumentenakkreditiv) zusammen mit einer Bestätigung, nach der die erforderlichen Dokumente vorgelegt wurden; das Akkreditiv als Form der Kreditleihe ist ein Zahlungsversprechen der Bank des Importeurs (Zahlungspflichtiger) an den Exporteur (Zahlungsempfänger) mit der Bedingung, dass bestimmte Dokumente vorgelegt werden (Rechnung, Frachtbrief usw.), die die Absendung der Ware und gegebenenfalls die Erfüllung anderer Pflichten des Exporteurs beweisen;

▨ Kreditversicherung zu Gunsten des Lieferanten, die die Zahlung durch den Abnehmer absichert.

Typischer Ablauf einer Forfaitierung im Außenhandel

Abbildung 40 stellt den typischen Ablauf einer Forfaitierung im Außenhandel mit Besicherung der Forderungen in Form einer Avalierung der Bank des Importeurs (Zahlungspflichtiger) dar. Im ersten Schritt stellt der Exporteur (Forfaitist) eine Forfaitierungsanfrage an den Forfaiteur, der gegebenenfalls eine Forfaitierungsoption zu einem festen Diskontierungszinssatz anbietet. Im zweiten Schritt schließen der Exporteur und der Importeur einen Liefervertrag mit vereinbarter Ratenzahlung. Im dritten Schritt wird der Forfaitierungsvertrag zwischen dem Exporteur und dem Forfaiteur geschlossen.

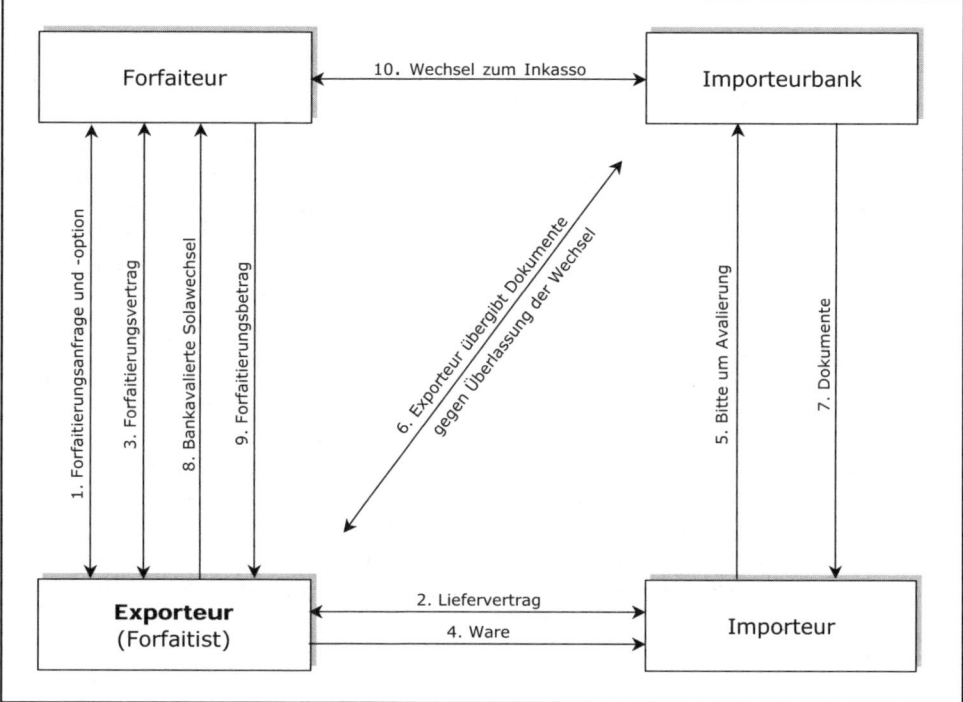

Abbildung 40: Typischer Ablauf einer Forfaitierung im Außenhandel;
Quelle: Zantow (2004)

Nach dem Versand der Ware (vierter Schritt) reicht der Importeur Solawechsel bei seiner Bank mit der Bitte um Avalierung ein (fünfter Schritt). Jeder Solawechsel entspricht dabei einer Ratenzahlung. Die Verwendung von Solawechseln anstelle von Bankakzepten resultiert daraus, dass bei Letzteren der Aussteller (Exporteur) ebenfalls für die Zahlung der Wechsel haften würde. Im sechsten Schritt übergibt der Exporteur der Bank des Importeurs Dokumente (Rechnung, Beweisdokument über den erfolgten Versand der Ware usw.) gegen die Überlassung der Wechsel, die die Bank des Importeurs avaliert hat.

Im siebten Schritt erhält der Importeur die Dokumente von seiner Bank. Im achten Schritt kauft der Forfaiteur die bankavalierten Solawechsel des Importeurs an und zahlt den Forfaitierungsbetrag an den Exporteur aus (neunter Schritt). Abschließend (zehnter Schritt) legt der Forfaiteur bei der Bank des Importeurs zu den jeweiligen Fälligkeitsterminen die entsprechenden Wechsel zum Inkasso vor.

14.3   Asset-Backed-Securities

Bei Asset-Backed-Securities (ABS) verkauft ein Unternehmen (Originator) Forderungen an eine Ankaufgesellschaft. Diese ist im Allgemeinen speziell zu diesem Zweck gegründet worden, weshalb man sie auch als Zweckgesellschaft, Einzweckgesellschaft oder Special-Purpose-Vehicle (SPV) bezeichnet. Das SPV muss organisatorisch nicht zwingend vom Originator getrennt sein. Häufig handelt es sich dabei um eine Tochtergesellschaft des Originators. Das SPV finanziert sich durch Ausgabe von durch die angekauften Forderungen (Assets = Vermögensgegenstände) besicherten (Backed) verzinslichen Wertpapieren (Securities). Die Verzinsung und Tilgung der Wertpapiere erfolgt durch die Erträge der angekauften Forderungen. Im Fall des echten Verkaufs der Forderungen vom Originator an das SPV – wie hier betrachtet – spricht man auch von konventioneller Verbriefung bzw. True-Sale.

Asset-Backed-Securities stellen folglich keine spezielle Wertpapierform dar, die sich durch besondere Ausstattungsmerkmale der Wertpapiere auszeichnen würde. Stattdessen ist den Wertpapieren lediglich eine spezielle Entstehungsform eigen, die sich wiederum in einer bestimmten Form der Besicherung der Wertpapiere (nämlich durch die Forderungen) ausdrückt. Aus Sicht des Forderungsverkäufers (Unternehmen) weist die Finanzierung Ähnlichkeiten mit dem Factoring bzw. der Forfaitierung auf. Asset-Backed-Securities besitzen jedoch höhere Anforderungen an die angekauften Forderungen und werden über den Kapitalmarkt refinanziert.

Geeignete Forderungen

Es sollte sich um Forderungen und/oder Rechte auf zukünftige Forderungen handeln, die während der Laufzeit der Asset-Backed-Securities einen laufenden Cashflow generieren. Im Fall der ABS im engeren Sinne (nicht Mortgage-Backed-Securities (MBS), Collateralized-Loan-Obligations (CLO) oder Collateralized-Bond-Obligations (CBO)) handelt es sich dabei z. B. um Forderungen aus Lieferungen und Leistungen, aus Konsumenten-krediten, aus Autodarlehen und Leasingverträgen sowie Kreditkartenforderungen.

Die verwendeten Forderungen sollten gleichartig, klar bestimmbar, regresslos abtretbar und während der Laufzeit der Asset-Backed-Securities bestehend oder revolvierend sein. Darüber hinaus sollten sie in der Summe mindestens 25 Mio. Euro betragen, damit der gesamte Prozess wirtschaftlich wird. Aus Gründen der Risikostreuung sollten die Forde-rungen gegenüber einer größeren Anzahl von Schuldnern bestehen. Die Zins- und Til-gungszahlungen verkaufter Forderungen sollten möglichst termingenau eingehen und von Forderungsverkäufern mit qualitativ hochwertigen Buchhaltungs- und Controlling-systemen stammen.

Außerdem sollten die Forderungen generell von hoher Bonität sein, damit die Emission der Asset-Backed-Securities ein gutes Rating erhält und der Forderungsankauf ohne ho-he Bonitätsaufschläge refinanziert werden kann. Im Zusammenhang mit dem Rating der Asset-Backed-Securities ist noch wichtig zu erwähnen, dass ABS in unterschiedlichen Tranchen begeben werden, die in der Reihenfolge ihrer Bedienung untereinander in ei-nem Nachrangverhältnis stehen. Beim SPV eingehende Zahlungen werden gemäß der Reihenfolge ihrer Bedienung („Wasserfall") auf die Tranchen verteilt. Reichen also die insgesamt eintreffenden Zahlungen nicht aus, um alle Investoren zu bedienen, so werden die unteren Tranchen zuletzt bedient und tragen damit die ersten Verluste. Das Rating von ABS erfolgt deshalb als Rating der einzelnen Tranchen. Ausnahme ist dabei die un-terste Tranche, die den ersten Verlust (First-Loss) trägt.

Bei nicht ausreichender Bonität wird das SPV wirtschaftlich zusätzlich abgesichert (Kreditversicherung der Forderungen, Avale Dritter usw.), was aber mit zusätzlichen Kosten verbunden ist. In jüngster Zeit haben sich auch Kündigungsmöglichkeiten der ABS-Käufer etabliert, die an bestimmte Bilanz- oder Ausfallrelationen des zu Grunde liegenden Forderungspools geknüpft sind (so genannte Trigger). Abbildung 41 (Seite 204) stellt ein vereinfachtes ABS-Schema dar. Hierbei ist der für die Debitorenbuchhal-tung und das Mahn- und Inkassowesen zuständige so genannte Trustee nicht enthalten, der in vielen Fällen der entsprechenden Abteilung des Originators entspricht und dort verbleibt.

ABS als Finanzierungsalternative für den Mittelstand

Auf Grund der Anforderungen an die den ABS zu Grunde liegenden Forderungen sowie der hohen fixen Transaktionskosten zwischen 0,8 und 3,0 Prozent des Transaktionsvo-lumens kommen ABS in direkter Form nur für umsatz- und ertragsstarke Unternehmen in Frage. Um ABS auch mittelständischen Unternehmen zugänglich zu machen, haben Banken spezielle Mittelstands-ABS-Angebote aufgelegt, mit denen Forderungen mehre-rer Unternehmen gebündelt werden (Multi-Seller-Variante). Damit wird auch solchen Unternehmen der indirekte Zugang zum Kapitalmarkt ermöglicht, die bisher auf Grund eines zu geringen Forderungsvolumens vom ABS-Markt ausgeschlossen waren.

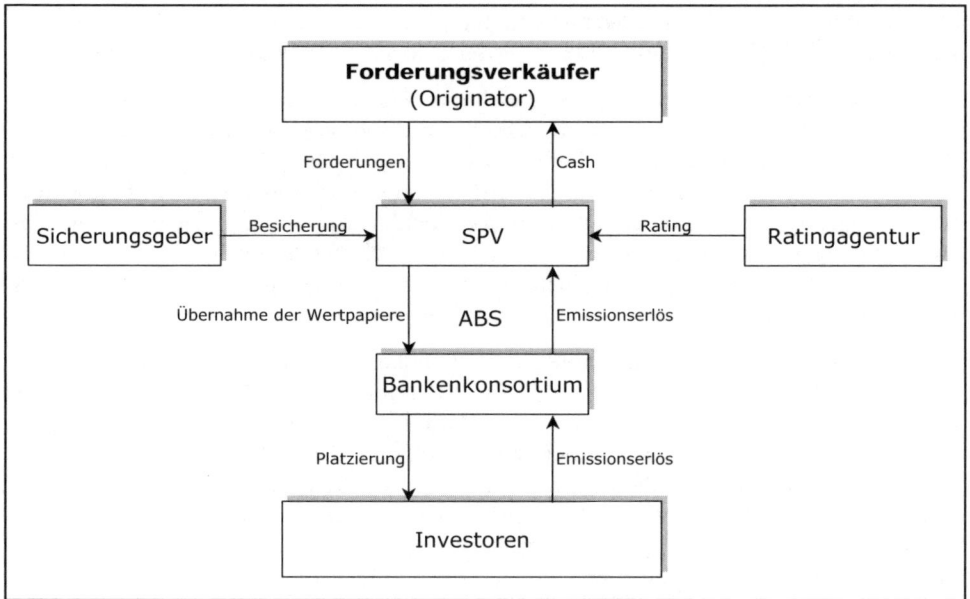

Abbildung 41: Vereinfachtes ABS-Schema; Quelle: Zantow (2004)

ABS als Finanzierungshilfe für den Mittelstand

Für den Mittelstand bedeutsam sind weniger die ABS im engeren Sinne, sondern die Collateralized-Loan-Obligations (CLO), die für die Verbriefung einer Vielzahl klassischer Bankkredite unterschiedlicher Bonität stehen. Dabei handelt es sich um eine True-Sale-Verbriefung. Es werden also nicht nur die Kreditrisiken – wie bei Kreditderivaten als synthetische Form der Verbriefung –, sondern sämtliche Zahlungsansprüche aus einer Kreditbeziehung verbrieft. Die CLOs werden bisher vorwiegend bei institutionellen Anlegern, z. B. Versicherungen, platziert. Bei den Banken verbleibt dabei im Allgemeinen die Kreditverwaltung und -betreuung, nun aber im Auftrag der ABS-Investoren bzw. des SPV.

Im Sommer 2003 schlossen sich über alle Kreditinstitutsgruppen hinweg 13 Banken in Deutschland in der so genannten True-Sale-Initiative zusammen, um den deutschen Verbriefungsmarkt anzuschieben. In Deutschland ist die Verbriefung (Securitization) von Forderungen – mit Ausnahme der Pfandbriefe – insbesondere im Vergleich zu den USA und Großbritannien noch wenig gebräuchlich.

Für den Mittelstand mit durchschnittlicher Bonität bedeutet diese Entwicklung Folgendes: Da es sich bei den CLO um Wertpapiere handelt, die zur Platzierung einem Rating unterworfen werden, ist die Bonitätsprüfung der im Portfolio enthaltenen Kredite nach wie vor essenziell. Außerdem bleiben die abgebenden Kreditinstitute mit einem gewissen Selbstbehalt weiter im Risiko, wenn sie die First-Loss-Tranche übernehmen.

Bei den Verbriefungen handelt es sich um Kreditportfolien, also um eine Mischung von Krediten verschiedener Bonitätsstufen. Die mit den einzelnen Krediten verbundenen Risiken werden dabei auf Grund des Diversifikationseffektes im Portfolio reduziert. Diese risikomindernde Wirkung ist vor allem bei Mittelstandskrediten erzielbar, indem eine Mischung verschiedener Größen, Branchen und Regionen erzeugt wird.

Für Banken besitzen True-Sale-Transaktionen daneben den Vorteil, dass sie einerseits zu reduzierten Eigenkapitalanforderungen gemäß Basel II führen können und andererseits eine zusätzliche Refinanzierungsmöglichkeit zu Marktkonditionen bieten. Von diesem entstandenen Spielraum für die Kreditvergabe kann letztlich wiederum auch der Mittelstand profitieren. Durch die Existenz eines Sekundärmarktes für Kredite und die erhöhte Flexibilität in der Risikosteuerung steigt bei Banken tendenziell die Bereitschaft zur Kreditvergabe.

Für Anleger stellen CLO ein interessantes Investment dar. Anteile an Portfolios aus Mittelstandskrediten sind so überhaupt erst am Kapitalmarkt zu haben. Verschiedene Beispiele zeigen, wie Banken die neuen Verbriefungsmöglichkeiten nutzen:

- Die Commerzbank hat mit der Trade-Bill-Transaktion klassische Handelswechsel durch Verbriefung in ein Kapitalmarktprodukt umgewandelt, wobei einerseits altbekannte und andererseits durch die Wechselstrenge recht sichere Forderungen Verwendung finden.

- Die Cominvest hat Mitte 2003 einen ABS-Publikumsfonds aufgelegt, der über den ABS-Markt in forderungsbesicherte Wertpapiere investiert, zu denen auch Mittelstandsdarlehen gehören.

- Die KfW-Mittelstandsbank hat ein Verbriefungsprogramm aufgelegt, das auch kleineren Kreditinstituten die Verbriefung ihrer Unternehmenskredite ermöglicht. Bei den verbriefungsfähigen Krediten handelt es sich um Förderkredite der KfW an mittelständische Unternehmen, die über deren Hausbanken durchgeleitet werden.

15. Finanzierungsleasing

Im Gegensatz zu den bisher vorgestellten Fremdfinanzierungsformen handelt es sich beim Finanzierungsleasing nicht um eine reine Finanzierung, sondern faktisch um eine Kombination aus einer Investition mit einer entsprechenden Finanzierungsmaßnahme. Anstelle der Überlassung von Kapital zum Kauf des Investitionsobjektes wird gleich das Investitionsobjekt selbst überlassen.

An die Stelle einer eigenen Investition des Unternehmens kombiniert mit einer entsprechenden Finanzierung tritt eine Investition einer Institution (eine institutionelle Leasinggesellschaft, falls keine Bindung an einen einzigen Hersteller vorliegt, oder eine herstellerabhängige Leasinggesellschaft als Tochterunternehmen eines Herstellers des Investitionsobjektes) außerhalb des Unternehmens mit Nutzungsüberlassung des Investitionsobjektes an das Unternehmen.

Wir werden das Finanzierungsleasing aus einem veränderten Blickwinkel beleuchten als die Fremdfinanzierungsformen der vorangegangenen Kapitel. Beispielsweise werden wir anstelle der Berechnung eines Kapitalkostensatzes mit Hilfe der Kapitalwertmethode bei vorgegebenem Kalkulationszinssatz das Finanzierungsleasing mit anderen Fremdfinanzierungsmöglichkeiten einer bestimmten Investition vergleichen. Eine Ausnahme bildet dabei das Sale-and-Lease-Back (Abschnitt 15.2).

Kurz erklärt: Kapitalwert und Kapitalkosten

Um die Vorteilhaftigkeit von Investitionen zu beurteilen, ermittelt man zunächst alle mit einer Investition in Zusammenhang stehenden Ein- und Auszahlungen. Diese werden zu Nettozahlungen verschiedener Zeitpunkte zusammengefasst, die die Zahlungsreihe der Investition bilden.

Vergleichbarkeit von Nettozahlungen unterschiedlicher Zeitpunkte wird hergestellt, indem man diese auf einen einheitlichen Betrachtungszeitpunkt, gewöhnlich den Beginnzeitpunkt, diskontiert, denn je weiter in der Zukunft eine Zahlung liegt, umso geringer ist der Wert, den man ihr aus heutiger Sicht beimisst.

Der Zinssatz zur Diskontierung der Zahlungen wird als Kalkulationszinssatz bezeichnet. Er sollte der durchschnittlichen Renditeforderung der Kapitalgeber des Unternehmens, also dessen durchschnittlichem Kapitalkostensatz (Weighted-Average-Cost-of-Capital – WACC), entsprechen. Zur Berechnung des Kalkulationszinssatzes summiert man deshalb die Renditeforderungen der verschiedenen Kapitalgeber des Unternehmens, jeweils gewichtet mit ihren Anteilen am Gesamtkapital, auf.

Die Summe der auf den Beginnzeitpunkt diskontierten Zahlungen der Zahlungsreihe der Investition wird als Kapitalwert bezeichnet. Er kann als aktueller Wert der Investition interpretiert werden. Fällt der Kapitalwert positiv aus, ist es vorteilhaft, die Investition durchzuführen. Falls unter mehreren vorteilhaften Investitionen nur eine durchgeführt werden kann, ist die mit dem größten positiven Kapitalwert zu wählen.

Die Kapitalwertmethode kann nicht nur genutzt werden, um Investitionen isoliert zu beurteilen, sondern auch zur Beurteilung kombinierter Investitions- und Finanzierungsmaßnamen dienen. Die dabei entstehende Zahlungsreihe besteht aus Zahlungen, die den Eigenkapitalgebern zustehen. Folglich kann als Kalkulationszinssatz die Renditeforderung der Eigenkapitalgeber des Unternehmens gewählt werden.

Leasing hat volkswirtschaftlich an Bedeutung gewonnen, wie Abbildung 42 veranschaulicht. Machte das Leasing 1970 nur zwei Prozent an den gesamtwirtschaftlichen Investitionen in Deutschland aus, so waren es im Jahr 2003 bereits 18 Prozent.

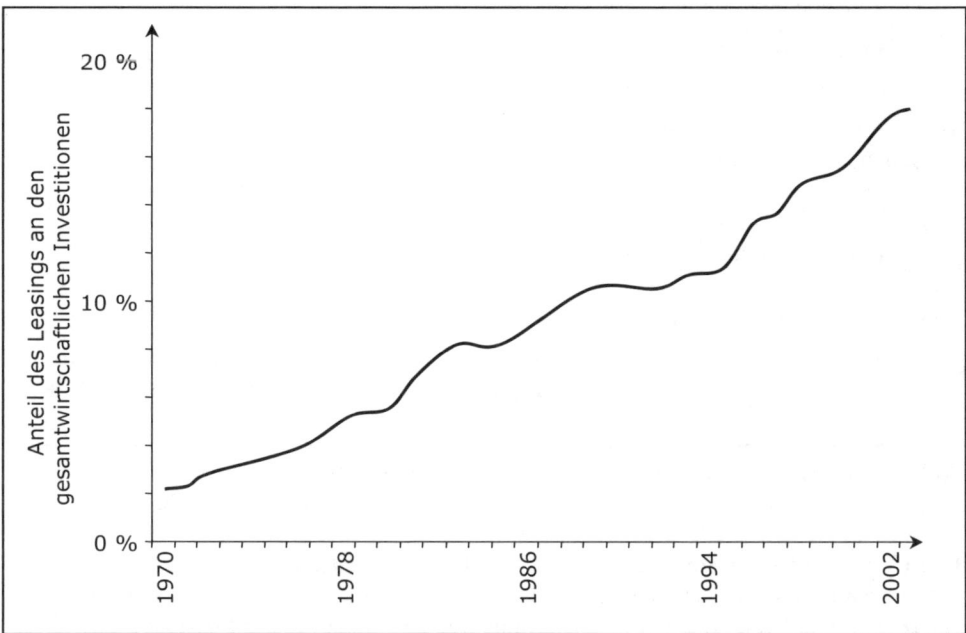

Abbildung 42: Anteil des Leasings an den Investitionen in Deutschland;
Quelle: Bundesverband Deutscher Leasing-Unternehmen

Leasingobjekte

Typische Leasingobjekte sind gewerblich genutzte Immobilien (Immobilienleasing) bis hin zu ganzen Betriebsanlagen (Plant-Leasing). Größere Bedeutung hat in Deutschland das Mobilienleasing, wobei z. B. Fahrzeuge bis hin zu ganzen Fuhrparks und Büroausstattungen, insbesondere EDV-Geräte, typische Leasingobjekte darstellen. Abbildung 43 (Seite 208) zeigt die Aufteilung der Leasingobjekte auf verschiedene Güterarten.

Finanzierungsleasing versus Operate-Leasing

Die Leasingobjekte beim Finanzierungsleasing lassen Zweierlei erkennen: Zum einen erfolgt eine langfristige Nutzungsüberlassung im Vergleich zur Gesamtnutzungzeit des Investitionsobjektes. Zum anderen wird durch das Finanzierungsleasing das Investitionsobjekt im Allgemeinen nur an einen Nutzer (in Ausnahmefällen an einige wenige Nutzer) überlassen.

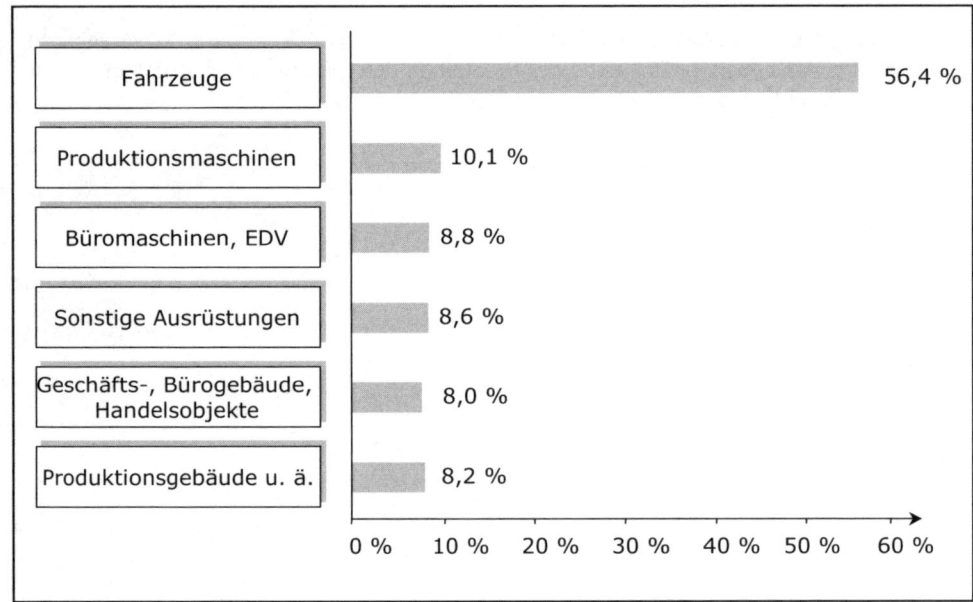

Abbildung 43: Aufteilung von Leasingobjekten auf verschiedene Güterarten im Jahr
2003; Quelle: Bundesverband Deutscher Leasing-Unternehmen

Beim Vollamortisationsleasing (Full-Pay-out-Leasing) decken die Leasingraten während
der Grundmietzeit die Aufwendungen des Leasinggebers für die Investition in das Leasingobjekt. Die Grundmietzeit ist dabei diejenige Zeit, über die der Leasingvertrag abgeschlossen wird und während der er bei vertragsmäßiger Erfüllung nicht gekündigt werden kann. Zu den Aufwendungen des Leasinggebers zählen neben den Anschaffungs-
oder Herstellungskosten auch alle Nebenkosten einschließlich der Finanzierungskosten.

Beim Teilamortisationsleasing bzw. Non-Pay-out-Leasing hingegen decken die Leasingraten zwar die Gesamtaufwendungen des Leasinggebers für das Investitionsobjekt noch
nicht vollständig. Dafür enthält jedoch der Leasingvertrag Regelungen für die Situation
nach Ablauf der Grundmietzeit, nach denen der Leasingnehmer den Restwert des Investitionsobjektes garantieren oder zumindest weitgehend absichern muss. In beiden Fällen
sichert der Leasingnehmer (überwiegend) die Amortisation des Investitionsobjektes für
den Leasinggeber und trägt folglich das Risiko der Investition in erheblichem Maße.

Die genannten Aspekte:

■ langfristige Nutzungsüberlassung des Investitionsobjektes (im Vergleich zur Ge-
samtnutzungszeit)

■ an (zumeist) nur einen Nutzer, der

■ das Risiko der Investition in erheblichem Maße trägt,

grenzen das Finanzierungsleasing von der Miete ab, die auch als Operate-Leasing oder unechtes Leasing bezeichnet wird. Ein Beispiel für Letzteres ist die Vermietung von Transport- oder Spezialfahrzeugen an Unternehmen, die diese nur tage- oder wochenweise für außerordentliche Arbeiten benötigen.

Der Unterschied zwischen Finanzierungsleasing und Miete drückt sich nicht zuletzt in der Stellung des Unternehmens zum Investitionsobjekt aus. Bei der Miete ist der Nutzer nicht Eigentümer eines Objektes. Beim Finanzierungsleasing hingegen findet sich eine dem Eigentümer verwandte Stellung des Nutzers des Leasingobjektes. Wir wollen uns hier auf die Betrachtung des Finanzierungsleasings beschränken.

Leasing als Finanzierungsalternative für den Mittelstand

Leasing ist auch geeignet, um bei einer geringen Kapitalausstattung Investitionen zu tätigen. Der Mittelstand, der häufig an dieser geringen Kapitalausstattung leidet, nutzt daher das Leasing intensiv. Viele mittelständische Unternehmen sind einerseits Wachstumsunternehmen, andererseits verschließen sich ihnen manche Finanzierungsmöglichkeiten. Leasing ist hingegen in den zurückliegenden zwei Jahrzehnten stärker gewachsen als die Gesamtwirtschaft, wie Abbildung 44 verdeutlicht.

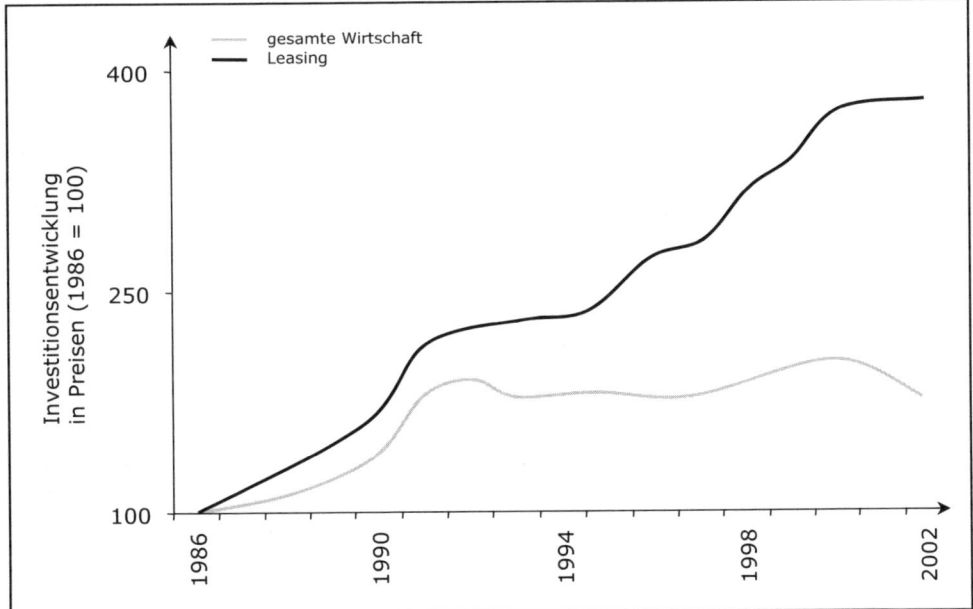

Abbildung 44: Wachstum des Leasings im Vergleich zur Gesamtwirtschaft; Quelle: Bundesverband Deutscher Leasing-Unternehmen

Abbildung 45 zeigt, mit welchem Anteil die Leasingnehmer aus verschiedenen Bereichen der Wirtschaft stammen. Der Unternehmensbereich ist dabei mit mehr als 86 Prozent am stärksten vertreten.

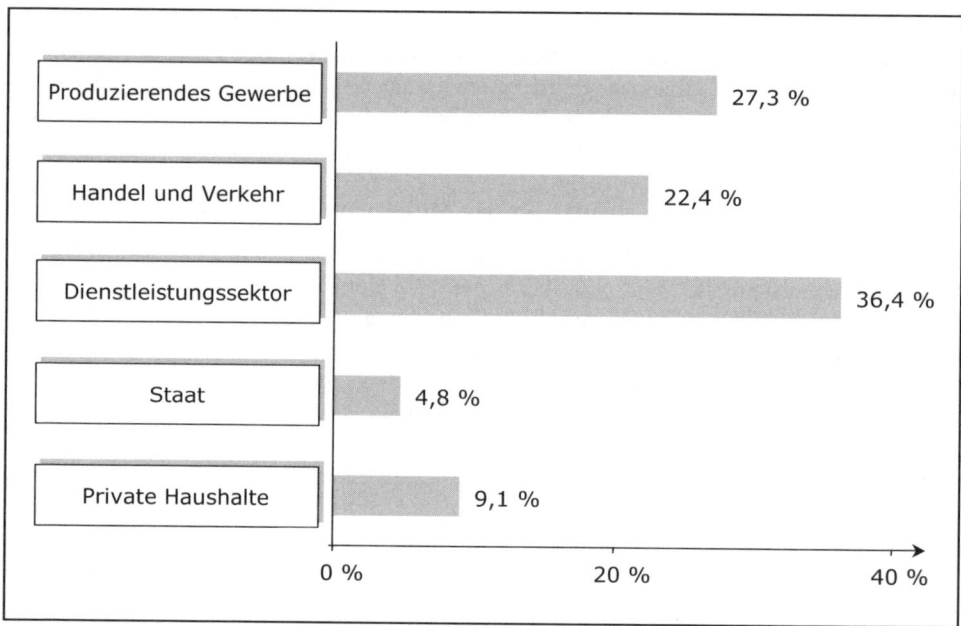

Abbildung 45: Aufteilung der Leasingnehmer auf verschiedene Segmente im Jahr 2003;
Quelle: Bundesverband Deutscher Leasing-Unternehmen

15.1 Finanzierungsleasing versus kreditfinanzierter Kauf

Das Finanzierungsleasing stellt eine Alternative zu anderen Formen einer Finanzierung
eines bestimmten Investitionsobjektes dar. Beleuchtet man potenzielle Leasingobjekte
hinsichtlich ihrer Nutzungsdauer und ihres Anschaffungspreises, so kristallisiert sich als
Vergleichsalternative zum Finanzierungsleasing der über ein langfristiges Bankdarlehen
finanzierte Kauf des Investitionsobjektes heraus. Bezüglich der Nutzungsdauer potenzieller Leasingobjekte, die den Zeitraum mehrerer Jahre umfasst, ergibt sich nämlich
eine langfristige Form der Finanzierungsalternative.

Dabei erscheint auf Grund der Anschaffungspreise potenzieller Leasingobjekte eine Finanzierung über Schuldverschreibungen wohl kaum gerechtfertigt, so dass letztlich der
langfristige Bankkredit verbleibt. Wir wollen also im Folgenden die Alternativen Finanzierungsleasing einerseits und über einen langfristigen Bankkredit finanzierter Kauf des

Investitionsobjektes andererseits vergleichen. Dabei werden wir zunächst kurz auf einige qualitative und anschließend detaillierter auf quantitative Aspekte eingehen.

Qualitative Aspekte

Leasinggesellschaften bieten neben der Finanzierung häufig auch einen Zusatzservice, der aus qualitativer Sicht eher für das Finanzierungsleasing spricht. Zum Beispiel geht es beim Leasing kompletter Fuhrparks dem Leasingnehmer oft mehr um die Übertragung der Fuhrparkverwaltung als um die Vorteilhaftigkeit der Finanzierungskonditionen. Nach dem Umfang des Services wird in Full-Service-, Teil-Service- und Net-Leasing unterschieden. Beim Full-Service-Leasing übernimmt der Leasinggeber Wartung, Reparatur, Versicherung usw. des Leasingobjektes. Beim Teil-Service-Leasing übernimmt der Leasinggeber hingegen beispielsweise lediglich die Instandhaltung des Leasingobjektes (Maintenance-Leasing). Net-Leasing schließt einen Service aus und ist demzufolge eine reine Finanzierungsalternative.

Ein weiterer qualitativer Vorteil des Finanzierungsleasings besteht darin, dass es häufiger als ein entsprechendes Darlehen parallel zum Verkauf angeboten wird, was eine gewisse Bequemlichkeit der Finanzierung nach sich zieht. Darüber hinaus sind Leasinggesellschaften eher zu einer 100-Prozent-Finanzierung bereit als Banken. Zu beachten ist jedoch, dass die 100-Prozent-Finanzierung nicht stattfindet, wenn eine Leasingsonderzahlung zu Beginn der Laufzeit des Leasingvertrags fällig ist. Der Grund dafür, dass Leasinggesellschaften eher 100-Prozent-Finanzierungen durchführen als Banken liegt in der vorteilhafteren Form der Besicherung. Einerseits können sie als Eigentümer das Leasingobjekt bei Nicht-Bezahlung der Leasingraten vergleichsweise schnell und mit geringeren rechtlichen Hürden zurückerlangen und andererseits ihre günstigere Marktposition gegenüber der Bank bei der Verwertung des Leasingobjektes nutzen.

Häufig wird für steuerlich anerkannte Finanzierungsleasinggeschäfte ein positiver Bilanzstruktureffekt gegenüber dem darlehensfinanzierten Kauf angeführt. Da der Leasinggeber und nicht der Leasingnehmer das Leasingobjekt bilanziert, findet beim Leasing im Vergleich zum kreditfinanzierten Kauf keine Bilanzverlängerung statt. Folglich kommt es auch zu keiner Verringerung der Eigenkapitalquote gegenüber der Ausgangssituation, wie dies beim kreditfinanzierten Kauf der Fall ist.

Diesem Window-Dressing der Bilanz wird jedoch entgegengewirkt, weil Kapitalgesellschaften im Anhang zum Jahresabschluss den Gesamtbetrag der sonstigen finanziellen Verpflichtungen, die nicht in der Bilanz erscheinen, anzugeben haben, sofern diese Angabe für die Beurteilung der Finanzlage von Bedeutung ist. Auch bitten Banken bei Kreditgesuchen häufig um ergänzende Angaben zu Leasinggeschäften und bereinigen die Bilanz des Kreditnehmers, indem sie die Leasingobjekte aktivieren und ausstehende Leasingraten als langfristige Verbindlichkeiten passivieren.

Aus qualitativer Sicht eher gegen das Finanzierungsleasing spricht, dass der Leasingnehmer häufig nicht in dem Umfang über das Investitionsobjekt verfügen kann wie bei einem darlehensfinanzierten Kauf. Üblicherweise hat der Leasingnehmer gewisse Wartungs- und Pflegevorschriften sowie Vorschriften zum schonenden Gebrauch des Leasinggegenstandes zu beachten. Umbauten und Standortwechsel des Leasingobjektes sind im Allgemeinen genehmigungspflichtig. Beim Leasing von Fahrzeugen ist häufig eine standardmäßige Kilometerlaufleistung festgelegt, verbunden mit entsprechenden Auf- und Abschlägen für Mehr- bzw. Minderkilometer.

Eng damit verbunden ist die höhere Flexibilität beim darlehensfinanzierten Kauf des Investitionsobjektes, der impliziert, dass dieses gegebenenfalls auch veräußert und durch ein anderes Investitionsobjekt ersetzt werden kann. Beim Finanzierungsleasing zeigt sich hingegen eine gewisse Starrheit der Investition, da der Leasingnehmer den Leasingvertrag nicht oder erst nach einer gewissen Frist kündigen kann.

Quantitative Aspekte

Insbesondere der qualitative Aspekt des Services hat auch quantitative Auswirkungen, wenn es darum geht, Finanzierungsleasing und kreditfinanzierten Kauf zu vergleichen. Handelt es sich um Teil-Service- oder Full-Service-Leasing, ist zu berücksichtigen, dass das Unternehmen im Fall der Darlehensfinanzierung diese Leistungen selbst zu tragen hat. Letztlich läuft ein finanzwirtschaftlicher Vergleich der beiden Alternativen darauf hinaus, sämtliche resultierenden Zahlungen jeder Finanzierungsalternative möglichst vollständig zu erfassen.

Im Folgenden soll noch auf weitere quantitative Faktoren des Finanzierungsleasings und des kreditfinanzierten Kaufs eingegangen werden. Große Leasinggesellschaften können häufig niedrigere Einkaufspreise auf der einen und bessere Zinskonditionen (für ihre Refinanzierung) auf der anderen Seite durchsetzen als kleine und mittelgroße Unternehmen. Werden diese Vorteile (teilweise) an die Unternehmen weitergegeben, so spricht dies für das Finanzierungsleasing.

Weitere quantitative Aspekte ergeben sich aus der unterschiedlichen steuerlichen Behandlung beider Alternativen. Wir hatten die Stellung des Unternehmens zum Investitionsobjekt beim Finanzierungsleasing schon angedeutet, wonach beim Finanzierungsleasing im Gegensatz zur Miete eine dem Eigentümer verwandte Stellung des Nutzers des Leasingobjektes resultiert. Diese darf jedoch nicht zu stark ausgeprägt sein, da ein nach steuerlichen Normen gestaltetes Leasing voraussetzt, dass das Leasingobjekt noch als dem Leasinggeber gehörend betrachtet werden kann und somit auch von diesem zu aktivieren ist.

Bezüglich des Mobilienleasings existieren dazu zwei Erlasse des Bundesfinanzministers: der Mobilien-Leasing-Erlass vom April 1971, der das Vollamortisationsleasing beleuchtet, und der Teilamortisationserlass vom Dezember 1975. Bezüglich des Immobilienleasings existieren ebenfalls zwei Erlasse des Bundesfinanzministers: ein Vollamortisationserlass vom März 1972 sowie ein Teilamortisationserlass vom Dezember 1991, von denen nur noch Letzterer angewendet wird. Die Inhalte der drei relevanten Leasingerlasse im Hinblick auf verschiedene Vertragstypen und die Regelungen bezüglich der Zu-rechnung des Leasinggegenstandes sollen im Folgenden kurz dargestellt werden.

Mobilienleasing bei Vollamortisation

Vollamortisationsleasing ist dann anzunehmen, wenn der Leasingnehmer mit den in der Grundmietzeit zu entrichtenden Leasingraten mindestens die Anschaffungs- oder Her-stellungskosten sowie alle Nebenkosten einschließlich der Finanzierungskosten des Lea-singgebers deckt. Konkret finden sich die folgenden Regelungen:

■ Leasingverträge ohne Kauf- oder Verlängerungsoption

Diese Verträge sind dadurch gekennzeichnet, dass der Leasingnehmer nicht das Recht hat, nach Ablauf der Grundmietzeit den Leasinggegenstand zu erwerben oder den Leasingvertrag zu verlängern. Der Leasinggegenstand ist regelmäßig dem Lea-singgeber zuzurechnen, wenn die Grundmietzeit mindestens 40 Prozent und höchs-tens 90 Prozent der betriebsgewöhnlichen Nutzungsdauer des Leasinggegenstandes beträgt. Dabei ist als betriebsgewöhnliche Nutzungsdauer im Allgemeinen der in den amtlichen AfA-Tabellen angegebene Zeitraum zu Grunde zu legen.

■ Leasingverträge mit Kaufoption

Diese Verträge sind dadurch gekennzeichnet, dass der Leasingnehmer das Recht hat, nach Ablauf der Grundmietzeit, die regelmäßig kürzer als die betriebsgewöhnli-che Nutzungsdauer des Leasinggegenstandes ist, den Leasinggegenstand zu erwer-ben. Der Leasinggegenstand ist regelmäßig dem Leasinggeber zuzurechnen, wenn die Grundmietzeit mindestens 40 Prozent und höchstens 90 Prozent der betriebsge-wöhnlichen Nutzungsdauer des Leasinggegenstandes beträgt und der für den Fall der Ausübung des Optionsrechtes vorgesehene Kaufpreis nicht niedriger ist als der unter Anwendung der linearen AfA nach der amtlichen AfA-Tabelle ermittelte Buchwert oder der niedrigere übliche Wert im Zeitpunkt der Veräußerung.

■ Leasingverträge mit Mietverlängerungsoption

Diese Verträge sind dadurch gekennzeichnet, dass der Leasingnehmer das Recht hat, nach Ablauf der Grundmietzeit, die regelmäßig kürzer ist als die betriebsge-wöhnliche Nutzungsdauer des Leasinggegenstandes, das Vertragsverhältnis auf be-stimmte oder unbestimmte Zeit zu verlängern. Der Leasinggegenstand ist regelmä-ßig dem Leasinggeber zuzurechnen, wenn die Grundmietzeit mindestens 40 Prozent und höchstens 90 Prozent der betriebsgewöhnlichen Nutzungsdauer des Leasingge-genstandes beträgt und die Anschluss-Leasingrate so bemessen ist, dass sie den Wertverzehr für den Leasinggegenstand deckt, der sich auf der Basis des unter Be-rücksichtigung der linearen AfA nach der amtlichen AfA-Tabelle ermittelten Buch-wertes oder des niedrigeren üblichen Wertes und der Restnutzungsdauer laut AfA-Tabelle ergibt.

■ Spezialleasingverträge

Diese Verträge sind dadurch gekennzeichnet, dass es sich um das Leasing von Gegenständen handelt, die speziell auf die Verhältnisse des Leasingnehmers zuge-
schnitten sind und nach Ablauf der Grundmietzeit regelmäßig nur noch beim Leasingnehmer wirtschaftlich sinnvoll verwendbar sind. Der Leasinggegenstand ist
regelmäßig dem Leasingnehmer zuzurechnen.

Sämtliche Regelungen sichern, dass für den Fall der Zurechnung des Leasinggegenstandes beim Leasinggeber dieser nicht nur rechtlicher, sondern auch wirtschaftlicher
Eigentümer des Leasinggegenstandes ist. Letzteres setzt voraus, dass der Leasinggeber
einen Herausgabeanspruch auf den Leasinggegenstand besitzt, der auch wirtschaftliche
Bedeutung hat.

Beleuchten wir dazu zunächst die Grundmietzeit: Bei einer Grundmietzeit von weniger
als 40 Prozent der betriebsgewöhnlichen Nutzungsdauer des Leasinggegenstandes liegt
kein Finanzierungsleasing, sondern faktisch ein Ratenkauf vor. Darüber hinaus ist ein
Leasingvertrag nach Ablauf einer derart geringen Grundmietzeit in der Realität fast nie
beendet. Stattdessen wird von Seiten des Leasingnehmers – sofern vorhanden – von einer Kauf- oder Verlängerungsoption Gebrauch gemacht. Der Herausgabeanspruch des
Leasinggebers auf das Leasingobjekt besitzt damit keine praktische Relevanz. Bei einer
Grundmietzeit von mehr als 90 Prozent der betriebsgewöhnlichen Nutzungsdauer des
Leasinggegenstandes hat dieser seine wirtschaftliche Nutzungsdauer nach Ablauf der
Grundmietzeit im Wesentlichen beendet. Der Herausgabeanspruch des Leasinggebers
auf das Leasingobjekt ist damit ebenfalls weitgehend bedeutungslos.

Betrachten wir nun die Regelungen bei Kauf- oder Verlängerungsoption: Obwohl der
Leasingnehmer mit der Zahlung der Leasingraten die Gesamtaufwendungen des Leasinggebers gedeckt hat, zahlt er bei Nutzung der entsprechenden Option erneut einen
Kaufpreisteil bzw. weitere Leasingraten. Bei einer Grundmietzeit von beispielsweise 80
Prozent der betriebsgewöhnlichen Nutzungsdauer steht das Investitionsobjekt noch mit
20 Prozent seines Anschaffungspreises in den Büchern des Leasinggebers, die bei Aus-
nutzung einer Kaufoption vom Leasingnehmer erneut zu zahlen wären. Selbst wenn der
übliche Wert des Investitionsobjektes im Zeitpunkt der Veräußerung unterhalb dieses
Buchwertes liegt, verbleibt in jedem Fall ein positiver Kaufpreis.

Mobilienleasing bei Teilamortisation

Bezüglich des Teilamortisationsleasings wird jeweils vorausgesetzt, dass eine unkündbare Grundmietzeit vereinbart wird, die mindestens 40 Prozent und höchstens 90 Prozent
der betriebsgewöhnlichen Nutzungsdauer des Leasinggegenstandes beträgt, und dass die
Anschaffungs- oder Herstellungskosten sowie alle Nebenkosten einschließlich der Finanzierungskosten des Leasinggebers in der Grundmietzeit durch die Leasingraten nur
zum Teil gedeckt werden. Konkret finden sich folgende Regelungen:

- Vertragsmodelle mit Andienungsrecht des Leasinggebers, jedoch ohne Optionsrecht des Leasingnehmers

  Diese Verträge sind dadurch gekennzeichnet, dass der Leasingnehmer, sofern ein Verlängerungsvertrag nicht zu Stande kommt, auf Verlangen des Leasinggebers verpflichtet ist, den Leasinggegenstand zu einem Preis zu kaufen, der bereits bei Abschluss des Leasingvertrags fest vereinbart wird. Im Gegenzug besitzt der Leasingnehmer kein Recht, den Leasinggegenstand zu erwerben. Der Leasinggegenstand ist daher dem Leasinggeber zuzurechnen.

- Vertragsmodelle mit Aufteilung des Mehrerlöses

  Diese Verträge sind dadurch gekennzeichnet, dass nach Ablauf der Grundmietzeit der Leasinggegenstand durch den Leasinggeber veräußert wird. Ist der Veräußerungserlös niedriger als die Differenz zwischen den Gesamtkosten des Leasinggebers und den in der Grundmietzeit entrichteten Raten (Restamortisationswert), so muss der Leasingnehmer eine Abschlusszahlung in Höhe der Differenz zwischen Restamortisationswert und Veräußerungserlös zahlen.

  Ist der Veräußerungserlös hingegen höher als der Restamortisationswert, so erhält der Leasinggeber mindestens 25 Prozent – der Leasingnehmer entsprechend höchstens 75 Prozent – des den Restamortisationswert übersteigenden Teils des Veräußerungserlöses. Der Leasinggegenstand ist daher dem Leasinggeber zuzurechnen. Erhielte der Leasinggeber weniger als 25 Prozent – der Leasingnehmer entsprechend mehr als 75 Prozent – des den Restamortisationswert übersteigenden Teils des Veräußerungserlöses, so wäre der Leasinggegenstand dem Leasingnehmer zuzurechnen.

- Kündbare Mietverträge mit Anrechnung des Veräußerungserlöses auf die vom Leasingnehmer zu leistende Schlusszahlung

  Diese Verträge sind dadurch gekennzeichnet, dass der Leasingnehmer den Leasingvertrag frühestens nach Ablauf einer Grundmietzeit, die 40 Prozent der betriebsgewöhnlichen Nutzungsdauer beträgt, kündigen kann. Bei Kündigung ist eine Abschlusszahlung in Höhe des durch die Leasingraten nicht gedeckten Teils der Gesamtaufwendungen des Leasinggebers zu entrichten. Auf die Abschlusszahlung werden höchstens 90 Prozent des vom Leasinggeber erzielten Veräußerungserlöses angerechnet.

  Ist der anzurechnende Teil des Veräußerungserlöses zuzüglich der vom Leasingnehmer bis zur Veräußerung entrichteten Leasingraten niedriger als die Gesamtaufwendungen des Leasinggebers, so muss der Leasingnehmer in Höhe der Differenz eine Abschlusszahlung leisten. Ist jedoch der Veräußerungserlös höher als die Differenz zwischen den Gesamtaufwendungen des Leasinggebers und den bis zur Veräußerung entrichteten Leasingraten, so behält der Leasinggeber diesen Differenzbetrag in vollem Umfang. Der Leasinggegenstand ist daher dem Leasinggeber zuzurechnen.

Wieder sichern die Regelungen, dass für den Fall der Zurechnung des Leasinggegenstandes beim Leasinggeber dieser nicht nur rechtlicher, sondern auch wirtschaftlicher Eigentümer des Leasinggegenstandes ist. In allen genannten Fällen erhält der Leasinggeber auf Grund der vertraglichen Vereinbarungen den durch die Leasingraten während der Grundmietzeit noch nicht gedeckten Teil seiner Gesamtaufwendungen. Das Risiko der Wertminderung liegt beim Leasingnehmer. Die Chance der Wertsteigerung verbleibt jedoch ganz oder zu einem gewichtigen Teil beim Leasinggeber.

Immobilienleasing bei Teilamortisation

Analog zum Mobilienleasing bei Teilamortisation wird vorausgesetzt, dass eine unkündbare Grundmietzeit vereinbart wird und die Anschaffungs- oder Herstellungskosten sowie alle Nebenkosten einschließlich der Finanzierungskosten des Leasinggebers in der Grundmietzeit durch die Leasingraten nur zum Teil gedeckt werden. Mögliche Vertragstypen sind dieselben wie beim Mobilienleasing bei Vollamortisation. Grund und Boden sind demjenigen zuzurechnen, dem auch das Gebäude gemäß den folgenden Ausführungen zugerechnet wird. Das Gebäude ist dem Leasinggeber zuzurechnen, sofern nicht einer der folgenden Fälle vorliegt:

- Vertrag über Spezialleasing;

- Vertrag mit Kaufoption, bei dem die Grundmietzeit mehr als 90 Prozent der betriebsgewöhnlichen Nutzungsdauer beträgt oder der vorgesehene Kaufpreis geringer ist als der Restbuchwert des Leasinggegenstandes gemäß AfA nach Ablauf der Grundmietzeit;

- Vertrag mit Mietverlängerungsoption, bei dem die Grundmietzeit mehr als 90 Prozent der betriebsgewöhnlichen Nutzungsdauer oder die Anschlussmiete weniger als 75 Prozent des Mietentgeltes beträgt, das für ein nach Art, Lage und Ausstattung vergleichbares Grundstück üblicherweise gezahlt wird;

- Vertrag mit Kauf- oder Mietverlängerungsoption und einer besonderen Verpflichtung des Leasingnehmers. Dies kann z. B. bedeuten, dass für den Leasingnehmer die Leistungspflicht aus dem Leasingvertrag auch dann bestehen bleibt, wenn der Leasinggegenstand (zufällig) ganz oder teilweise zerstört wird.

Mietkauf versus nach steuerlichen Normen gestaltetes Leasing

Mietkauf liegt vor, wenn die Aktivierung des Leasingobjektes sowie die Passivierung einer Darlehensverbindlichkeit beim Leasingnehmer (Mietkäufer) erfolgt, z. B. weil die Voraussetzungen für das nach steuerlichen Normen gestaltete klassische Finanzierungsleasing gemäß den erforderlichen Kriterien in den erwähnten Leasingerlassen nicht gegeben sind. Der Leasinggeber aktiviert eine Darlehensforderung gegenüber dem Mietkäufer und teilt die bei ihm eingehenden Leasing- bzw. Mietkaufraten gemäß einem dem Mietkäufer zur Verfügung zu stellenden Tilgungsplan in Zins- und Tilgungsanteile auf.

Da es sich beim Mietkauf im Prinzip um einen Verkauf des Leasingobjektes auf Raten durch den Mietverkäufer an den Mietkäufer handelt, ist die Mehrwertsteuer auf die gesamte Mietkaufforderung mit der ersten Rate fällig. Das juristische Eigentum geht jedoch erst nach Eingang der letzten Mietkaufrate voll auf den Mietkäufer über.

Mietkauf wird von vielen Unternehmen bei Fördermaßnahmen genutzt, da die Förderbedingungen oftmals eine Aktivierung des Investitionsobjektes beim Mietkäufer (Leasingnehmer) voraussetzen. Auch wenn nicht nach steuerlichen Normen gestaltet, stellt ein Mietkauf ebenso wie das (nach steuerlichen Normen gestaltete) Finanzierungsleasing eine Kombination aus einer Investition und einer entsprechenden Finanzierungsmaßnahme dar.

Liegt nun ein nach steuerlichen Normen gestaltetes Leasing vor, wird also das Leasingobjekt dem Leasinggeber zugerechnet, so stellen die Leasingraten beim Leasingnehmer Betriebsausgaben dar, die zur Berechnung der Bemessungsgrundlage der Gewerbesteuer voll abzugsfähig sind. Führt das Unternehmen hingegen einen kreditfinanzierten Kauf durch, so sind die Kreditzinsen als Dauerschuldzinsen zur Berechnung der Bemessungsgrundlage der Gewerbesteuer nur zur Hälfte abzugsfähig. Hierin liegt begründet, warum das Leasing (aus steuerlichen Gesichtspunkten) günstiger erscheinen kann als ein kreditfinanzierter Kauf.

Jedoch läuft ein finanzwirtschaftlicher Vergleich der beiden Alternativen Finanzierungsleasing und kreditfinanzierter Kauf darauf hinaus, sämtliche resultierenden Zahlungen jeder Finanzierungsalternative möglichst vollständig zu erfassen. Dazu gehört mehr als die unterschiedliche Besteuerung, wie das folgende Beispiel verdeutlicht.

Beispiel 17 (Finanzierungsleasing versus kreditfinanzierter Kauf)

Eine GmbH benötigt eine Maschine mit einer betriebsgewöhnlichen Nutzungsdauer von fünf Jahren, deren Preis 500 000 Euro beträgt. Beim Erwerb der Maschine würde das Unternehmen diese zunächst linear über fünf Jahre abschreiben. Außerdem wäre eine 100-Prozent-Finanzierung nötig, für die ein entsprechendes Angebot der Hausbank über ein Tilgungsdarlehen mit einer Laufzeit von fünf Jahren zu einem Zinssatz von sechs Prozent p. a. und jährlichen Zahlungen vorliegt.

Tatsächlich hat das Unternehmen jedoch vor, die Maschine nur vier Jahre zu nutzen und deshalb nach Ablauf von vier Jahren zu verkaufen. Es wird von einem Verkaufserlös in Höhe von 100 000 Euro ausgegangen, der gleichzeitig zur Tilgung des Restdarlehens verwendet werden soll. Eine entsprechende Sondertilgungsoption ist im Darlehensvertrag enthalten. Gleichzeitig wird von Einzahlungsüberschüssen (vor Steuern) aus der Investition in Höhe von 200 000 Euro pro Jahr ausgegangen. In diesen sind Aufwendungen für Wartung und Reparatur der Maschine in Höhe von 14 000 Euro pro Jahr noch nicht enthalten.

Bei einem effektiven Gewerbesteuersatz von 17 Prozent, einem Körperschaftsteuersatz von 25 Prozent und einem Solidaritätszuschlag in Höhe von 5,5 Prozent der erhobenen

Körperschaftsteuer ergeben sich die ausschüttungsfähigen Beträge aus dem kreditfinanzierten Kauf der Maschine für die Jahre 1 bis 4 gemäß Tabelle 30.

Jahr	1	2	3	4
Vorläufiger Einzahlungsüberschuss	200 000 €	200 000 €	200 000 €	200 000 €
Zusätzliche Aufwendungen	14 000 €	14 000 €	14 000 €	14 000 €
Einzahlungsüberschuss	186 000 €	186 000 €	186 000 €	186 000 €
Restschuld zu Jahresbeginn	500 000 €	400 000 €	300 000 €	200 000 €
Zinsen	30 000 €	24 000 €	18 000 €	12 000 €
Tilgung	100 000 €	100 000 €	100 000 €	200 000 €
Verkaufserlös der Maschine	–	–	–	100 000 €
Abschreibungen	100 000 €	100 000 €	100 000 €	100 000 €
Bemessungsgrundlage Gewerbesteuer	71 000 €	74 000 €	77 000 €	80 000 €
Gewerbesteuer	12 070 €	12 580 €	13 090 €	13 600 €
Bemessungsgrundlage Körperschaftsteuer	43 930 €	49 420 €	54 910 €	60 400 €
Körperschaftsteuer	10 982 €	12 355 €	13 727 €	15 100 €
Solidaritätszuschlag	604 €	679 €	755 €	830 €
Ausschüttungsfähiger Betrag	32 344 €	36 386 €	40 428 €	44 470 €

Tabelle 30:   Berechnung der ausschüttungsfähigen Beträge beim kreditfinanzierten
Kauf (Beispiel)

Alternativ erhält das Unternehmen von einer Leasinggesellschaft das Angebot, einen
Full-Service-Leasingvertrag ohne Kauf- oder Verlängerungsoption mit einer Grundmietzeit von vier Jahren und einer jährlichen Leasingrate in Höhe von 138 300 Euro abzuschließen. Die ausschüttungsfähigen Beträge für die Jahre 1 bis 4 bei Wahrnehmung dieses Angebotes ergeben sich gemäß Tabelle 31.

Jahr	1	2	3	4
Vorläufiger Einzahlungsüberschuss	200 000 €	200 000 €	200 000 €	200 000 €
Leasingrate	138 300 €	138 300 €	138 300 €	138 300 €
Bemessungsgrundlage Gewerbesteuer	61 700 €	61 700 €	61 700 €	61 700 €
Gewerbesteuer	10 489 €	10 489 €	10 489 €	10 489 €
Bemessungsgrundlage Körperschaftsteuer	51 211 €	51 211 €	51 211 €	51 211 €
Körperschaftsteuer	12 802 €	12 802 €	12 802 €	12 802 €
Solidaritätszuschlag	704 €	704 €	704 €	705 €
Ausschüttungsfähiger Betrag	37 705 €	37 705 €	37 705 €	37 705 €

Tabelle 31:   Berechnung der ausschüttungsfähigen Beträge beim Leasing (Beispiel)

Tabelle 32 zeigt nun verschiedene Kapitalwerte der Alternativen kreditfinanzierter Kauf und Leasing in Abhängigkeit vom Kalkulationszinssatz. Bei Kalkulationszinssätzen zwischen zehn und 14 Prozent p. a. erweist sich der kreditfinanzierte Kauf als die vorteilhaftere Variante, bei Kalkulationszinssätzen zwischen 16 und 20 Prozent p. a. ist es hingegen das Leasing. Als kritischen Kalkulationszinssatz, ab dem das Leasing vorteilhafter ist, lässt sich ein Zinssatz von 15,00 Prozent p. a. errechnen.

Kalkulationszinssatz	Kapitalwerte	
	Kreditfinanzierter Kauf	Leasing
10 % p. a.	120 222 €	119 520 €
12 % p. a.	114 923 €	114 523 €
14 % p. a.	109 987 €	109 862 €
16 % p. a.	105 384 €	105 505 €
18 % p. a.	101 085 €	101 429 €
20 % p. a.	97 063 €	97 608 €

Tabelle 32:   Kapitalwerte der Alternativen kreditfinanzierter Kauf und Leasing in Abhängigkeit vom Kalkulationszinssatz (Beispiel)

Da die ausschüttungsfähigen Beträge diejenigen Beträge darstellen, die den Eigenkapitalgebern zufließen – direkt durch Ausschüttung oder indirekt durch Einbehalt im Unternehmen und spätere Ausschüttung – ist als Kalkulationszinssatz die Renditeforderung der Eigenkapitalgeber (vor Steuern) angemessen. Liegt diese unterhalb von 15,00 Prozent p. a., so ist der kreditfinanzierte Kauf der Maschine die vorteilhaftere Variante, liegt sie mindestens bei 15,00 Prozent, so ist es das Leasing.

15.2   Sale-and-Lease-Back

Beim Sale-and-Lease-Back verkauft ein Unternehmen ein ihm bisher gehörendes Objekt – häufig eine Immobilie – an eine Leasinggesellschaft. Diese verleast das Objekt nun an das Unternehmen zurück, damit Letzteres dieses weiterhin nutzen kann. Der Verkaufserlös kann wie ein überlassener Darlehensbetrag interpretiert werden, die Leasingraten hingegen wie Zins- und Tilgungszahlungen. Sale-and-Lease-Back stellt damit eine reine Finanzierungsmaßnahme dar und kann im Gegensatz zu den bisherigen Ausführungen dieses Kapitels wieder mit Hilfe des Kapitalkostensatzes beurteilt werden.

Beispiel 18 (Sale-and-Lease-Back einer Immobilie)

Ein Unternehmen steht vor einem finanziellen Engpass. Es besitzt jedoch eine Immobilie mit einem Marktwert von 5 Mio. Euro. Dieser wäre bei einem Verkauf der Immobilie an eine Immobilienleasinggesellschaft erzielbar. Die Leasinggesellschaft würde das Objekt anschließend wieder an das Unternehmen für fünf Jahre verleasen. Die jährliche Leasingrate wird auf 300 000 Euro festgesetzt. Der Leasingvertrag enthält eine Kaufoption, nach der das Unternehmen die Immobilie nach Ablauf der fünf Jahre zu einem Preis von 4,85 Mio. Euro zurückerwerben kann.

Die Immobilie wird derzeit noch über ein Annuitätendarlehen finanziert, dessen Restlaufzeit ebenfalls fünf Jahre beträgt. Danach wäre das Darlehen zurückgeführt und eine entsprechende Grundschuld der Bank würde gelöscht werden. Sondertilgungen in beliebiger Höhe sind jederzeit möglich. Die Höhe der Restschuld beträgt 1 Mio. Euro. Der Zinssatz lautet fünf Prozent p. a., was zu folgender jährlicher Annuität führt:

$$(39) \qquad \frac{(1+0,05)^5 \times 0,05}{(1+0,05)^5 - 1} \times 1\,000\,000 \; € = 230\,975 \; €$$

Beim Verkauf der Immobilie wird annahmegemäß eine stille Reserve in Höhe von 2 Mio. Euro aufgedeckt, die zu einer zusätzlichen Steuerzahlung am Ende des ersten Jahres in Höhe von 867 500 Euro führt. Von weiteren steuerlichen Aspekten wird abstrahiert.

Das Unternehmen nutzt die zufließenden Mittel, um das Bankdarlehen zu tilgen. Es verbleibt damit zu Beginn eine Nettoeinzahlung in Höhe von 4 Mio. Euro. Am Ende von Jahr 1 ergibt sich eine Nettoauszahlung in Höhe von 936 525 Euro (zusätzliche Steuerzahlung zuzüglich Leasingrate abzüglich Annuität, die ohne Sale-and-Lease-Back noch zu zahlen wäre). Am Ende der Jahre 2 bis 4 ergibt sich eine Nettoauszahlung von jeweils

69 025 Euro (Leasingrate abzüglich Annuität). Am Ende von Jahr 5 lautet die Nettoauszahlung 4 919 025 Euro, da dann der Kaufpreis für den Rückerwerb der Immobilie zu
zahlen ist. Insgesamt ergibt sich ein Kapitalkostensatz von 10,41 Prozent p. a.

Immobilien sind bisweilen unterbewertet. Das Beispiel mit dem recht hohen – aber nicht
untypischen – Kapitalkostensatz macht deutlich, warum es zum Sale-and-Lease-Back
von Gegenständen, die hohe Bewertungsreserven bergen, im Allgemeinen nur dann
kommt, wenn eine Verrechnung der realisierten Gewinne mit aktuellen Verlusten oder
Verlustvorträgen möglich ist. Im Beispiel hätte sich bei einer vollständigen Verrechnung
ein Kapitalkostensatz von nur 5,53 Prozent p. a. ergeben, ein Unterschied von 4,88 Prozentpunkten.

16. Zinsrisikomanagement-Instrumente

Dieses Kapitel enthält einige Ausführungen zur Transformation variabler Verzinsungsformen in feste und umgekehrt (Zinsswaps, Abschnitt 16.1) sowie zur Begrenzung des
Zinsänderungsrisikos bei variabel verzinslichen Finanzierungsformen (Caps, Floors und
Collars, Abschnitt 16.2, sowie Forward-Rate-Agreements, Abschnitt 16.3).

16.1 Zinsswaps

Swaps sind Tauschgeschäfte (to swap = tauschen). Ein Finanzswap funktioniert grundsätzlich so: Zwei Handelspartner tauschen einen Finanztitel heute und vereinbaren
gleichzeitig den Rücktausch zu einem zukünftigen Zeitpunkt. Swaps verknüpfen also ein
heutiges Geschäft (Kassageschäft) mit einem zukünftigen Geschäft (Termingeschäft).
Dabei lassen sich aus der Vielzahl der Swaparten zwei Grundformen identifizieren:
Zinsswaps und Währungsswaps, die auch in Kombination auftreten können (Zins-
Währungs-Swaps bzw. Cross-Currency-Swaps, bei denen ein Austausch von Zinszahlungen in verschiedenen Währungen erfolgt). Die folgenden Betrachtungen beschränken
sich auf Zinsswaps.

Beim Zinsswap werden lediglich Zinszahlungen zwischen den beteiligten Vertragsparteien ausgetauscht. Häufig handelt es sich dabei um den Tausch fester gegen variable
Zinsen (Plain-Vanilla-Swap). Es entstehen keine gegenseitigen Kapitalforderungen,
denn die zu Grunde liegende Kapitalsumme bleibt unberührt: Ein Zinsswap ist also bilanzunwirksam. Außerdem werden die Swapkonditionen so festgelegt, dass ein Zinsswap bei Abschluss einen Wert von null besitzt. Ein Zinsswap ist also mit Ausnahme
eventuell anfallender Gebühren nicht mit weiteren Abschlusskosten verbunden.

Die klassische Ausgangssituation bei einem Zinsswap stellt sich wie folgt dar: Ein Unternehmen hat z. B. mit der Emission einer Obligation festverzinsliche Mittel aufgenommen, präferiert nun jedoch variabel verzinsliche Mittel, beispielsweise weil ein Absinken des Zinsniveaus erwartet wird. Ein anderes Unternehmen hingegen erhält entsprechende Mittel durch die Ausgabe einer Floating-Rate-Note, will diese aber aus Kalkulationsgründen mit einer Festzinsanleihe tauschen. Der Ausgleich der unterschiedlichen Interessen erfolgt mit einem Zinsswap, der zur gewünschten Finanzierungsform führt.

Typischerweise fungieren Kreditinstitute als Intermediär bei der Suche nach einem geeigneten Geschäftspartner, wobei sich die Marge der Bank daraus ergibt, dass der feste Zinssatz, den die Bank zum Tausch gegen einen bestimmten variablen Zinssatz für eine bestimmte Laufzeit bietet, um einige Basispunkte (100 Basispunkte entsprechen einem Prozentpunkt) unter dem festen Zinssatz liegt, den die Bank im entsprechenden Gegengeschäft einnimmt.

Die festen Zinssätze, welche die Banken im Tausch gegen die variable Verzinsung gewähren, bezeichnet man als Indikationen. Häufig werden dabei feste Zinssätze gegen die Euribor- und Libor-Sätze indiziert. Abbildung 46 veranschaulicht die Funktionsweise eines Zinsswaps für den Fall, dass ein Unternehmen einen variabel verzinslichen Kredit aufgenommen hat und dessen Verzinsung mit Hilfe des Swaps in eine feste Verzinsung transformieren möchte.

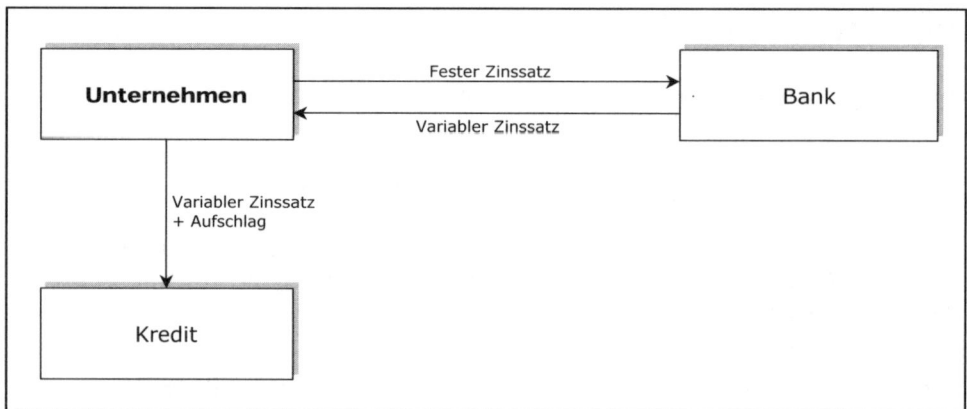

Abbildung 46: Funktionsweise eines Plain-Vanilla-Swaps

Beispiel 19 (Zinsswap)

Ein Unternehmen möchte am 15.1.2005 einen endfälligen Kredit über 100 000 Euro mit einer Laufzeit von zwei Jahren aufnehmen. Der Zinssatz lautet Sechs-Monats-Euribor plus zwei Prozent p. a. Die Zinszahlungen erfolgen halbjährlich. Aus Gründen der Planungssicherheit bevorzugt das Unternehmen einen festverzinslichen Kredit. Eine Bank bietet folgenden Zinsswap: Sie erhält vom Unternehmen einen festen Zinssatz in Höhe von 2,44 Prozent p. a. gegen Zahlung des Sechs-Monats-Euribor bezogen auf einen Nominalwert von 100 000 Euro bei halbjährlichen Zinszahlungen und einer Laufzeit von zwei Jahren beginnend am 15.1.2005.

Die Zinszahlungen aus Sicht des Unternehmens stellen sich bei Abschluss des Zinsswaps folgendermaßen dar: Am 15.7.2005 zahlt das Unternehmen Zinsen in Höhe von 1 000 Euro (fester Teil des Zinssatzes) plus die Hälfte des Sechs-Monats-Euribor, der am 15.1.2005 galt, bezogen auf 100 000 Euro (variabler Teil des Zinssatzes). An die Bank, mit der es den Zinsswap abgeschlossen hat, zahlt das Unternehmen am 15.7.2005 einen Betrag von 1 220 Euro (fester Teil des Swaps) und erhält im Ausgleich die Hälfte des Sechs-Monats-Euribor, der am 15.1.2005 galt, bezogen auf 100 000 Euro (variabler Teil des Swaps). Netto hat das Unternehmen am 15.7.2005 Zinsen in Höhe von 2 220 Euro zu zahlen, was einem festen Zinssatz von 4,44 Prozent p. a. entspricht.

Gleiches gilt für die Zinszahlungen am 15.1.2006, am 15.7.2006 sowie am 15.1.2007. Der Unterschied besteht lediglich darin, dass die Euribor-Sätze zu anderen Zeitpunkten ermittelt werden, jedoch sowohl dem Kredit als auch dem Swap derselbe Zinssatz zu Grunde liegt. Darüber hinaus bleibt die Rückzahlung des Kredites am 15.1.2007 von dem Zinsswap unberührt.

Soll ein eingegangener Zinsswap durch einen Gegenswap wieder aufgelöst (also neutralisiert) werden, beispielsweise weil der zu Grunde liegende Kredit durch eine Sondertilgung weggefallen ist, so kann dies Kosten verursachen oder Erlöse entstehen lassen, je nachdem, in welchem Verhältnis die Indikation des Ausgangsswaps zu der des entsprechenden Gegenswaps steht und ob der Ausgangsswap als Festzinszahler (Payer) oder Festzinsempfänger (Receiver) abgeschlossen wurde.

Neben Plain-Vanilla-Swaps gewinnen auch Constant-Maturity-Swaps (CMS) zunehmend an Bedeutung. Bei einem CMS werden typischerweise ein variabler Geldmarktsatz (z. B. der Drei-Monats-Euribor) und ein variabler Kapitalmarktsatz (z. B. der Zehn-Jahres-Swapsatz), reduziert um einen Abschlag, über einen vereinbarten Zeitraum ausgetauscht. Dabei wird der Kapitalmarktsatz regelmäßig (z. B. jährlich) an die Marktentwicklung angepasst. CMS werden beispielsweise eingesetzt, um eine variable Verzinsung bei niedrigerer Volatilität als im Geldmarkt zu erhalten. Abbildung 47 (Seite 224) veranschaulicht die Funktionsweise eines Constant-Maturity-Swaps für diesen Fall.

Eine weitere Variante des Zinsswaps ist der Forward-Zinsswap, der sich vom normalen Zinsswap dadurch unterscheidet, dass seine Laufzeit erst in der Zukunft beginnt. Bei Abschluss eines Forward-Zinsswaps werden der Startzeitpunkt, die Laufzeit, der Nominalbetrag, die zu Grunde liegenden Zinssätze sowie die Dauer der Zinsanpassungsperiode im Vorhinein vereinbart.

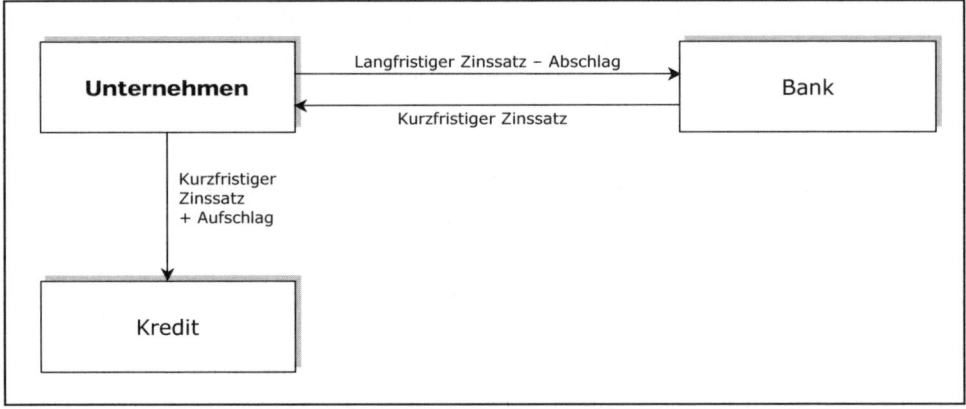

Abbildung 47: Funktionsweise eines Constant-Maturity-Swaps

Dem Forward-Zinsswap verwandt ist die Swaption, die eine Option auf einen Swap dar-stellt. Die Swaption gibt dem Käufer das Recht, zu einem bestimmten Zeitpunkt – je nach vertraglicher Vereinbarung – in einen Zinsswap zu vereinbarten Konditionen einzu-treten (Swap-Settlement) oder bei Eintreten bestimmter Bedingungen eine einmalige Zahlung zu erhalten (Cash-Settlement). Für dieses Recht zahlt der Käufer bei Abschluss der Swaption eine Prämie. Swaptions werden genutzt, wenn noch nicht feststeht, ob in der Zukunft ein Absicherungsbedarf gegenüber dem Zinsänderungsrisiko oder überhaupt Finanzierungsbedarf besteht, wobei dann das Zinsänderungsrisiko abgesichert werden soll.

16.2   Caps, Floors und Collars

Ein Cap lässt sich als eine Versicherung gegen steigende Zinssätze interpretieren. Der Verkäufer des Caps versichert dem Käufer, bei Überschreiten eines variablen Zinssatzes (Referenzzinssatz, wieder häufig ein Euribor- oder ein Libor-Satz) über eine vereinbarte Obergrenze (Cap-Strike) den Differenzzins bezogen auf den vereinbarten Nennwert zu erstatten. Die Zahlung erfolgt am Ende der Zinsperiode, wenn zu Beginn der Periode der Referenzzinssatz oberhalb der Obergrenze lag (vgl. Abbildung 48).

Der Unterschied zwischen einem als Festzinszahler abgeschlossenen Zinsswap und ei-nem Cap besteht folglich darin, dass bei Letzterem nur dann ein Austausch der festen gegen die variablen Zinsen erfolgt, wenn der variable Zinssatz zu Beginn der entspre-chenden Zinsperiode über dem vereinbarten Festsatz lag.

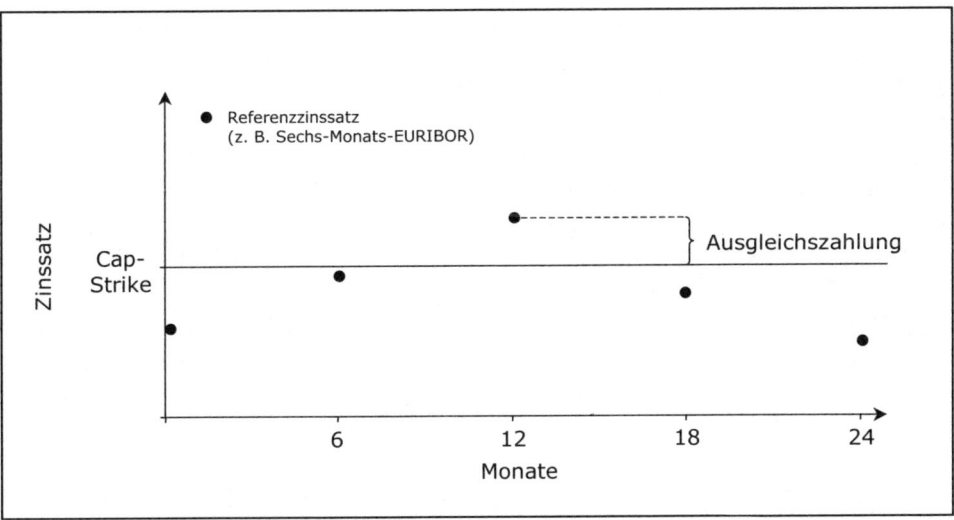

Abbildung 48: Ausgleichszahlung beim Cap

Einen Cap zieht man zur Begrenzung des Zinsänderungsrisikos bei einer variabel verzinslichen Verbindlichkeit heran. Hierdurch gewinnt die Verbindlichkeit die Eigenschaften einer Finanzierung, welche die Vorteile von fest- und variabel verzinslichen Mittelaufnahmen kombiniert. Der Käufer limitiert das Risiko steigender Zinssätze. Für diese Versicherung muss der Käufer (einmalig oder periodisch) eine Cap-Prämie zahlen. Abbildung 49 veranschaulicht die Funktionsweise eines Caps.

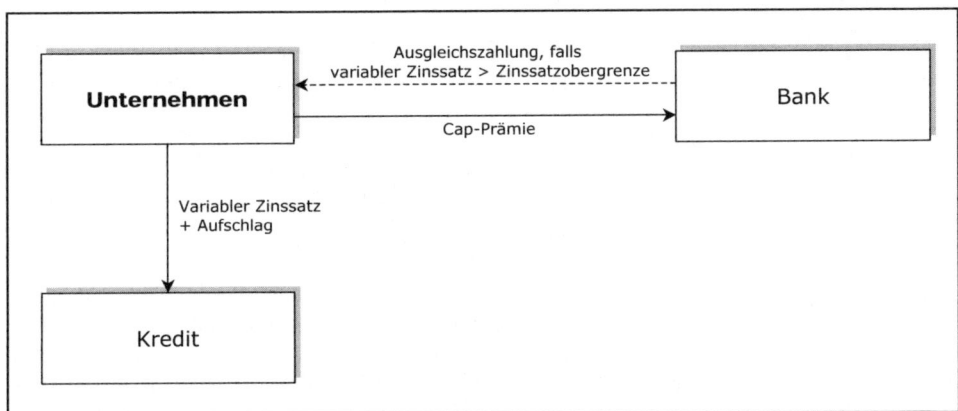

Abbildung 49: Funktionsweise eines Caps

Einige Banken bieten auch so genannte Zinscap-Darlehen an. Dabei handelt es sich um Darlehen mit zunächst variabler Verzinsung, bei denen jedoch bei Darlehensabschluss gleichzeitig eine Zinssatzobergrenze vereinbart wird. Für die Vereinbarung der Zinssatzobergrenze zahlt der Darlehensnehmer dabei einmalig zu Beginn die Cap-Prämie.

Technisch gesehen ist ein Cap ein Portfolio von Zinsoptionen mit unterschiedlicher Laufzeit. Somit erfolgt die Prämienberechnung nach Methoden aus der Optionspreistheorie. Der Käufer eines Caps hat für jede Zinsperiode eine Kaufoption auf den Referenzzinssatz mit dem Festzinssatz als Ausübungspreis, d. h. am Ende jeder Zinsperiode hat der Käufer das Recht, (nur) den Festzins zu zahlen.

Die Aufgabe des Versicherungsgebers im Rahmen eines Zinscaps wird häufig von Geschäftsbanken übernommen. Um die Wirkung der Zinssicherung zu erzielen, werden im Vertrag zwischen einer Bank und dem Vertragspartner sinngemäß folgende Vereinbarungen getroffen:

- Während der Vertragslaufzeit leistet die Bank eine Zahlung an den Käufer des Caps, wenn zu Beginn einer Zinsperiode der Referenzzinssatz oberhalb des festgelegten Höchstzinssatzes liegt. Die Zahlung erfolgt am Ende der Zinsperiode und bemisst sich als Differenz zwischen dem Referenzzinssatz und dem Höchstzinssatz bezogen auf den Nominalbetrag unter Berücksichtigung der Anzahl der Zinstage.

- Der Käufer des Caps zahlt an die Bank bei Vertragsabschluss eine pauschale Summe oder leistet äquivalente periodische Zahlungen.

Bei sonst gleich bleibenden Faktoren hat eine langlaufende Zinssicherung gegenüber einer kurzlaufenden einen höheren Wert, da auf Grund der höheren Anzahl der Zinsanpassungstermine eine größere Wahrscheinlichkeit besteht, eine Zahlung vom Verkäufer der Zinssicherung zu erhalten.

Die maximale Zinsbelastung (ausgedrückt in Prozent p. a.) einer variablen Mittelaufnahme mit einer Zinsabsicherung durch einen Cap ergibt sich als Summe aus drei Größen:

- Zinssatzobergrenze;

- annualisierte (auf einen Jahreszinssatz umgerechnete) Cap-Prämie;

- Kreditmarge bzw. Aufschlag (Kreditzinssatz – Referenzzinssatz).

Ein Floor ist das spiegelbildliche Gegenstück zu einem Cap. Er gibt dem Käufer die Garantie für eine Zinssatzuntergrenze bei einer Geldanlage. Unterschreitet der Referenzzinssatz zu Beginn einer Zinsperiode die Zinssatzuntergrenze, erstattet der Verkäufer des Floors am Ende der Zinsperiode dem Käufer den Differenzbetrag der Zinsen, der sich aus dem Nennwert des Floors ergibt. Dafür erhält der Verkäufer eine einmalige oder periodische Floor-Prämie.

Ein Floor kann zur Absicherung von variabel verzinslichen Titeln gegen mögliche Zinssatzsenkungen und gegen das damit verbundene Risiko einer sinkenden Rendite verwendet werden. In unserem Kontext steht jedoch der Verkäufer des Floors im Vordergrund, der die Floor-Prämie zur Reduktion seines eigenen Kreditzinssatzes verwendet. Als Käufer des Floors tritt dabei im Allgemeinen – wie schon als Verkäufer eines Caps – eine Bank auf.

Die Kombination aus einem (gekauften) Cap und einem (verkauften) Floor nennt man einen Collar. Der variable Zinssatz einer Verbindlichkeit wird dabei auf eine bestimmte Bandbreite zwischen Unter- und Obergrenze limitiert. Der Käufer eines Collars ist sowohl Käufer eines Caps als auch Verkäufer eines Floors. Er zahlt demnach die Absicherung des Zinssatzes nach oben, erhält aber für die Einräumung des Rechtes auf eine Untergrenze eine Prämie.

Zu Ausgleichszahlungen während der Laufzeit des Collars kommt es nur, wenn der Referenzzinssatz zu Beginn einer Zinsperiode unterhalb der Zinssatzuntergrenze oder oberhalb der -obergrenze liegt. Falls sich die Prämien ausgleichen, die der Käufer des Collars für den Cap zahlt und für den Floor erhält, spricht man von einem Zero-Cost-Collar. Abbildung 50 veranschaulicht die Funktionsweise eines Collars.

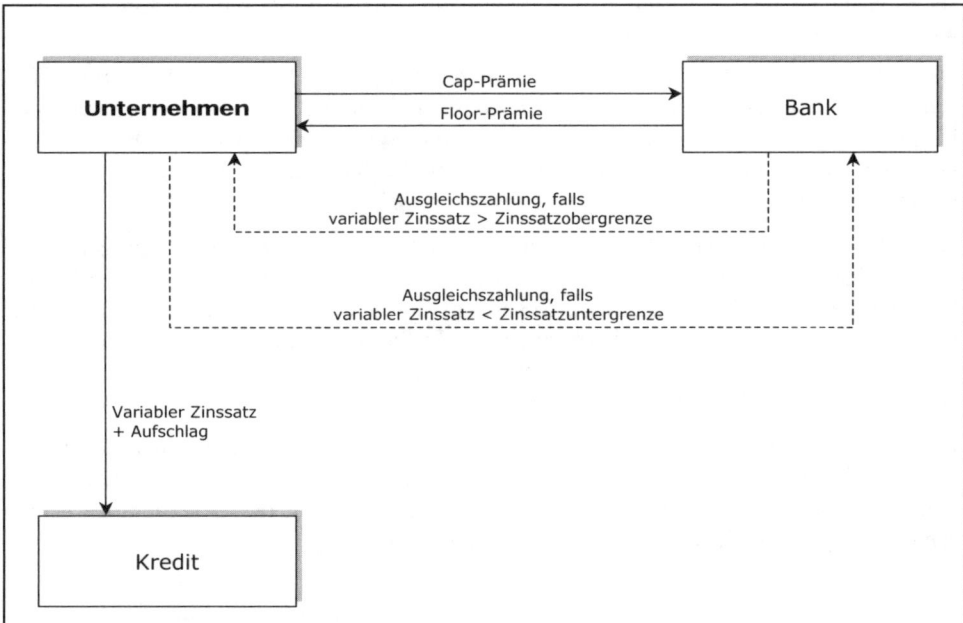

Abbildung 50: Funktionsweise eines Collars

Beispiel 20 (Collar)

Wir gehen wieder von der Situation aus Beispiel 19 aus: Ein Unternehmen möchte am 15.1.2005 einen endfälligen Kredit mit einem Volumen von 100 000 Euro und einer Laufzeit von zwei Jahren aufnehmen. Der Zinssatz lautet Sechs-Monats-Euribor plus zwei Prozent p. a. Die Zinszahlungen erfolgen halbjährlich.

Der Zinssatz soll nach oben auf fünf Prozent p. a. begrenzt werden. Eine Bank bietet folgenden Zinscap an: Während der Vertragslaufzeit bis zum 15.1.2007 leistet die Bank eine Zahlung an den Käufer des Caps, wenn am 15.7.2005, am 15.1.2006 oder am 15.7.2006 der Sechs-Monats-Euribor oberhalb von drei Prozent p. a. liegt.

Die Zahlung erfolgt dann jeweils ein halbes Jahr später und bemisst sich als Sechs-Monats-Euribor minus drei Prozent p. a. bezogen auf 100 000 Euro und ein halbes Jahr. Der Käufer des Cap zahlt dafür an die Bank bei Vertragsabschluss eine einmalige Cap-Prämie in Höhe von 131 Euro.

Um die durch die Cap-Prämie entstehenden Kosten der Zinssicherung zu reduzieren, soll zusätzlich ein Floor verkauft werden, um die Cap-Prämie durch die erhaltene Floor-Prämie zu subventionieren. Die Bank macht dazu folgendes Angebot: Während der Vertragslaufzeit bis zum 15.1.2007 leistet der Verkäufer des Floors eine Zahlung an die Bank, wenn am 15.7.2005, am 15.1.2006 oder am 15.7.2006 der Sechs-Monats-Euribor unterhalb von zwei Prozent p. a. liegt.

Die Zahlung erfolgt dann jeweils ein halbes Jahr später und bemisst sich als zwei Prozent p. a. minus Sechs-Monats-Euribor bezogen auf 100 000 Euro und ein halbes Jahr. Durch diesen Floor beträgt der Zinssatz des Unternehmens mindestens vier Prozent p. a. Die Bank zahlt dafür an den Verkäufer des Floors bei Vertragsabschluss eine einmalige Floor-Prämie in Höhe von 78 Euro.

Wir nehmen nun an, dass der Sechs-Monats-Euribor am 15.1.2005 bei 2,6 Prozent p. a., am 15.7.2005 bei 3,2 Prozent p. a., am 15.1.2006 bei 2,4 Prozent p. a. und am 15.7.2006 bei 1,6 Prozent p. a. liegt. Die Zins-, Ausgleichs- und Nettozahlungen aus Sicht des Unternehmens stellen sich dann bei Abschluss des Collars – bestehend aus Cap und Floor – gemäß Tabelle 33 dar. Netto hat das Unternehmen demnach stets einen Zinssatz zwischen vier und fünf Prozent p. a. zu zahlen.

Die Begrenzung des Zinssatzes auf die Bandbreite zwischen vier und fünf Prozent p. a. verursacht einmalige Fixkosten zu Beginn in Höhe von 53 Euro. Dies entspricht einer annualisierten Prämie von 0,03 Prozent p. a., so dass sich für das Unternehmen insgesamt ein Kapitalkostensatz zwischen 4,03 und 5,03 Prozent p. a. ergibt.

Zeitpunkt	15.7.2005	15.1.2006	15.7.2006	15.1.2007
Kreditzinsen	2 300 €	2 600 €	2 200 €	1 800 €
Zahlung Cap	—	–100 €	—	—
Zahlung Floor	—	—	—	200 €
Nettozahlung	2 300 €	2 500 €	2 200 €	2 000 €
Zinssatz p. a.	4,6 %	5,0 %	4,4 %	4,0 %

Tabelle 33: Zins-, Ausgleichs- und Nettozahlungen bei einem Kredit mit Collar (Beispiel)

16.3 Forward-Rate-Agreements

Ein Forward-Rate-Agreement (FRA) ist ein spezielles Zinstermingeschäft. Es sichert dem Käufer einen vereinbarten Zinssatz (FRA-Zinssatz) für eine in der Zukunft liegende Kreditaufnahme. Der FRA-Zinssatz entspricht dabei dem aktuellen Terminzinssatz für die entsprechende Periode. Der Verkäufer eines FRA will sich hingegen mit diesem Instrument das aktuelle Terminzinssatz-Niveau für eine zukünftige Finanzanlage sichern. In unserem Kontext ist der Käufer eines FRA ein Unternehmen, der Verkäufer die Bank, bei der das Unternehmen das FRA abschließt. Die Zeit vom Abschluss des FRA bis zum Beginn der Zinssicherungsperiode wird als Vorlaufperiode bezeichnet. Die Laufzeiten von FRAs, die von Banken angeboten werden, sind in vielen Fällen inklusive Vorlaufzeit nicht länger als zwei Jahre.

Dabei handelt es sich bei einem FRA um eine Vereinbarung über eine Ausgleichszahlung zwischen den Kontaktpartnern, deren Höhe

- von der Differenz zwischen dem vereinbarten FRA-Zinssatz und dem zu Beginn der Zinssicherungsperiode gültigen Referenzinssatz (im Allgemeinen Euribor- oder Libor-Satz für die entsprechende Laufzeit),

- vom vereinbarten Nominalbetrag und

- von der Länge der vereinbarten Zinssicherungsperiode (Absicherungsperiode)

abhängt. Die zu Beginn der Zinssicherungsperiode fällig werdende Ausgleichszahlung leistet

- der Käufer an den Verkäufer, wenn der FRA-Zinssatz über dem Referenzinssatz liegt, bzw.

- der Verkäufer an den Käufer, wenn der FRA-Zinssatz unter dem Referenzinssatz liegt.

Die Höhe der Ausgleichszahlung entspricht dabei der auf den Beginn der Zinssicherungsperiode diskontierten Differenzen der gegenseitigen Zinszahlungen.

Beispiel 21 (Forward-Rate-Agreement)

Ein Unternehmen möchte am 15.4.2005 einen Kredit mit einer Laufzeit von sechs Monaten und einem Volumen von 100 000 Euro aufnehmen. Der Zinssatz lautet: 6-Monats-Euribor plus zwei Prozent p. a. Aktuell, d. h. am 15.1.2005, ergibt sich annahmegemäß für den Sechs-Monats-Euribor, der für Kontrakte vereinbart werden kann, die ab 15.4.2005 für ein halbes Jahr laufen, ein Terminzinssatz von 2,4 Prozent p. a. Diesen Zinssatz möchte das Unternehmen für die Kreditaufnahme absichern.

Eine Bank bietet am 15.1.2005 folgendes FRA an: Sie zahlt an den Käufer am 15.4.2005 den (mit dem am 15.4.2005 gültigen Sechs-Monats-Euribor diskontierten) Sechs-Monats-Euribor minus 2,4 Prozent p. a. bezogen auf 100 000 Euro und ein halbes Jahr, wenn der Sechs-Monats-Euribor zu diesem Zeitpunkt oberhalb von 2,4 Prozent p. a. liegt.

Umgekehrt erhält die Bank vom Käufer des FRA am 15.4.2005 (mit am 15.4.2005 gültigen Sechs-Monats-Euribor diskontiert) 2,4 Prozent p. a. minus Sechs-Monats-Euribor bezogen auf 100 000 Euro und ein halbes Jahr, wenn der Sechs-Monats-Euribor zu diesem Zeitpunkt unterhalb von 2,4 Prozent p. a. liegt.

Tabelle 34 veranschaulicht die Zins-, Ausgleichs- und Nettozahlungen aus Sicht des Unternehmens bei Abschluss des FRA für zwei verschiedene Szenarien. Netto hat das Unternehmen demnach stets einen Zinssatz von 4,4 Prozent p. a. zu zahlen.

Szenario	1	2
6-Monats-Euribor am 15.4.2005	2,2 % p. a.	2,6 % p. a.
Kreditzinsen am 15.10.2005	2 100,00 €	2 300,00 €
Ausgleichszahlung am 15.4.2005	98,91 €	−98,72 €
Ausgleichszahlung aufgezinst auf den 15.10.2005 mit dem 6-Monats-Euribor vom 15.4.2005	100,00 €	−100,00 €
Nettozahlung am 15.10.2005	2 200,00 €	2 200,00 €
Zinssatz p. a.	4,4 %	4,4 %

Tabelle 34:   Zins-, Ausgleichs- und Nettozahlungen bei einem Kredit
mit FRA (Beispiel)

Wie ein Zinsswap stellt auch ein FRA ein beidseitig verpflichtendes Geschäft dar und ist – bis auf eventuell anfallende Gebühren – mit keiner weiteren Abschlussprämie verbunden. Innerhalb der Vorlaufperiode kann sich jedoch ein positiver oder negativer Wert des FRA ergeben, je nachdem, wie sich der Referenzzinssatz entwickelt. Falls ein FRA also vor Beginn der Zinssicherungsperiode wieder aufgelöst (neutralisiert) werden also vor Beginn der Zinssicherungsperiode wieder aufgelöst (neutralisiert) werden soll, ist dies mit Kosten bei gesunkenem Referenz-Terminzinssatz oder mit einem Erlös bei gestiegenem Referenz-Terminzinssatz für das Unternehmen verbunden.

17. Vergleichende Beurteilung der Fremdfinanzierungsformen

Bezüglich der Kapitalkosten erweisen sich Lieferantenkredite als besonders hochverzinsliche Variante der Aufnahme von Fremdkapital. Hier bietet das Factoring eine Ausweichmöglichkeit. Auch Sale-and-Lease-Back kann unter Umständen recht teuer werden. Auf der anderen Seite werden Kundenanzahlungen häufig sogar zinslos zur Verfügung gestellt. Bezüglich Bankkrediten und Unternehmensanleihen ist in der Zukunft nicht zuletzt als Folge von Basel II eine Angleichung der Kapitalkosten je nach Bonität des Kreditnehmers zu erwarten.

Beim Kapitalkostenvergleich im Bereich des Fremdkapitals ist es essenziell, sämtliche mit einer Finanzierungsmaßnahme verbundenen Zahlungen zu erfassen. Stehen mehrere qualitativ vergleichbare Möglichkeiten der Fremdkapitalaufnahme zur Durchführung einer Investition zur Auswahl, kann ein Vergleich der jeweils mit der Finanzierungsmaßnahme verbundenen Kapitalkosten durchgeführt werden. Dabei erweist sich die Methode des Internen Zinsfußes als praktikabel, die sowohl einmalige als auch laufende Kosten zu einer Kennzahl in Form eines Zinssatzes aggregiert. Es sollten stets – soweit möglich – mehrere Finanzierungsmaßnahmen einer Gruppe, z. B. Darlehensangebote verschiedener Banken oder verschiedene Emissionswege einer Unternehmensanleihe, geprüft werden.

Bankkredite sind und bleiben wohl die wichtigste Fremdfinanzierungsquelle des Mittelstandes. Die Bedeutung von Bankkrediten im Vergleich zu anderen Formen der Fremdkapitalaufnahme sinkt jedoch. So weichen viele mittelständische Unternehmen vor allem auf Finanzierungsleasing und Factoring aus. Das Finanzierungsleasing stellt dabei eine Finanzierungsergänzung für das Anlagevermögen dar. Das Factoring ist hingegen eine Möglichkeit, aus dem Umlaufvermögen, genauer aus den Forderungen aus Lieferungen und Leistungen, sofortige Barliquidität zu schaffen. Insofern ergänzen sich Finanzierungsleasing und Factoring.

Häufig werden das Finanzierungsleasing und der Forderungsverkauf als Finanzierungssubstitute, Finanzierungsersatz oder additive Finanzierungsformen bezeichnet. Auf diese Begriffe haben wir hier bewusst verzichtet. Wenngleich das Finanzierungsleasing und die Forderungsverkäufe andere Finanzierungsformen ersetzen können, machen die aktuelle Bedeutung und das Wachstum dieser Finanzierungsformen deutlich, dass sie mehr sind als ein bloßer Finanzierungsersatz (vor allem für mittelständische Unternehmen).

Größere und etablierte mittelständische Unternehmen haben darüber hinaus den Kapitalmarkt für sich entdeckt und weichen als Alternative zum Bankkredit vor allem in Wachstumsphasen auf die Emission von Unternehmensanleihen aus. Dabei wird Kapital direkt bei den Investoren des anonymen Kapitalmarktes aufgenommen. Mittelständische Unternehmen wählen bei der Emission von Schuldverschreibungen auch den Weg der Eigenemission, bei dem weder eine Bank zur Platzierung noch eine Börse oder börsenähnliche Institutionen zum Einsatz kommen. Gleichzeitig stellen Unternehmensanleihen potenzielle Ergänzungen der Kreditportfolios von Banken dar.

Die Möglichkeit zur Aufnahme von Schuldscheindarlehen beschränkt sich auf Grund der typischen Kapitalgeber (Versicherungsunternehmen) auf Unternehmen hoher Bonität, vor allem mit einer hohen Eigenkapitalquote, so dass sie von mittelständischen Unternehmen eher selten wahrgenommen wird.

Von großer Bedeutung sind die wachsenden Märkte für Verbriefung und Handel von Krediten und Kreditrisiken. Verschiedene Varianten (Kreditderivate, CLO) bilden dabei das Bindeglied zwischen Bank- und Kapitalmarktfinanzierung. Ein wesentlicher Vorteil liegt in der Risikoteilung über einen Marktprozess. Banken bleiben auch in Zukunft in den Prozess von Sparen und Investieren eingeschaltet und gewinnen ein neues Interesse am Kreditgeschäft, da sie ihre Bilanzen und Risikoprofile genauer als bisher steuern können. In Zukunft könnte jedoch nahezu jeder Bankkredit auf Grund der Verbriefung letztlich eine Finanzierung über den Kapitalmarkt darstellen. Die Zukunft liegt folglich in der Kombination von Bank- und Kapitalmarktfinanzierung, von Altbewährtem und Innovativem.

Literaturhinweise zur Fremdfinanzierung

Es existiert eine Vielzahl von Lehrbüchern, die sich der Unternehmensfinanzierung widmen. In diesem Teil des Buches wurde auf Däumler (2002), Franke/Hax (2004), Olfert/Reichel (2003), Perridon/Steiner (2004), Schäfer (2002), Wöhe/Bilstein (2002) und Zantow (2004) zurückgegriffen. Bei Grunow/Oehm (2004) liegt der Schwerpunkt auf der Kommunikation eines Unternehmens mit seinen Fremdkapitalgebern.

In jüngerer Zeit sind verschiedene Herausgeberbände erschienen, die sich mehr oder weniger fokussiert der Mittelstandsfinanzierung widmen. Hier wurde dabei auf Achleitner/Einem/Schröder (2004), Kienbaum/Börner (2003), Kolbeck/Wimmer (2003) und Reichling (2003) zurückgegriffen. Bei Achleitner/Einem/Schröder (2004) liegt der Schwerpunkt auf Private-Debt, bei Reichling (2003) auf Themen, die Basel II sowie bankinterne und externe Ratings betreffen. Daneben enthielt das Handelsblatt 2005 eine vierteilige Verlagsbeilage zum Thema Mittelstandsfinanzierung, wobei hier auf die ersten beiden Teile (Partner des Mittelstands vom 23.3.2005 und Journal Mittelstand vom 11.4.2005) zurückgegriffen wurde.

Weitere Quellen – vor allem in Bezug auf statistische Daten – sind Bundesverband deutscher Banken (2003, 2004 und 2005b), KfW (2004b) sowie Sachverständigenrat zur Begutachtung der gesamtwirtschaftlichen Entwicklung (2004). Darüber hinaus findet man Zahlenmaterial verschiedenster Art auf den Internetseiten von Creditreform (www.creditreform.de), der Deutschen Bundesbank (www.bundesbank.de), des Statistischen Bundesamtes (www.destatis.de) und des IfM Bonn (www.ifm-bonn.org). Insbesondere wurde hier auf Deutsche Bundesbank (2002, 2004 und 2005) zurückgegriffen.

Die Besicherung von Fremdkapital behandeln z. B. Bauer u. a. (2003), Bürgschaftsbank Sachsen-Anhalt (2004), Grill/Perczynski (2004) und Sauter (2002).

Externe Ratings in Zusammenhang mit der Mittelstandsfinanzierung werden in Kley (2003) angesprochen, bankinterne Ratings in Bundesverband deutscher Banken (2005a). Um Rating allgemein geht es bei Füser/Heidusch (2002) und Lüdicke (2003). Weitere Quellen zur Kreditwürdigkeitsprüfung, zum Rating und zu Basel II sind beispielsweise Dicken (1999), Elsas/Krahnen (2001), IHK Nürnberg für Mittelfranken (2002), Jacobi (2004), Schulte/Horsch (2004) und Schulte-Mattler/Manns (2004). Im Zusammenhang mit Veränderungen bei der Kreditvergabe ist natürlich Baseler Ausschuss für Bankenaufsicht (2004) essenziell. Zahlenmaterial über Kreditderivate kann man BBA (2004) entnehmen.

Schuldscheindarlehen werden z. B. in Glang (2003), Gündel/Wiegmann (2003) und Streuer (2003) betrachtet. Die Informationen über die Platzierung des Schuldscheindarlehens der Analytik Jena AG entstammen der Internetseite des Unternehmens (www.analytik-jena.de).

Informationen zur Börseneinführung von Unternehmensanleihen findet man in Kramer (2000). Die Angaben zu den dargestellten Beispielen von Anleiheemissionen entstammen den Internetseiten der entsprechenden Unternehmen (www.halloren.de, www.Zimbo.de, www.pauly-biskuit.de, www.klett-gruppe.de). Einen Überblick über die in Deutschland öffentlich platzierten Anleihen kann man sich auf den Internetseiten der Stuttgarter Börse (www.Euwax.de) verschaffen.

Factoring wird z. B. in Crefo Factoring (2004), Dresdner Factoring (2004), IHK Darmstadt (o. J.c) sowie Schwarz (2002) erläutert. Weitere Informationen und aktuelles Zahlenmaterial findet man auf den Internetseiten des Deutschen Factoring-Verbandes e. V. (www.factoring.de) sowie des BFM Bundesverband Factoring für den Mittelstand e. V. (www.bfm-verband.de). Informationen über Asset-Backed-Securities findet man in Glüder/Bechtold (2004), IHK Darmstadt (o. J.a) und Müller (2004).

Finanzierungsleasing wird beispielsweise in IHK Darmstadt (o. J.b), Kroll (2004a und b) sowie Spittler (2002) dargestellt. In König/Wosnitza (2004) wird auf die Steuerwirkungen des Finanzierungsleasings eingegangen. Weitere Informationen und aktuelles Zahlenmaterial findet man auf den Internetseiten des Bundesverbandes Deutscher Leasing-Unternehmen e. V. (www.bdl-leasing-verband.de). Einen umfassenden praxisorientierten Überblick über börslich gehandelte sowie von Banken angebotene Produkte zum Zinsrisikomanagement bietet HypoVereinsbank (2001).

Teil III

Mezzanine-Finanzierung

18. Charakteristika und Einsatzgebiete der Mezzanine-Finanzierung

Das Mezzanin bezeichnet in der Architektur ein niedriges Halb- oder Zwischengeschoss zwischen zwei Hauptgeschossen. Unter Mezzanine-Finanzierung versteht man übertragen auf die Kapitalstruktur von Unternehmen solche Finanzierungsformen, die sowohl Eigen- als auch Fremdkapitalcharakter besitzen. Mezzanine-Finanzierungsinstrumente sind sowohl in der Bilanz als auch in Bezug auf die Kapitalkosten zwischen dem reinen Eigen- und dem reinen Fremdkapital einzuordnen.

Die Rendite der Mezzanine-Geber besteht dabei typischerweise aus Zinseinkünften sowie einer Partizipation am Unternehmenserfolg. Dieser so genannte Equity-Kicker kann unterschiedlichste Formen aufweisen und beinhaltet z. B. eine gewinnabhängige Verzinsung, Wandlungsrechte des Mezzanine-Kapitals in Eigenkapital, zusätzliche Genussrechte oder Optionsrechte auf Gesellschaftsanteile.

Im Hinblick auf die Haftung wird Mezzanine-Kapital ökonomisch häufig ähnlich wie Eigenkapital behandelt. Im Verlust- oder Insolvenzfall steht es den vorrangigen Fremdkapitalgebern als Risikopuffer zur Verfügung. Aus ihrer Sicht stellt Mezzanine-Kapital dann Quasi-Eigenkapital dar, weil es durch seine Nachrangigkeit die Haftungsbasis des Unternehmens verbreitert.

Typischerweise wird eine Mezzanine-Finanzierung gewählt, wenn die Grenze der Aufnahmefähigkeit weiterer Kredite bereits erreicht ist. Dies kann insbesondere der Fall sein, wenn das Unternehmen über keine besicherbaren Vermögensgegenstände mehr verfügt, die Banken regelmäßig bei der Kreditvergabe fordern. Auch kann der Verschuldungsgrad bereits so hoch sein, dass die zusätzliche Aufnahme von Krediten die Eigenkapitalquote aus Sicht der Fremdkapitalgeber zu sehr belasten würde. Schließlich kann eine anfänglich begrenzte Tilgungskapazität des Unternehmens, etwa bei jungen Wachstumsunternehmen, weitere Kreditengagements verhindern.

Mezzanine-Finanzierungsinstrumente besitzen eine hohe Flexibilität im Hinblick auf Volumen, Laufzeit, Rückzahlung und Renditezusammensetzung. Bei der Zinskomponente sind Festzinsen, Floater, Nullkuponkonstruktionen oder an den Unternehmenserfolg gekoppelte Zinszahlungen sowie Kombinationen hieraus möglich. Der Equity-Kicker kann durch Wandel-, Genuss- oder Optionsrechte sowie andere Rechte ausgestaltet werden, z. B. an künftigen Kapitalerhöhungen oder einem geplanten Börsengang teilzuhaben. Häufig werden darüber hinaus noch vertraglich fixierte Zusatzvereinbarungen (Covenants) getroffen, die es den Mezzanine-Gebern beispielsweise ermöglichen, die Rechte des Equity-Kickers gegebenenfalls vorzeitig auszuüben.

Kurz erklärt: Equity-Kicker

▪ Der Equity-Kicker drückt den Eigenkapitalcharakter von Mezzanine-Kapital aus. Er sichert die Partizipation des Mezzanine-Gebers am Unternehmenserfolg und stellt die Renditeprämie für das eingegangene Risiko dar.

▪ Der Equitiy-Kicker kann auf vielfältige Weise ausgestaltet sein, z. B. in Form von Bezugsrechten bzw. Optionen auf Unternehmensanteile oder Prämienzahlungen bei Fälligkeit eines Mezzanine-Darlehens.

Als Mezzanine-Geber treten Beteiligungsgesellschaften, Venture-Capital-Gesellschaften, Banken, Versicherungsunternehmen, private Investoren und spezielle Mezzanine-Fonds am Markt auf.

Private- versus Public-Mezzanine

Die Definitionen von Mezzanine-Kapital sind uneinheitlich. Dies beruht auf verschiedenen nationalen Gepflogenheiten und unterschiedlichen historischen Entwicklungen. Generell lassen sich eine engere und eine weitere Auslegung des Mezzanine-Begriffs unterscheiden. Bei der engeren Begriffsfassung wird nur die private Finanzierungsebene als Mezzanine-Kapital aufgefasst. Bezeichnungen wie Private-Mezzanine, klassisches Mezzanine oder Mezzanine im engeren Sinne beschreiben diese Gruppe von Finanzierungsformen. Die weitere Auslegung des Mezzanine-Begriffs umfasst sowohl die private als auch die öffentliche (börsliche) Finanzierungsebene.

Die Bezeichnung Mezzanine-Kapital besitzt britischen Ursprung, wo die engere Auslegung des Begriffs vorherrscht. In den USA hingegen wird der weiteren Sichtweise gefolgt. Dort vollziehen sich Mezzanine-Transaktionen häufig in Verbindung mit so genannten Junk- bzw. High-Yield-Bonds, die ein hohes Ausfallrisiko aufweisen und deshalb mit einem entsprechend hohen Kupon ausgestattet sind. Beispielsweise wurde international in den achtziger Jahren eine Vielzahl von MBOs mit Hilfe von High-Yield-Bonds finanziert.

High-Yield-Bonds sind zwar auf Grund ihrer Rendite-Risiko-Struktur den klassischen Mezzanine-Finanzierungsformen ähnlich. So sind die Gläubiger typischerweise nicht besichert und die Tilgung der Bonds hängt vom unternehmerischen Erfolg des Emittenten ab. High-Yield-Bonds stellen jedoch öffentlich gehandelte Wertpapiere für einen breiten Anlegerkreis mit entsprechend hohem Emissionsvolumen dar. Zudem existiert ein liquider Sekundärmarkt. Gleiches gilt für die klassischen Mischformen der Eigen- und Fremdfinanzierung: die Wandelschuldverschreibung bzw. die Optionsanleihe.

Private-Mezzanine-Kontrakte hingegen weisen kleinere Volumina auf. Die Verträge sind individuell auf das betreffende Unternehmen abgestimmt und es existiert nahezu kein Sekundärhandel. Im Gegensatz zu High-Yield-Bonds weisen Mezzanine-Kontrakte durchweg explizit eine Eigenkapitalkomponente durch den Equity-Kicker auf. Daran

sind häufig weitgehende Informations- und Einsichtsrechte sowie ein direktes Berichts-
wesen für den Mezzanine-Geber gekoppelt. Häufig tritt der Mezzanine-Geber dem Mez-
zanine-Nehmer auch als Berater zur Seite.

Tabelle 35 gibt eine Übersicht über häufig genannte Unterschiede von Mezzanine-
Kapital im engeren Sinne einerseits und High-Yield-Bonds andererseits. Die dort genannten Daten sind nur als Richtwerte zu verstehen.

Merkmal	Mezzanine-Kapital im engeren Sinne	High-Yield-Bonds
Zielrendite	ca. 20 – 30 %	Ratingabhängig
Typische Laufzeit	5 – 7 Jahre	Bis zu 25 Jahren
Platzierung	Privat bzw. direkt	Öffentlich
Volumen	Je nach Finanzierungsanlass unterschiedlich	> 100 Mio. US-$ in den USA
Nominalzinssatz	Ca. 4 – 7 % über dem Zins-satz öffentlicher Anleihen	Etwa 7 % über dem Zinssatz öffentlicher Anleihen
Covenants	Restriktiv	Weniger restriktiv
Kündigung	Flexibel vereinbar	Kaum möglich
Nachrangigkeit	Vertraglich vereinbart	Gemäß Emissionsangaben
Handel	Illiquider Markt	Liquider Sekundärmarkt
Reporting	Strenges Reporting an Mezzanine-Geber	Kein gesondertes Reporting
Investoren	Private Investoren	Institutionelle Anleger
Equity-Kicker	Nahezu immer vorhanden	Nicht vorgesehen

Tabelle 35:   Mezzanine-Kapital im engeren Sinne versus High-Yield-Bonds;
Quelle: Link (2002)

Auf dem deutschen Mezzanine-Markt spielen High-Yield-Bonds eine untergeordnete
Rolle, aber im Bereich des Mezzanine-Kapitals im engeren Sinne existieren bereits spezielle Mezzanine-Fonds bzw. entsprechende Angebote von Kreditinstituten. Auch aus-
ländische Investoren drängen auf den deutschen Markt.

Mezzanine-Finanzierungsformen

Die Vielfältigkeit der Anwendungsgebiete und unterschiedliche spezifische Anforderungen haben zu einer Vielzahl von Mezzanine-Instrumenten geführt. Gebräuchliche Formen enthält Abbildung 51 (Seite 240) und gliedert dabei schon in Equity-Mezzanine

(eigenkapitalähnliche Finanzierungsformen) und Debt-Mezzanine (fremdkapitalähnliche Finanzierungsformen).

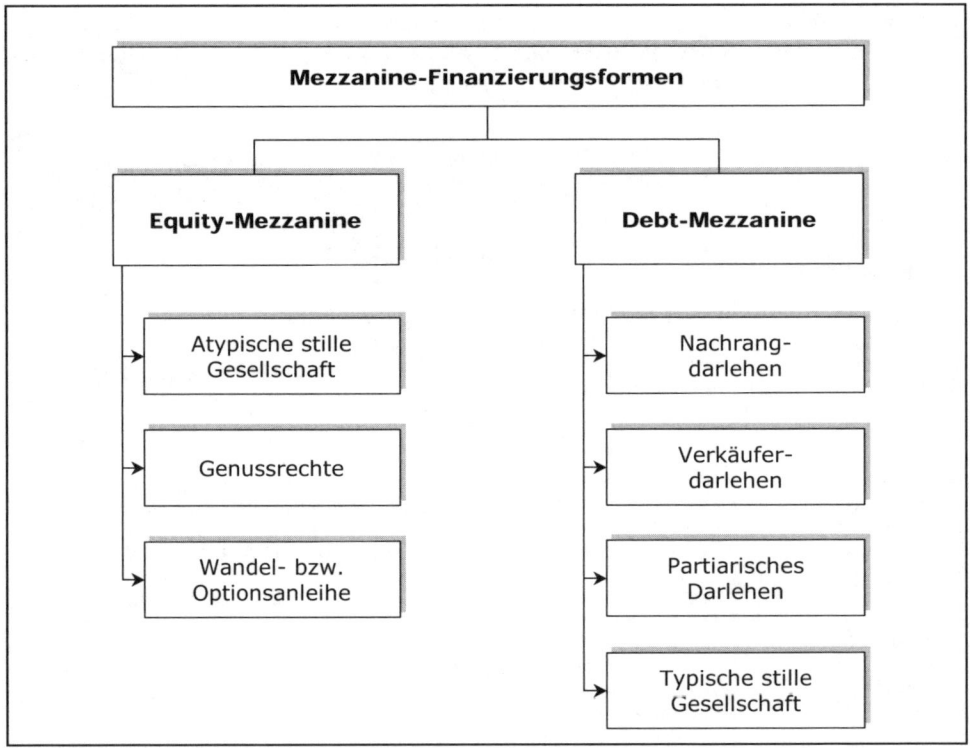

Abbildung 51: Mezzanine-Finanzierungsformen

Wir werden die Equity- und Debt-Mezzanine-Finanzierungsformen in den folgenden Kapiteln 19 und 20 noch detaillierter behandeln, hier zunächst nur eine allgemeine Charakterisierung:

▪ Die stille Beteiligung stellt eine häufig anzutreffende Mezzanine-Finanzierungsform dar. Dabei beteiligt sich der stille Gesellschafter mit einer Einlage am Gewerbe eines anderen, tritt aber nicht gemeinsam mit dem Inhaber nach außen als Gesellschafter auf. Je nach Ausgestaltung des Vertrags unterscheidet man die typische und die atypische stille Gesellschaft. Bei Letzterer ist der stille Gesellschafter am Wert des Unternehmens beteiligt und besitzt umfangreiche Informations-, Kontroll- und Zustimmungsrechte. Entsprechende vertragliche Regelungen fehlen hingegen bei der typischen stillen Gesellschaft, die deshalb eher einer Fremdfinanzierung nahe kommt.

- Genussscheine können auf vielfältige Weise ausgestaltet und deshalb auf die spezielle Finanzierungssituation abgestimmt werden. Als Genussrechte kommen das Recht auf feste Zinszahlungen ebenso in Betracht wie das Recht auf Gewinnanteil und auf Anteil am Liquidationserlös.

- Wandelschuldverschreibungen sind Schuldverschreibungen, die dem Gläubiger das Recht einräumen, an Stelle der Rückzahlung des Nennwerts am Laufzeitende eine im Vorhinein bestimmte Anzahl von Aktien des betreffenden Unternehmens zu beziehen. Bei Optionsanleihen besteht dieses Recht zusätzlich, so dass ihr Inhaber neben dem Anspruch auf Rückzahlung des Nennwerts die Option besitzt, am Laufzeitende eine gewisse Anzahl von Aktien des jeweiligen Unternehmens zu einem wiederum im Voraus festgelegten Preis zu beziehen. In beiden Fällen ist eine bedingte Kapitalerhöhung Voraussetzung für die Emission dieser Wertpapiere.

- Das nachrangige, weitgehend unbesicherte Darlehen (Subordinated- bzw. Junior-Debt) stellt in Deutschland ebenfalls ein bedeutendes Mezzanine-Instrument dar. Die Renditeforderungen der nachrangigen Gläubiger liegen auf Grund des höheren Risikos über dem Zinssatz für ein besichertes Darlehen. Diese Prämie kann im Zinssatz berücksichtigt werden, aber auch aus einem Equity-Kicker bestehen, etwa in Form von Besserungsscheinen. Ein Besserungsschein beinhaltet die Zusage des Schuldners, bestimmte Ansprüche zu erfüllen, wenn sich seine wirtschaftliche Lage entsprechend günstig entwickelt.

- Verkäuferdarlehen (Seller's-Notes) sind für Übernahmefinanzierungen entwickelte Mezzanine-Instrumente. Es handelt sich dabei im Grunde um die Stundung des Kaufpreises durch den Unternehmensverkäufer, indem dieser (dem Käufer oder dem Unternehmen) ein Darlehen über einen Teil des Kaufpreises gewährt. Durch einen Equity-Kicker kann der Verkäufer noch an Wertsteigerungen seines ehemals eigenen Unternehmens partizipieren.

- Die Besonderheit des partiarischen Darlehens besteht darin, dass ein Zinssatz abhängig von einer Erfolgsgröße (z. B. Gewinn, Jahresüberschuss oder Ergebnis der gewöhnlichen Geschäftstätigkeit) vereinbart wird. Eine Verlustbeteiligung ist beim partiarischen Darlehen ausgeschlossen, weil sie ein Gesellschafterverhältnis implizieren würde.

Kapitalkosten

Aus Sicht des Mezzanine-Nehmers könnte Mezzanine-Kapital als „teurer Kredit" angesehen werden, da es sich bilanziell und rechtlich häufig um Fremdkapital handelt. Die Renditeforderung der Mezzanine-Geber liegt aber auf Grund des erhöhten Risikos über dem Zinssatz für einen Bankkredit und verursacht damit höhere Kapitalkosten.

Andererseits muss ein Mezzanine-Kontrakt den Eigenkapitalcharakter der mit dieser Finanzierungsform einhergehenden Haftungsausweitung berücksichtigen. Bedingt durch die entstehende zusätzliche Sicherheit für die vorrangigen Fremdkapitalgeber wächst die

Möglichkeit zur Aufnahme von weiteren (günstigeren) Krediten. Dadurch lässt sich wiederum der Fremdkapital-Kostensatz senken. Insofern kann Mezzanine-Kapital auch als „billiges Eigenkapital" betrachtet werden, das die Haftungsbasis verbreitert. Gleichzeitig liegt die Renditeerwartung der Mezzanine-Geber unterhalb der von den Eigenkapitalgebern geforderten Rendite (vgl. Abbildung 52).

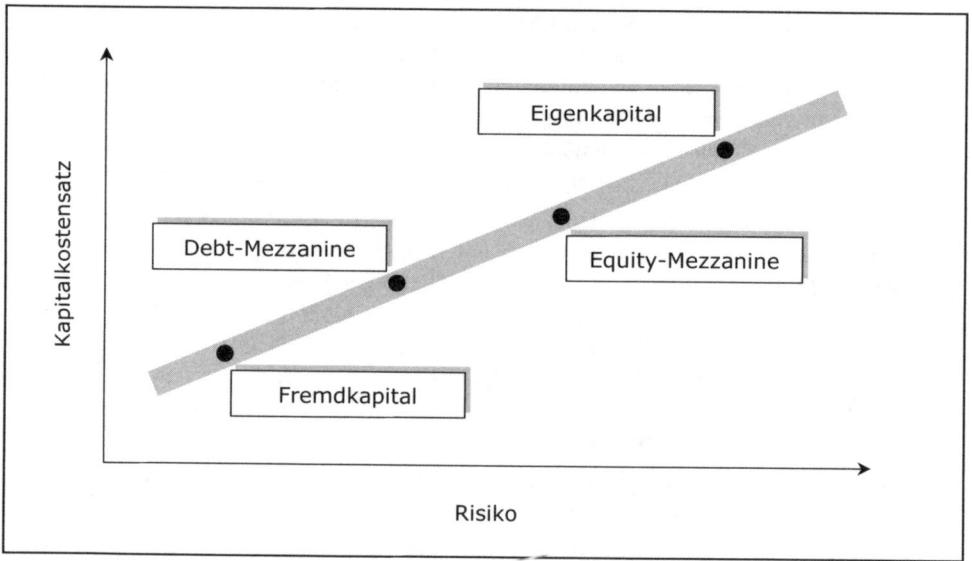

Abbildung 52: Kapitalkostensätze von Mezzanine-Finanzierungen

Als Alternative zu Mezzanine-Kapital bleibt zudem häufig nur die Ausweitung der Eigenkapitalbasis über neue Gesellschafter. Dies führt für die Altgesellschafter zu unerwünschten Anteilsverwässerungen und einem Teilverlust der unternehmerischen Verfügungsgewalt. Mezzanine-Geber hingegen üben als Venture-Capital- oder Kapitalbeteiligungsgesellschaft eine gewisse geschäftspolitische Zurückhaltung. Sie beziehen häufig Beiratspositionen, erlangen Aufsichtsratsmandate oder lassen sich Vetorechte für bestimmte Entscheidungen einräumen. Direkte geschäftspolitische Ziele verfolgen Mezzanine-Geber in der Regel nicht.

Finanzierungsanlässe

Die typischen Anwendungsfelder für Mezzanine-Finanzierungen lauten wie folgt:

1. Den traditionellen Anwendungsbereich für Mezzanine-Finanzierungen stellen MBOs und MBIs dar. International kommt Mezzanine-Kapital in circa 75 Prozent aller Buy-out-Fälle zum Einsatz. Das Management verfügt dabei häufig nicht über ausreichende eigene Mittel, um den gesamten Kaufpreis zu tragen. Das zentrale Mo-

tiv für die Manager, den Buy-out durchzuführen, besteht jedoch im Bestreben, Hauptgesellschafter des Zielunternehmens zu werden und die unternehmerische Entscheidungsgewalt zu übernehmen. Insofern ist die Hinzunahme von weiteren Anteilseignern durchweg unerwünscht. Durch Mezzanine-Instrumente kann die Finanzierungslücke zwischen dem maximal verfügbaren Fremdkapital und dem Eigenkapital der Manager bzw. des Unternehmens geschlossen werden, ohne dass die Manager maßgebliche Stimmrechtsanteile abgeben müssen (vgl. Beispiel 4 auf den Seiten 58 bis 64).

Hierbei würde der direkte Finanzierungsweg darin bestehen, dass der Mezzanine-Geber den Buy-out-Managern Mezzanine-Kapital zur Bezahlung des Kaufpreises für die Unternehmensanteile zur Verfügung stellt. Die Manager wären in dieser Situation die Gläubiger des Mezzanine-Gebers und würden den Kapitaldienst aus den Cashflows ihres Unternehmens bestreiten wollen. Wie alle anderen Investoren auch erwarten dabei sowohl die Buy-out-Manager als auch der Mezzanine-Geber für ihr Investment eine mit der risikoangemessenen Renditeforderung verzinste Rückzahlung des eingesetzten Kapitals. Weil also die Bedienung des Mezzanine-Kapitals aus den Cashflows des Unternehmens über die Buy-out-Manager erfolgen soll, wählen Manager und Mezzanine-Geber heute üblicherweise eine Dreieckskonstruktion, bei der die Mezzanine-Geber dem Unternehmen eine Finanzierung gewähren.

Das Unternehmen schüttet dann die erforderlichen Beträge an die Manager aus, die mit diesen Mitteln den Kaufpreis an die Altgesellschafter zahlen. Nun fließen die Cashflows zur Kapitalbedienung direkt vom Unternehmen an den Mezzanine-Geber. Diese Konstruktion wird typischerweise bei der Gründung einer Übernahmegesellschaft (NewCo, vgl. Abschnitt 4.1) berücksichtigt. In welchem Umfang die Manager in diesem Fall für die Verpflichtungen des Unternehmens gegenüber dem Mezzanine-Geber haften, ist eine Frage der Vertragsgestaltung. Durch die Betonung des Equity-Kickers kombiniert mit einer geringeren Zinskomponente ist es dabei möglich, das durch den Buy-out stark verschuldete Unternehmen in der Anfangsphase nicht zu sehr durch Zahlungsverpflichtungen zu belasten.

2. Bei der Übernahme eines Unternehmens wird in der Regel ein nicht unerheblicher Teil des Kaufpreises für den Geschäfts- oder Firmenwert geleistet. Dieser Goodwill ist zwar aktivierbar, stellt aber aus Sicht von Kreditinstituten typischerweise keinen Vermögensgegenstand dar, der als Kreditsicherheit dienen kann. Die Finanzierung der Übernahme durch einen Kredit gestaltet sich dann schwierig.

Die Sichtweise eines Mezzanine-Gebers kann hier anders sein: Die Aktivierung des Geschäfts- oder Firmenwertes führt zu höheren Abschreibungen in der Folgezeit mit einer entsprechend verminderten Steuerlast, die den Cashflow nach Steuern positiv beeinflussen kann.

3. Möchte ein Gesellschafter aus einem Unternehmen ausscheiden, benötigen die anderen Gesellschafter bzw. das Unternehmen entsprechende Mittel zur Zahlung des

Kaufpreises. Häufig reichen in solchen Fällen die Liquiditätsreserven von Management und Unternehmen nicht aus und zusätzliche Kredite sind schwer darstellbar.

In solchen Situationen kann Mezzanine-Kapital eine Lösung bieten, weil sich Mezzanine-Geber weniger an Sicherheiten als an den zukünftigen Cashflows des Unternehmens orientieren. Möglich ist in dieser Situation z. B. die Übernahme der Unternehmensanteile durch den Mezzanine-Geber in Verbindung mit einer Earn-out-Konstruktion, die den Kaufpreis an die zukünftige wirtschaftliche Entwicklung des Unternehmens koppelt (vgl. Abschnitt 2.2).

4. Viele wachstumsstarke kleine und mittelständische Unternehmen befinden sich in dem Dilemma, laufend Mittel zu benötigen, um ihr Wachstum zu finanzieren. Gleichzeitig bleibt ihnen der Zugang zu Fremdkapital verwehrt. Die Kreditabteilungen der Banken wollen oder können auf Grund der Bankregularien das schnelle Wachstum nicht mitfinanzieren, weil sich z. B. zunächst keinerlei verwertbares Vermögen auf der Aktivseite der Bilanz befindet.

    Häufig müssen Forschungs- und Entwicklungsaufwendungen, das Schaffen von Vertriebskanälen oder die Umsetzung von Marketingstrategien finanziert werden, denen kein direkter materieller Vermögenszuwachs gegenübersteht. Auch in diesen Fällen kann die Mezzanine-Finanzierung eine Brücke zwischen Eigen- und Fremdkapital schlagen, etwa bis die Wachstumsstrategie umgesetzt wurde und sich die Ertragslage gebessert hat.

5. Ein weiteres Anwendungsfeld für die Mezzanine-Finanzierung stellt die Börsenvorfinanzierung dar. Um den Kapitalbedarf im Vorfeld eines Börsengangs zu decken, bevor die langfristige Finanzierung über das Going-Public gewährleistet ist, kommen Mezzanine-Instrumente in Frage. Durch Mezzanine-Kapital kann eine Finanzierung auf Zeit erfolgen, bei der das Ausscheiden der Mezzanine-Geber durch den avisierten Börsengang vorgegeben ist. Möglich ist z. B. die Vereinbarung, die Mezzanine-Geber durch Optionen am Börsengang partizipieren zu lassen und im Gegenzug nur geringe Zinszahlungen leisten zu müssen. Dies kann die Kapitalkosten in der Börsenvorstufe reduzieren.

    Die Brückenfinanzierung (Bridge-Financing) kann dann dem Unternehmen die notwendige Liquidität liefern, um in Bezug auf den Emissionszeitpunkt freier agieren zu können. Das Unternehmen ist so nicht gezwungen, den Börsengang zu einem als ungünstig empfundenen Zeitpunkt durchzuführen, um die Gesamtfinanzierung nicht zu gefährden.

6. Beim Private-Investment-in-Public-Equity (PIPE) geht es um die außerbörsliche Finanzierung typischerweise kleinerer börsennotierter Unternehmen. Tatsächlich – darauf hatten wir in Teil I des Buches schon aufmerksam gemacht – waren während des IPO-Booms am Neuen Markt eine Reihe von Unternehmen offenbar in recht frühen Phasen des Unternehmenslebenszyklus an die Börse gebracht worden. In der Zwischenzeit haben sich die Kapitalkosten für diese Unternehmen so stark erhöht,

dass für öffentliche Kapitalerhöhungen kein Zeichnungsinteresse insbesondere privater Anleger mehr besteht – mit der Folge entsprechender Zurückhaltung bei den etablierten Investmentfonds.

Statt des erhofften Wachstums resultiert daraus für manches Unternehmen eine bedrohliche Liquiditätskrise, weil sich das Unternehmen noch nicht im genügenden Umfang am Markt etablieren konnte, um aus dem Umsatzprozess Cashflows in hinreichender Höhe zu generieren. PIPE-Finanzierungen werden gern durch die Ausgabe neuer Aktien in Kombination mit Wandelschuldverschreibungen oder Optionsanleihen vorgenommen. Die Gesellschafter des finanzierten Unternehmens müssen dabei häufig Verwässerungen ihrer Beteiligungen hinnehmen, auch wenn PIPE-Transaktionen die Schwelle von 30 Prozent des bisherigen Grundkapitals in aller Regel nicht erreichen, um ein öffentliches Übernahmeangebot zu vermeiden.

19. Eigenkapitalnahe Mezzanine-Finanzierungsformen

Eigenkapitalnahe Mezzanine-Finanzierungsformen sind meist mit einem expliziten Equity-Kicker ausgestattet, der in Optionen oder Bezugsrechten auf Unternehmensanteile besteht oder eine Gewinn- und Verlustbeteiligung vorsieht. In diesem Kapitel behandeln wir deshalb die auf dem deutschen Markt auch börslich seit Jahrzehnten etablierten Optionsanleihen und Wandelschuldverschreibungen, gefolgt von den Genussscheinen. Die ebenfalls zum Equity-Mezzanine zählende atypische stille Beteiligung stellen wir zusammen mit der typischen stillen Beteiligung im folgenden Kapitel 20 dar.

19.1   Optionsanleihen

Bei Optionsanleihen werden die Rechte aus einer Anleihe mit einer Option auf Anteile am Eigenkapital des emittierenden Unternehmens verknüpft. Optionsanleihen können ausschließlich von Aktiengesellschaften ausgegeben werden und bedürfen einer bedingten Kapitalerhöhung, die mit einer Dreiviertelmehrheit des vertretenen Grundkapitals auf der Hauptversammlung beschlossen werden kann. Im Regelfall erhalten die Aktionäre ein Bezugsrecht auf die Optionsanleihe.

Aus wirtschaftlicher Sicht handelt es sich um zwei verschiedene Finanztitel, nämlich eine Schuldverschreibung und einen Optionsschein (Warrant), die auch getrennt voneinander gehandelt werden können. Gehandelt werden dann:

▨ die Anleihe mit Optionsschein (cum),

▨ die Anleihe ohne Optionsschein (ex) sowie

▦ nur der Optionsschein.

Zu den Ausstattungsmerkmalen des Warrants einer Optionsanleihe gehören:

1. Bezugsverhältnis

    Das Bezugsverhältnis gibt die Anzahl der beziehbaren Aktien in Relation zur An-
    zahl dafür einzusetzender Optionsscheine an. Lautet das Bezugsverhältnis bei-
    spielsweise 1 : 5, so benötigt man fünf Optionsscheine, um eine Aktie zum Bezugs-
    kurs beziehen zu können.

2. Optionsfrist

    Als Optionsfrist bezeichnet man denjenigen Zeitraum – typischerweise am Ende der
    Laufzeit der Optionsanleihe –, in dem die Ausübung des Optionsscheins möglich
    ist. Mit Beginn dieser Frist kann der Optionsschein von der Anleihe getrennt und
    separat gehandelt werden.

3. Bezugskurs

    Der Bezugskurs der Aktie ist derjenige, in den Emissionsbedingungen festgelegte
    Preis, zu dem – gegen Vorlage einer nach dem Bezugsverhältnis festgelegten An-
    zahl von Optionsscheinen – neue Aktien erworben werden können. Optionsscheine
    werden folglich nur ausgeübt, wenn der Aktienkurs während bzw. am Ende der Op-
    tionsfrist oberhalb des Bezugskurses liegt. Im anderen Fall verfallen die Options-
    scheine wertlos.

Optionsanleihen werden von Unternehmen dann ausgegeben, wenn eine sofortige Erhöhung des Eigenkapitals nicht durchsetzbar ist und der Fremdkapital-Zinssatz hoch erscheint. Durch die Verbriefung einer zusätzlichen Option liegt der Nominalzinssatz einer
Optionsanleihe unter der Kuponhöhe einer vergleichbaren reinen Schuldverschreibung.

Die Rendite aus einer Optionsanleihe hingegen ist unsicher, weil der zukünftige Börsenkurs, auf dessen Basis entschieden wird, ob der Optionsschein ausgeübt wird, zum Emis-
sionszeitpunkt der Anleihe unsicher ist. Risikoscheue Kapitalgeber würden deshalb eine
reine Schuldverschreibung vorziehen, wenn ihre erwartete Rendite gleich der Renditeerwartung aus der Optionsanleihe wäre. Die Ausgabebedingungen der Optionsanleihe
müssen deshalb im Hinblick auf Nominalzinssatz, Bezugskurs und Laufzeit so gestaltet
werden, dass ihre erwartete Rendite über der einer vergleichbaren Schuldverschreibung
liegt.

Andererseits sind Optionsanleihen auf Grund ihrer festen Verzinsung und des Rückzah-
lungsversprechens weniger risikoreich als Aktien. Deshalb wird die Renditeforderung
bei einer Optionsanleihe unterhalb der Renditeforderung bei einem reinen Eigenkapital-
investment liegen. Abbildung 53 fasst die verschiedenen Möglichkeiten zur Ausübung
des Optionsscheins zusammen.

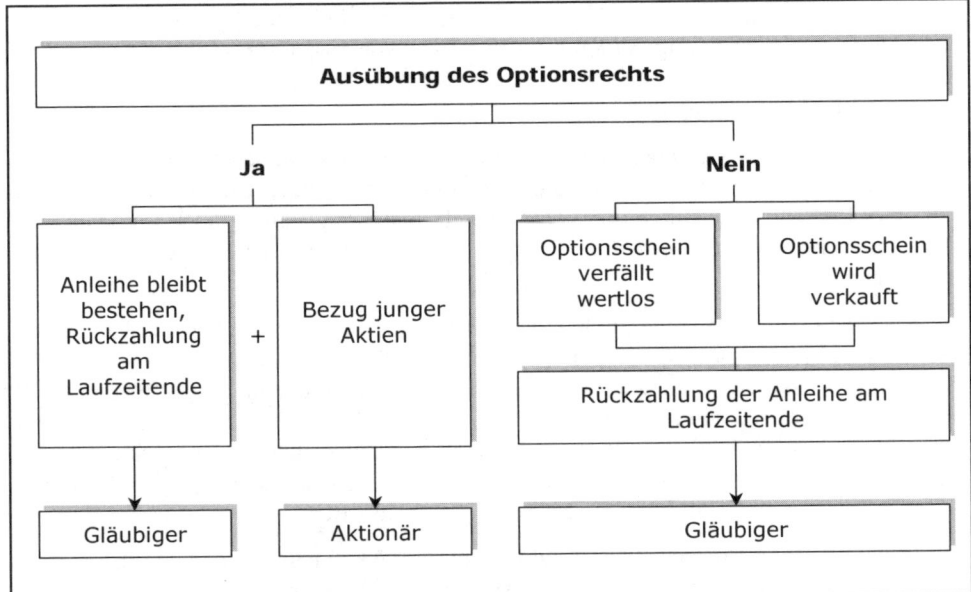

Abbildung 53: Ausübung des Optionsrechts bei einer Optionsanleihe

Beispiel 22 (Optionsanleihe)

Das Medienunternehmen EM.TV hatte am 30.4.2004 eine Optionsanleihe im Volumen von 47,1 Mio. Euro emittiert. Die inzwischen teilweise getilgte Anleihe war eingeteilt in 47 107 Teilschuldverschreibungen mit einer Stückelung zu je 1 000 Euro. Die Optionsanleihe ist im Geregelten Markt notiert und bei einer Laufzeit bis zum 30.9.2009 mit einem Nominalzinssatz von acht Prozent p. a. ausgestattet. Die Zinsen werden jeweils zum 30.6. gezahlt. Die Anleihe notierte Ende Juni 2005 ohne Optionsschein (ex) bei 102 Prozent vom Nennwert.

Jeder Teilschuldverschreibung war anfänglich ein Optionsschein angehängt, der den Inhaber zum Bezug von 112,5 Aktien zu einem Kurs in Höhe von jeweils einem Euro berechtigt, so dass der Bezugskurs insgesamt 112,50 Euro beträgt. Die Ausübung kann jederzeit bis zum 30.6.2006 erfolgen. EM.TV hat sich verpflichtet, die Emissionserlöse aus einer Ausübung der Optionsscheine auf einem Sonderkonto zu hinterlegen und zu Gunsten der Forderungen aus den Teilschuldverschreibungen zu verpfänden.

Die Emissionsbedingungen sehen die Möglichkeit vor, dass die Emittentin die Anleihe ganz oder teilweise vorzeitig zum Kurs von 101 Prozent zuzüglich aufgelaufener Zinsen zurückzahlen kann. Von diesem Recht hat EM.TV zum 30.6.2005 in einem Volumen von 10 Mio. Euro Gebrauch gemacht, so dass die Optionsanleihe noch bis zum 1.6.2005 mit Optionsschein (cum) notierte. Seit diesem Zeitpunkt ist der Optionsschein ebenfalls im Geregelten Markt separat handelbar und wies Ende Juni 2005 einen Kurs von 550 Euro auf. Gleichzeitig betrug der Kurs der EM.TV-Aktie 5,84 Euro.

Going-Public-Optionsanleihe

Als Sonderform der Optionsanleihe verbindet die Going-Public-Optionsanleihe eine Schuldverschreibung mit der Option auf Aktien des betreffenden Unternehmens für den Fall eines Börsengangs. Durch diese Option stellt die Going-Public-Optionsanleihe eine Mezzanine-Finanzierungsform dar, die sich insbesondere für Pre-IPO-Finanzierungs-anlässe eignet.

Bei Ausgabe einer Going-Public-Optionsanleihe erhält der Kapitalgeber zunächst einen Anrechtsschein auf einen Optionsschein. Dieser Anrechtsschein kann beim Börsengang in einen Optionsschein umgetauscht werden, der dann das Recht auf Aktienbezug gemäß den Emissionsbedingungen verbrieft. Beginn und Ende der Optionsfrist stehen damit bei Emission der Going-Public-Optionsanleihe noch nicht fest; diese Zeitpunkte sind viel-mehr vom Zeitpunkt des IPO abhängig. Auch der Bezugskurs ergibt sich bei einer Going-Public-Anleihe erst durch die Emissionsdaten des IPO.

Die erzielte Rendite aus einer Going-Public-Optionsanleihe hängt davon ab, ob ein Bör-sengang erfolgt. Zunächst ist der Nominalzinssatz wegen der zusätzlichen Option gerin-ger als der einer reinen Anleihe mit der Folge geringerer Kapitalkosten im Vorfeld des Börsengangs. Übt der Kapitalgeber seine Option aus, erfolgt eine Rückzahlung der An-leihe zum Nennwert am Ende der Laufzeit. Kommt es dagegen während der Laufzeit nicht zum IPO (oder entscheidet sich der Inhaber der Anleihe, seine Option nicht auszu-üben), ist bei Rückzahlung des Anleihenennwertes typischerweise ein zuvor festgelegtes Agio zu entrichten.

Die Vorteile der Going-Public-Optionsanleihe liegen für das emittierende Unternehmen insbesondere in dem vergleichsweise niedrigen Kapitalkostensatz im Vorfeld des IPO. Die Rückzahlung des Anleihenennwertes kann dann im positiven Fall aus den IPO-Emissionserlösen erfolgen. Kommt der Börsengang nicht zustande, tritt die Erhöhung der Kapitalkosten erst bei Rückzahlung der Anleihe ein. Die ersten deutschen Gesell-schaften entschlossen sich Ende der achtziger Jahre für diese Finanzierungsform.

19.2   Wandelschuldverschreibungen

Wandelschuldverschreibungen bzw. -anleihen (Convertible-Bonds) gewähren dem Inha-ber neben den Rechten aus einer gewöhnlichen Schuldverschreibung zusätzlich das Recht, die Schuldverschreibung zu festgelegten Konditionen in Aktien des begebenden Unternehmens zu tauschen. Mit der Wandlung erlischt die Schuldverschreibung und aus dem Gläubiger wird ein Aktionär des Unternehmens. Bei der Emission einer Wandel-schuldverschreibung sind deshalb folgende Elemente zu vereinbaren:

▨ Konditionen der Schuldverschreibung (Zinssatz, Laufzeit usw.),

▨ Wandlungsverhältnis,

▨ gegebenenfalls Zuzahlung bei Wandlung,

▨ Wandlungsfrist.

Für das Wandlungsverhältnis gibt es zwei Varianten: Bei nennwertlosen Stückaktien setzt man die Anzahl der einzusetzenden Wandelschuldverschreibungen zur Anzahl der dafür zu beziehenden Aktien ins Verhältnis. Bei Nennwertaktien kann alternativ auch der Nennwert der einzusetzenden Wandelschuldverschreibungen ins Verhältnis zum Nennwert der dafür zu beziehenden Aktien gesetzt werden.

Die Wandlungsbedingungen legen fest, unter welchen Voraussetzungen eine Wandlung erfolgen kann. Insbesondere beim außerbörslichen Private-Mezzanine werden oft Sperrfristen vereinbart, in denen eine Wandlung nicht möglich ist. Auch Anpassungsklauseln des Wandlungsverhältnisses an Bezugsgrößen, wie z. B. Dividenden, sind gängig. Zudem kann das Erreichen bestimmter Bilanzrelationen oder Rentabilitäten als Bedingung vereinbart sein. So wird erreicht – weil ja kein Börsenkurs der Aktie verfügbar ist –, dass eine Wandlung nur bei positivem Geschäftsverlauf möglich wird. Bei MBOs wird häufig versucht, durch Rückkauf der Anleihe innerhalb der Sperrfrist eine Verwässerung der Anteile zu verhindern.

Die Rendite einer Wandelschuldverschreibung ergibt sich aus der laufenden Verzinsung und dem Wert des Wandlungsrechtes. Je nach Gewichtung, also je nach Konditionengestaltung, kann der Eigen- oder der Fremdkapitalcharakter der Wandelschuldverschreibung stärker betont werden. Abbildung 54 (Seite 250) fasst die Möglichkeiten zur Ausübung des Wandlungsrechtes zusammen.

Beispiel 23 (Wandelschuldverschreibung)

Der Vorstand des Berliner Solartechnik-Unternehmens Solon AG hat am 2.6.2005 auf Basis der Ermächtigung der Hauptversammlung vom 26.7.2000 zu einer bedingten Kapitalerhöhung beschlossen, eine Wandelschuldverschreibung zu emittieren. Die Solon-Aktionäre konnten ihr Recht auf Bezug dieser Wandelschuldverschreibung im Verhältnis 80 : 1 bei einer Stückelung von jeweils 500 Euro in der Zeit vom 10.6. bis zum 24.6.2005 ausüben. Diese Bezugsrechte waren zwar frei übertragbar, ein Börsenhandel fand aber nicht statt. Nicht ausgeübte Bezugsrechte verfielen wertlos. Zum Begebungstag (29.6.2005) wurden 84 525 auf den Inhaber lautende Wandel-Teilschuldverschreibungen ausgegeben, so dass dem Unternehmen knapp 42,3 Mio. Euro zuflossen.

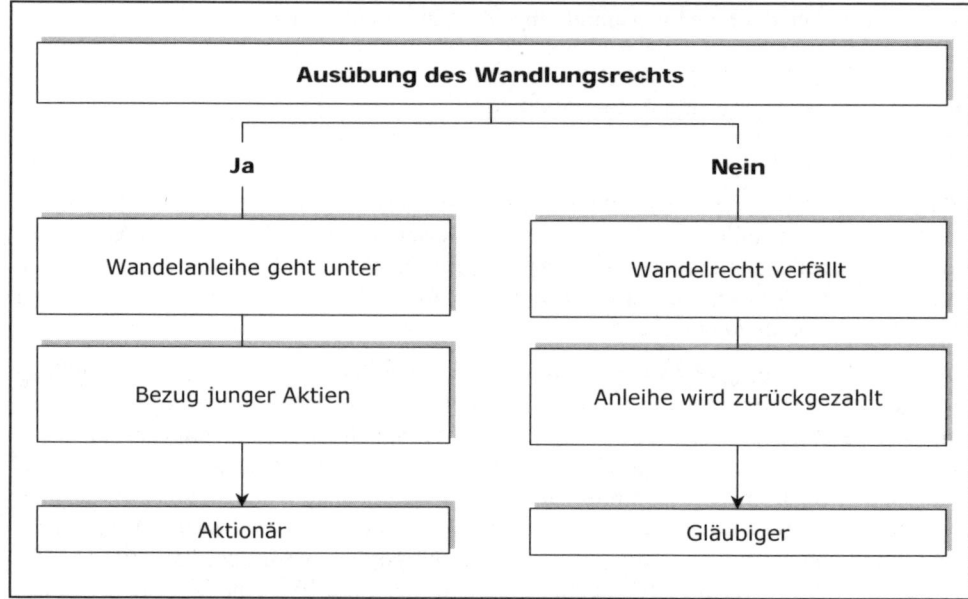

Abbildung 54: Ausübung des Wandlungsrechts bei einer Wandelschuldverschreibung

Die Solon-Wandelschuldverschreibung besitzt eine Laufzeit von fünf Jahren. Jede Teilschuldverschreibung ist ab dem 15.10.2005 bis zum 11.6.2010 bei einem Wandlungspreis in Höhe von 34,50 Euro in Aktien des Unternehmens wandelbar, so dass aus der bedingten Kapitalerhöhung jeweils 14,49 Aktien auf jede Teilschuldverschreibung entfallen. Die Schuldverschreibung ist mit einem Kupon von 4,5 Prozent ausgestattet und wird an der Luxemburger Börse notiert. Sie wurde dort Ende Juni 2005 mit einem Kurs von 101,25 gelistet. Die im Frankfurter Geregelten Markt gehandelte Aktie wies zum gleichen Zeitpunkt einen Kurs von 28,75 Euro auf.

Umtauschanleihe

Eine Wandelschuldverschreibung, bei der der Emittent der Anleihe und das Unternehmen, gegen dessen Aktien man die Schuldverschreibung tauschen kann, nicht übereinstimmen, heißt Umtauschanleihe. Der Emittent der Umtauschanleihe hält dann Aktien des anderen Unternehmens in seinem Bestand. Entsprechend ist mit einer Umtauschanleihe auch keine Kapitalerhöhung verbunden. Sie eignet sich insbesondere für den Börsengang von Tochterunternehmen.

Beispielsweise hat die Deutsche Post im September 2004 im Zusammenhang mit dem Börsengang der Deutschen Postbank eine Anleihe im Nominalvolumen von 1 082 Mio. Euro und einem Zinssatz von 2,65 Prozent p. a. bei einer Laufzeit bis zum 2.7.2007 ausgegeben, die ihren Inhaber berechtigt, die Schuldverschreibung jederzeit bis zum

25.6.2007 in Aktien der Deutschen Postbank ursprünglich zu einem Kurs von 39,33 Euro pro Aktie zu tauschen. Dabei sehen die Emissionsbedingungen eine Anpassung des Umtauschpreises an Dividendenausschüttungen vor. Der Umtauschpreis betrug Mitte Juli 2005 38,00 Euro; gleichzeitig notierte die an der Börse Luxemburg gehandelte Anleihe bei 114,75 Prozent. Der Aktienkurs der Deutschen Postbank betrug zum gleichen Zeitpunkt 41,27 Euro.

Convertible-Bond

Bei amerikanischen Convertible-Bonds ist es üblich, dass neben das Wandlungsrecht der Inhaber der Wandelschuldverschreibung ein Einforderungsrecht des Unternehmens tritt. Dieses Recht gestattet es dem Unternehmen, unter festgelegten Voraussetzungen den Convertible-Bond zurückzufordern. Der Bond-Halter hat dann die Möglichkeit, den Convertible-Bond unmittelbar in Aktien des Unternehmens zu wandeln oder aber einen bestimmten Rückzahlungsbetrag (den so genannten Call-Preis) zu erhalten.

In der Regel besteht eine Frist, während der das Unternehmen den Convertible-Bond nicht zurückfordern darf, z. B. innerhalb der ersten fünf Jahre bei einer Laufzeit von insgesamt zehn Jahren. Zudem können Wertgrenzen festgelegt sein, z. B. dass der Aktienkurs über dem Preis liegt, der sich auf Grund des Wandlungsverhältnisses ergibt. Auch der angesprochene Rückzahlungsbetrag wird bei der Emission geregelt und richtet sich meist nach der bereits verstrichenen Laufzeit des Convertible-Bonds. In gewissen Situationen kann das Unternehmen dadurch eine Wandlung praktisch erzwingen.

19.3   Genussscheine

Genussscheine stellen als Wertpapiere verbriefte Genussrechte dar. Der Begriff Genussrecht ist allerdings nicht gesetzlich definiert. Genussscheine verbriefen Vermögens-, aber keine Eigentümerrechte und gewähren damit keine umfassenden Aktionärs- oder Gesellschafterrechte. Genussscheininhaber sind deshalb von der Teilnahme an der Haupt- oder Gesellschafterversammlung ausgeschlossen.

Üblicherweise sind Genussscheine rückzahlbar, besitzen also eine festgelegte Laufzeit. Ihr Eigenkapitalcharakter drückt sich in den meisten Fällen durch eine gewinn- oder dividendenabhängige Verzinsung in der Form aus, dass ein festgelegter Zinssatz nur in Jahren mit positivem Jahresüberschuss oder Dividendenausschüttung gezahlt wird. Häufig werden ausgefallene Zinszahlungen aus Verlustjahren jedoch nachgeholt, wenn das Unternehmen in der Folge wieder entsprechende Gewinne erwirtschaftet. Typische Ansprüche von Genussscheininhabern sind nachstehend aufgelistet:

- Zinsen, die (teilweise) z. B. nur dann zu zahlen sind, wenn das Unternehmen einen positiven Jahresüberschuss erwirtschaftet, bzw.

- Gewinnanteile, die sich am Jahresüberschuss, am Bilanzgewinn, am Ergebnis der gewöhnlichen Geschäftstätigkeit oder an der Dividende bemessen können und gegebenenfalls durch einen Mindestzinssatz oder eine Mindestausschüttung nach unten begrenzt sind; dieser Gewinnanspruch besteht häufig vor den Aktionären;

- Anteile am Liquidationserlös;

- Bezugsrechte (bei Options- oder Wandelgenussrechten auch für GmbHs, denn Genussscheine sind nicht an eine bestimmte Rechtsform gebunden).

Die Antwort auf die Frage, ob Genussscheine dem Eigen- oder Fremdkapital zuzurechnen sind, hängt von der konkreten Ausgestaltung ab. Genussscheine, die Anteile am Gewinn und Liquidationserlös verbriefen, entsprechen ökonomisch weitgehend den stimmrechtslosen Vorzugsaktien. Die Ausschüttungen unterliegen dann der Körperschaftsteuer. Für die Kapitalbeschaffung eignen sich deshalb besonders Genussscheine, die lediglich Gewinnanteile verbriefen. Die Ausschüttungen stellen dann Betriebsausgaben des Unternehmens dar; aus Investorensicht sind sie Einkünfte aus Kapitalvermögen.

Beispiel 24 (Börsennotierte Genussscheine)

Die Sixt AG hat im Oktober 2004 Inhabergenussscheine im Volumen von 100 Mio. Euro mit einer gewinnabhängigen Ausschüttung von 9,05 Prozent p. a. und einer Stückelung von jeweils 100 Euro ausgegeben. Dabei teilt sich dieser Nennbetrag in zwei Teilnennbeträge von jeweils 50 Euro mit einer Laufzeit bis zum 31.12.2009 bzw. bis zum 31.12.2011, so dass sich der ursprüngliche Nennbetrag von 100 Euro zum 1.1.2010 auf 50 Euro reduziert. Den Stamm- und Vorzugsaktionären der Sixt AG wurden die Genussscheine im Verhältnis 23 : 1 zu einem Bezugskurs in Höhe des Nennwertes von 100 Euro in der Zeit vom 28.9. bis 11.10.2004 angeboten. Diese Bezugsrechte konnten bis zum 7.10.2004 im Amtlichen Handel der Frankfurter Wertpapierbörse gehandelt werden. Die Genussscheine werden ebenfalls an der Frankfurter Wertpapierbörse notiert, ihr Kurs betrug Mitte Juli 2005 123,50 Euro.

Beispiel 25 (Privat platzierte Genussscheine)

Die Ausgabe von Genussscheinen muss nicht börslich erfolgen. Beispielsweise fand man im Juli 2005 auf dem Private-Placement-Internetportal www.emissionsplatz.de zwei Genussschein-Neuemissionen, die an dieser Stelle die möglichen Gestaltungsformen verdeutlichen sollen.

1. Das Berliner Contracting-Unternehmen NEK Ingenieur Gruppe GmbH hat dort 25 000 Inhabergenussscheine mit einem Nennwert von jeweils 100 Euro bei einer Einmaleinlage von mindestens zehn Stück ausgegeben. Die Genussscheine sind erstmals zum 31.12.2010 kündbar und mit einer Grundausschüttung in Gewinnjahren in Höhe von 7,5 Prozent ausgestattet. Dieser Anspruch besteht vor anderen Gewinnverteilungsansprüchen und ist im Verlustfall in folgenden Gewinnjahren nachzuzahlen.

Die Gewinnbeteiligung erhöht sich je 100 000 Euro des Jahresüberschusses der NEK-Gruppe um 0,2 Prozent. Bei Kündigung erfolgt die Rückzahlung zum Nennwert, gegebenenfalls abzüglich eines Verlustanteils. Dem Genussscheininhaber werden verschiedene Informations- und Kontrollrechte eingeräumt (z. B. vom Wirtschaftsprüfer bestätigte Mittelverwendungs- und Gewinnbeteiligungs-Kontrollrechnungen und Halbjahresberichte).

2. Die Taxaderm Deutschland AG mit Sitz in Gottmadingen und einem Grundkapital von 50 000 Euro produziert und vertreibt ein Microfaser-Kosmetiktuch. Das Unternehmen hat 1,5 Mio. vinkulierte Namensgenussscheine mit einem Nennbetrag von jeweils zehn Euro angeboten. Die Genussscheine sind mit einer Grundausschüttung von 8,5 Prozent des Nennbetrags in Gewinnjahren bei Vorrang vor anderen Gewinnverteilungsansprüchen ausgestattet. Entgangene Ausschüttungen aus Verlustjahren sind in folgenden Gewinnjahren ebenfalls vorrangig vor anderen Gewinnverteilungsansprüchen nachzuzahlen. Darüber hinaus besteht eine anteilige Gewinnbeteiligung an 20 Prozent des Jahresüberschusses vor Steuern.

Die Laufzeit der Genussscheine beträgt mindestens acht Jahre, zuzüglich der Restdauer des laufenden Geschäftsjahres. Bei Kündigung zum oder nach Ablauf der Mindestvertragsdauer sind die Genussscheine zum Nennwert zurückzuzahlen, gegebenenfalls abzüglich eines Verlustanteils. Sie besitzen damit eine Gewinn- und Verlustbeteiligung.

Die Mindestzeichnung für die Genussscheine beträgt bei Einmaleinlagen 100 Stück, wobei eine Gebühr in Höhe von fünf Prozent des Nennwertes fällig wird. Alternativ ist auch eine Rateneinlage möglich, bei der mindestens zehn Genussscheine pro Monat (bei einer Ersteinlage in Höhe von 20 Prozent der Summe der Monatsraten) erworben werden müssen. In diesem Fall erhöht sich die fällige Gebühr auf 5,5 Prozent vom Nennwert.

Unter den derzeit circa 200 Emittenten von börsengehandelten Genussscheinen befinden sich viele Kreditinstitute. Der Grund hierfür liegt darin, dass das Kreditwesengesetz (KWG) explizit Bedingungen festlegt, unter denen Genussscheine durch die Bankenaufsicht als Eigenkapital anzuerkennen sind. Die wichtigsten dieser Bedingungen lauten:

▪ Das Kreditinstitut ist berechtigt, im Falle eines Verlustes Zinszahlungen aufzuschieben;

▪ das Genussrechtskapital nimmt bis zur vollen Höhe am Verlust teil;

▪ die Mindestlaufzeit beträgt fünf Jahre.

Kreditinstitute gestalten ihre Genussscheine dann gewöhnlich so, dass sie einerseits die genannten Bedingungen erfüllen und von der Bankenaufsicht als Eigenkapital anerkannt werden und andererseits steuerlich als Fremdkapital gelten, so dass Ausschüttungen den zu versteuernden Gewinn mindern. Genussscheine sind in der Schweiz seit langem als Partizipationsscheine bekannt.

20. Fremdkapitalnahe Mezzanine-Finanzierungsformen

Zu den fremdkapitalnahen Mezzanine-Finanzierungsformen zählt die typische stille Beteiligung, die wir in Abschnitt 20.1 zusammen mit der atypischen stillen Beteiligung behandeln. Die Abschnitte 20.2 bis 20.4 widmen sich anschließend dem partiarischen, dem Verkäufer- und dem nachrangigen Darlehen. Die Terminologie macht schon deutlich, dass sich fremdkapitalnahe Mezzanine-Finanzierungsformen durch eine Gewinnbeteiligung auszeichnen. Ein expliziter Equity-Kicker, der Rechte auf Bezug von Unternehmensanteilen verbrieft, findet sich hier seltener als bei den eigenkapitalnahen Mezzanine-Finanzierungsformen.

20.1   Stille Gesellschaft

Die stille Gesellschaft stellt eine Innengesellschaft dar, in der nur eine der beteiligten Parteien sichtbar nach außen auftritt, und steht grundsätzlich jeder Rechtsform offen. Die rechtlichen Bestimmungen des HGB sehen hierzu u. a. Folgendes vor:

- Ohne besondere vertragliche Regelungen ist der stille Gesellschafter angemessen an Gewinn und Verlust beteiligt.

- Der Gesellschaftervertrag kann die Verlustbeteiligung, nicht aber die Gewinnbeteiligung ausschließen.

- Der stille Gesellschafter nimmt am Verlust höchstens bis zum Betrag seiner Einlage teil.

Man unterscheidet den gesetzlichen Regelfall einer typischen stillen Gesellschaft von einer bei Mezzanine-Finanzierungen häufiger anzutreffenden atypischen stillen Gesellschaft. Die unterschiedlichen Merkmale enthält Tabelle 36.

Merkmal	Typische stille Gesellschaft	Atypische stille Gesellschaft
Kapitalcharakter	Fremdkapitalähnlich	Eigenkapitalähnlich
Beteiligung an stillen Reserven	Nein, nur Anspruch auf Rückzahlung der Einlage	Ja
Unternehmerfunktion	Nein, nur Informations- und Kontrollrechte	Zusätzliche Zustimmungsrechte
Verlustbeteiligung	Nein	Ja, begrenzt auf den Nennwert der Einlage

Tabelle 36:   Typische und atypische stille Gesellschaft

Zur Verfügung gestellte Beträge bewegen sich bei stillen Beteiligungen häufig im Bereich von circa 100 000 Euro bis zu über 5 Mio. Euro. Typische Laufzeiten betragen zwischen fünf und zehn Jahren und als Renditeforderung werden jährliche Kapitalkostensätze von 15 bis über 20 Prozent genannt.

Beispiel 26 (Stille Beteiligung)

Das Konstanzer Photovoltaik-Unternehmen Sunways AG, dessen Aktien im Prime-Standard-Segment der Frankfurter Wertpapierbörse gelistet sind, weist per 31.12.2004 unter den sonstigen Verbindlichkeiten eine stille Beteiligung der Mittelständischen Beteiligungsgesellschaft Baden-Württemberg aus. Die stille Beteiligung wurde Anfang 1999 bei einer Laufzeit bis zum 30.06.2008 vereinbart.

Die Beteiligungsgesellschaft erhält danach eine feste Verzinsung kombiniert mit einer gewinnabhängigen Vergütung. Dabei ist die Festverzinsung gestaffelt von zwei Prozent p. a. bei Vertragsbeginn bis 7,5 Prozent p. a. am Ende der Laufzeit. Darüber hinaus erhält der Kapitalgeber ein Entgelt in Höhe von 50 Prozent des Gewinns, das zunächst auf sechs Prozent p. a. und später auf neun Prozent p. a. der Einlage beschränkt ist.

20.2   Partiarisches Darlehen

Bei einem partiarischen Darlehen partizipiert der Darlehensgeber durch eine gewinnabhängige Zinskomponente am Gewinn des Darlehensnehmers. Der Darlehensvertrag schließt dabei eine Verlustbeteiligung des Darlehensgebers aus und seine Kontrollrechte sind recht begrenzt. Deshalb besteht eine gewisse Ähnlichkeit des partiarischen Darlehens mit einer typischen stillen Gesellschaft. Grundsätzlich darf jedoch der partiarische Darlehensgeber seinen Rückzahlungsanspruch an einen Dritten abtreten. Dies ist bei der stillen Gesellschaft hingegen nur mit Zustimmung des Kapitalnehmers möglich.

Beispiel 27 (Partiarisches Darlehen)

Das ehemals zum Neuen Markt gehörende und mittlerweile im Prime-Standard notierte Medizintechnik-Unternehmen Eckert & Ziegler wies in seiner Bilanz zum 31.12.2003 ein partiarisches Darlehen mit einem Nennbetrag von 1,4 Mio. Euro und Fälligkeit im Jahr 2010 aus. Das im Folgejahr getilgte Darlehen war mit einem Zinssatz in Höhe von 6,25 Prozent p. a. plus drei Prozent bei Gewinnerzielung ausgestattet.

Das Gegenstück zum partiarischen Darlehen im Private-Debt-Bereich liefert im Bereich des Public-Debt die Gewinnschuldverschreibung bzw. -obligation. Eine Gewinnschuldverschreibung stellt eine Anleihe dar, die die Zins- und Tilgungsansprüche der Gläubiger mit einem Anspruch auf Beteiligung am Gewinn des Unternehmens mischt oder die Zinszahlung vom Vorliegen eines Gewinns abhängig macht. Das Aktienrecht sieht für die Ausgabe von Gewinnschuldverschreibungen einen Beschluss der Hauptversammlung mit Dreiviertelmehrheit vor.

Beispiel 28 (Gewinnwertpapier)

In Zusammenarbeit mit der österreichischen staatlichen Wirtschaftsförderungsbank Austria Wirtschaftsservice (AWS) geben österreichische Kreditinstitute so genannte Gewinnwertpapiere von KMUs mit einer Laufzeit von mindestens zehn Jahren aus. In Frage kommen dabei wachstumsorientierte Unternehmen aller Branchen außer Tourismus und Freizeit sowie Volumina von circa 0,4 Mio. Euro bis 1,75 Mio. Euro.

Diese Gewinnschuldverschreibungen verbriefen neben Gläubigerrechten Anteile am Unternehmensgewinn, z. B. keine Ausschüttungen in den ersten beiden Jahren und danach 13 Prozent des jeweiligen Gewinns. Als Basis wird dabei der Jahresüberschuss vor Steuern und Rücklagen zuzüglich der Bezüge von Gesellschaftern, die im Unternehmen mitarbeiten, herangezogen. Zusätzlich bestehen Wandlungsrechte bei einem Börsengang des Unternehmens.

Die staatliche Förderung erfolgt durch eine AWS-Garantie in Höhe von 50 bis 100 Prozent. Ersterer Prozentsatz gilt für institutionelle Investoren, letztere Quote für Privatanleger bis zu einem Betrag von 20 000 Euro; für darüber hinausgehende Beträge gilt wiederum eine Garantiequote von 50 Prozent.

Eine Besonderheit bei der Emission solcher Gewinnschuldverschreibungen besteht darin, das die Bank Austria Creditanstalt in den Jahren 2003 und 2005 jeweils Gewinnschuldverschreibungen von drei bzw. vier Unternehmen zu Baskets gebündelt hat. Der Gewinnwertpapier-Basket 2005 weist dabei ein Emissionsvolumen von 4,2 Mio. Euro auf und für Privatanleger erhöht sich die 100-Prozent-Garantie der AWS auf einen Betrag von 70 000 Euro.

Sowohl einzelne Gewinnschuldverschreibungen als auch die Gewinnwertpapier-Baskets werden im so genannten Dritten Markt der Wiener Börse – einem ungeregelten Marktsegment – notiert. Beispielsweise betrugen Anfang 2005 die Kurse der Gewinnwertpapier-Baskets 2003 und 2005 95 Prozent bzw. 100 Prozent – bei allerdings sehr geringen Handelsaktivitäten.

20.3 Verkäuferdarlehen

Unter einem Verkäuferdarlehen (Seller's-Note) versteht man bei Übernahmefinanzierungen ein Darlehen des Verkäufers der Unternehmensanteile über den Kaufpreis oder einen Teil des Kaufpreises dieser Anteile. Ökonomisch entspricht das Verkäuferdarlehen einer Stundung des Kaufpreises. Bei der Bereitstellung eines Verkäuferdarlehens kommen – wie bei den MBOs bereits erläutert – zwei Möglichkeiten in Frage:

1. Der Verkäufer gewährt das Darlehen dem Käufer, der seinerseits beabsichtigt, das Darlehen aus den Cashflows bzw. den Ausschüttungen des betreffenden Unternehmens zu bedienen.

2. Der Verkäufer gewährt das Darlehen – häufig im Rahmen einer NewCo-Konstruk-
    tion (vgl. Abschnitt 4.1) – dem Unternehmen, so dass die entsprechenden Zahlun-
    gen nun direkt und nicht über die Käufer der Anteile an den Verkäufer fließen.

Der Anreiz zur Gewährung eines Verkäuferdarlehens besteht regelmäßig darin, dass dem
Verkäufer die Möglichkeit eingeräumt wird, über einen Equity-Kicker, z. B. in Form
einer Sondervergütung am Laufzeitende, weiterhin an Wertsteigerungen des Unternehmens zu partizipieren. Andererseits sind Verkäuferdarlehen in aller Regel nachrangig, so
dass der Verkäufer ebenfalls weiterhin ein erhöhtes Verlustrisiko trägt. In der Praxis sind
Verkäuferdarlehen insbesondere in Situationen anzutreffen, in denen die Kaufpreisvor-
stellungen von Käufer und Verkäufer auseinander liegen.

20.4   Nachrangiges Darlehen

Bei nachrangigen Darlehen (Subordinated- bzw. Junior-Debt) wird vereinbart, dass das
gemäß Darlehensvertrag eingezahlte Kapital im Insolvenzfall erst nach Befriedigung
aller nicht nachrangigen Gläubiger zurückgezahlt wird (Rangrücktrittsklausel). Dabei
geht die Haftung des Eigenkapitals dem nachrangigen Haftungskapital voraus. Verpflichtet sich der Kapitalgeber eines bereits in der Insolvenz befindlichen Unternehmens
dazu, seine Forderung nicht geltend zu machen, spricht man hingegen von der Belas-
sungsabrede.

Dabei führt die Vielzahl von möglichen Rangrücktrittserklärungen und Kombinationen
mit anderen eigenkapitaltypischen Vertragsbestandteilen bisweilen zu rechtlichen und
steuerlichen Abgrenzungsschwierigkeiten zu anderen Finanzierungsformen. Dies gilt
insbesondere beim Vergleich des Nachrangdarlehens mit Genussscheinen.

Bei der Gestaltung der Konditionen ist sowohl eine laufende fixe oder variable als auch
eine endfällige Verzinsung möglich. In der Praxis wird, um die Liquiditätsbelastung des
Kredit nehmenden Unternehmens zunächst gering zu halten, häufig eine Kombination
aus regelmäßiger und endfälliger Verzinsung gewählt. Typische Renditeforderungen bei
Nachrangdarlehen von institutionellen Investoren bewegen sich derzeit etwa im Bereich
von zehn bis 18 Prozent p. a.

Der endfällige Teil einer solchen Renditeforderung beträgt dann häufig circa drei bis
fünf Prozent vom Nominalbetrag des Darlehens. Bisweilen tritt an die Stelle eines endfälligen Verzinsungsteils auch eine Zinskomponente, die sich am jeweils erzielten Cashflow orientiert. Sollte der Cashflow also geringer als erwartet ausfallen, so reduziert sich
auch die fällige Zinszahlung. Man spricht hier von einer Pay-if-you-Can-Klausel.

Nachrangige Darlehen werden typischerweise als endfällige Darlehen gewährt. Häufig
wird dem Darlehensgeber auch die Option eingeräumt, sein Darlehen in Unternehmens-
teile zu wandeln. Vorzeitige Kündigungsrechte sind dabei auf Seiten beider beteiligter
Parteien eher selten, sofern keine Vertragsverletzungen auftreten. Mitwirkungs- und

Kontrollrechte des Kapitalgebers sind beim Nachrangdarlehen recht beschränkt, um keine Gesellschafterstellung entstehen zu lassen.

Die beiden nachstehenden Tabellen fassen abschließend die wesentlichen Merkmale und Unterschiede der einzelnen eigenkapitalnahen (Tabelle 37) und fremdkapitalnahen Mezzanine-Finanzierungsformen (Tabelle 38) zusammen.

Merkmal	Options-anleihe	Wandel-schuldver-schreibung	Genussschein	Atypische stille Beteiligung
Verzinsungs-form	Gewinn-unabhängig, meist fix	Gewinn-unabhängig, meist fix	Gewinnabhängig, Basiszins möglich	Gewinnabhängig, Basiszins möglich
Gewinn-beteiligung	Nein	Nein	Möglich	Ja
Verlust-beteilung	Nein	Nein	Möglich	Ja
Beteiligung am Liquida-tionserlös	Nein	Nein	Möglich	Ja
Stimmrecht	Nein	Nein	Nein	Häufig ja
Fungibilität	Börsennotierung möglich	Börsennotierung möglich	Börsennotierung möglich	Sehr gering
Emittent	AG	AG	Rechtsform-unabhängig	Rechtsform-unabhängig
Form	Wertpapier	Wertpapier	Wertpapier	Vertrag
Bilanzierung	Verbindlichkeit	Verbindlichkeit	Gesonderter Ausweis üblich	Gesonderter Ausweis
Steuerliche Behandlung	Betriebs-ausgabe	Betriebs-ausgabe	Betriebsaus-gabe / Gewinn-verwendung	Gewinn-verwendung

Tabelle 37: Merkmale eigenkapitalnaher Mezzanine-Finanzierungsformen; Quelle: Link (2002)

Merkmal	Typische stille Beteiligung	Partiarisches Darlehen	Verkäufer-darlehen	Nachrang-darlehen
Verzinsungs-form	Gewinnabhängig, Basiszins möglich	Gewinnabhängig, Basiszins möglich	Fix oder variabel	Gewinn-unabhängig, meist fix
Gewinn-beteiligung	Ja	Ja	Möglich	Nein
Verlust-beteiligung	Nein	Nein	Nein	Nein
Beteiligung am Liquidationserlös	Nein	Nein	Nein	Nein
Stimmrecht	Nein	Nein	Möglich	Nein
Fungibilität	Sehr gering	Sehr gering	Sehr gering	Sehr gering
Emittent	Rechtsform-unabhängig	Rechtsform-unabhängig	Rechtsform-unabhängig	Rechtsform-unabhängig
Form	Vertrag	Vertrag	Vertrag	Vertrag
Bilanzierung	Verbindlichkeit	Verbindlichkeit	Verbindlichkeit	Verbindlichkeit
Steuerliche Behandlung	Betriebs-ausgabe	Betriebs-ausgabe	Betriebs-ausgabe	Betriebs-ausgabe

Tabelle 38: Merkmale fremdkapitalnaher Mezzanine-Finanzierungsformen;
Quelle: Link (2002)

21. Mezzanine-Fonds

Unter Mezzanine-Fonds versteht man sowohl von Kreditinstituten abhängige oder unabhängige Mezzanine-Geber in Form von Beteiligungsgesellschaften (Mezzanine-Fonds im engeren Sinne) als auch speziell konstruierte Bankprodukte, die sich an eine größere Anzahl von Mezzanine-Nehmern richten und in der Regel aus Risikoüberlegungen und zur Refinanzierung der Kreditinstitute über ein hierzu gegründetes Tochterunternehmen angeboten werden. Das Angebot an Mezzanine-Produkten von Kreditinstituten hat sich in jüngster Zeit erheblich erhöht und wird häufig in Form von Genussscheinpools gestaltet. Wir wollen deshalb im Folgenden exemplarisch einige Mezzanine-Fonds im engeren Sinne vorstellen und anschließend wiederum beispielhaft einige Mezzanine-Bankprodukte in Form von Genussscheinpools behandeln.

21.1   Mezzanine-Fonds im engeren Sinne

Das Angebot bankenunabhängiger Mezzanine-Fonds ist noch gering, einige Kreditinstitute haben aber Tochtergesellschaften gegründet, die Mezzanine-Finanzierungen anbieten. Nachfolgend stellen wir eine Auswahl vor.

M Cap Finance

Der Mezzanine-Fonds M Cap Finance (MCF) bietet seit April 2004 mittelständischen Unternehmen Mezzanine-Kapital in der Größenordnung von 2 Mio. Euro bis 15 Mio. Euro pro Investment vor allem als Wachstums-, Buy-out-, Replacement- oder PIPE-Finanzierung an. Der Finanzierungsprozess vollzieht sich dabei in folgenden Schritten:

1.   Festlegung des Finanzierungsbedarfs auf Basis der Strategie des Unternehmens;

2.   Vorverhandlungen, die mit einer Absichtserklärung (Letter-of-Intent – LoI) abschließen;

3.   Due-Diligence und Gestaltung des Finanzierungsvertrags;

4.   Abschluss der Finanzierung nach Zustimmung des Investmentkomitees, sofern alle notwendigen Dokumente aufbereitet vorliegen.

Der MCF-Fonds wird – wie bei solchen Fonds üblich – in der Rechtsform einer GmbH & Co. KG von der rechtlich selbständigen Managementgesellschaft geführt, so dass die Investoren (Kommanditisten) ihre Einlagen bei jedem neuen Investment neu zeichnen. Zu diesen Investoren zählten Anfang 2005 die Sachsen LB, die Saarländische Landesbank, das Bankhaus Sal. Oppenheim sowie das Management des Fonds. Die Zielgröße des Mezzanine-Fonds beträgt 150 Mio. Euro.

Die Kapitalkosten einer MCF-Finanzierung setzen sich aus drei Bestandteilen zusammen, die Abbildung 55 veranschaulicht:

▪   eine relativ niedrige laufende Verzinsung, die sich aus einem Basiszins sowie einer bonitätsabhängigen Marge zusammensetzt,

▪   eine auflaufende endfällige Verzinsung (so genannter Roll-up)

▪   sowie ein Equity-Kicker, der meist aus Wandlungs- oder Optionsrechten besteht.

Im Hinblick auf die erzielte Rendite von Mezzanine-Fonds untersuchte das Center of Private Equity Research CEPRES – ein Joint-Venture des Lehrstuhls Bankbetriebslehre der Universität Frankfurt am Main und der VCM Venture Capital Management – 1 288 Mezzanine-finanzierte Unternehmen aus 56 internationalen Mezzanine-Fonds über den Zeitraum von 1986 bis 2004. Die zentralen Ergebnisse dieser Studie lauten:

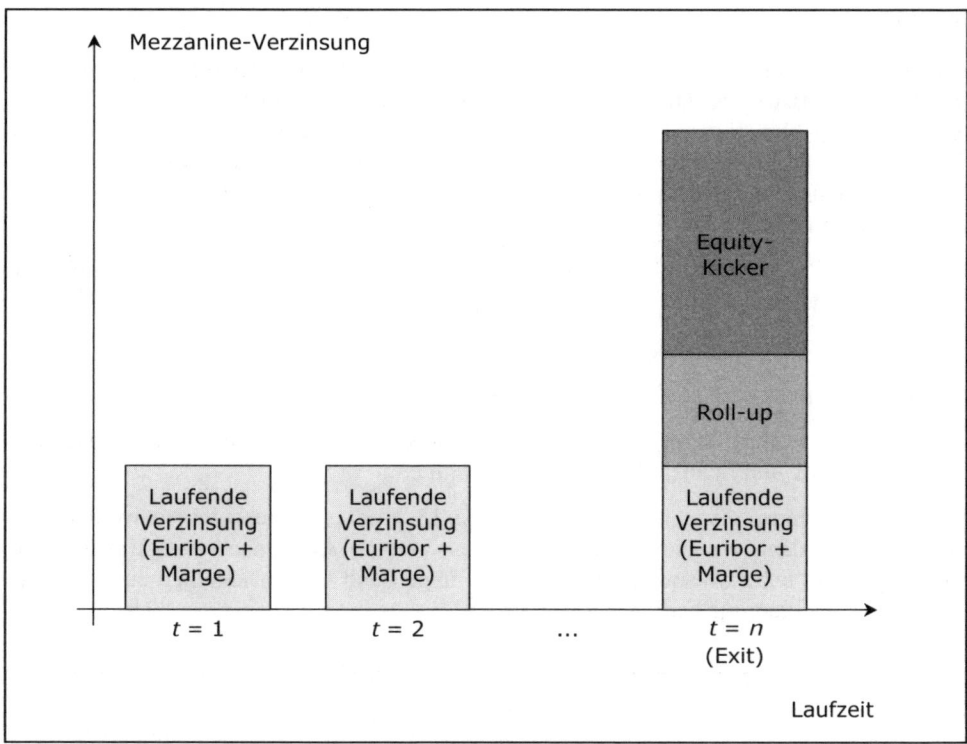

Abbildung 55: Mezzanine-Verzinsung beim M Cap Finance;
Quelle: Gehlhaar/Golland/ Westermann (2004)

▨ Die durchschnittlich erzielte Bruttorendite lag bei 18,0 Prozent p. a.

▨ Die durchschnittliche Ausfallquote betrug 7,3 Prozent.

▨ Das durchschnittliche Volumen der Investments betrug 13,9 Mio. US-Dollar.

▨ Die Investments besitzen nicht nur Mezzanine-Charakter, sondern auch einen reinen
  Eigenkapitalanteil in Höhe von durchschnittlich 11,8 Prozent.

Die Risikobegrenzung für die Investoren eines Mezzanine-Fonds äußert sich insbesondere in einer verhältnismäßig geringen Ausfallquote. So wird bei Venture-Capital-
Investments gemäß CEPRES-Studie mit Ausfallraten bis zu 30 Prozent gerechnet.
Gleichzeitig sank gemäß der genannten Studie die jährliche Interne Verzinsung bei höherem reinen Eigenkapitalanteil des Investments. Die Begründung für diesen Sachverhalt liegt darin, dass bei Mezzanine-Investments während der Laufzeit typischerweise
zwar geringe, aber regelmäßige Zahlungen an den Kapitalgeber erfolgen und – damit
verbunden – die Laufzeit von Mezzanine-Investments tendenziell geringer ausfällt als
von reinen Eigenkapitalinvestments.

Invest Mezzanin

Bei Invest Mezzanin handelt es sich um eine Tochtergesellschaft der Wiener Investkredit Bank mit Fondsstruktur. Die beiden bisher aufgelegten Fonds im Volumen von 20 Mio. Euro bzw. 40 Mio. Euro besitzen einen Investitionsschwerpunkt im deutschsprachigen Raum und stellen Mezzanine-Kapital vorrangig für MBOs, MBIs und LBOs sowie zur Akquisitionsfinanzierung bei Unternehmenskäufen und zur Nachfolgelösung bereit. Für ein Investment werden folgende Voraussetzungen genannt:

- Das Kapital suchende Unternehmen wies im letzten abgeschlossenen Geschäftsjahr einen Umsatz von mindestens 15 Mio. Euro auf.

- Es besteht ein Mezzanine-Kapitalbedarf von mindestens 2 Mio. Euro.

- Exit-Möglichkeiten sind innerhalb von drei bis acht Jahren absehbar.

- Das Unternehmen verfügt über ein konsistentes Geschäftsmodell, es handelt sich um ein operativ und finanziell stabiles Unternehmen.

Der Finanzierungsprozess kann innerhalb von 15 Wochen abgeschlossen werden und gestaltet sich dann wie in Abbildung 56 beschrieben. Als Finanzierungsinstrumente kommen dabei neben Wandelschuldverschreibungen und Optionsanleihen auch unbesicherte oder nachrangige Darlehen zum Einsatz.

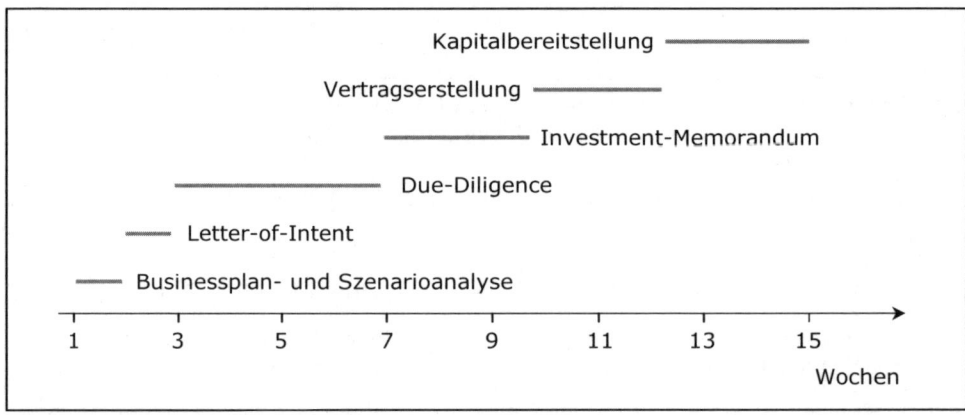

Abbildung 56: Beteiligungsprozess der Invest Mezzanin; Quelle: Invest Mezzanin

IKB Mezzanine

Die IKB Mezzanine betreibt ebenfalls in der Rechtsform einer GmbH & Co. KG den IKB/KfW Mezzaninefonds. Investoren sind zu 60 Prozent die IKB Private Equity – eine Tochtergesellschaft der IKB Deutsche Industriebank – und zu 40 Prozent die KfW. Zielgruppe des Fonds sind wirtschaftlich stabile und wachstumsstarke Unternehmen mit Jahresumsätzen zwischen 50 Mio. Euro und 500 Mio. Euro.

Bei einem Gesamtvolumen von 100 Mio. Euro werden circa 20 Beteiligungen in Form von atypischen stillen Beteiligungen mit Gewinn- und Verlustbeteiligung angestrebt. Einzelengagements sollen ein Volumen von mindestens 2,5 Mio. Euro und höchstens 8,0 Mio. Euro bei einer Laufzeit von fünf bis sieben Jahren aufweisen. Eine Voraussetzung für ein Investment ist, dass bestimmte Ratingstufen sowohl vor als auch unmittelbar nach dem Eingehen der Beteiligung erreicht werden. In die Bonitätseinschätzung nach einem internen Ratingverfahren fließen dabei ein Jahresabschluss-, ein Liquiditäts-, ein qualitatives und ein Branchenrating ein.

21.2 Genussscheinpools

Insbesondere zur Mittelstandsfinanzierung bieten deutsche Kreditinstitute seit dem Jahr 2004 Genussscheinpools an. Diese Finanzprodukte besitzen eine den Asset-Backed-Securities ähnliche Struktur: Im Zuge solcher Transaktionen geben Unternehmen Genussscheine aus, die typischerweise über eine Zweckgesellschaft gebündelt und über den Kapitalmarkt refinanziert werden. Die Refinanzierung erfolgt dann häufig in Tranchen, die ein unterschiedliches Ausfallrisiko tragen.

Grundlage der Transaktionen sind standardisierte Genussrechtsverträge zwischen den finanzierten Unternehmen und der Zweckgesellschaft. Eine wichtige Voraussetzung für die Teilnahme aus Sicht des Unternehmens ist das Erreichen einer bestimmten Ratingstufe – meist Investment-Grade –, die durch eine zugehörige maximale Ausfallwahrscheinlichkeit gekennzeichnet wird.

Moody's Riskcalc

Zur Schätzung von Ausfallwahrscheinlichkeiten auf Basis von Jahresabschlussdaten existiert eine Reihe von statistischen Verfahren. Im Zusammenhang mit den Genussscheinpools wird dabei häufig ein von Moody's entwickeltes Modell (Riskcalc) verwendet. Das auf Deutschland zugeschnittene Modell beurteilt eine fest vorgegebene Gruppe von Kennzahlen, insbesondere zur Kapitalstruktur (z. B. Eigenkapitalquote) und zur Profitabilität (z. B. Umsatzrentabilität), berücksichtigt aber keine qualitativen Faktoren.

Datenbasis des Modells bilden über 100 000 Jahresabschlüsse aus den Jahren 1987 bis 1999 von circa 26 000 Unternehmen. Die geschätzte Ausfallwahrscheinlichkeit (Expected-Default-Frequency – EDF) wird gegen die von Moody's ermittelten tatsächlichen Ausfallquoten abgeglichen und so einer bestimmten Ratingklasse zugeordnet. Eine Teilnahmebedingung für die Genussscheinpools ist dann z. B. das Erreichen der Ratingnote Baa3 nach der Ratingnotation von Moody's oder BBB– nach der Notation von Standard & Poor's.

Preferred Pooled Shares

Die Bayerische Hypo- und Vereinsbank und die Schweizer Capital Efficiency Group haben einen über den Kapitalmarkt refinanzierten Genussscheinpool mit Namen Preferred Pooled Shares (PREPS) entwickelt, der sich an mittelständische Unternehmen mit einem Jahrsumsatz von mehr als 50 Mio. Euro richtet. Teilnehmende Unternehmen müssen mindestens ein Moody's-Riskcalc-Rating von Baa3 aufweisen.

Im Jahr 2004 konnten zwei Transaktionen (PREPS 2004-1 und PREPS 2004-2) mit einem Volumen von 249 Mio. Euro bzw. 616 Mio. Euro, 34 bzw. 67 teilnehmenden Unternehmen aus Deutschland und Österreich mit einem breiten Branchenmix und einem Kupon der Genussscheine von 7,9 Prozent p. a. bzw. 7,5 Prozent p. a. platziert werden.

Die Refinanzierung der zweiten Transaktion erfolgte dabei in drei Tranchen: zwei so genannte Senior-Tranchen, die gemäß Abbildung 57 nacheinander aus den Zahlungen der teilnehmenden Unternehmen bedient werden und über Ratings von Moody's und Fitch Ratings verfügen, sowie eine nachrangige ungeratete Junior- (First-Loss-) Tranche.

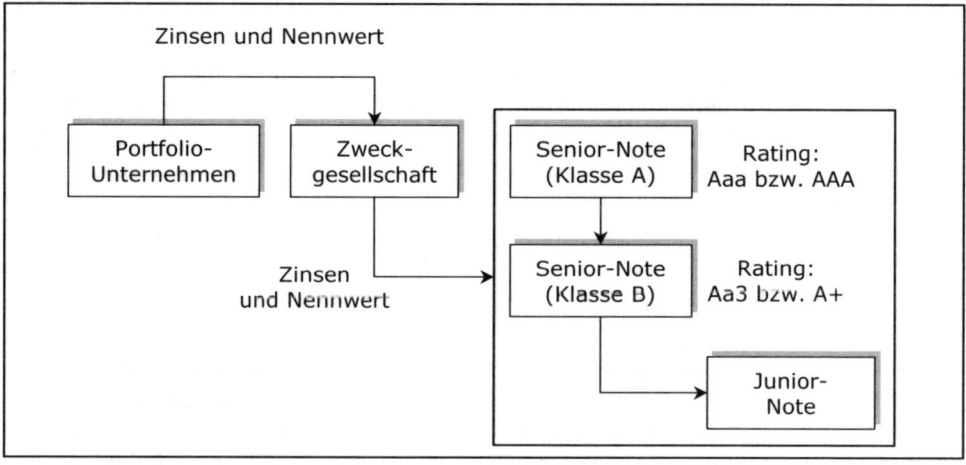

Abbildung 57: „Wasserfall" der Zahlungen bei PREPS 2004-2

Die drei genannten Tranchen mit einer Laufzeit bis 2012 werden an der Luxemburger Börse notiert, wobei die beiden Senior-Tranchen jeweils in Teiltranchen mit fixem und mit variablem Zinssatz emittiert wurden. Die fixen Zinssätze lauten 3,96 Prozent p. a. (Senior-Tranche, Klasse A), 4,66 Prozent p. a. (Senior-Tranche, Klasse B) und 18,1 Prozent p. a. (Junior-Tranche) und spiegeln das jeweilige Ausfallrisiko wider. Der Kurs der Senior-Tranche (Klasse A) betrug Ende Juni 2005 104,55 Prozent, der der Senior-Tranche (Klasse B) Ende Juli 2005 104,65 Prozent vom Nennwert. Bei der Junior-Note war bis Ende Juli 2005 kein Handel zu Stande gekommen.

bis hie

Smartmezzanine

Der Smartmezzanine genannte Genussscheinpool der HSH Nordbank setzt unter anderem das Erfüllen folgender Kriterien für teilnehmende Unternehmen voraus:

- Jahresumsatz: mindestens 50 Mio. Euro;

- Ergebnis vor Zinsen, Steuern und Abschreibungen: mindestens fünf Prozent der Bilanzsumme;

- Eigenkapitalquote: mindestens zehn Prozent;

- Ertragslage: höchstens ein Verlustjahr in den vergangenen drei Geschäftsjahren;

- Businessplan: Cashflowplanung sowie Markt- und Wettbewerbsstrategie;

- Reporting: testierte Jahresabschlüsse und halbjährliche Unternehmensberichte.

Bei Interesse an einer Finanzierung schließt sich an die Unterzeichnung eines Letter-of-Intent ein mehrstufiger Selektionsprozess an, der neben einer auch qualitativen Bonitätsbeurteilung im Rahmen der Due-Diligence wieder ein Rating nach Moody's Riskcalc umfasst. Im Fall der Kapitalgewährung besitzt das Genussscheinkapital folgende Grundkonditionen:

- Nennbetrag: 2 Mio. Euro bis 15 Mio. Euro,

- Laufzeit: acht Jahre,

- Ausgabe- und Rückzahlungskurs: 100 Prozent des Nennbetrags,

- Abschlussgebühr: 3,5 Prozent des Nennbetrags,

- Basiszinssatz: 7,0 Prozent p. a. bis 8,5 Prozent p. a. in Abhängigkeit vom Rating,

- Gewinnbeteiligung: 1,5 Prozent p. a. vom Nennbetrag.

Besonderes Merkmal dieser Genussscheine sind Aufschuboptionen, die auf Antrag des Unternehmens in Abhängigkeit vom Rating beim Basiszins und in Abhängigkeit von der Ertragslage des Unternehmens bei der Gewinnbeteiligung bestehen. Basiszinsen und Gewinnbeteiligungen werden bei Aufschub kumuliert, wobei sich der Basiszinssatz für die jeweilige Folgeperiode gemäß einer festen Staffelung erhöht.

Nutzt das Unternehmen die Aufschuboption beim Basiszins, wird eine Ratinggebühr in Höhe von 5 000 Euro fällig. Nachzahlungen für Aufschubbeträge aus Basiszinsen sind spätestens zwei Jahre nach Fälligkeit des Nennbetrags zu leisten, Nachzahlungen für Aufschubbeträge aus Gewinnbeteiligungen verfallen nach diesem Zeitpunkt. Bei Unterschreiten einer bestimmten Ratingschwelle erhöhen sich die Berichtspflichten gegenüber dem Genussscheininhaber.

Equinotes

Die Equinotes der Deutschen Bank und der IKB Deutsche Industriebank werden in zwei Ausgestaltungsformen angeboten, die sich insbesondere hinsichtlich der Laufzeit und in der Folge hinsichtlich der Höhe der gewinnabhängigen Verzinsung unterscheiden. Tabelle 39 enthält hierzu die im Mai 2005 gültigen Konditionen.

	Equinotes A	**Equinotes B**
Laufzeit	7 Jahre	Unbegrenzt mit Tilgungsoption nach 7 Jahren
Gewinnabhängige Verzinsung	7,25 % p. a. – 8,75 % p. a. in Abhängigkeit vom Rating	9,25 % p. a. – 10,75 % p. a. in Abhängigkeit vom Rating in den Jahren 1 – 7, danach 3-Monats-Euribor + 1 % p. a.
Einzelinvestitions-volumen	3 Mio. Euro – 15 Mio. Euro	3 Mio. Euro – 15 Mio. Euro

Tabelle 39:   Equinotes-Konditionen; Quelle: IKB

Zu den laufenden Kapitalkosten kommen eine einmalige Gebühr in Höhe von 3,5 Prozent vom Nennbetrag sowie Kosten für Rating und Due-Diligence in Höhe von rund 25 000 Euro hinzu. Das jährliche Folgerating wird mit jeweils 5 000 Euro veranschlagt. Das Rating erfolgt auch hier mit Hilfe von Moody's Riskcalc und soll BBB– oder besser betragen.

Gemit

Der Gemit-Genussscheinpool der DZ Bank und der Buchanan Capital Group besitzt bei Einzelinvestments zwischen circa 10 Mio. Euro und 40 Mio. Euro ein Gesamtvolumen in Höhe von 430 Mio. Euro. Unter anderem werden hier folgende Anforderungen an Zielunternehmen gestellt:

- Jahresumsatz: mindestens circa 60 Mio. Euro,

- Zinsaufwand: höchstens 40 Prozent des Ergebnisses vor Zinsen und Steuern,

- Eigenkapitalquote: grundsätzlich mindestens 20 Prozent,

- Ertragslage: maximal ein Verlustjahr in den vergangenen fünf Jahren,

- Rentabilität: in der Regel über dem Branchendurchschnitt,

- Rating: Investment-Grade (BBB– oder besser),

- Stabilität: geringe Schwankungen von Cashflow und Jahresüberschuss,

■ Wettbewerbsposition: Marktführerschaft mit hohem Marktanteil bei einer Produktpalette mit hohem Reifegrad.

Der Prozess einer erfolgreichen Finanzierung von der Zusammenstellung des Informationsmaterials durch das Unternehmen bis zur Auszahlung des Genussscheinkapitals dauert circa acht bis zwölf Wochen und folgt auch hier dem nachstehenden Schema:

1. Vorprüfung und Unterzeichnung eines Letter-of-Intent,

2. Rating (durch Euler Hermes Rating) und Due-Diligence (durch Buchanan Capital Group) mit Kosten in Höhe von rund 40 000 Euro bis 60 000 Euro,

3. Entscheidung des Investmentkomitees und Bereitstellung der Mittel.

Die Genussscheine wurden im August 2004 bei einer Laufzeit von acht Jahren mit einem gewinnabhängigen Kupon von rund 8,5 Prozent p. a. bei einem BBB-Rating ausgestattet. Bei einer wesentlichen Bonitätsveränderung erfolgt eine Konditionenanpassung.

22. Anreizwirkungen von Mezzanine-Kapital

Nach einer Berechnung der IHK Frankfurt am Main (2005) hat sich das Volumen von Mezzanine-Investitionen von 3,1 Mrd. Euro im Jahr 2001 auf 6,6 Mrd. Euro bis 2004 mehr als verdoppelt. Diese Entwicklung ist nicht allein durch die bonitätsbewusstere Kreditvergabepraxis in Vorbereitung auf Basel II erklärbar, nach der vielfach eine höhere Eigenkapitalquote gefordert wird, um weiteres Fremdkapital aufzunehmen.

So können Kreditinstitute einen Kredit gewähren und gleichzeitig über eine Beteiligungsgesellschaft als Tochterunternehmen Eigenkapital zur Verfügung stellen, um den gewünschten Verschuldungsgrad zu erreichen. Dieses Modell verfolgen beispielsweise Sparkassen über ihre Unternehmensbeteiligungsgesellschaften (S-UBG). Auch Venture-Capital- und Kapitalbeteiligungsgesellschaften steht es frei, ein Private-Equity-Investment mit einem Darlehen zu verbinden.

Mezzanine-Finanzierungen müssen also durch ein weiteres Merkmal gekennzeichnet sein als nur durch eine Verknüpfung von reinem Eigen- und reinem Fremdkapital. Dieses Merkmal liegt im Equity-Kicker, der je nach Ausgestaltung in der Lage ist, die gegebenenfalls unterschiedlichen Interessen von Managern und bisherigen Eigentümern des Unternehmens auf der einen Seite sowie der neuen Eigen- oder Fremdkapitalgeber auf der anderen Seite in Einklang zu bringen. Wir wollen deshalb abschließend die verschiedenen Anreizwirkungen der unterschiedlichen Finanzierungsformen betrachten.

Gehen wir zunächst von der Situation aus, dass ein Unternehmen von einem alleinigen Gesellschafter geführt wird. Dieser Eigentümer-Manager wird naturgemäß sämtliche Entscheidungen im Unternehmen so treffen, dass sie seinen Nutzen maximieren. Dieser

Nutzen leitet sich keineswegs nur aus den ausschüttbaren Cashflows des Unternehmens ab, sondern beinhaltet neben anderem auch nicht-monetäre Elemente, die er als Eigentümer oder Manager des Unternehmens empfängt.

Beispiele für solche Elemente können eine großzügige Büroausstattung, aufwendige Arbeitsessen oder Dienstreisen, ein Sportwagen als Firmenfahrzeug, ein zu teurer Einkauf bei befreundeten Geschäftspartnern sowie das Ansehen am Unternehmensstandort durch den Bau von Prestigeobjekten sein. Diese Elemente bezeichnet man angelsächsisch als Perks oder auch als Fringe-Benefits.

Perks stellen Mittelverwendungen dar, die dem Unternehmen entzogen werden und keinen Beitrag zum Unternehmenswert liefern. Der Konsum von Perks (an dem Manager ein Interesse haben) und die Maximierung des Unternehmenswertes (an der Kapitalgeber ein Interesse haben) stehen sich entgegen, wenn Manager und Kapitalgeber nicht mehr in einer Person vereint sind. Mit dem Hinzutreten von Outside-Kapital verändert sich also die Situation.

Gibt der bisherige Eigentümer-Manager z. B. im Rahmen einer Kapitalerhöhung einen Teil seines 100-Prozent-Anteils am Unternehmen an einen außenstehenden Kapitalgeber ab, so partizipiert er weiterhin am Unternehmenserfolg über den Perk-Konsum und mit einem entsprechend verminderten Prozentsatz über seine Unternehmensanteile. Die Outside-Kapitalgeber erzielen ihren Nutzen allein über den Unternehmenswert und erleiden durch den Perk-Konsum einen gewissen Vermögensverlust.

Für den Eigentümer-Manager besteht nun der Anreiz, nach einer Veräußerung von Unternehmensanteilen seinen Perk-Konsum zu erhöhen. Gibt der Eigentümer-Manager beispielsweise 30 Prozent seiner Anteile an eine Kapitalbeteiligungsgesellschaft ab, so fließt ihm jeder Euro an nicht-monetärem Perk-Konsum nach wie vor direkt zu, während bei einem Verzicht darauf der Wert seiner Anteile nur um 70 Cent steigt.

In aller Regel werden dabei die Outside-Kapitalgeber den Eigentümer-Manager nicht zwingen können, sein ursprüngliches Perk-Konsumniveau zu halten. Allerdings antizipieren Outside-Kapitalgeber den Anreiz für den Eigentümer-Manager zu vermehrtem Perk-Konsum und berücksichtigen diesen Anreiz mit einem Abschlag beim Preis, den sie bereit sind, für Unternehmensanteile zu zahlen.

Um dem Perk-Anreiz zu begegnen, werden in der Praxis bisweilen Managemententlohnungsmodelle eingesetzt. Neben die Veräußerung von Anteilen an die Outside-Kapitalgeber tritt dann beispielsweise die Option, einen Teil der Anteile am Ende der Vertragslaufzeit zu einem bei Vertragsabschluss festgelegten Ausübungspreis wieder zurückzuerwerben (Kaufoption bzw. Call). In der Private-Equity-Terminologie spricht man hier vom Sweet-Equity, bei dem z. B. über Sperrfristen sichergestellt wird, dass der Eigentümer-Manager die Option bis zum Laufzeitende halten muss, um sich nicht durch einen Weiterverkauf des Calls dem beabsichtigten Verhaltensanreiz entziehen zu können.

Durch diese Option wird also versucht, den Perk-Konsum des Eigentümer-Managers so zu steuern, dass er mit den Interessen des Outside-Kapitalgebers konform geht. Jedoch geht mit dem Call der weitere Anreiz für den Eigentümer-Manager einher, besonders riskante Investitionsprojekte durchzuführen. Der Wert des vom Outside-Kapitalgeber überlassenen Calls steigt nämlich mit dem Unternehmensrisiko. Managemententlohnungsmodelle bei Mezzanine-Finanzierungen in Form von Sweet-Equity sind also in der Lage, das Perk-Problem zu reduzieren, beinhalten aber gleichzeitig einen unerwünschten Risikoanreiz.

Diesen Anreiz beobachten wir auch bei einer Fremdfinanzierung. Betrachten wir wieder die Situation eines Eigentümer-Managers, der alleiniger Eigner seines Unternehmens ist und folglich die Investitionsentscheidungen trifft. An die Stelle der Abgabe von Anteilen an Outside-Kapitalgeber im Rahmen einer Eigenfinanzierung tritt nun die Aufnahme von Fremdkapital. Die Haftung des Eigenkapitalgebers ist bei einer Kapitalgesellschaft auf die Einlage beschränkt, wenn keine Nachschusspflicht besteht. Kommt es zur Insolvenz, können die Fremdkapitalgeber nur noch auf Vermögensgegenstände zurückgreifen, die bei Überschuldung nicht ausreichen, um ihre Forderungen vollständig zu bedienen. Die Fremdkapitalgeber tragen also einen Teil des Ausfallrisikos und verlangen hierfür einen Aufschlag im Kreditzinssatz in Form des Bonitätsspreads.

Für den Eigentümer-Manager besteht auch hier der Anreiz, in besonders riskante Projekte zu investieren, weil sein Verlustrisiko auf die Einlage begrenzt ist und er im Insolvenzfall das Unternehmen an den Fremdkapitalgeber zur Verwertung übergibt (Verkaufsoption bzw. Put). Im fremdfinanzierten Unternehmen verfügt der Eigentümer also wieder über eine Option. Sowohl bei der Eigenfinanzierung (inklusive Sweet-Equity-Option zur Vermeidung übermäßigen nicht-monetären Konsums) durch Outside-Kapitalgeber als auch bei der Fremdfinanzierung besteht ein unerwünschter Risikoanreiz, den die Kapitalgeber antizipieren und als Abschlag im Kaufpreis bzw. Kreditbetrag berücksichtigen. In beiden Fällen trifft dieser Abschlag den Eigentümer-Manager, der deshalb bestrebt sein wird, eine geeignete Finanzierungskonstruktion zu finden, die den Risikoanreiz und damit den Abschlag vermeidet.

Genau dies kann eine entsprechend konstruierte Mezzanine-Finanzierung leisten, wobei nun das Optionsrecht auf Seiten des Kapitalgebers liegt. Hierzu wird beispielsweise der Anteilserwerb im Rahmen einer Kapitalerhöhung mit dem Recht des Kapitalgebers verknüpft, die Anteile zu einem im Vorhinein festgelegten Kurs wieder zurückzugeben. Zwar besteht in dieser Situation zunächst der Anreiz zu erhöhtem Perk-Konsum, doch schmälert dieser den Unternehmenswert und macht damit die angesprochene Verkaufsoption der Kapitalgeber wertvoller. Der Put kann also den Perk-Anreiz reduzieren. Gleichzeitig besteht kein zusätzlicher Risikoanreiz für den Manager, weil das Optionsrecht auf Seiten des Kapitalgebers liegt.

Kombiniert nun der Mezzanine-Geber seine Unternehmensanteile mit einem Put, diese Anteile zu einem bestimmten Ausübungspreis wieder an den Manager zurückzugeben, entspricht die daraus resultierende Gesamtposition gerade der einer Schuldverschreibung in Verbindung mit einem Call, die Unternehmensanteile zum Ausübungspreis zu kaufen. Dieser Zusammenhang ist in der Finanzwirtschaft als Put-Call-Parität bekannt und wird durch Abbildung 58 veranschaulicht.

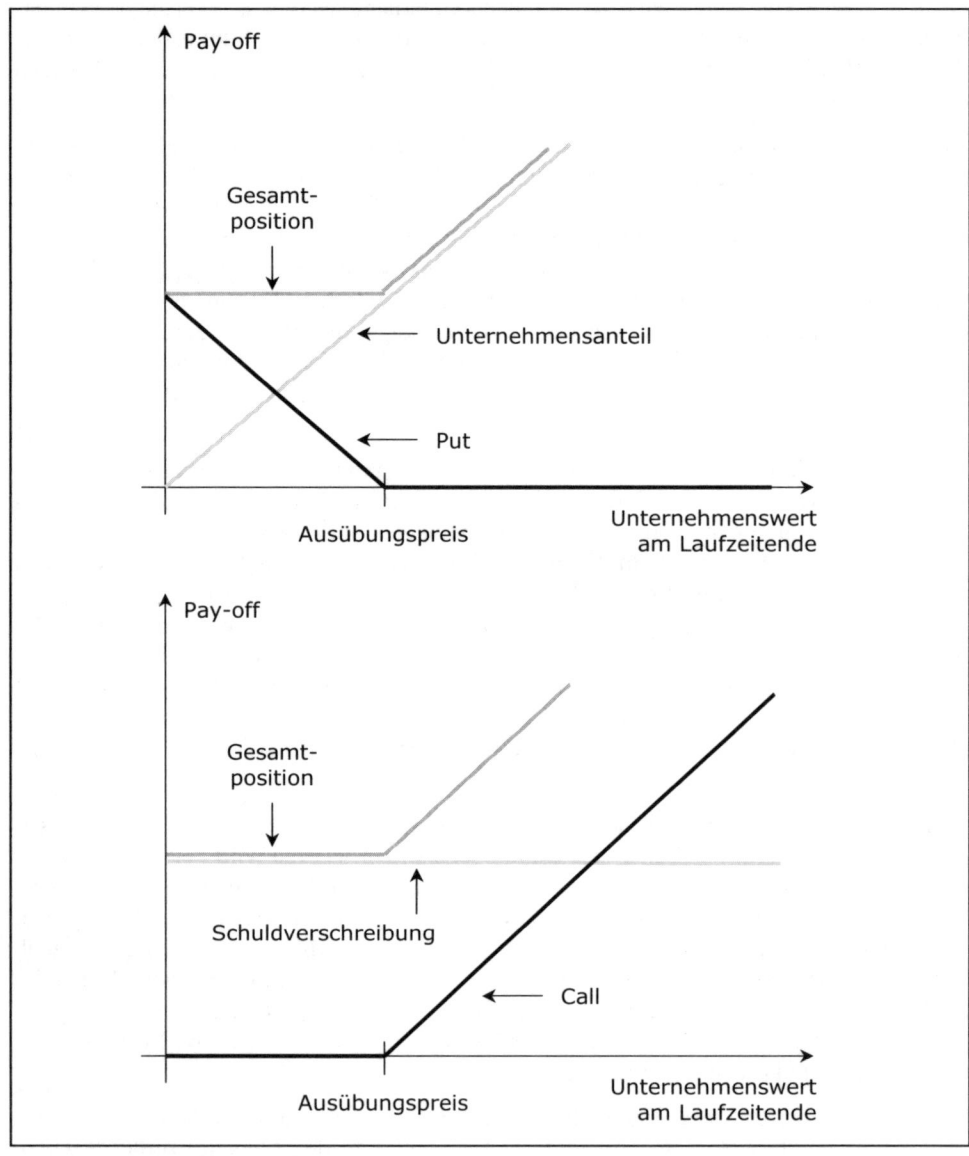

Abbildung 58: Put-Call-Parität

Eine Schuldverschreibung in Verbindung mit einem Call auf Unternehmensanteile wird gerade mit einer Wandelschuldverschreibung oder einer Optionsanleihe verbrieft. Diese typischen Mezzanine-Instrumente sind also in der Lage, unerwünschte Perk- und Risikoanreize zu reduzieren. Dies macht sie zu Finanzierungsinstrumenten, die in der Lage sind, die Interessen von Kapitalnehmer und Kapitalgeber in Einklang zu bringen.

In welchem Umfang unerwünschte Anreize eliminiert werden, ist dann eine Frage der Vertrags- bzw. Konditionengestaltung. Gegebenenfalls wird ein Darlehen mit Calls und Puts mit unterschiedlichen Ausübungspreisen kombiniert. Dies begründet die in der Praxis anzutreffende Vielfalt an Gestaltungsformen von Mezzanine-Finanzierungen mit unterschiedlichsten Equity-Kickern.

Literaturhinweise zur Mezzanine-Finanzierung

Das Management beschreibt den Mezzanine-Fonds M Cap Finance in Gehlhaar/Golland/Westermann (2004 und 2005). Durchschnittliche Investitionsvolumina und erzielte Renditen internationaler Mezzanine-Fonds findet man bei Schmidt/Unser/Wahrenburg (2004).

Eine erste Übersicht über Mezzanine-Finanzierungsformen und -Finanzierungsanlässe findet man z. B. bei Link/Reichling (2000) oder Rudolph (2004). Ausführlichere Darstellungen liefern beispielsweise Werner (2004) und Golland u. a. (2005). Auch Finanzierungslehrbücher enthalten einzelne Abschnitte zu Mezzanine-Finanzierungsinstrumenten, z. B. Spremann (1996), Schäfer (2002) oder Zantow (2004).

Fischer (2004) diskutiert die Renditekomponenten und Link (2002) analysiert die Anreizwirkungen von Mezzanine-Kapital. Ausführungen zur steuerlichen Einordnung liefern Jänisch/Moran/Waibel (2002).

Golland (2000) gibt einen Überblick über die eigenkapitalnahen Mezzanine-Finanzierungsformen. Harrer/Janssen/Halbig (2005) behandeln Genussscheine, Oldenbourg/Preisenberger (2004) die stille Beteiligung. Fuchs/Fischer (2004) beschreiben PIPE-Transaktionen.

Informationen zu den beschriebenen Mezzanine-Fonds im engeren Sinne findet man auf den jeweiligen Internetseiten (www.mcap-finance.de, www.investmezzanin.at, www.ikb-pe.de). Beschreibungen der im Text aufgeführten Genussscheinpools findet man ebenfalls auf den entsprechenden Homepages (www.ceg-ag.com (PREPS), www.smartmezzanine.de, www.equinotes.de, www.gemit.info). PREPS werden auch in Göbel (2005) beschrieben.

Abschließende Bemerkungen

Ein Buch über Unternehmensfinanzierung sollte – so hatten wir die Anforderungen im Vorwort definiert – die Vielfalt der möglichen Finanzierungsformen darstellen sowie die jeweiligen Kapitalkosten greifbar machen und damit dem Leser eine Grundlage für Finanzierungsentscheidungen an die Hand geben. Gleichzeitig war es unsere Absicht, aktuelle Entwicklungslinien in der Finanzierungslandschaft aufzuzeigen, die sich insbesondere in der zunehmenden Kapitalmarktorientierung in Verbindung mit risikoangemessenen Konditionen für die Kapitalbeschaffung äußern.

Diese Tendenz kommt bei der Fremdfinanzierung durch die Basel-II-getriebene Forderung nach einem Rating zum Ausdruck; hierbei wird der Eigenkapitalquote eine besondere Bedeutung beigemessen. Diese in der Finanzierungspraxis zu beobachtende Relevanz der Kapitalstruktur steht nur scheinbar im Widerspruch zu dem vielfach zwar als theoretisch eleganten, aber als praktisch nicht von sonderlicher Bedeutung empfundenen Ergebnis, dass die Kapitalstruktur für den Unternehmenswert irrelevant ist. Letzteres Resultat wird in der Finanzwirtschaft, benannt nach den Begründern dieses Theorems, als Modigliani-Miller-These bezeichnet.

Relevanz der Kapitalstruktur

Der Unternehmenswert als Wert der Vermögensgegenstände eines Unternehmens ergibt sich aus finanzwirtschaftlicher Sicht auf Basis der geplanten zukünftigen Cashflows, die zur Bedienung von Eigen- und Fremdkapital erwirtschaftet werden. Weil jede Planung in die Zukunft gerichtet ist und notwendigerweise unter Unsicherheit erfolgt, ist zur Diskontierung der Plan-Cashflows ein Zinssatz zu verwenden, der diesem Risiko Rechnung trägt. Ein Rating dient nun gerade dazu, dieses Risiko für die Kapitalgeber messbar zu machen.

Ob ein Unternehmen seine Vermögensgegenstände mit einem höheren oder niedrigeren Anteil eigen- bzw. fremdfinanziert, ist deshalb für den Unternehmenswert unerheblich, weil sich der Gesamtkapital-Kostensatz aus dem Risiko der Cashflows ergibt und nicht aus dem Verhältnis von Eigen- zu Fremdkapital.

Obwohl die Kapitalstruktur also für den Unternehmenswert irrelevant ist – jedenfalls wenn man von einer unterschiedlichen Besteuerung von Eigen- und Fremdkapital sowie von Konkurskosten einmal absieht –, ist sie doch für die einzelnen Kapitalkostensätze der Eigen- und Fremdkapitalgeber entscheidend. Erst mit den jeweiligen Anteilen von Eigen- und Fremdkapital gewichtet ergibt sich aus den Eigen- und Fremdkapital-Kostensätzen wieder der konstante Gesamtkapital-Kostensatz.

Abbildung 59 soll diesen Zusammenhang verdeutlichen. Die Abbildung zeigt einen vom Verschuldungsgrad unabhängigen Gesamtkapital-Kostensatz. Diese Größe kann auf unterschiedliche Weisen ermittelt werden. Beispielsweise vergleicht man das jeweilige Unternehmen mit ähnlichen Unternehmen, deren Aktien an einer Börse gehandelt werden, sodass aus den Kursveränderungen das Risiko als diejenige Größe abgelesen werden kann, die neben anderen, einfacher zu ermittelnden Größen den Gesamtkapital-Kostensatz bestimmt. Dies ist eine Vorgehensweise, die typischerweise Eigenkapitalgeber präferieren. Femdkapitalgeber hingegen bevorzugen häufig ein Rating zur Schätzung des Risikos – schon deshalb, weil der Unternehmenswert vieler Kreditnehmer auch über ein Vergleichsverfahren kaum ermittelt werden kann.

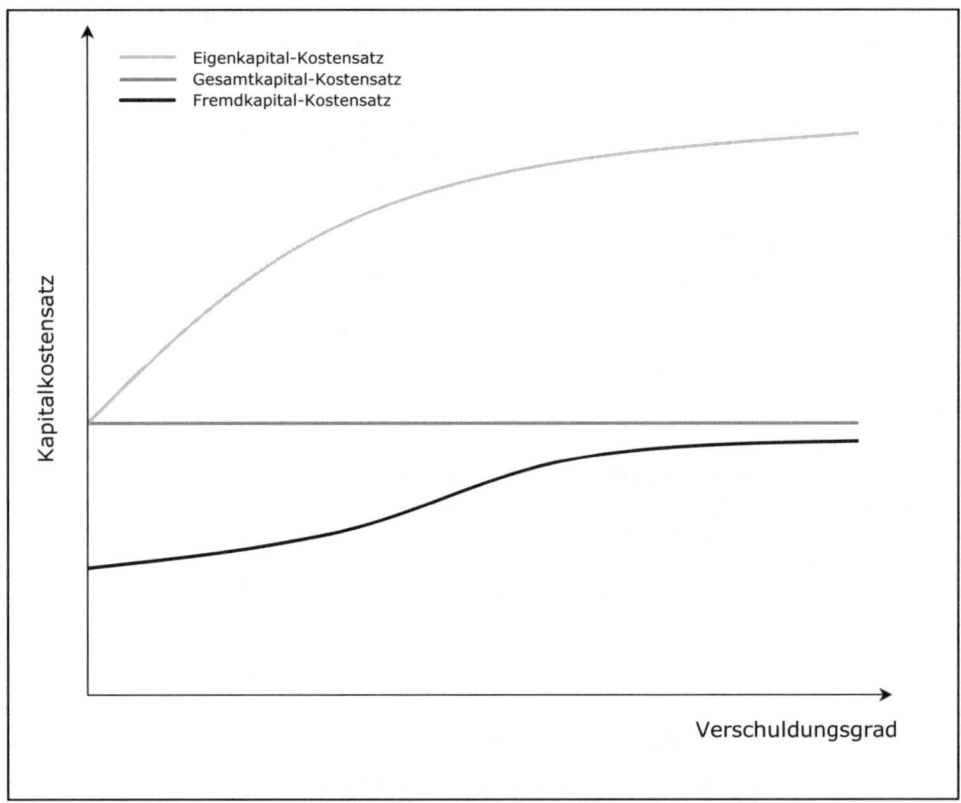

Abbildung 59: Kapitalkostensätze in Abhängigkeit vom Verschuldungsgrad;
Quelle: Reichling/Beinert (2005)

Ist das Unternehmensrisiko einmal bestimmt, erhöht sich auf Grund des Leverage-Effektes mit dem Verschuldungsgrad das Risiko der Eigenkapitalgeber, die deshalb eine erhöhte Risikoprämie fordern. Mit dem Verschuldungsgrad steigt also der Eigenkapital-Kostensatz. Gleichzeitig sinkt mit zunehmendem Verschuldungsgrad die Eigenkapitalquote. Damit steigt das Ausfallrisiko für die Fremdkapitalgeber. Folglich erhöht sich mit zunehmendem Verschuldungsgrad auch der Fremdkapital-Kostensatz.

Zwei im Hinblick auf die Vermögensgegenstände bzw. die damit zu erwirtschaftenden Cashflows gleiche Unternehmen mit unterschiedlichem Verschuldungsgrad werden deshalb verschiedene Fremd- und Eigenkapital-Kostensätze aufweisen. Beispielsweise werden sich die Kreditkonditionen an den Verschuldungsgrad anpassen. Jedoch sind die anteilsgewichteten Gesamtkapital-Kostensätze, also die Weighted-Average-Cost-of-Capital (WACC) beider Unternehmen identisch. Dabei kommt das höhere Risiko des Eigenkapitalgebers darin zum Ausdruck, dass seine Renditeforderung oberhalb des Durchschnittssatzes verläuft, während die Fremdkapitalkonditionen unterhalb dieses Satzes liegen.

Aus diesen Gründen versuchen Banken, das Unternehmensrisiko des Kreditnehmers mit Hilfe eines Ratings zu schätzen. Innerhalb des Ratings spielt die Eigenkapitalquote eine besondere Rolle, weil sie bei einem gegebenen Unternehmensrisiko das Ausfallrisiko bestimmt und damit die Kreditkonditionen maßgeblich beeinflusst.

Bedeutung des Finanzierungsmix

Die Unterschiede zwischen Eigen- und Fremdkapital lassen sich an einer Reihe von Merkmalen festmachen. Hierzu zählen insbesondere:

■ die Haftung (also das Risiko) und Mitspracherechte der Kapitalgeber sowie

■ die Verzinsungsform, Laufzeit und Rückzahlung der überlassenen Mittel.

Allein durch die verschiedene Ausgestaltung dieser Merkmale lässt sich eine Vielzahl unterschiedlicher Finanzierungskontrakte erzeugen. Dennoch wirkt die manchmal verwirrende Vielfalt an Finanzierungsformen überraschend. Für diese Vielfalt können folgende Gründe ausschlaggebend sein:

1. Wie bei Investitionen können auch finanzierungsseitig Diversifikationseffekte genutzt werden. Man denke hier beispielsweise an das Risiko, einen Kredit mit großem Volumen nach Ablauf der Zinsbindungsfrist zu einem hohen Zinssatz verlängern zu müssen. Die Aufteilung eines solchen Kredits in mehrere Einzelkredite mit unterschiedlichen Laufzeiten kann dieses Risiko mindern.

    Modernere Fremdfinanzierungsformen weisen Zinssätze auf, die sich variabel an die Marktentwicklung anpassen, und können entsprechend den Finanzierungsmix ergänzen. Bei Letzteren können gegebenenfalls Wechselwirkungen genutzt werden, die beispielsweise dadurch entstehen, dass sowohl die Ertragslage des einzelnen Unternehmens als auch das Zinsniveau am Kapitalmarkt gemeinsamen gesamtwirtschaftlichen Einflüssen unterliegen.

2. Aufgabe des Finanzmanagements ist es nicht nur, die Fristigkeit der Finanzierungsmaßnahmen an die der Vermögensgegenstände anzupassen, sondern auch, die Kapi-

talbedienung möglichst an das Unternehmensrisiko anzugleichen. Diese Anpassung gelingt je nach Ausgestaltung bei eigenkapitalähnlichen Finanzierungsformen, die dem Unternehmen z. B. Aufschuboptionen bei der Bedienung der Kapitalgeber einräumen. Ein Beispiel hierfür sind steuerlich dem Fremdkapital zuzurechnende Genussscheine, die auch bei Mitarbeiterbeteiligungsprogrammen Verwendung finden. Weil nun das Risiko je nach Unternehmen höchst unterschiedlich ausfallen kann, weisen auch die Finanzierungsbedürfnisse einen entsprechend hohen Grad an Verschiedenheit auf.

3.   Optionen auf Kapitalgeberseite dienen dazu, die Interessen von Kapitalgebern außerhalb des Unternehmens und geschäftsführenden Gesellschaftern zu bündeln. Übernimmt beispielsweise der Fremdkapitalgeber mit dem Ausfallrisiko einen Teil des Unternehmensrisikos, besteht der Anreiz für das Unternehmen, riskantere Projekte zu realisieren. Dem möchte Kapitalgeber durch eine entsprechende Ausgestaltung des Finanzkontraktes im Vorfeld begegnen. So unterschiedlich wie die Positionen von Kapitalgeber und -nehmer hier sein können, so verschieden fällt das entsprechende Finanzierungspaket aus.

4.   Auch Kapitalgeber unterliegen einem Refinanzierungserfordernis, wobei die Refinanzierung immer häufiger über den Kapitalmarkt erfolgt. So werden zunehmend Kredite bzw. Kreditportfolios handelbar und damit für Investoren am Kapitalmarkt zugänglich gemacht. Diese Investoren können wiederum institutionelle Anleger sein, die Beträge einzelner privater Anleger bündeln (z. B. Investmentfonds oder Lebensversicherungsunternehmen). Damit gleichen sich die Kreditkonditionen dem am Kapitalmarkt vorherrschenden Verhältnis von Risiko und zugehöriger Renditeforderung an. Gleichzeitig kommen je nach Kreditportfolio unterschiedlich gestaltete Finanzkontrakte zum Einsatz.

Die Aufgabe des Finanzmanagements eines Unternehmens besteht deshalb nicht mehr so sehr darin, nur auf Fristenkongruenz von Investition und Finanzierung zu achten und gewisse Grenzwerte für bestimmte Bilanzrelationen einzuhalten. Aufgabe der Finanzpolitik ist es vielmehr, das Vertrauen von Eigen- und Fremdkapitalgebern als Investoren zu gewinnen. Dies geschieht auch unter dem Gesichtspunkt der Kapitalkosten zweckmäßigerweise nicht in einem Muddling-through-Prozess, sondern auf Basis einer Risikoanalyse des eigenen Unternehmens.

Literaturverzeichnis

Achleitner, A.-K.; Einem, C. v.; Schröder, B. v. (Hrsg.) (2004): Private Debt – alternative Finanzierung für den Mittelstand, Stuttgart.

Barthel, C. W. (1996): Unternehmenswert. Die vergleichsorientierten Bewertungsverfahren, Der Betrieb 49, S. 149–163.

Baseler Ausschuss für Bankenaufsicht (2004): Internationale Konvergenz der Kapitalmessung und Eigenkapitalanforderungen – Überarbeitete Rahmenvereinbarung.

Bauer, J. P. u. a. (2003): Das Studienwerk der Bankakademie: Recht, Frankfurt am Main.

BBA (2004): Credit Derivatives Report – 2003/04, London.

Berger, M. (1993): Management Buy-Out und Mitarbeiterbeteiligung, Köln.

Bessler, W.; Kurth, A. (2004): Finanzierungsstrukturen von Neuemissionen: Eine empirische Untersuchung der Kapital-, Aktionärs- und Liquiditätsstruktur für junge Wachstumsunternehmen, Finanzbetrieb 6, S. 59–69.

Bösl, K. (2003): Gestaltungsformen und Grenzen eines indirekten Börsengangs, Finanzbetrieb 5, S. 297–303.

Bundesverband deutscher Banken (2004): Kapitalmarktprodukte für den deutschen Mittelstand, Berlin.

Bundesverband deutscher Banken (2005a): Bankinternes Rating mittelständischer Kreditnehmer im Zuge von Basel II, Berlin.

Bundesverband deutscher Banken (2005b): Mittelstandsfinanzierung – partnerschaftliche Zusammenarbeit von Unternehmen und Banken, Berlin.

Bundesverband deutscher Banken (Hrsg.) (2003): Mittelstandsfinanzierung vor neuen Herausforderungen, Berlin.

Bürgschaftsbank Sachsen-Anhalt (2004): Risikopartner für den Mittelstand, Wirtschaftsspiegel Special: Finanzierungen für den Mittelstand, S. 20.

Crefo-Factoring (2004): Liquidität und Sicherheit mit Factoring, Wirtschaftsspiegel Special: Finanzierungen für den Mittelstand, S. 32–33.

Däumler, K.-D. (2002): Betriebliche Finanzwirtschaft, 8. Aufl., Herne.

Deutsche Börse (2003): Ihr Börsengang – Leitfaden für Emittenten zu Going Public und Being Public, Frankfurt am Main.

Deutsche Börse (2005): Leitfaden zu den Aktienindizes der Deutschen Börse, Frankfurt am Main.

Deutsche Bundesbank (2002): Das Eigenkapital der Kreditinstitute aus bankinterner und regulatorischer Sicht, Monatsbericht Januar, S. 41–60.

Deutsche Bundesbank (2004): Neue Eigenkapitalanforderungen für Kreditinstitute (Basel II), Monatsbericht September, S. 75–100.

Deutsche Bundesbank (2005): Statistischer Teil, Monatsbericht Mai, S. 1*–75*.

Dicken, A. J. (1999): Kreditwürdigkeitsprüfung, 2. Aufl., Berlin.

Dresdner Factoring (2004): Beim Factoring wächst der Finanzierungsrahmen des Unternehmens mit dem Umsatz., Wirtschaftsspiegel Special: Finanzierungen für den Mittelstand, S. 30–31.

Eisele, F.; Habermann, M.; Oesterle, R. (2003): Die Beteiligungsauswahl durch Venture Capital-Gesellschaften: Entscheidungskriterien bei Projekten unterschiedlicher Reife, Finanzbetrieb 5, S. 403–413.

Elsas, R.; Krahnen, J. P. (2001): Grundsätze ordnungsgemäßen Ratings: Anmerkungen zu Basel II, Die Bank, S. 298–304.

EVCA (2004): Performance Measurement and Asset Allocation for European Private Equity Funds, Zaventem.

Fischer, M. (2004): Unternehmerisches Fremdkapital: Mezzanine-Finanzierungen; in: Stadler, W. (Hrsg.): Die neue Unternehmensfinanzierung, Frankfurt am Main.

Franke, G.; Hax, H. (2004): Finanzwirtschaft des Unternehmens und Kapitalmarkt, 5. Aufl., Berlin.

Fuchs, A.; Fischer, M. (2004): Attraktiveres Risiko-Rendite-Profil, vision + money, November, S. 20–21.

Füser, K.; Heidusch, M. (2002): Rating – einfach und schnell zur erstklassigen Positionierung ihres Unternehmens, Freiburg.

Gehlhaar, L.; Golland, F.; Westermann, D. (2004): Neuer Mezzanine-Fonds stärkt dem Mittelstand den Rücken, Sparkasse 121, S. 366–367.

Gehlhaar, L.; Golland, F.; Westermann, D. (2005): M Cap Finance Deutsche Mezzanine, Finanzbetrieb, Newsletter 1, S. 6–8.

Glang, J. (2003): Schuldscheindarlehen gewinnen an Bedeutung, News, Heft 11, S. 30–31.

Glüder, D.; Bechtold, H. (2004): ABS made in Germany, Die Bank, S. 18–21.

Göbel, T. (2005): Teilnahmebedingung: Investment Grade, Ratingaktuell, Heft 3, S. 24–25.

Golland, F. (2000): Equity Mezzanine Capital, Finanzbetrieb 2, S. 34–39.

Golland, F. u. a. (2005): Mezzanine-Kapital, Betriebs-Berater, Special, S. 1–32.

Gräper, M. (1993): Management Buy-Out – Eine empirische Analyse zur deutschen Entwicklung bis 1990, Kiel.

Grill, W.; Perczynski, H. (2004): Wirtschaftslehre des Kreditwesens, 38. Aufl., Troisdorf.

Grunow, H.-W. G.; Oehm, G. F. (2004): Credit Relations, Berlin.

Gündel, M.; Wiegmann, O. (2003): Finanzierung durch Schuldscheindarlehen, Rating aktuell, September, S. 22–24.

Handelsblatt vom 11.4.2005, Verlagsbeilage Journal Mittelstand.

Handelsblatt vom 23.3.2005, Verlagsbeilage Partner des Mittelstands.

Harrer, H.; Janssen, U.; Halbig U. (2005): Genussscheine – Eine interessante Form der Mezzanine Mittelstandsfinanzierung, Finanzbetrieb 7, S. 1–7.

Hatzig, C. (2002): Unternehmensbewertung und Kaufpreisfindung beim Management Buy-Out (MBO), Berlin.

Hendel, H. (2003): Die Bewertung von Start-up Unternehmen im Rahmen von Venture Capital Finanzierungen, Aachen.

Hoffmann, R.; Ramke, R. (1992): Management buy-out in der Bundesrepublik Deutschland, 2. Aufl., Berlin.

Horst, P.; Krüger, P. (1999): Business Angels – Genussrechtskapital in jungen wachstumsorientierten Unternehmen, Berlin u. a.

HypoVereinsbank (2001): Zinsrisiko-Management, München.

IDW (2000): IDW Standard: Grundsätze zur Durchführung von Unternehmensbewertungen (IDW S1), Die Wirtschaftsprüfung, S. 826–842.

IHK Darmstadt (o. J.a): Merkblatt zum Thema „Asset Backed Securities (ABS)".

IHK Darmstadt (o. J.b): Merkblatt zum Thema „Leasing".

IHK Darmstadt (o. J.c): Merkblatt zum Thema „Mittelstandsfinanzierung – Factoring".

IHK Frankfurt am Main (2005): Ansätze zur Refinanzierung über mezzanine Kapital – Ein Umdenken ist unausweichlich, IHK Wirtschaftsforum.

IHK Nürnberg für Mittelfranken (2002): Rating – Mittelstand ohne Mittel?

Jacobi, P. (2004): Zukunftsorientiertes Kreditgeschäft, in: Dahmen, A.; Jacobi P.; Roß-
bach, P. (Hrsg.): Corporate Banking, Frankfurt am Main, S. 103–126.

Jänisch, C.; Moran, K.; Waibel, N. (2002): Mezzanine-Finanzierung – Intelligentes
Fremdkapital und deutsches Steuerrecht, Der Betrieb 58, S. 2451–2456.

Kappler, M; Westerheide, P. (2003): Aktienmärkte und Beschäftigung: Eine Analyse aus
makro- und mikroökonomischer Perspektive, Mannheim.

KfW (2003a): Beteiligungskapital in Deutschland: Anbieterstrukturen, Verhaltensmus-
ter, Marktlücken und Förderbedarf, Berlin.

KfW (2003b): Eigenkapital für den ‚breiten' Mittelstand – Neue Wege und Instrumente,
Frankfurt am Main.

KfW (2004a): Auf unterschiedlichen Wegen zum gleichen Ziel?, Frankfurt am Main.

KfW (2004b): Unternehmensfinanzierung: Noch kein Grund zur Entwarnung..., Frankfurt am Main.

Kienbaum, J.; Börner, C. J. (Hrsg.) (2003): Neue Finanzierungswege für den Mittelstand, Wiesbaden.

Kley, C. R. (2003): Mittelstands-Rating, Wiesbaden.

Kolbeck, C.; Wimmer, R. (Hrsg.) (2003): Finanzierung für den Mittelstand, Wiesbaden.

König, R.; Wosnitza, M. (2004): Betriebswirtschaftliche Steuerplanungs- und Steuerwir-
kungslehre, Heidelberg.

Kramer, J. (1990): Die Welle wird überschwappen: Bemerkungen zum Thema Buy-Out;
in: Continental Bank (Hrsg.): Management Buy Out, Frankfurt am Main, S. 9–19.

Kramer, K.-H. (2000): Die Börseneinführung als Finanzierungsinstrument deutscher
mittelständischer Unternehmen, Wiesbaden.

Kroll, M. (2004a): Finanzierungsalternative Leasing, 3. Aufl., Stuttgart.

Kroll, M. (Hrsg.) (2004b): Leasing-Handbuch für die öffentliche Hand, 9. Aufl., Lich-
tenfels.

Link, G. (2002): Anreizkompatible Finanzierung durch Mezzanine-Kapital, Frankfurt
am Main.

Link, G.; Reichling, P. (2000): Mezzanine Money – Vielfalt in der Finanzierung, Die
Bank, S. 266–299.

Lüdicke, O. (2003): Ratingverfahren und -agenturen, in: Reichling, P. (Hrsg.): Risikomanagement und Rating, Wiesbaden, S. 63–87.

Luippold, T. L. (1991): Management Buy-Outs – Evaluation ihrer Einsatzmöglichkeiten
in Deutschland, Bern, Stuttgart.

Mandl, G.; Rabel, K. (1997): Unternehmensbewertung – Eine praxisorientierte Einführung, Wien.

Müller, K.-P. (2004): Wenn Kredite handelbar werden – Perspektiven für integrierte Banken und die Mittelstandsfinanzierung, Die Bank, S. 156–161.

Nadler, N. (2001): Indirektes Going Public durch Mantelkauf, Finanzbetrieb 3, S. 38–44.

Oldenbourg, A.; Preisenberger, S. (2004): Stille Beteiligung als traditionelle Form der Mezzanine-Finanzierung im deutschen Mittelstand; in: Achleitner, A.-K.; Einem, C. v.; Schröder, B. v. (Hrsg.) (2004): Private Debt – alternative Finanzierung für den Mittelstand, Stuttgart.

Olfert, K.; Reichel, C. (2003): Finanzierung, 12. Aufl., Ludwigshafen.

Peemöller, V. H.; Geiger, T.; Barchet, H. (2001): Bewertung von Early-Stage-Investments im Rahmen der Venture Capital-Finanzierung, Finanzbetrieb 3, S. 334–344.

Perridon, L.; Steiner, M. (2004): Finanzwirtschaft der Unternehmung, 13. Aufl., München.

Reichling, P. (Hrsg.) (2003): Risikomanagement und Rating, Wiesbaden.

Reichling, P.; Beinert, C. (2005): Ausfallrisiko, Kapitalkosten und Unternehmenswert; in: Reichmann, T.; Pyszny, U. (Hrsg.): Basel II – Eine aktuelle Bestandsaufnahme, München, S. 347–372.

Rudolph, B. (2004): Analyse hybrider Finanzinstrumente: Mezzanine-Kapital, Zeitschrift für das gesamte Kreditwesen 58, S. 12–16.

Sachverständigenrat zur Begutachtung der gesamtwirtschaftlichen Entwicklung (2004): Erfolge im Ausland – Herausforderungen im Inland, Jahresgutachten 2004/05, Wiesbaden.

Sauter, W. (2002): Grundlagen des Bankgeschäftes, Frankfurt am Main.

Schäfer, H. (2002): Unternehmensfinanzen, 2. Aufl., Heidelberg.

Schefczyk, M. (2000): Finanzieren mit Venture Capital, Stuttgart.

Schmidt, D. M.; Unser, M.; Wahrenburg, M. (2004): Mezzanine-Fonds und Eigenkapitalrisiken, Venture Capital Magazin, Sonderbeilage Mezzanine Capital, S. 12–14.

Schulte, M.; Horsch, A. (2004): Risikomanagement, 3. Aufl., Frankfurt am Main.

Schulte-Mattler, H.; Manns, T. (2004): Basel II: Falscher Alarm für die Kreditkosten des Mittelstandes, Die Bank, S. 376–380.

Schwarz, W. (2002): Factoring, 4. Aufl., Stuttgart.

Seppelfricke, P.; Seppelfricke, J. (2000): Reverse Merger am Neuen Markt, Finanzbetrieb 2, S. 581–592.

Spittler, H.-J. (2002): Leasing für die Praxis, 6. Aufl., Köln.

Spremann, K. (1996): Wirtschaft, Investition und Finanzierung, 5. Aufl., München.

Stadler, W. (Hrsg.) (2001): Venture Capital und Private Equity, Köln.

Streuer, O. (2003): Mittelstandsfinanzierung im Fokus: Schuldscheindarlehen – ein Schritt in Richtung Kapitalmarkt, IKB Information: Unternehmerthemen, S. 20–26.

Then Bergh, F. (1998): Leveraged Management Buyout: Konzept und agency-theoretische Analyse, Wiesbaden.

Werner, H. S. (2004): Mezzanine-Kapital, Köln.

Wipfli, C. (2001): Unternehmensbewertung im Venture-Capital-Geschäft, Bern, Stuttgart, Wien.

Wöhe, G.; Bilstein, J. (2002): Grundzüge der Unternehmensfinanzierung, 9. Aufl., München.

Zantow, R. (2004): Finanzierung, München.

Abkürzungsverzeichnis

ABS	Asset-Backed-Securities
ADR	American-Depositary-Receipt
AfA	Abschreibungen (Absetzungen für Abnutzung)
AG	Aktiengesellschaft
AWS	Austria Wirtschaftsservice
BaFin	Bundesanstalt für Finanzdienstleistungsaufsicht
BAND	Business Angels Netzwerk Deutschland
Basel I	Erster Baseler Akkord
Basel II	Zweiter Baseler Akkord
BBA	Britisch Bankers' Association
BFM	Bundesverband Factoring für den Mittelstand
BGB	Bürgerliches Gesetzbuch
BIMBO	Buy-in-Management-Buy-out
BörsG	Börsengesetz
BörsZulV	Börsenzulassungs-Verordnung
BVK	Bundesverband deutscher Kapitalbeteiligungsgesellschaften
BwA	Betriebswirtschaftliche Auswertung
CAPM	Capital-Asset-Pricing-Modell
CBO	Collateralized-Bond-Obligation
CDax	Composite-Dax
CEPRES	Center of Private Equity Research
CLO	Collateralized-Loan-Obligation
CMS	Constant-Maturity-Swap
Dax	Deutscher Aktienindex
DCF	Discounted-Cashflow
EBO	Employee-Buy-out
EDF	Expected-Default-Frequency
EU	Europäische Union
Euribor	Euro-Interbank-Offered-Rate
Euwax	Börse Stuttgart
EVCA	European Private Equity & Venture Capital Association
F&E	Forschung und Entwicklung
FRA	Forward-Rate-Agreement
FRN	Floating-Rate-Note
GDR	Global-Depositary-Receipt
GmbH	Gesellschaft mit beschränkter Haftung
GuV	Gewinn- und Verlustrechnung
HGB	Handelsgesetzbuch
IBO	Institutional-Buy-out

IDW	Institut der Wirtschaftsprüfer
IfM	Institut für Mittelstandsforschung
IFRS	International-Financial-Reporting-Standards
IHK	Industrie- und Handelskammer
IKB	Deutsche Industriebank
IPO	Initial-Public-Offering
IR	Investor-Relations
IRB	Internal-Ratings-Based
IRR	Internal-Rate-of-Return
IT	Informationstechnologie
KfW	KfW (Kreditanstalt für Wiederaufbau) Bankengruppe
KG	Kommanditgesellschaft
KGaA	Kommanditgesellschaft auf Aktien
KMU	Kleine und mittlere Unternehmen
KWG	Kreditwesengesetz
LBI	Leveraged-Buy-in
LBO	Leveraged-Buy-out
Libor	London-Interbank-Offered-Rate
LoI	Letter-of-Intent
MBG	Mittelständische Beteiligungsgesellschaft
MBI	Management-Buy-in
MBO	Management-Buy-out
MBS	Mortgage-Backed-Securities
MCF	M Cap Finance
MDax	Midcap-Index
NPV	Net-Present-Value
OBO	Owner's-Buy-out
OHG	offene Handelsgesellschaft
o. J.	ohne Jahr
OTC	Over-the-Counter
p. a.	pro anno
PIPE	Private-Investment-in-Public-Equity
PREPS	Preferred Pooled Shares
RoI	Return-on-Investment
S-UBG	Sparkassen-Unternehmensbeteiligungsgesellschaft
S&P	Standard & Poor's
SBO	Secondary-Buy-out
SDax	Smallcap-Index
SPV	Special-Purpose-Vehicle
TecDax	Technologie-Index
US-GAAP	Generally-Accepted-Accounting-Principles in den USA
VC	Venture-Capital
VerkaufsprospVO	Verkaufsprospekt-Verordnung

VerkProspG	Verkaufsprospektgesetz
VZ	Vorzugsaktie
WACC	Weighted-Average-Cost-of-Capital
WpHG	Wertpapierhandelsgesetz

Die Autoren

Prof. Dr. Peter Reichling ist Inhaber des Lehrstuhls für Finanzierung und Banken an der Otto-von-Guericke-Universität Magdeburg. Er hat nach einer Banklehre Wirtschaftsmathematik an der Universität Ulm studiert, dort 1991 über Hedging mit Commodity-Futures promoviert und sich 1998 mit einer Arbeit über ausfallorientiertes Portfoliomanagement an der Universität Mainz habilitiert. Prof. Reichling hatte Gastprofessuren an den Universitäten Innsbruck, Ulm und Bozen inne und hielt Gastvorlesungen an Universitäten in Warschau und Moskau.

Bevorzugte Forschungsgebiete sind Performancemessung, Rating-Validierung und Risikomanagement. Er ist Autor zahlreicher Aufsätze in renommierten wissenschaftlichen Zeitschriften, verfasst Beiträge in vielbeachteten Sammelwerken und hält regelmäßig Seminare in Kreditinstituten. Prof. Reichling besitzt mehrjährige Erfahrungen in der Beratung von Banken, Kapitalbeteiligungsgesellschaften, Wirtschaftsprüfungsgesellschaften und mittelständischen Unternehmen.

Dipl.-Kff. Claudia Beinert arbeitet auf den Gebieten Risikomanagement, Rating und Bankenrecht und ist Doktorandin am Lehrstuhl für Finanzierung und Banken an der Otto-von-Guericke-Universität Magdeburg. Sie hat Betriebswirtschaftslehre mit den Vertiefungen Internationales Management sowie Finanzierung und Banken an der Universität Magdeburg studiert sowie eine Reihe von Beiträgen zu den Gebieten Rating, Kapitalkosten und Unternehmensbewertung veröffentlicht.

Dipl.-Kff. Dipl.-Math. Antje Henne ist wissenschaftliche Mitarbeiterin am Lehrstuhl für Finanzierung und Banken der Otto-von-Guericke-Universität Magdeburg. Ihre Forschungs- und Veröffentlichungsschwerpunkte sind die erfolgsabhängige Entlohnung von Portfoliomanagern und die Bewertung von Kreditderivaten. Sie hat Betriebswirtschaftslehre sowie Mathematik an der Universität Magdeburg studiert und berät Unternehmen auf den Gebieten Risikoanalyse und Versicherungsmathematik.

Stichwortverzeichnis

Finanzierung und Controlling

Unternehmensbewertung für betriebliche Praktiker – mit Fallbespielen und Checklisten

Herausgeber und Autoren bieten einen optimalen Einstieg in das Thema und informieren über alle relevanten Fragestellungen rund um den Bewertungsprozess und über die wesentlichen Bewertungsmethoden. Ein praxisorientiertes Buch mit Fallstudien und Checklisten – auch für Einsteiger verständlich.

Ulrich Schacht /
Matthias Fackler (Hrsg.)
Praxishandbuch
Unternehmensbewertung
Grundlagen, Methoden,
Fallbeispiele
2005. Ca. 320 S.Geb.
Ca. EUR 59,90
ISBN 3-409-12698-8

Leitfaden für Businesspläne – mit Checklisten und Beispielen; systematisch, konkret, verständlich

Dieses Buch ermöglicht es dem Leser, selbst einen individuell abgefassten, "maßgeschneiderten", erfolgreichen Business- und Geschäftsplan zu erstellen, der strengsten Anforderungen genügt.

Anna Nagl
Der Businessplan
Geschäftspläne professionell
erstellen. Mit Checklisten und
Fallbeispielen
2., überarb. und erw. Aufl. 2005.
223 S. Geb.
EUR 44,90
ISBN 3-409-22363-0

Controllingkonzepte für die Praxis – mit vielen nützlichen Tipps und Tools

Fach- und Führungskräfte aus Wirtschaft und Wissenschaft lassen ihre Erfahrungen in die jeweiligen Beiträge einfließen und zeigen anhand konkreter Beispiele Lösungsansätze für praktische Problemstellungen. Die Autoren bereiten das jeweilige Thema anwendungsbezogen auf.

Claus W. Gerberich (Hrsg.)
Praxishandbuch
Controlling
Trends, Konzepte, Instrumente
2005. Ca. 592 S. Geb.
Ca. EUR 79,90
ISBN 3-409-12588-4

Änderungen vorbehalten. Stand: Juli 2005.
Erhältlich im Buchhandel oder beim Verlag.

Gabler Verlag · Abraham-Lincoln-Str. 46 · 65189 Wiesbaden · www.gabler.de

GABLER

Recht in der Unternehmenspraxis

Kompaktes Rechtswissen für GmbH-Manager und -Gesellschafter

Das Buch behandelt alle rechtlichen Fragen zu Bestellung und Abberufung des GmbH-Geschäftsführers. Die Darstellung ist komprimiert, praxisbezogen und enthält keine juristische Fachdiskussion.

Jutta Glock / Christoph Abeln
Der GmbH-Geschäfts-führer
Was Geschäftsführer und Manager wissen müssen
2005. 236 S. Br.
EUR 44,90
ISBN 3-409-14260-6

Rechtswissen für Entscheider – kompakt, anwendungsorientiert, verständlich

Unter Verzicht auf juristische Detaildiskussion gibt der Autor allen Unternehmern, Vorständen, Geschäftsführern und Aufsichtsräten einen praktischen Leitfaden zur schnellen Erfassung kartellrechtlicher Fragestellungen (Wettbewerbsbeschränkungen, Missbrauchskontrolle, Fusionskontrolle) an die Hand. Das erste Kartellrechtsbuch für Praktiker. Es enthält die Neuregelungen der 7. GWB-Novelle.

Thomas Kapp
Kartellrecht in der Unter-nehmenspraxis
Was Unternehmer und Manager wissen müssen
2005. Ca. 256 S. Br.
EUR 44,90
ISBN 3-409-14272-X

Kompaktes und umfassendes Rechtswissen für Entscheider

Der Autor behandelt alle rechtlichen Fragen im Zusammenhang mit der Erteilung von Vollmachten (Handlungsvollmacht, Generalvollmacht und Prokura). Seine Darstellung ist komprimiert und praxisbezogen. Die Gesellschaftsform Limited ist berücksichtigt.

Alexander Schneider
Vollmachten im Unternehmen
Handlungsvollmacht, Generalvollmacht und Prokura
2005. Ca. 208 S. Br.
Ca. EUR 36,90
ISBN 3-8349-0049-4

Änderungen vorbehalten. Stand: Juli 2005.
Erhältlich im Buchhandel oder beim Verlag.

Gabler Verlag · Abraham-Lincoln-Str. 46 · 65189 Wiesbaden · www.gabler.de   **GABLER**

Managementwissen:
kompetent, kritisch, kreativ

Was Manager von der Königs-
disziplin des Sports lernen können

Frank Busemann, der Olympia-Zweite von Atlanta im Zehnkampf, hat es im Sport bis an die Spitze gebracht. Zielstrebigkeit, Mut und Leidenschaft waren einige der Qualitäten und Tugenden, die ihm dabei geholfen haben. Das Buch zeigt anschaulich, was „unternehmerische Zehnkämpfer" von der Königsdisziplin des Sports lernen können. Ein spannender Ratgeber für alle, die fit für den unternehmerischen Erfolg werden wollen.

Wolf W. Lasko / Frank Busemann / Peter Busch
Zehnkampf-Power
für Manager
Wie Sie die Erfolgsprinzipien des Sports für sich und Ihr Business nutzen
2005. 221 S. Geb.
EUR 38,00
ISBN 3-409-14267-3

Wie Sie eine Kultur des Wollens
erzeugen

Dieses Buch zeigt, wie es gelingt, eine Kultur des Vertrauens und des Wollens zu schaffen. Heribert Schmitz plädiert eindringlich für eine Führungskultur, die Leistung und Innovation wirklich fördert

Heribert Schmitz
Raus aus der
Demotivationsfalle
Wie verantwortungsbewusstes Management Vertrauen, Leistung und Innovation fördert
2005. 188 S. Geb.
EUR 34,90
ISBN 3-409-03444-7

Ihr Kompass für effektive Konflikt-
lösungen im Geschäftsalltag

Das Buch zeigt Führungskräften auf, wo sie ihre persönlichen „Gaps" im Arbeitsalltag entdecken und Veränderungsstrategien entwickeln können, mit denen sich Konflikte lösen lassen. Ein sehr pragmatisches und nützliches Buch, um zu effektiven Konfliktlösungen zu gelangen.

Mechthild Bülow
Mind the Gap!
Ihr Kompass für effektive Konfliktlösungen im Geschäftsalltag
2005. 212 S. Geb.
EUR 34,90
ISBN 3-409-14281-9

Änderungen vorbehalten. Stand: Juli 2005.
Erhältlich im Buchhandel oder beim Verlag.

Gabler Verlag · Abraham-Lincoln-Str. 46 · 65189 Wiesbaden · www.gabler.de

GABLER